中国高等教育学会医学教育专业委员会规划教材
全国高等医学院校教材

供基础、临床、预防、口腔医学类专业用

有机化学
Organic Chemistry

U0257510

主　编　刘俊义　董陆陆

副主编　李树春　夏春辉　王　宁

编　委　（按姓名汉语拼音排序）

董陆陆（哈尔滨医科大学）	王　宁（济宁医学院）
姜　炜（天津医科大学）	王　欣（北京大学医学部）
李树春（北京大学医学部）	王学东（潍坊医学院）
刘俊义（北京大学医学部）	夏春辉（齐齐哈尔医学院）
刘乐乐（内蒙古医科大学）	叶　玲（首都医科大学）
孙学斌（哈尔滨医科大学）	

北京大学医学出版社

YOUJI HUAXUE

图书在版编目（CIP）数据

有机化学 / 刘俊义，董陆陆主编． —北京：
北京大学医学出版社，2015.2
ISBN 978-7-5659-1015-9

Ⅰ. ①有… Ⅱ. ①刘… ②董… Ⅲ. ①有机化学 - 教
材 Ⅳ. ① O62

中国版本图书馆 CIP 数据核字（2014）第 292462 号

有机化学

主　　编：刘俊义　董陆陆

出版发行：北京大学医学出版社

地　　址：（100191）北京市海淀区学院路 38 号　北京大学医学部院内

电　　话：发行部 010-82802230；图书邮购 010-82802495

网　　址：http://www.pumpress.com.cn

E-mail：booksale@bjmu.edu.cn

印　　刷：北京佳信达欣艺术印刷有限公司

经　　销：新华书店

责任编辑：赵 欣　责任校对：金彤文　责任印制：李 啸

开　　本：850mm×1168mm　1/16　印张：20　字数：566 千字

版　　次：2015 年 2 月第 1 版　2015 年 2 月第 1 次印刷

书　　号：ISBN 978-7-5659-1015-9

定　　价：46.00 元

序

北京大学医学出版社组织编写的全国高等医学院校临床医学专业本科教材（第 2 套）于 2008 年出版，共 32 种，获得了广大医学院校师生的欢迎，并被评为教育部"十二五"普通高等教育本科国家级规划教材。这是在教育部教育改革、提倡教材多元化的精神指导下，我国高等医学教材建设的一个重要成果。为配合《国家中长期教育改革和发展纲要（2010—2020 年）》，培养符合时代要求的医学专业人才，并配合教育部"十二五"普通高等教育本科国家级规划教材建设，北京大学医学出版社于2013 年正式启动全国高等医学院校临床医学专业（本科）第 3 套教材的修订及编写工作。本套教材近六十种，其中新启动教材二十余种。

本套教材的编写以"符合人才培养需求，体现教育改革成果，确保教材质量，形式新颖创新"为指导思想，配合教育部、国家卫生和计划生育委员会在医药卫生体制改革意见中指出的，要逐步建立"5 + 3"（五年医学院校本科教育加三年住院医师规范化培训）为主体的临床医学人才培养体系。我们广泛收集了对上版教材的反馈意见。同时，在教材编写过程中，我们将与更多的院校合作，尤其是新启动的二十余种教材，吸收了更多富有一线教学经验的老师参加编写，为本套教材注入了新鲜的活力。

新版教材在继承和发扬原教材结构优点的基础上，修改不足之处，从而更加层次分明、逻辑性强、结构严谨、文字简洁流畅。除了内容新颖、严谨以外，在版式、印刷和装帧方面，我们做了一些新的尝试，力求做到既有启发性又引起学生的兴趣，使本套教材的内容和形式再次跃上一个新的台阶。为此，我们还建立了数字化平台，在这个平台上，为适应我国数字化教学、为教材立体化建设作出尝试。

在编写第 3 套教材时，一些曾担任第 2 套教材的主编由于年事已高，此次不再担任主编，但他们对改版工作提出了很多宝贵的意见。前两套教材的作者为本套教材的日臻完善打下了坚实的基础。对他们所作出的贡献，我们表示衷心的感谢。

尽管本套教材的编者都是多年工作在教学第一线的教师，但基于现有的水平，书中难免存在不当之处，欢迎广大师生和读者批评指正。

王德炳　柯杨

2013 年 11 月

前　言

本书是供临床医学及相关医学类专业本科学生使用的教材。内容的深度和广度限制在其教学要求的范围内。

有机化学与生命科学始终相伴前行，其活力来自于生物的多样性，有机分子的性质和生物学功能的关系是认识生命过程及其本质的物质基础，从事医学及生命科学的工作者必须具备足够的有机化学知识。

本书是我们在总结临床医学专业有机化学教学实践、教学经验及有机化学新近发展的基础上编写的，具有较鲜明的专业性和有机化学与生命科学的交叉融合性，其特点是内容严谨、结构合理、可读性强。特别突出了教师讲授与学生自学内容相结合的特征。

本书各章内容的选取是基于基础有机化学内容的系统性与医学课程的关联性。全书共十八章。第一～十三章阐述了各类有机化合物的结构、命名、性质和反应，强化有机化学基础知识；第十四～十七章以生物大分子为主体，体现了有机化学基本理论、研究方法与生命科学的交叉，强化了有机分子的生物学功能。为使学生对所学知识的深入理解和强化，书中某些章节穿插有问题，章末有一定数量的习题。同时，为了扩大学生的知识面，在第二～十八章增加了知识扩展内容，适当介绍了与该章内容相关的或本学科发展前沿的知识作为阅读材料。另外，为了便于自学，每章末有知识点小结。

本教材由全国 8 所医学院校 11 名教学一线的有机化学教授编写，具体分工是：刘俊义编写第一章和第十四章，李树春编写第二章、第三章和第十章，夏春辉编写第四章和第十六章，董陆陆编写第五章和第十八章，刘乐乐编写第六章，王宁编写第七章和第十七章，姜炜编写第八章，王欣编写第九章和第十三章，叶玲编写第十一章，孙学斌编写第十二章，王学东编写第十五章。在此对他们的真诚合作致以由衷感谢。感谢北京大学医学出版社对本书编写过程中的大力支持。

由于我们的水平所限，书中定有不妥和错误，敬请广大师生和读者批评指正。

主编
2014 年 11 月

目 录

第一章　绪　论

第一节　有机化合物和有机化学

19 世纪以前，人类根据获得物质的主要来源将物质分为无机物和有机物，即把从矿物中得到的化合物称为无机物，从植物和动物体中获得的物质称为有机物。当时曾认为有机物只有在"生命力"的作用下才能生成，不可能由无机物合成。然而，1828 年德国年轻化学家维勒（Wöhler）在实验室加热无机化合物氰酸铵的水溶液时得到了有机化合物尿素。

$$NH_4OCN \xrightarrow{\text{加热}} H_2NCNH_2$$

氰酸铵　　　　　尿素

随后，更多的有机化合物由无机化合物合成出来，科学实验的事实打破了"生命力"学说的错误理念，而"有机物"这一名词却沿用了下来。不过它的定义已有了本质上的变化。有机化合物（organic compounds）的现代定义是指含碳元素的化合物，其数目已达上千万。但少数碳的氧化物（如 CO、CO_2 和碳酸盐）和氰化物（如 HCN、HCNS），由于其性质和无机物相同而归属为无机化合物的范畴。有机化学（organic chemistry）是研究有机化合物的结构、性质、应用以及有关理论和方法的科学。

有机化学与医学、药学、生命科学等学科有着密切的联系，是医学专业的重要基础课。医学学科研究的对象是复杂的人体，组成人体的物质除了水分子和一些无机离子外，几乎都是有机物质，这些物质在人体中进行一系列的化学变化，维持人体代谢过程，保证人体的基本生理和健康需求。在生物体内细胞中制造的有机化合物和在实验室中制备的有机化合物的性质以及它们的变化规律都相同。只是生物体内的有机化合物分子更大，结构更复杂。因此，掌握有机化合物的基本知识以及结构与性质的关系，有助于认识蛋白质、核酸和糖等生命物质的结构和功能，为探索生命的奥秘打下基础。

第二节　有机化合物中的共价键

有机化合物是含碳的化合物，碳原子的电子排布是 $1s^2 2s^2 2p^2$，它外层有四个价电子。当碳原子和其他原子形成化合物时，为了达到稳定的电子构型，它是采取和其他原子共用电子对的方式结合在一起的，这就是共价键。碳原子之间可通过单键、双键和三键等共价结合方式相互结合从而形成各种链状或环状结构，碳原子还能与氢、氧、硫、氮、磷和卤素等多种元素通过共价键相结合。

一、Lewis 共价键理论

1916 年美国化学家 Lewis 提出了经典的共价键理论：当两个电负性相同或相似的原子相

互成键时，它们分别提供一个电子，形成处于两个原子间的共享电子对，从而达到稳定的稀有气体外层电子构型。这种原子间通过共用电子对形成的化学键称为共价键（covalent bond）。Lewis 共价键理论又称为八隅体规则（octet rule）。有机化合物中各原子的结合遵循八隅体规则，例如，在甲烷分子中，碳原子的四个未成对电子分别与四个氢原子的外层电子共享 4 对电子，结果使碳原子和氢原子最外层分别有 8 个和 2 个电子，都达到了最稳定的状态，符合八隅体规则：

$$\cdot\dot{C}\cdot \ +\ 4H\cdot \longrightarrow \ H\!:\!\overset{\displaystyle H}{\underset{\displaystyle H}{\overset{\cdots}{\underset{\cdots}{C}}}}\!:\!H$$

如果两个原子间共用两对、三对电子，便形成了双键和三键。如乙烯：$\overset{H}{\underset{H}{:}}C::C\overset{H}{\underset{H}{:}}$，乙炔：H:C::C:H，这种用电子对表示共价键结构的化学式称为 Lewis 结构式，常用于表示有机反应中电子的转移变化，其简化式为省略成键电子对，用短直线表示，每一个短直线代表一对电子，即一个共价键。例如甲烷、乙烯和乙炔简化 Lewis 结构式可分别写成下列形式：

$$
\underset{\text{甲烷}}{H-\overset{\displaystyle H}{\underset{\displaystyle H}{C}}-H}
\qquad
\underset{\text{乙烯}}{\overset{H}{\underset{H}{}}C=C\overset{H}{\underset{H}{}}}
\qquad
\underset{\text{乙炔}}{H-C\equiv C-H}
$$

二、现代共价键理论要点

共价键是有机化合物分子中最普遍的键型。Lewis 的共价键理论比较好地反映了离子键和共价键的区别，但它并未能揭示共价键的真正本质，无法解释为什么共用一对电子就可将两个原子结合在一起，也不能解释为什么共价键具有饱和性和方向性等问题。直到 1927 年 Heitlar 和 London 应用量子力学理论研究共价键，才逐步形成了现代的共价键理论。其基本要点是：当两个原子互相接近时，它们之间的相互作用就逐渐增强，如果它们所带的两个单电子是自旋方向相反的，则两个原子互相吸引、互相配对形成密集于两原子核间的电子云，该电子云降低了两核间的排斥力，使体系能量降低。当两个原子核间距缩小到一定距离，吸引力与排斥力达到平衡时，体系能量达到最低，此时两原子核间具有较大电子云密度，形成了一个稳定的共价键；如果两个原子所带的单电子是自旋方向相同的，那么它们相互接近时的作用是互相排斥的，且核间距离越小，体系能量就越高，故不能形成稳定的共价键分子，这就解释了共价键的本质。按照现代共价键理论，每个原子能够形成的共价键数目取决于该原子中单电子数目，即一个原子有几个单电子，就能与几个自旋方向相反的单电子形成共价键，这就是共价键的饱和性。当形成共价键时，原子轨道重叠程度越大，原子核之间电子云越密集，形成的共价键越稳定。因此，成键原子轨道必须按指定方向重叠，以满足轨道最大程度重叠，这就是共价键的方向性。

三、杂化轨道理论——碳原子杂化轨道

鲍林（Pauling）于 1931 年提出了杂化轨道理论：原子在成键过程时，形成分子的各原子间相互影响，使得同一核内不同类型、能量相近的原子轨道进行重新分配，组合成能量、形状和空间方向与原轨道不同的新原子轨道。这种原子轨道重新组合的过程称为杂化（hybrid），形成的新的原子轨道称为杂化轨道（hybrid orbital）。与未杂化的原子轨道相比，杂化轨道的

方向性更强，成键能力增大，成键后能量降低，分子达到稳定状态。在有机化合物中，碳原子的杂化方式有三种：即 sp^3 杂化、sp^2 杂化和 sp 杂化。

（一）sp^3 杂化

基态碳原子的价电子构型为 $2s^2 2p_x^1 2p_y^1 2p_z^0$，即球形的 $2s$ 轨道有两个电子，哑铃形的 $2p_x$ 和 $2p_y$ 轨道分别有一个电子，轨道 $2p_z$ 是空的（图 1-1）。

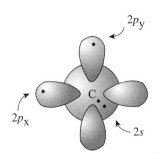

图 1-1　基态碳原子价电子构型

碳原子在形成化学键时，$2s$ 轨道中的一个电子激发到 $2p_z$ 轨道中，形成碳原子的激发态 $2s^1 2p_x^1 2p_y^1 2p_z^1$，然后这四个轨道进行杂化，形成四个能量相同的 sp^3 杂化轨道。每个杂化轨道有一个未成对的电子（图 1-2）。

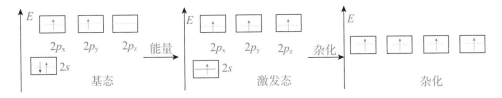

图 1-2　碳原子的 sp^3 杂化过程

由于每个 sp^3 杂化轨道中都含有 1/4 的 s 轨道成分和 3/4 的 p 轨道成分，所形成的 4 个 sp^3 杂化轨道为等性杂化轨道。sp^3 杂化的碳的构型为正四面体结构，碳原子位于正四面体的中心，4 个 sp^3 杂化轨道分别指向四面体的 4 个顶角，相邻两个杂化轨道之间的夹角为 $109°28'$（图 1-3）。

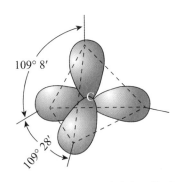

图 1-3　sp^3 杂化碳的电子构型

饱和烃中的碳原子均是 sp^3 杂化的四面体构型。例如甲烷中 C—H 单键是碳原子的 sp^3 杂化轨道与氢原子的 $1s$ 轨道形成的，乙烷中 C—C 单键是一个碳原子的 sp^3 杂化轨道与另一个碳的 sp^3 杂化轨道相互重叠形成的。

（二）sp^2 杂化

碳原子形成双键时采取 sp^2 杂化方式。首先基态碳原子 $2s$ 轨道中的一个电子被激发到 $2p_z$

轨道中, 形成激发态 $2s^1 2p_x^1 2p_y^1 2p_z^1$, 然后一个 s 轨道与两个 p 轨道进行杂化, 形成 3 个能量相同的杂化轨道。由于是一个 s 轨道和两个 p 轨道杂化, 所以称为 sp^2 杂化, 其中每一个 sp^2 杂化轨道都含有 1/3 的 s 轨道成分和 2/3 的 p 轨道成分, 还剩一个 p_z 轨道未参与杂化 (图 1-4)。

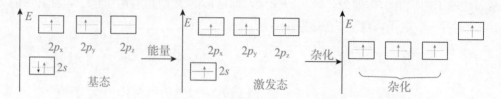

图 1-4 碳原子的 sp^2 杂化过程

sp^2 杂化轨道的形状与 sp^3 杂化轨道形状类似, 只是由于其含有 s 轨道和 p 轨道成分不同, sp^2 杂化轨道比 sp^3 杂化轨道稍短一些。3 个 sp^2 杂化轨道处于同一平面, 彼此间的夹角为 $120°$, 剩余的未参与杂化的 $2p_z$ 轨道垂直于三个 sp^2 杂化轨道所在的平面 (图 1-5)。

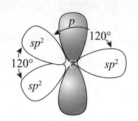

图 1-5 sp^2 杂化碳的电子构型

C=C、C=O 的碳原子均为 sp^2 杂化。

(三) sp 杂化

碳原子的 sp 杂化过程也是基态碳原子的 $2s$ 轨道中的一个电子首先被激发到 $2p_z$ 轨道, 形成碳原子的激发态, 然后 $2s$ 轨道与一个 $2p$ 轨道杂化, 形成两个相等的 sp 杂化轨道, 其中每一个 sp 杂化轨道都含有 1/2 的 s 轨道成分和 1/2 的 p 轨道成分, $2p_y$ 和 $2p_z$ 轨道未参与杂化, 见图 1-6。

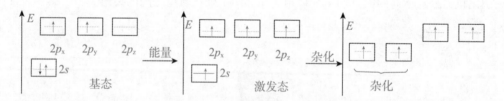

图 1-6 碳原子的 sp 杂化过程

两个 sp 杂化轨道处于同一直线上, 夹角为 $180°$, 剩余的两个 p 轨道垂直于 sp 轨道且相互垂直 (图 1-7)。

炔、丙二烯类化合物为 sp 杂化, 其分子为直线型。

四、共价键的基本属性

共价键是有机化合物中最常见的成键类型, 正确理解和掌握共价键的一些基本属性是学习有机化合物的结构及各种性质的基础。共价键的属性是指键长、键角、键能和键的极性等表征共价键性质的物理量。

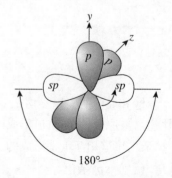

图 1-7 sp 杂化碳的电子构型

（一）键长

形成共价键的两个原子核之间的距离称为键长（bond length），其单位常用 pm 表示。共价键的长短主要取决于键的类型。碳碳单键比碳碳双键长，碳碳双键比碳碳三键长。

$$\begin{array}{ccc} \diagdown C - C \diagdown & \diagdown C = C \diagdown & -C \equiv C- \end{array}$$

键长　（pm）　　　154　　　　　134　　　　120

应用 X 线衍射法和电子衍射法可测量各种共价键的键长。

> 问题 1-1　试比较碳原子 sp^3 杂化、sp^2 杂化和 sp 杂化形成的三种碳氢键（C_{sp^3}—H、C_{sp^2}—H 和 C_{sp}—H）的键长。

（二）键角

分子中键和键之间的夹角称为键角（bond angle）。在有机分子中，sp^3 杂化的碳原子的四个键的键角等于或接近 $109°28'$，例如甲烷分子中的碳原子为 sp^3 杂化，其 4 个 C—H 共价键之间的键角都是 $109°28'$。

（三）键离解能、键能

键离解能（bond dissociative energy）是指裂解分子中某一个共价键时所需要的能量；键能（bond energy）是指分子中同种类型共价键离解能的平均值。以共价键结合的双原子分子的键能等于离解能，但多原子分子的键能不等于离解能。例如甲烷分子中有 4 个 C—H 键，其先后断裂时所需的离解能是不同的，其键能是 4 个 C—H 键离解能的平均值。键能越大，表明两个原子结合越牢固，键越稳定。

（四）共价键的极性

两个相同原子形成的共价键，其成键电子云对称地分布在两原子之间，这种键无极性，称为非极性共价键（nonpolar covalent bonds），例如 H—H、Cl—Cl 键等。而当两个不同原子组成共价键时，由于两原子的电负性不同，其成键电子云非对称分布在两个原子之间，在电负性大的原子一端电子云密度较大，另一端电子云密度较小，这种键是有极性的，称为极性共价键（polar covalent bonds），例如 H—Cl、CH_3—OH。

在极性共价键中，由于电子云偏移，产生了正负电荷中心，两个电荷中心所带电荷大小相同、符号相反，因此构成了一个偶极。正负电荷中心上的电荷量与正负电荷中心间距离的乘积称为偶极矩（dipole moment），用 μ 表示，其单位为 D（德拜）。μ 的大小表示一个键或一个分子的极性。偶极矩是一个矢量，有大小和方向，偶极矩的方向是由正电荷指向负电荷，用 —→ 表示。偶极矩的大小说明共价键极性的大小。在双原子组成的分子中，键的极性就是分子极性，键的偶极矩就是分子的偶极矩。在多原子组成的分子中，分子的偶极矩就是分子中各个键的偶极矩的矢量和。

第三节　有机化合物分类和有机反应类型

一、有机化合物的分类

有机化合物的分类主要采用两种方法，一种是按有机化合物的分子骨架分类，另一种是按有机化合物官能团分类。

根据分子中碳原子的连接方式不同（即分子骨架不同），有机化合物可分为开链化合物和环状化合物两大类。开链化合物是指分子中碳原子与碳原子，或碳原子与其他原子相互连接成链状化合物。环状化合物又分为碳环化合物和杂环化合物。碳环化合物是指分子中碳原子相互连接成环的化合物，又可分为芳香族化合物（分子中含有苯环）和脂环化合物（分子中不含苯环）。环上一个或者几个碳原子被其他杂原子取代的碳环化合物称为杂环化合物，常见的杂原子有氧、硫、氮等。

另一种分类方法是按官能团分类。官能团（functional group）又称功能基，是指有机化合物分子中能表现一类化合物性质的原子或基团，如乙醇分子中的羟基、乙酸分子中的羧基分别是醇类化合物和羧酸类化合物的官能团。含有相同官能团的有机化合物具有类似的化学性质。因此，将有机化合物按官能团进行分类，便于对有机化合物的共性进行学习和研究。本书就是按照官能团分类编排的。一些常见的官能团见表 1-1。

表 1-1　有机化合物常见的官能团

化合物类型	官能团		实例	
烯烃	$\diagdown C=C \diagup$	（烯键）	$H_2C=CH_2$	（乙烯）
炔烃	$-C\equiv C-$	（炔键）	$HC\equiv CH$	（乙炔）
卤代烃	$-X$（F、Cl、Br、I）	（卤素）	CH_3Cl	（氯甲烷）
醇	$-OH$	（醇羟基）	CH_3CH_2OH	（乙醇）
酚	$-OH$	（酚羟基）	C_6H_5OH	（苯酚）
醚	$R-O-R$	（醚键）	$C_2H_5OC_2H_5$	（乙醚）
醛	$-CHO$	（醛基）	CH_3CHO	（乙醛）
酮	$\diagdown C=O$	（羰基）	$\overset{O}{\overset{\|}{CH_3CCH_3}}$	（丙酮）
羧酸	$-COOH$	（羧基）	CH_3COOH	（乙酸）
胺	$-NH_2$	（氨基）	$CH_3CH_2NH_2$	（乙胺）

问题 1-2　甲状腺素具有促进胆固醇分解代谢的作用，请标出甲状腺素中所有的官能团。

二、有机化合物的反应类型

化学反应是旧键的断裂和新键的形成过程，对这一反应发生过程的说明称为反应机理。最常见的键断裂方式有两种：均裂（homolytic cleavage）和异裂（heterolytic cleavage）。

均裂是指在有机反应中共价键的一对电子均等地分布到形成共价键的两个原子上，形成带有单电子的原子或基团。

$$Cl:Cl \xrightarrow{\text{均裂}} Cl\cdot + Cl\cdot$$

这种带有单电子的原子或基团称为自由基，由自由基引发的反应称为自由基反应。一般自由基反应在光、热或过氧化物存在下进行。例如烷烃的卤代反应：

$$CH_4 + Cl_2 \xrightarrow{hv} CH_3Cl + CH_2Cl_2 + CHCl_3 + CCl_4$$

自由基是均裂反应的活性中间体，它的寿命很短，只能在反应的瞬间存在，在生命过程中，许多重要的生物化学反应如衰变、损伤、致癌等都与自由基有关。

异裂是指在共价键断裂时，两原子间共价键共用的电子对完全转移到其中的一个原子上，形成正、负离子，例如：

$$\underset{\underset{CH_3}{|}}{\overset{\overset{CH_3}{|}}{H_3C-C:Cl}} \xrightarrow{异裂} \underset{\underset{CH_3}{|}}{\overset{\overset{CH_3}{|}}{H_3C-C^+}} + Cl^-$$

由共价键异裂产生离子从而引发的反应，称为离子型反应。

第四节 有机化学的酸碱概念

在有机化学中应用最多的酸碱概念是 Bronsted-Lowry 酸碱质子理论和 Lewis 酸碱电子理论。

一、Bronsted-Lowry 酸碱质子理论

按照布朗斯特-劳里（Bronsted-Lowry）酸碱质子理论，酸是质子的给予体，碱是质子的接受体。酸碱质子理论体现了酸与碱两者相互转化和相互依附的关系。酸给出质子后生成的物质称作该酸的共轭碱，而碱接受质子后生成的物质称作该碱的共轭酸。例如气体 HCl 溶于水，即发生酸碱反应，HCl 给出质子（H^+），而水分子接受质子，从而生成了 H_3O^+ 和 Cl^-。

$$\underset{酸}{HCl} + \underset{碱}{H_2O} \longrightarrow \underset{共轭碱}{Cl^-} + \underset{共轭酸}{H_3O^+}$$

当水分子 H_2O 与氨基负离子反应时，H_2O 作为酸成为 H^+ 的给予体。

$$\underset{酸}{H_2O} + \underset{碱}{NH_2^-} \longrightarrow \underset{共轭碱}{OH^-} + \underset{共轭酸}{NH_3}$$

给出质子能力越强，酸性越强，接受质子能力越强，碱性越强。酸性强弱通常用酸在水中的解离常数 K_a 或其负对数 pK_a 表示，K_a 越大或 pK_a 越小，酸性越强，一般 $K_a > 1$ 或 $pK_a < 0$ 为强酸，$K_a < 10^{-4}$ 或 $pK_a > 4$ 为弱酸。化合物碱性强弱可以用碱的解离常数 K_b 或其负对数 pK_b 表示，K_b 越大或 pK_b 越小，表示碱性越强。

> 问题 1 - 3　CH_3NH_2 与 H_2O 发生酸碱中和反应，请注明哪个是酸，哪个是碱，并说明产物的类别。

二、Lewis 酸碱电子理论

路易斯酸（Lewis acid）是指能接受电子对的物质，而路易斯碱（Lewis base）是能提供

电子对的物质。Lewis 酸碱电子理论是通过电子对的转移来定义酸碱的，缺电子的分子或离子都属于 Lewis 酸，例如 H^+、Ag^+、RCH_2^+、BF_3、$AlCl_3$ 等是 Lewis 酸，因为它们都能接受一对电子。Lewis 碱是指具有孤对电子、负离子或 π 电子对的分子或离子，例如 NH_3、RNH_2、$R-O-R$、ROH、RO^-、$RCH=CH_2$ 等。而 $AlCl_3$ 与 Cl_2 的反应就是 Lewis 酸碱反应：

$$AlCl_3 + Cl_2 \longrightarrow AlCl_4^- + Cl^+$$

第五节　共振论基本要点

甲酸根的经典结构式为：

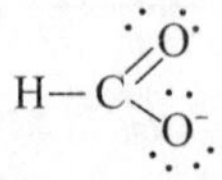

其结构中有一个 C—O 单键和一个 C=O 双键。一般情况下，单键要比双键长，但 X 线衍射证实甲酸根中两个碳氧键的键长相等，都是 127pm。因此，上述结构式不能真实体现甲酸根的真实结构。将不能用一个经典价键结构式描述的分子，用几个经典价键结构式的组合来描述，这就是共振论（resonance theory）的基本要点。如甲酸根的真实结构用共振结构式可以表示如下：

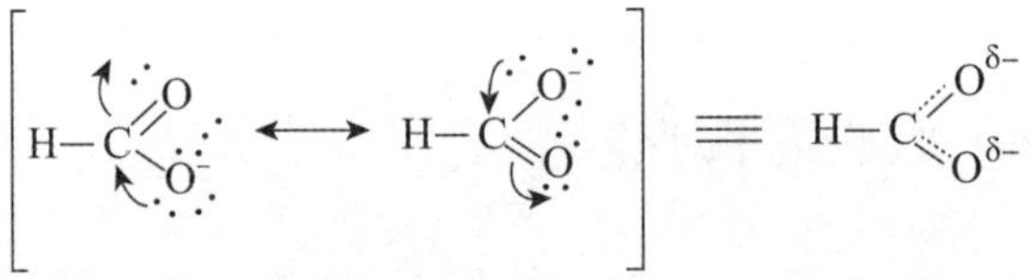

共振式　　　　　共振杂化体

上面两个交替的结构式称为共振式，其中任何一个单一的共振式都不能代表该分子的真实结构，只有共振式的组合体或共振杂化体才能代表分子的真实结构。共振杂化体常用虚线表示部分键，用双键头表示共振符号。在甲酸根共振杂化体中，两个碳氧键，既不是单键，也不是双键，而是介于单键与双键之间的两个相同的键，每个氧原子都带有相同的负电荷。

书写一个化合物的共振式要注意：共振式必须符合 Lewis 电子结构式，各原子的价数不能改变；所有共振式中原子的位置不能变，只允许键和电子发生变动。

> 问题 1-4　请写出硝基甲烷（CH_3-NO_2）的共振式和共振杂化体。

小　结

有机化合物是含碳元素的化合物，有机化学是研究碳氢化合物及其衍生物的一个学科。

有机化合物中碳原子有三种杂化方式：饱和烃碳原子是 sp^3 杂化，为四面体结构；碳原子形成双键时是 sp^2 杂化，为平面三角形结构；碳原子形成三键时是 sp 杂化，为直线型。有机化合物中主要的价键为共价键，共价键的属性包括键长、键角、键能、键的极性。共价键的断裂有两种方式：均裂和异裂。有机化合物共价键发生均裂而导致的反应为自由基反应，经异裂而产生的反应为离子型反应。

有机化学中酸碱理论主要有两个：第一是 Bronsted-Lowry 酸碱质子理论，即能给出质子的是酸，能与质子结合的是碱。第二是 Lewis 酸碱电子理论，即能接受电子对的是酸，能给出电子对的是碱。

有机化合物可按分子骨架和官能团分类。按分子骨架可分为开链化合物和环状化合物，环状化合物又分为碳环化合物和杂环化合物。按官能团分类，可分为烷烃、烯烃、炔烃、芳香烃、醇、酚、醚、羧酸等。

习　题

1. 写出下列化合物的 Lewis 结构式。

   (1) CCl_4 (2) CH_3OH (3) CH_3COOH (4) $H_2C{=}O$

2. 请标明下列化合物中碳原子的杂化类型。

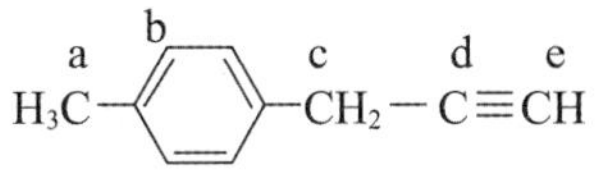

$$H_3\overset{a}{C}-\overset{b}{\underset{}{\bigcirc}}-\overset{c}{CH_2}-\overset{d}{C}{\equiv}\overset{e}{C}H$$

3. 按照键长降低的顺序，排列下列标出的碳碳键。

   (1) $CH_3\overset{a}{-}CH_3$ (2) $CH_3\overset{b}{-}CH\overset{c}{=}CH_2$ (3) $CH_3\overset{d}{-}C\overset{e}{\equiv}CH$

4. 下列化合物哪些是 Lewis 酸？哪些是 Lewis 碱？

   (1) BF_3 (2) $FeCl_3$ (3) CH_3NH_2

   (4) CH_3-O-CH_3 (5) CH_3O^- (6) NH_4^+

5. 写出烯丙基碳正离子的共振式及共振杂化体。

   $^+CH_2-CH{=}CH_2$

（刘俊义）

第二章 烷烃和环烷烃

烃（hydrocarbon）是指由碳和氢两种元素组成的化合物。根据碳原子的连接方式可将烃分为开链烃和环烃，其中开链烃又称脂肪烃。烃类化合物作为人类日常生活的燃料在自然界中广泛存在，如天然气、石油等。

第一节 烷 烃

一、烷烃的结构和同分异构

（一）烷烃的结构

烷烃是由碳和氢两种元素构成的饱和链状化合物，其通式为 C_nH_{2n+2}。烷烃中所有的碳原子都是 sp^3 杂化，分子中的 C—C、C—H 键均为 σ 键，故烷烃又称为饱和烃。

甲烷是烷烃家族中最小的分子，其分子式为 CH_4，其中碳原子为 sp^3 杂化，四个 sp^3 杂化轨道与四个氢原子的 s 轨道沿键轴方向头对头重叠形成四个 C—H σ 键。碳原子位于正四面体的中心，四个氢原子位于正四面体的四个顶点，分子中 H—C—H 之间的键角为 $109°28'$，C—H键长 110pm（$1pm = 10^{-12}$ m）。图 2-1 为甲烷分子结构示意图。

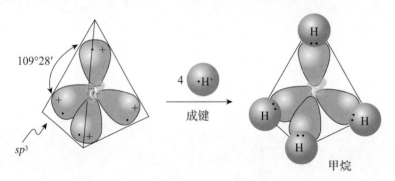

图 2-1 甲烷分子的结构示意图

乙烷是含两个碳原子的烷烃，两个碳原子各以 sp^3 杂化轨道头对头重叠形成 C—C σ 键，余下的杂化轨道分别和 6 个氢原子的 s 轨道头对头重叠形成六个 C—H σ 键，分子中 C—C 键长 154pm，C—H 键长 110pm。图 2-1 为乙烷分子结构示意图。

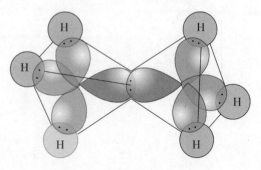

图 2-2 乙烷分子的结构示意图

烷烃分子中只有 C—C（键能 347 kJ·mol^{-1}）、C—H（315 kJ·mol^{-1}）σ 键，由于 σ 键键能较强，不易断裂，因此烷烃是有机化合物中最稳定的一类物质。

（二）烷烃分子中碳原子的类型

根据与碳原子直接相连的其他碳原子的数目，将烷烃分子中的碳原子分为四种类型。仅与另外一个碳原子相连的碳原子称为伯碳原子，又称一级碳原子（1°）；与另外两个碳原子相连的碳原子称为仲碳原子，又称二级碳原子（2°）；与另外三个碳原子相连的碳原子，称为叔碳原子，又称三级碳原子（3°）；与另外四个碳原子相连的碳原子，称为季碳原子，又称四级碳原子（4°）。例如：

$$
\begin{array}{c}
\overset{1°}{CH_3} \\
\overset{1°}{CH_3}-\overset{2°}{CH_2}-\overset{4°}{C}-\overset{3°}{CH}\overset{1°}{CH_3} \\
\overset{1°}{CH_3}\ \overset{1°}{CH_3}
\end{array}
$$

与伯、仲、叔碳原子相连的氢原子，分别称为伯、仲、叔氢原子。

问题 2-1

（1）写出只有伯氢原子，分子式为 C_8H_{18} 的烷烃的构造简式。

（2）写出有 8 个 2°氢原子和 12 个 1°氢原子，分子式为 C_9H_{20} 的烷烃构造简式。

（三）烷烃的异构

在有机化学中，分子中原子间相互连接的次序和方式称为分子的构造。将分子组成相同而构造不同的化合物称为构造异构体（constitutional isomers）。

甲烷、乙烷和丙烷分子中的碳原子只有一种连接的方式，所以不存在构造异构体。随着烷烃中碳原子数的增加，碳原子可以有多种连接的方式，例如丁烷有两种异构体：

$$CH_3CH_2CH_2CH_3 \qquad\qquad \begin{array}{c} CH_3CHCH_3 \\ | \\ CH_3 \end{array}$$

戊烷有三种异构体：

$$CH_3CH_2CH_2CH_2CH_3 \qquad \begin{array}{c} CH_3CHCH_2CH_3 \\ | \\ CH_3 \end{array} \qquad \begin{array}{c} CH_3 \\ | \\ CH_3CCH_3 \\ | \\ CH_3 \end{array}$$

像这种只是由于碳原子的连接次序不同而产生的异构现象称为碳链异构，碳链异构属于构造异构。烷烃中碳链异构体的数目随着碳原子数的增加而迅速增加。例如：己烷（C_6H_{14}）有 5 个异构体，庚烷（C_7H_{16}）有 9 个异构体，癸烷（$C_{10}H_{22}$）有 75 个异构体，二十烷（$C_{20}H_{42}$）有 366319 个异构体。

问题 2-2　写出分子式为 C_6H_{14} 的烷烃的所有碳链异构体。

二、烷烃的命名

有机化合物数目庞大、种类繁多，正确命名有机化合物是学习有机化学的基础，而烷烃的命名又是有机化合物命名的基础。

有机化合物的命名通常分为普通命名法（common nomenclature）和系统命名法（systematic nomenclature）。

（一）普通命名法

普通命名法是根据烷烃中碳原子的数目命名为某烷。十碳及十碳以下的烷烃用天干"甲、乙、丙、丁、戊、己、庚、辛、壬、癸"烷命名，十碳以上的烷烃用中文数字"十一、十二……"烷命名。表 2 - 1 列出了含 1～12 个碳原子的直链烷烃的中英文名称。

表 2 - 1　C1～C12 直链烷烃的中英文名称

烷烃	中文名称	英文名称	烷烃	中文名称	英文名称
CH_4	甲烷	methane	$CH_3(CH_2)_5CH_3$	庚烷	heptane
CH_3CH_3	乙烷	ethane	$CH_3(CH_2)_6CH_3$	辛烷	octane
$CH_3CH_2CH_3$	丙烷	propane	$CH_3(CH_2)_7CH_3$	壬烷	nonane
$CH_3(CH_2)_2CH_3$	丁烷	butane	$CH_3(CH_2)_8CH_3$	癸烷	decane
$CH_3(CH_2)_3CH_3$	戊烷	pentane	$CH_3(CH_2)_9CH_3$	十一烷	undecane
$CH_3(CH_2)_4CH_3$	己烷	hexane	$CH_3(CH_2)_{10}CH_3$	十二烷	dodecane

烷烃异构体的命名：直链烷烃前加一个"正"或"n-"（通常可以省略）；若烷烃第二位碳原子上连有一个甲基侧链，此外别无其他支链，则在名称前加一个"异"或"iso-"；若烷烃第二位碳原子上连有两个甲基，此外别无其他支链，则在名称前加一个"新"或"neo-"。例如：

$$CH_3CH_2CH_2CH_2CH_3 \qquad CH_3\overset{|}{\underset{|}{C}H}CH_2CH_3 \qquad CH_3\overset{CH_3}{\underset{CH_3}{C}}CH_3$$

正戊烷　　　　　　　异戊烷　　　　　　　新戊烷

n-pentane　　　　　iso-pentane　　　　neo-pentane

普通命名法仅适用于比较简单的烷烃，更复杂的烷烃只能用系统命名法命名。

（二）系统命名法

有机化合物的系统命名是依据国际纯粹与应用化学联合会即 IUPAC（International Union of Pure and Applied Chemistry）命名规则，结合中文特点制定的命名方法。该方法的基本原则是选择一条主链作为母体，将主链上连接的支链作为取代基。

烷烃分子中去掉一个氢原子所剩下的基团称为烷基，用 R-表示。烷基的中文名称是将相应烷烃名称中的"烷"字改为"基"字；烷基的英文名称是将烷烃词尾的-ane 改为-yl。常见烷基的结构和名称如下所示：

$$CH_3- \qquad\qquad CH_3CH_2- \qquad\qquad CH_3CH_2CH_2- \qquad\qquad CH_3\overset{}{\underset{|}{C}H}-CH_3$$

甲基　　　　　　　　乙基　　　　　　　（正）丙基　　　　　　　异丙基

（methyl, Me）　　（ethyl, Et）　　　（n-propyl, n-Pr）　　（iso-propyl, iso-Pr）

$$CH_3CH_2CH_2CH_2- \qquad CH_3CH_2\overset{}{\underset{|}{C}H}-CH_3 \qquad CH_3\overset{}{\underset{|}{C}H}CH_2-CH_3 \qquad CH_3\overset{CH_3}{\underset{CH_3}{C}}-$$

（正）丁基　　　　　　仲丁基　　　　　　　异丁基　　　　　　　叔丁基

（n-butyl, n-Bu）　（sec-butyl, sec-Bu）　（iso-butyl, iso-Bu）　（tert-butyl, tert-Bu）

系统命名法命名规则：

1. 选择一条最长的连续的碳链作主链，根据主链碳原子的数目命名为某烷。

2. 若有两条或两条以上等长的碳链，应选择连有取代基较多的碳链作主链。

3. 若主链上连有取代基，需要将取代基编号。编号从离取代基近的一端开始，遵循"最低序列"原则，即当从主链不同方向编号得到两种或两种以上不同编号序列时，顺次逐项比较各序列的不同位次，最先遇到的位次最小者为"最低序列"。两个不同的取代基位于相同位次时，按次序规则（见第三章）中排列小的取代基具有较小的编号。

4. 取代基的编号与名称之间用半字线连接，各编号间用"，"隔开，写在化合物名称前；若有多个相同的取代基，将相同的取代基合并，用二、三、四……（di、tri、tetra……）表示写在取代基名称前面；若有多个不同的取代基，中文命名书写的顺序是按次序规则将优先基团后列出；英文命名的书写顺序是按取代基第一个英文字母的顺序排列。例如：

$$\underset{1\quad2\quad3\quad4}{CH_3CHCH_2CHCH_2CH_3}$$
$$\overset{CH_3}{|}\qquad\overset{\underset{5\ 6\ 7}{CH_2CH_2CH_3}}{|}$$

2-甲基-4-乙基庚烷

4-ethyl-2-methylheptane

$$\underset{1\quad2\quad3\quad4\ \ 5\ 6\ 7\ 8}{CH_3CHCH_2CHCHCH_2CH_3}$$
$$\overset{CH_3}{|}\ \overset{CH_3}{|}\ \overset{CH_3}{|}$$
$$\underset{}{CH_2CH_3}$$

2,4,6-三甲基-5-乙基辛烷

5-ethyl-2,4,6-triethyloctane

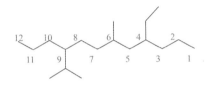

6-甲基-4-乙基-9-异丙基十二烷

4-ethyl-6-methyl-9-iso-propyldodecane

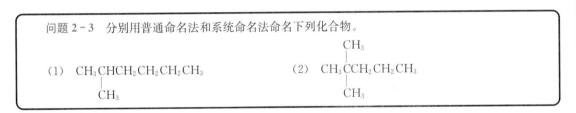

问题 2-3　分别用普通命名法和系统命名法命名下列化合物。

(1)　$\underset{\overset{|}{CH_3}}{CH_3CHCH_2CH_2CH_2CH_3}$

(2)　$\underset{\overset{|}{CH_3}}{\overset{\overset{CH_3}{|}}{CH_3CCH_2CH_2CH_3}}$

三、烷烃的物理性质

化合物的物理性质主要包括：熔点（melting point）、沸点（boiling point）、密度（density）、溶解度（solubility）、折光率（refractive index）、比旋光度（specific rotation）等。有机化合物的物理性质与其结构密切相关，例如熔点和沸点主要取决于分子间作用力的大小，溶解度取决于化合物的极性等（图 2-3）。

烷烃属于非极性分子，分子间的作用力只有范德华力，分子间的作用力较小，因此在常温和常压下，C1～C4 的正烷烃呈气态，C5～C17 的正烷烃呈液态，C18 以上的正烷烃呈固态。

烷烃的熔点：烷烃的熔点不仅取决于分子间作用力的大小，而且取决于烷烃在晶格中排列的紧密程度，分子对称性越好，排列越紧密，熔点越高。烷烃的熔点随着碳原子数的增加而升高，偶数碳的烷烃较奇数碳的烷烃熔点升高较多。

烷烃的沸点：烷烃的沸点随着烷烃分子量的增大、分子间作用力的增加而升高；同碳数的烷烃支链越多，分子间接触的表面积越小，分子间的作用力越小，沸点越低。

烷烃的密度：烷烃分子间的作用力较其他类型有机化合物分子间的作用力小，因此，烷烃是属于有机化合物中密度最低的一类化合物，其密度一般在 $0.5 \sim 0.8 \mathrm{g \cdot cm^{-3}}$ 之间。

烷烃的溶解度：烷烃属于非极性化合物，根据相似相溶原理，烷烃易溶于非极性或弱极性溶剂（如苯、四氯化碳、乙醚等）中，难溶于极性溶剂（如水、醇）中。

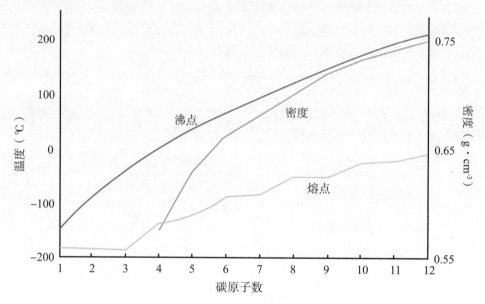

图 2-3 直链烷烃的熔点、沸点、密度与分子中碳原子数的关系

问题 2-4 比较下列化合物的沸点的高低。

(1) $CH_3\ (CH_2)_3CH_3$

(2) $CH_3CHCH_2CH_3$
        $\ |$
        CH_3

(3) $CH_3\overset{\displaystyle CH_3}{\underset{\displaystyle CH_3}{\underset{|}{\overset{|}{C}}}}CH_3$

(4) $CH_3\ (CH_2)_4CH_3$

四、烷烃的化学性质

烷烃属于饱和烃，分子中只有 C—C、C—H σ 键，化学性质很稳定。不与强酸、强碱、强氧化剂、强还原剂反应，但在高温、高压或强光照下与卤素发生卤代反应；在空气中可以燃烧。

（一）卤代反应

有机化合物分子中的原子或基团被另一个原子或基团取代的化学反应称为取代反应（substitution reaction）。烷烃分子中的氢原子被卤素取代的反应称为卤代反应（halogenation reaction）。

1. 烷烃的卤代反应 甲烷和氯气混合物在强紫外光照射或加热至 250～400℃ 条件下，发生氯代反应，反应往往生成一氯甲烷、二氯甲烷、三氯甲烷（氯仿）及四氯甲烷（四氯化碳）和氯化氢的混合物，但可以通过控制反应条件使其主要生成某一种氯代烃。

$$CH_4 + Cl_2 \xrightarrow[\text{or } 300℃]{hv} CH_3Cl + CH_2Cl_2 + CHCl_3 + CCl_4 + HCl$$

2. 卤代反应的机理 反应机理（也称反应机制或反应历程）是化学家以大量的实验事实

为依据，对化学反应变化过程做出的一种推理。化学家根据烷烃的反应事实，推测烷烃的卤代反应是自由基历程，主要经历链引发、链增长和链终止三个阶段。甲烷经氯代反应形成一氯甲烷的反应机理如下所示：

（1）链引发阶段：氯分子从紫外光或热源中获得能量，发生均裂，生成高能量的氯自由基。

$$\overset{\frown}{Cl-Cl} \longrightarrow 2Cl\cdot$$

（2）链增长阶段：氯自由基夺取甲烷分子中的一个 H 原子，形成甲基自由基，活泼的甲基自由基再夺取氯分子中的一个氯原子，又形成氯自由基。每一步消耗一个自由基，同时又为下一步反应生成一个新的自由基，所以这一步骤称为自由基链反应（free radical chain reaction）。此反应属于放热反应，无需额外提供能量，反应就可持续下去。

$$Cl\cdot + \overset{\frown}{H-CH_3} \longrightarrow \cdot CH_3 + HCl$$

$$\cdot CH_3 + \overset{\frown}{Cl-Cl} \longrightarrow Cl\cdot + CH_3Cl$$

（3）链终止阶段：自由基相互碰撞结合成分子或加入自由基捕捉剂，可逐渐终止反应。例如：

$$Cl\cdot + Cl\cdot \longrightarrow Cl_2$$

$$Cl\cdot + \cdot CH_3 \longrightarrow CH_3Cl$$

$$\cdot CH_3 + \cdot CH_3 \longrightarrow CH_3CH_3$$

自由基反应比较难控制，可以向体系内加入少量能抑制自由基生成或降低自由基活性的抑制剂，使反应速率减慢或终止反应。

甲烷还可以与 Br_2 发生类似的溴代反应；碘代反应难以进行；甲烷与 F_2 的反应十分剧烈，难以控制，强烈的放热反应易引起爆炸。卤素与烷烃的反应活性顺序为：$F_2 > Cl_2 > Br_2 > I_2$。

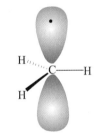

图 2-4 甲基自由基的
结构示意图

3. 自由基及其稳定性 自由基是带有单电子的原子或基团，是非常活泼的中间体，有强烈的获取一个电子形成稳定的八隅体结构的倾向，有很强的反应活性。图 2-4 是甲基自由基的结构示意图，sp^2 杂化的碳原子的 3 个 sp^2 杂化轨道与 3 个氢原子的 $1s$ 轨道形成 3 个 C—H σ 键，3 个 C—H σ 键处于同一平面上，碳原子未参与杂化的垂直于该平面的 p 轨道上有一个电子。其他烷基自由基也具有类似的结构。

自由基是缺电子中间体，凡是能够缓解自由基缺电子的因素都能使自由基稳定。由于相邻烷基中 C—H 键的成键电子云可以给自由基 p 轨道电子，因此，不同类别自由基的稳定顺序是 $3° > 2° > 1° > \cdot CH_3$。

4. 烷烃卤代反应的取向 含有不同类型氢原子的烷烃发生卤代反应时，往往得到多种卤代烷异构体的混合物。烷烃中不同种类的氢原子被取代的活性不同，取代后得到的卤代烷的比例也不同。例如：

$$CH_3CH_2CH_3 + Cl_2 \xrightarrow[25℃]{hv} CH_3CH_2CH_2Cl + CH_3\underset{\underset{Cl}{|}}{CH}CH_3$$

1-氯丙烷   2-氯丙烷
（43%）   （57%）

$$CH_3\underset{\underset{CH_3}{|}}{CH}CH_3 + Cl_2 \xrightarrow[25℃]{hv} CH_3\underset{\underset{CH_3}{|}}{CH}CH_2Cl + CH_3\underset{\underset{Cl}{|}}{\overset{\overset{CH_3}{|}}{C}}CH_3$$

2-甲基-1-氯丙烷   2-甲基-2-氯丙烷
（37%）   （63%）

$$CH_3CH_2CH_3 + Br_2 \xrightarrow[127℃]{hv} CH_3CH_2CH_2Br + CH_3\underset{\underset{Br}{|}}{CH}CH_3$$

1-溴丙烷   2-溴丙烷
（3%）   （97%）

$$CH_3\underset{\underset{CH_3}{|}}{CH}CH_3 + Br_2 \xrightarrow[127℃]{hv} CH_3\underset{\underset{CH_3}{|}}{CH}CH_2Br + CH_3\underset{\underset{Br}{|}}{\overset{\overset{CH_3}{|}}{C}}CH_3$$

2-甲基-1-溴丙烷   2-甲基-2-溴丙烷
（痕量）   （>99%）

可见烷烃分子中不同类型的氢原子反应活性不同。例如丙烷分子中含有 6 个伯氢原子和 2 个仲氢原子，伯氢被取代与仲氢被取代的产物收率之比为 43：57，说明伯氢原子与仲氢原子的相对反应活性为 $(43/6)$：$(57/2) \approx 1:4$。同理，通过异丁烷氯代反应产物收率可以得出伯氢与叔氢的相对活性之比约为 1：5。实验表明，烷烃中伯、仲、叔氢原子的相对活性之比近似为 1：4：5，且与烷烃结构基本无关。结合烷烃卤代反应机理可以得出下列结论：反应过程中生成的烷基自由基越稳定，其碳原子上的氢原子活性越高，越易被卤代。烷烃中不同类型氢原子的活性顺序是：$3°H>2°H>1°H>$甲烷氢。

比较氯代和溴代的反应结果还可以发现，不同卤素反应活性不同，活性越差的卤素对取代反应的选择性越强，当加热到 127℃时，烷烃发生溴代反应，伯、仲、叔三种氢原子的相对反应活性之比为 1：82：1600。

（二）烷烃的氧化燃烧

烷烃在空气中燃烧生成 CO_2 和 H_2O，并放出大量的热量。例如：

$$CH_4 + 2O_2 \longrightarrow CO_2 + 2H_2O + 热量$$

烷烃常用作燃料。天然气的主要成分是甲烷，汽油的成分是 C5～C12 的烷烃，煤油的成分是 C11～C16 的烷烃，柴油的成分是 C15～C18 的烷烃等。

五、烷烃的构象

由于单键的旋转导致分子中原子或基团在空间产生不同的排列方式称为构象（conformation），由单键旋转而产生的异构体称为构象异构体（conformational isomer）。构象异构体具有相同的构造，这种异构属于立体异构的范畴。

烷烃分子中的 C—C σ 键可以任意旋转而不影响键的稳定性，当烷烃分子中 C—C σ 键旋转时，两个碳原子上的氢原子或烷基会产生无数种不同的空间排列方式，产生无数种构象异构体。

（一）乙烷的构象

乙烷的 C—C σ 键旋转产生的无数种构象异构体中，有两种极端的构象：一种是能量最高的重叠式构象：即一个碳原子上的三个氢原子与另一个碳原子上的三个氢原子处于相互重叠的位置；另一种是能量最低的交叉式构象，即一个甲基上的氢原子和另一个甲基上的氢原子彼此处于反方向的交叉位置。

分子的构象通常有两种表达方式，即锯架式和纽曼（Newman）投影式。锯架式是从分子的斜侧面进行观察；而纽曼投影式是沿着可以旋转的 C—C 键进行观察，距离观察者较远的碳原子用圆圈表示，距离观察者较近的碳原子用圆点表示。乙烷分子的重叠式构象和交叉式构象用锯架式和纽曼投影式分别表示如下：

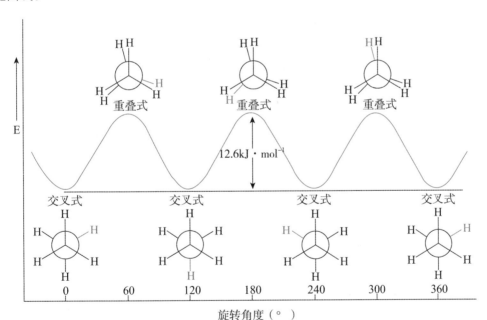

在乙烷分子的重叠式构象中，碳原子上的氢原子距离最近，分子的内能最高，最不稳定。而在乙烷分子的交叉式构象中，两个碳原子上的氢原子之间相距最远，相互间斥力最小，分子的内能最低，最稳定，因此交叉式构象是乙烷分子的优势构象。图 2-5 为乙烷分子构象的能量变化曲线。

图 2-5　乙烷分子构象的能量变化图

乙烷的交叉式构象与重叠式构象的能级相差（12.6 kJ·mol^{-1}）很小，常温下分子间碰撞产生的能量（83.8kJ·mol^{-1}）足以满足两种构象间转化所需的能量，因此乙烷的交叉式构象与重叠式构象在常温下可以相互转化。乙烷分子体系是无数个构象异构体的动态平衡混合物，但在常温下大多数乙烷分子以最稳定的交叉式构象存在。

（二）丁烷的构象

丁烷分子的构象较乙烷分子的构象复杂得多，C1—C2 旋转产生无数个构象异构体，C2—C3 旋转也会产生无数个构象异构体，此处主要讨论丁烷 C2—C3 旋转产生的构象异构体。在丁烷 C2—C3 旋转产生的无数个构象异构体中，有 4 种典型的构象，即对位交叉式、邻位交叉式、部分重叠式和全重叠式。四种典型构象的锯架式和纽曼投影式如下所示：

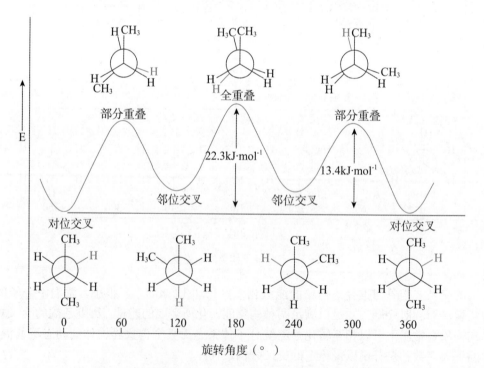

对位交叉式中两个体积较大的甲基处于对位，相距最远，基团间的相互斥力最小，分子的内能最低，该构象是正丁烷分子最稳定的优势构象；邻位交叉式中两个甲基处于邻位，靠得比对位交叉式近，两个甲基之间的相互斥力使这种构象的能量较对位交叉式高；部分重叠式中，甲基和氢原子的重叠使其能量明显升高；全重叠式中的两个甲基相距最近，相互间的斥力最大，故分子的能量最高，是最不稳定的构象。图 2-6 为丁烷分子 C2—C3 旋转产生的各种构象的能量曲线。丁烷分子四种典型构象的稳定性次序是：

对位交叉式＞邻位交叉式＞部分重叠式＞全重叠式

图 2-6 正丁烷 C2—C3 旋转产生的构象的能量变化曲线

正丁烷各种构象之间的能差（最大 22.3kJ·mol⁻¹）也较小，室温下分子碰撞的能量足以满足各构象间转化所需要的能量。室温下正丁烷是各种构象异构体的混合物，但主要是以对位交叉式和邻位交叉式的构象存在，其他两种构象所占的比例很小。

烷烃碳原子数越多，构象越复杂，但其分子主要是以类似正丁烷的对位交叉式优势构象存在。因此，直链烷烃的碳链都是锯齿形的排列，通常只是为了书写方便，才将结构式写成直链的形式。

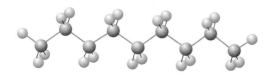

图2-7　壬烷分子的球棍模型

问题2-5　判断下列叙述是否正确。
(1) 烷烃的构象异构体是由于C—C σ键的旋转产生的。
(2) 常温下，采用特殊的技术可以拆分烷烃的构象异构体。
(3) 乙烷的构象异构体包括交叉式和重叠式两种构象。
(4) 常温下，乙烷主要以交叉式构象存在。

第二节　环　烷　烃

一、环烷烃的结构和同分异构

环烷烃是由链状烷烃两端的碳原子连接起来的一类环状化合物，单环环烷烃比直链烷烃少两个氢原子，其通式为 C_nH_{2n}。环烷烃碳原子的杂化方式和成键方式与烷烃基本相同，所有的碳原子均为 sp^3 杂化，分子中也只有 C—C、C—H σ键，属于饱和烃。

环烷烃常用骨架式表示，即只画出碳环的骨架，每一个拐点代表一个碳原子，拐点上的碳原子没有特别说明则表示被氢原子饱和。例如环己烷可以表示为：

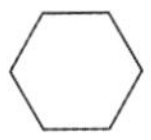

环烷烃不仅存在碳链异构，而且由于环烷烃中 C—C σ键不能自由旋转，当碳环上不同碳原子连有两个或两个以上的取代基时，取代基的不同空间取向可能产生不同结构的化合物，将这些由于取代基空间取向不同导致的异构称为顺反异构（又称几何异构），顺反异构属于立体异构中构型异构的范畴。例如1,3-二甲基环己烷的相同母体的碳链异构体包括：乙基环己烷、1,1-二甲基环己烷、1,2-二甲基环己烷、1,4-二甲基环己烷；另外1,3-二甲基环己烷还有如下的两个顺反异构体：

$$\begin{array}{cc} \text{CH}_3 \ \ \text{CH}_3 & \text{CH}_3 \\ & \ \ \text{CH}_3 \end{array}$$

二、环烷烃的命名

当碳环上没有取代基时，环烷烃的命名是在直链烷烃的名称前加一个"环"字，英文前加"cyclo"；若环上有一个取代基，将取代基的名称写在环烷烃名称前；若环上有两个或两个以上取代基，将取代基按最低序列原则编号，其他命名规则与直链烷烃一致。如：

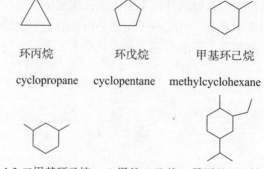

环丙烷　　　　　环戊烷　　　　甲基环己烷

cyclopropane　　cyclopentane　　methylcyclohexane

1,3-二甲基环己烷　　1-甲基-2-乙基-4-异丙基环己烷

1,3-dimethylcyclohexane　2-ethyl-1-methyl-4-iso-propylcyclhexane

若环上所连基团过于复杂而不好以取代基命名时，可将环作为取代基命名。例如：

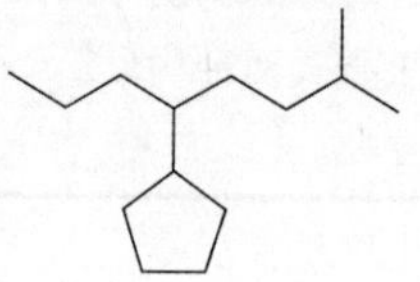

2-甲基-5-环戊基辛烷

2-methyl-5-cyclopentyloctane

环烷烃顺反异构体的命名：当环上两个碳原子各自连有不同取代基时，可以产生顺反异构体。两个相同的取代基位于环平面同侧的称为顺式异构体（*cis*-isomer）；两个相同的取代基位于环平面异侧的则称为反式异构体（*trans*-isomer）。例如：

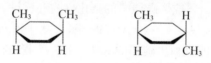

顺-1,4-二甲基环己烷　　反-1,4-二甲基环己烷

cis-1,4-dimethylcyclohexane　*trans*-1,4-dimethylcyclohexane

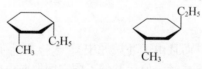

顺-1-甲基-3-乙基环己烷　　反-1-甲基-3-乙基环己烷

cis-3-ethyl-1-methylcyclohexane　*trans*-3-ethyl-1-methylcyclohexane

三、环烷烃的物理性质

环烷烃的物理性质与烷烃相似。环烷烃也是非极性化合物，不溶于水，易溶于苯、四氯化碳、氯仿等非极性或低极性的有机溶剂中。环烷烃分子成环以后 C—C 键旋转受到一定的限制，分子有一定的刚性，分子的排列较链状烷烃更紧密，因此，环烷烃的沸点、熔点和密度都比同碳原子数的直链烷烃高。

四、环烷烃的化学性质

（一）环烷烃的稳定性与环大小的关系

环烷烃的稳定性与环的大小和角张力有关。环烷烃的碳原子都是 sp^3 杂化，杂化轨道之间

键角应该接近 $109°28'$。环烷烃 C—C—C 之间的键角越接近杂化轨道的键角则分子越稳定；反之，偏差越大则角张力越大，环越不稳定。

环丙烷中三个碳原子只能在同一个平面上，若 sp^3 杂化轨道沿键轴头对头重叠成键，则 C—C—C 键角为 $60°$，这与杂化轨道要求的键角偏差 $49°28'$。实际上，环丙烷分子中 C—C—C 键角为 $105.5°$，sp^3 杂化轨道并非沿键轴方向最大程度重叠，而是形成弯曲的 C—C 单键，即两个 sp^3 杂化轨道部分重叠，如图 2-8 所示。这种弯曲的 C—C 单键比一般的 C—C 单键弱，分子不稳定，易发生开环反应。

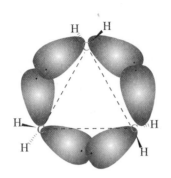

图 2-8 环丙烷分子中的"弯曲键"

环丁烷与环丙烷类似，也能够发生开环反应，但是环丁烷分子中四个碳原子可以不在同一个平面上，成键轨道重叠程度比环丙烷分子大，角张力比环丙烷分子小，因此环丁烷比环丙烷稳定。

环戊烷和环己烷的环较大，可以通过环的扭曲使其环内键角接近杂化轨道的键角，角张力较小或无角张力，因此不易发生开环反应，性质类似于烷烃。

（二）环烷烃的常见反应

1. 取代反应 五元环和六元环与链状烷烃的化学性质很相似，与强酸、强碱、强氧化剂和强还原剂（如金属钠）等都不反应；在强光照或高温下，与卤素发生类似链状烷烃的自由基取代反应。例如：

$$\text{⬡} + Br_2 \xrightarrow{300℃} \text{⬡}^{Br} + HBr$$

2. 小环开环反应 环丙烷和环丁烷分子存在较大的角张力，除了发生卤代反应外，还容易发生开环加成反应，环丙烷活性更高，更易开环。

（1）催化加氢：在镍等金属催化作用下，环丙烷及环丁烷和氢气发生加成反应，生成开链烷烃。

$$\triangle + H_2 \xrightarrow[80℃]{Ni} CH_3CH_2CH_3$$

$$\square + H_2 \xrightarrow[120℃]{Ni} CH_3CH_2CH_2CH_3$$

（2）与卤素及卤化氢加成：环丙烷在室温下可以和溴或溴化氢发生加成反应，环丁烷在加热条件下可以发生同样的反应。例如：

$$\triangle + Br_2 \xrightarrow{室温} BrCH_2CH_2CH_2Br$$

$$\triangle + HBr \xrightarrow{室温} CH_3CH_2CH_2Br$$

烷基取代的环丙烷与氢卤酸反应时，碳环开环发生在连氢原子最多和连氢原子最少的两个碳原子之间。氢卤酸中的氢原子加在连氢原子较多的碳原子上，卤原子加在连氢原子少的碳原子上。例如：

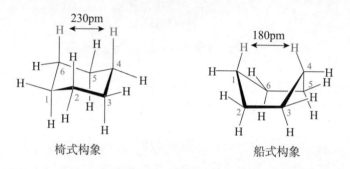

$$\triangle + HBr \xrightarrow{\text{室温}} CH_3CH_2CHCH_3$$
$$\qquad\qquad\qquad\qquad\quad |$$
$$\qquad\qquad\qquad\qquad\quad Br$$

五、环己烷的构象

（一）环己烷的椅式构象和船式构象

随着环碳数的增加，环的刚性减弱，为了减小角张力，环可以进行一定程度的扭曲。环的扭曲会引起环碳原子上氢原子空间位置的改变，会产生无数个构象异构体。

下面以环己烷为例研究环烷烃的构象。在环己烷的无数个构象中，有两个比较典型的构象，即椅式构象和船式构象：

椅式构象　　　　　　　　船式构象

在环己烷的椅式构象中，环内的 C—C—C 键角均接近 $109°28'$，基本没有角张力的影响；C1、C3、C5（C2、C4、C6）上的三个竖氢原子间的距离均为 230pm，与氢原子的范德华半径之和 240pm 相近，无范德华斥力，即没有空间张力；环上所有相邻碳原子的 C—H 键和 C—C 键之间的构象均为交叉式构象，碳原子上的氢原子相距较远，几乎不产生扭转张力。因此，环己烷的椅式构象既无角张力，又几乎无扭转张力和空间张力，是内能最低的优势构象。

在环己烷的船式构象中，环内的键角也均接近碳原子的杂化轨道键角，没有角张力；但 C1 与 C4 两个船头上的氢原子相距很近，只有 180pm，远小于两个氢原子的范德华半径之和，存在较大的空间张力；此外，船底四个碳原子在同一平面上，C2 与 C3、C5 与 C6 两对碳原子之间的 C—H 键为重叠式构象，有较大的扭转张力。由于船式构象存在较大的空间张力和扭转张力，船式构象的能量较椅式构象的能量高，稳定性不如椅式构象。

室温下环己烷分子间碰撞产生的能量足以满足环己烷各种构象间转化所需要的能量。因此，室温下环己烷是各种构象的混合体，其中约 99.9% 的构象为椅式构象。

（二）取代环己烷的构象

在环己烷的优势构象——椅式构象中有 12 个 C—H 键，它们可分为两组：垂直于 C1、C3、C5（或 C2、C4、C6）所在平面的 6 个 C—H 键（3 条向上，3 条向下），称为直立键（axial bond），用"a"表示；另外 6 个 C—H 键与垂直于环平面的对称轴成 $109°28'$ 的夹角，大致与环平行，称为平伏键（equatorial bond），用"e"表示。环上的每个碳原子都有 1 个 a 键和一个 e 键，在旋转 C—C σ 键使环己烷从一种椅式构象翻转为另一种椅式构象时，原来环上的 a 键全部变为 e 键，同时原来环上的 e 键全部变为 a 键。两种椅式构象的翻转如下所示：

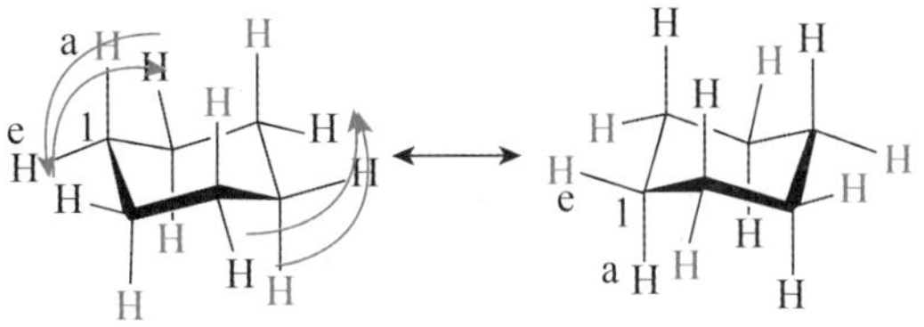

当环己烷分子中的一个氢原子被其他原子或基团取代时，取代基既可以位于 a 键，也可以位于 e 键。一般情况下，取代基位于椅式构象的 e 键上是该取代环己烷的优势构象。因为取代基位于平伏键时，取代基与相邻碳原子所连碳架处于对位交叉式，同时取代基与其他碳上所连氢原子距离较远，因此体系内能较低，分子较稳定；而当取代基位于直立键上时，取代基与相邻碳原子所连碳架处于邻位交叉式，同时较大的取代基与直立键氢原子距离较近，相互间斥力较大，体系内能较高，分子相对不稳定。

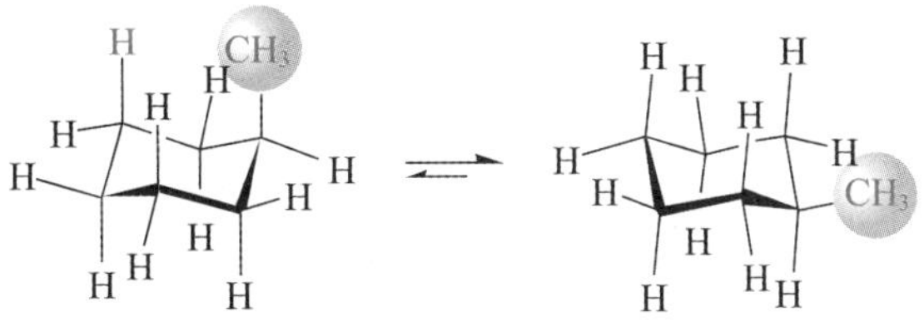

稳定构象

当环己烷不同碳原子上的氢分别被两个基团取代时，两个取代基同时位于 e 键的构象最稳定；当两个取代基不能同时位于 e 键时，大基团位于 e 键的构象是稳定的优势构象。例如：

顺-1,3-二甲基环己烷：

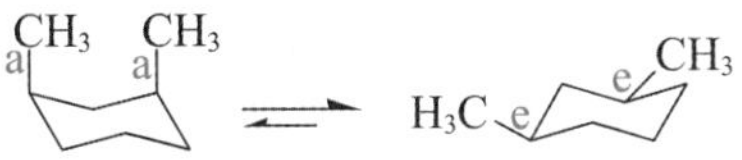

优势构象

反-1-甲基-4-乙基环己烷：

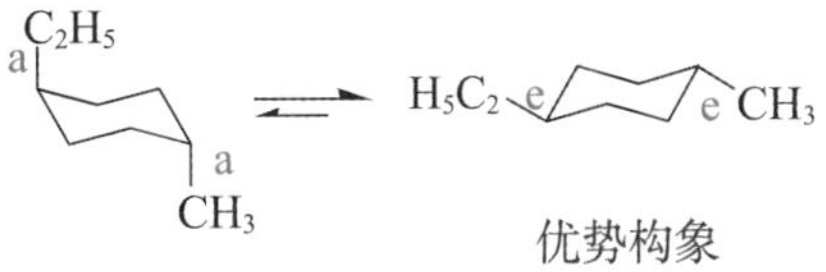

优势构象

反-1-甲基-3-乙基环己烷：

优势构象

顺-1-乙基-4-叔丁基环己烷：

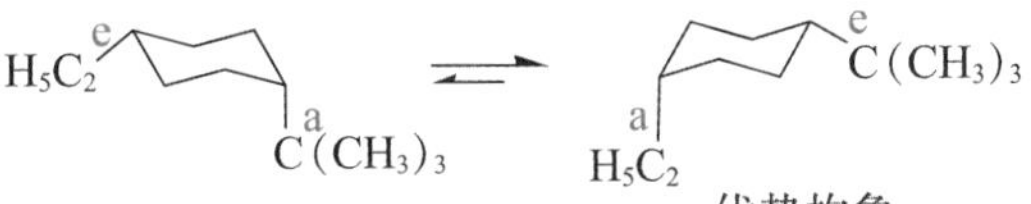

优势构象

（三）十氢化萘的构象

十氢化萘是两个环己烷稠合在一起的化合物，包括顺式十氢化萘和反式十氢化萘两种构型：

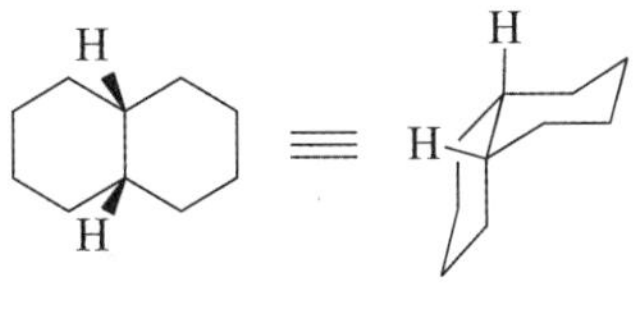

顺式十氢化萘 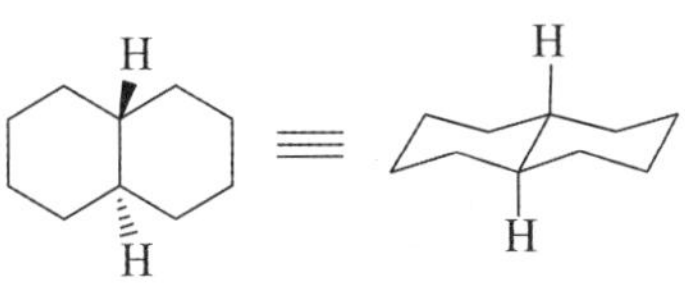　　　　　　　　　　反式十氢化萘

其中反式十氢化萘相当于两个环通过相邻的两个 e 键彼此稠和，因此反式十氢化萘比顺式

十氢化萘稳定。

问题 2-6　写出二甲基环己烷的所有环己烷类同分异构体的优势构象。

知识扩展

自由基与神经损伤

　　生物体内的自由基具有双重生物学效应。在正常条件下自由基具有参与吞噬病原体和微生物，参与前列腺素、胶原蛋白、凝血酶原、环核苷酸等的生物合成，调节细胞增殖与分化，促进生殖和胚胎发育以及细胞信号转导等重要的生理功能；但当机体长时间处在污染、辐射环境下或机体患病服药期间会产生过量的自由基，体内过量的自由基会损伤机体内蛋白质、脂质、糖、核酸和细胞膜，改变它们的结构和功能，引起神经元坏死和细胞凋亡，造成多种器官功能异常或组织病变。

　　脑组织最易受到自由基的损伤。首先，脑组织细胞膜上有丰富的多不饱和脂肪酸，多不饱和脂肪酸特别容易被自由基过氧化而导致细胞膜受损；其次，脑内抗氧化酶（过氧化氢酶和谷胱甘肽过氧化物酶）含量比较低，清除自由基功能较弱；再次，脑组织内含有铁，铁离子可以刺激自由基的产生，容易引起神经损伤。

　　生物体内自由基处于产生与清除的动态平衡之中，生物体在生命活动中产生少量自由基，同时生物体内有各种酶及非酶清除剂。如超氧化物歧化酶（superoxide dismutase，SOD）、谷胱甘肽过氧化物酶（glutathione peroxidase，GSH-Px）、过氧化物酶（peroxidase，POD）以及过氧化氢酶（catalase，CAT）等为常见的酶促自由基清除剂；维生素 E、维生素 C、β-胡萝卜素、茶多酚、多糖、蛋白、微量元素硒（Se）等为常见的非酶自由基清除剂。

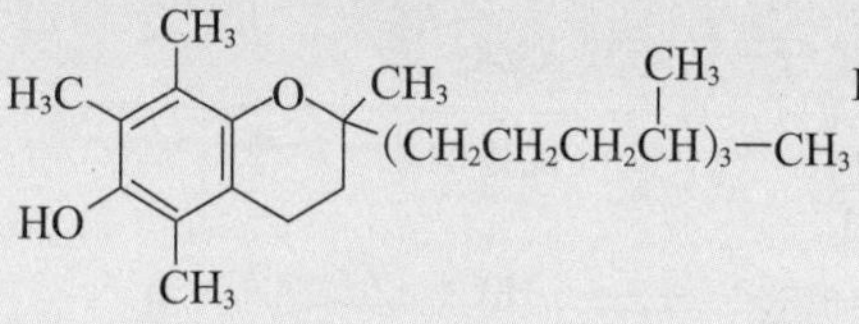

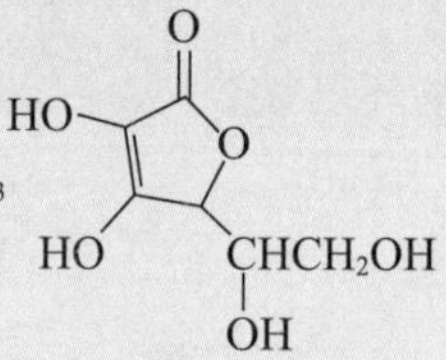

維生素E　　　　　　　　　　　維生素C

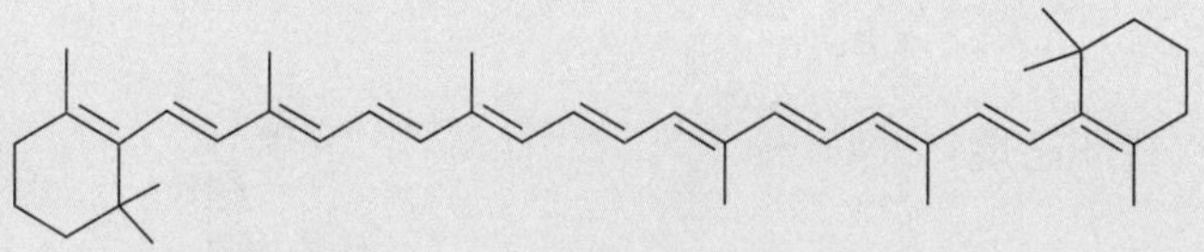

β-胡萝卜素

　　自由基是人体衰老、患病的元凶，维持体内自由基的平衡是预防衰老、远离疾病、健康长寿的基础。生活中除远离污染、辐射环境外，应多食富含维生素 E、维生素 C、胡萝卜素、茶多酚、多糖、蛋白、硒的食物，以清除体内过量的自由基，远离疾病困扰。

小　结

一、烷烃

　　烷烃是由碳、氢两种元素构成的链状化合物，其通式为 C_nH_{2n+2}。烷烃化合物中所有的碳原子都是 sp^3 杂化，分子中的 C—C、C—H 键均为 σ 键，故烷烃又称为饱和烃。烷烃中的碳原子依所连碳原子的数目分为伯（1°）、仲（2°）、叔（3°）、季（4°）碳原子；伯、仲、叔碳原子上的氢原子称为伯、仲、叔氢原子。

烷烃随着碳原子数的增多会产生碳链异构体，丁烷有两个异构体，戊烷有三个异构体，碳的数目越多，异构体的数目越多。

烷烃的命名是有机化学各类化合物命名的基础，烷烃有两种命名方法，即普通命名法和系统命名法。

烷烃属于非极性分子，分子间的作用力为范德华力，烷烃的熔点、沸点、密度较分子量相近的其他类有机化合物低。烷烃的熔点、沸点、密度随着分子量的增加而增大；同分子量的烷烃支链越多，沸点越低。烷烃易溶于非极性或弱极性溶剂而不溶于极性溶剂。

烷烃分子中的价键都是 σ 键，键能较大，键较稳定，不易断裂。烷烃是有机化合物中最稳定的一类化合物，与强酸、强碱、强氧化剂、强还原剂均不反应，但在紫外光照射或高温下与卤素发生自由基取代反应。另外烷烃可以燃烧（氧化）生成 CO_2 和水，放出大量的热量，因此烷烃是我们生活中的主要能源。

在烷烃的自由基取代反应中，不同卤素与同一种烷烃反应的活性顺序是 $F_2 > Cl_2 > Br_2 > I_2$；烷烃中不同类型的氢原子被卤代的活性顺序为：$3°H > 2°H > 1°H$；活性较弱的卤素选择性较强。烷烃的卤代总是得到各种烷烃的卤代混合物。

烷烃的 C—C 键可以自由旋转而不影响键的稳定性，当烷烃 C—C σ 键旋转时，会产生无数种构象异构体，构象异构体之间的能差很小，室温下可以相互转换。烷烃是无数种构象异构体的混合体，在常温下主要以优势构象（交叉构象）存在。

二、环烷烃

环烷烃是指链状烷烃两端的碳原子连接起来的一类环状化合物，其通式为 C_nH_{2n}。环烷烃中碳原子采取 sp^3 杂化方式，分子中的 C—C、C—H 键均为 σ 键，除了三、四元环外，其他环烷烃的成键方式与直链烷烃基本相同。环烷烃不仅存在碳链异构，还存在顺反异构。

环烷烃的命名是在直链烷烃的名称前加一个"环"字，其他原则与开链烷烃基本一致；顺反异构体的命名是在名称前加"顺（cis）"或"反（trans）"。

环戊烷、环己烷的化学性质与开链烷烃相同，易发生自由基卤代反应；小环化合物（三元环、四元环）容易与亲电试剂发生开环加成反应。三元环活性大于四元环。

椅式构象是环己烷最稳定的优势构象；一元取代环己烷的取代基连在 e 键为稳定构象，多元取代环己烷中较大基团连在 e 键为稳定构象。

习　题

1. 用系统命名法命名下列化合物。

(1) $CH_3CH_2CH_2CH_2\underset{\underset{CH_2CH_3}{|}}{\overset{\overset{CH_3}{|}}{C}}CH_3$

(2) $CH_3\underset{\underset{CH_2CH_3}{|}}{\overset{}{CH}}CH_2CH_2\underset{}{CH}CHCH_3$ CH₃ CHCH₃ CH₃

(3) $CH_3CH_2\overset{\overset{CH_3}{|}}{CH}CH_2CHCH_3$

(4)

(5)

(6)

2. 写出下列化合物的结构。

(1) 新戊烷　　　　　　　　　　　(2) 3,3-二甲基戊烷

(3) 顺-1-甲基-3-乙基环己烷　　　(4) 2,4-二甲基-4-乙基庚烷

(5) 3-异丙基-2-环丁基己烷

3. 标出下列化合物中各碳原子的类型，并比较各碳原子上氢原子发生氯代反应的活性大小。

$$CH_3CH-\underset{\underset{CH_3}{|}}{\overset{\overset{CH_3}{|}}{C}}-CH_2CH_3$$
$$\underset{CH_3}{|}$$

4. 写出与下列叙述对应的结构式。

(1) 具有 12 个等性氢的 C_5H_{12} 烷烃。

(2) 3°、2°、1°三种氢原子的比例为 1 : 2 : 9，分子式为 C_5H_{12} 的烷烃。

(3) 只有一级碳原子和二级碳原子的五碳烷烃。

(4) 有 12 个等性氢，分子式为 C_6H_{12} 的烃。

(5) 3°、2°、1°三种氢原子的比例是 1 : 8 : 3，分子式为 C_6H_{12} 的烃。

5. 写出下列化合物优势构象。

(1) 顺-1-甲基-4-乙基环己烷   (2) 反-1-甲基-4-乙基环己烷

(3) 顺-1-甲基-3-仲丁基环己烷   (4) 反-1-乙基-3-异丁基环己烷

6. 比较下列各组化合物沸点的高低。

(1) 正戊烷；异戊烷；新戊烷；正己烷

(2) 己烷；庚烷；辛烷；环己烷

7. 比较下列自由基的稳定性大小。

(1) A. $H_3C-\underset{\underset{CH_3}{|}}{\overset{\overset{CH_3}{|}}{C}}\cdot$ B. $\underset{H_3C}{\overset{H_3C}{>}}\dot{C}H$ C. $H_3CH_2C\cdot$ D. $H_3C\cdot$

(2) A. ⬡· (cyclohexyl radical)   B. ⬡ with CH₃ and ·   C. ⬡—$\dot{C}H_2$ D. $H_3C\cdot$

8. 用 Newman 投影式写出正丁烷 C2—C3 旋转内能最高和最低的两种构象；用锯架式写出丙烷最稳定和最不稳定的两种构象。

9. 写出下列反应的主要产物。

(1) (cyclopropane with methyl) + HBr $\xrightarrow{室温}$

(2) (cyclohexane) + Cl_2 $\xrightarrow{300℃}$

(3) (cyclopentyl-cyclobutane) + H_2 $\xrightarrow[120℃]{Ni}$

(4) (spiro compound) + Br_2 $\xrightarrow{室温}$

10. 化合物 A、B 的分子式均为 C_5H_{12}，A、B 分别在高温下与 Cl_2 发生自由基氯代反应，A 仅得到一种一氯代烃，而 B 得到三种一氯代烃的混合物，试推测 A、B 的结构，并写出相应的反应式。

（李树春）

第三章　对映异构

同分异构现象是有机化学中极为普遍的现象。有机化合物的同分异构可分为构造异构和立体异构。

构造异构是指分子中原子的连接次序或连接方式不同而产生的异构，包括碳原子连接次序不同的碳链异构、官能团不同的官能团异构以及官能团所在位置不同而产生的官能团位置异构。例如：正丁烷与异丁烷互为碳链异构，乙醇与甲醚互为官能团异构，1-丁烯与2-丁烯互为官能团位置异构，它们统称为构造异构。

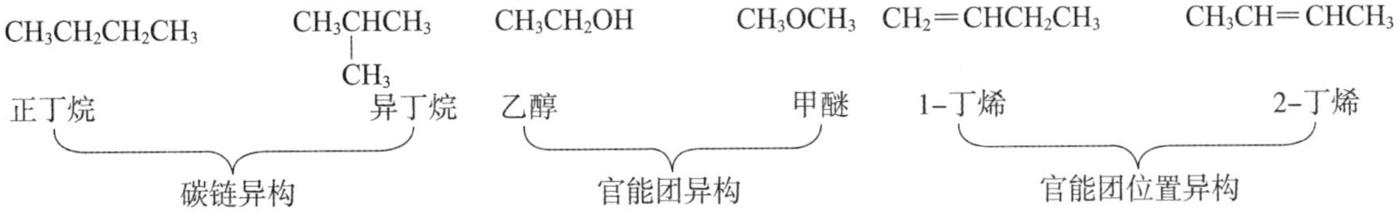

$CH_3CH_2CH_2CH_3$ 　　　CH_3CHCH_3　　　CH_3CH_2OH　　　　　CH_3OCH_3　　$CH_2=CHCH_2CH_3$　　　　$CH_3CH=CHCH_3$
　　　　　　　　　　　　　　|
　　　　　　　　　　　　CH_3

正丁烷　　　　　　　异丁烷　　　乙醇　　　　　　甲醚　　　1-丁烯　　　　　　　2-丁烯

　　　碳链异构　　　　　　　　官能团异构　　　　　　　　官能团位置异构

立体异构是指分子中原子的连接次序和连接方式相同，但原子或基团在空间的排列不同而产生的异构。立体异构包括构象异构和构型异构，构型异构又包括顺反异构和对映异构。构象异构是由于C—C σ键的旋转而产生的异构，构象异构体之间在室温下可以自由转化而不能分离，化合物是各种构象的混合体；顺反异构是由于成环或形成双键后限制了键的自由旋转而产生的异构现象。

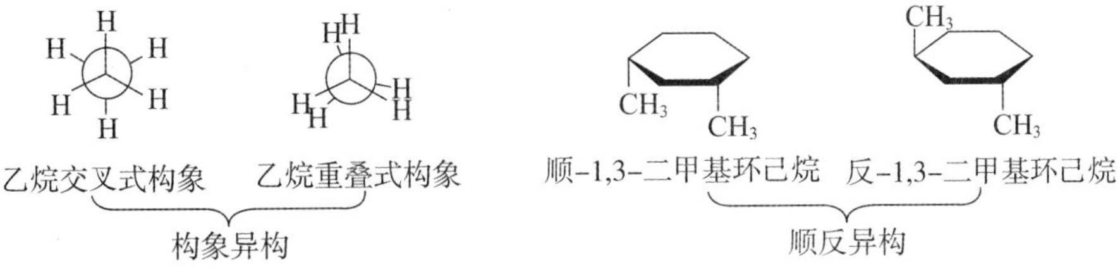

乙烷交叉式构象　　乙烷重叠式构象　　　顺-1,3-二甲基环己烷　反-1,3-二甲基环己烷

　　　　　构象异构　　　　　　　　　　　　　　　顺反异构

对映异构与顺反异构同属于立体异构中的构型异构。对映异构体之间理化性质及生理活性有着明显的差异。本章将系统介绍对映异构体的概念及性质，为学习糖类、脂类、氨基酸、蛋白质及核酸等生物大分子奠定必要的立体化学基础。

第一节　手性分子和对映异构体

一、手性

手性顾名思义就是手的性质。人们的左右手有什么特性呢？我们的左右手看似没有差别，可是当你将一只左手手套戴在右手上就会觉得很不舒服，说明左右手虽然看上去似乎相同，实际却是不同的。那么左右手到底是什么关系呢？现实生活中当你站在一面镜子前举起右手（或左手），我们从镜子中看到的镜像恰恰是左手（或右手），也就是说我们的左右手互为实物与镜像的关系，而且左右手又不能重合。图3-1为左右手的关系图。

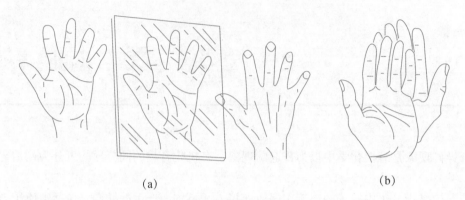

图 3-1　手性关系图

(a) 左右手互为镜像与实物关系；(b) 左右手不能重合

　　像左右手这种互为镜像与实物的关系，彼此又不能重合的现象称为手性（chirality）。自然界中有许多手性物体，例如：足球、海螺、螺丝钉、自行车车把、自行车脚蹬板等。

二、手性分子和对映异构体

　　微观世界的分子中同样存在着手性现象，许多化合物分子具有手性。

（一）含手性碳原子的手性分子

乳酸分子的构造简式为：

$$CH_3CHCOOH$$
$$OH$$
a

如果用透视式表示其立体结构则有如下两种情况：

$$
\begin{array}{cc}
\text{COOH} & \text{COOH} \\
| & | \\
\text{C} & \text{C} \\
\text{HO} \quad \text{H} & \text{H} \quad \text{OH} \\
\text{CH}_3 & \text{H}_3\text{C} \\
b & c
\end{array}
$$

　　结构式中实楔形"✔"表示指向读者的价键，虚楔形"⸗"表示远离读者的价键，实线"—"表示在纸面上的价键。

　　两个立体结构 b 和 c 之间是何种关系？它们是否是相同的分子？答案是：它们代表不同的分子。不妨观察一下 b 和 c 的球棍模型图（图 3-2），两者间的关系就一目了然了。

　　由图 3-2 可清楚地看出，乳酸分子立体结构式 b 和 c 的关系正如人左右手的关系，互为镜像和实物，又不能重合，是两个完全不同的化合物。像 b 和 c 这种不能与自己的镜像重合的化合物称为手性分子（chiral molecule）。其中连有四个不同原子或基团的中心碳原子称为手性碳原子（chiral carbon atom）。手性碳原子采取 sp^3 杂化方式，四个 sp^3 杂化轨道分别连有四个不同的原子或基团。

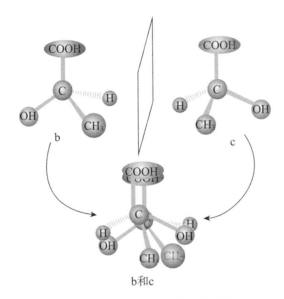

图 3-2 乳酸分子两种立体结构的关系

> 问题 3-1 下面是抗生素青霉素 V 和氯霉素的结构式,分别指出分子中包含的手性碳原子。
>
> 青霉素V
>
> 氯霉素

(二) 不含手性碳原子的手性分子

大多数具有手性的化合物分子中都含有手性碳原子,但并非所有的手性分子都含有手性碳原子。例如某些丙二烯型和联苯型化合物,虽然没有手性碳原子,但分子仍有手性。

丙二烯类化合物 (>C=C=C<) 两端碳原子 (sp^2 杂化) 与中心碳原子 (sp 杂化) 形成的两个 π 键所处的平面彼此相互垂直,如图 3-3 所示。

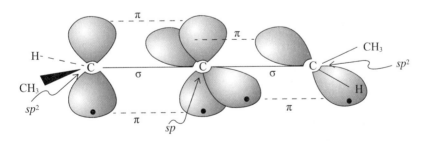

图 3-3 丙二烯分子成键轨道示意图

当丙二烯双键两端的碳原子上各自连有两个不同的原子或基团时,该分子具有手性。例如下图中 a 和 b 互为实物与镜像关系,又不能重合,具有手的特征,是手性化合物。

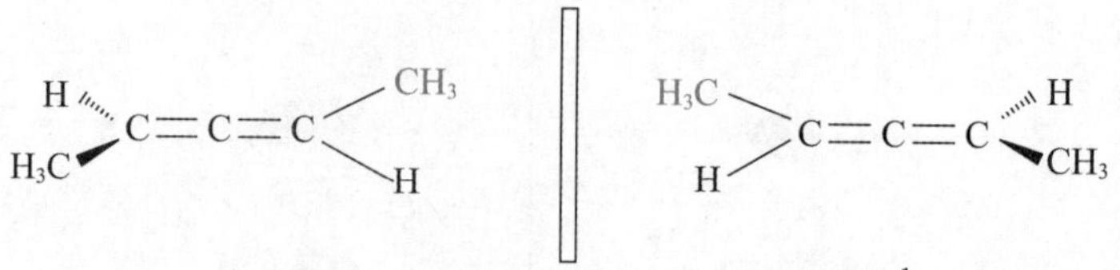

a   b

联苯化合物分子中两个苯环在同一平面上，为非手性分子。

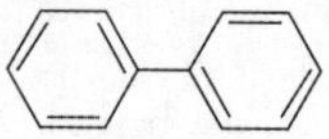

联苯

但当两个苯环各自邻位上两个氢原子被两个不相同且较大的基团取代（如—COOH，—NO₂等）时，由于基团的空间效应，连接两个苯环的C—C单键发生旋转，两个苯环不再处于同一平面内，而是处于互相垂直的优势构象。此时取代的联苯不能和自己的镜像重叠，为手性化合物。例如 6,6′-二硝基- 2,2′-联苯二甲酸即为这种类型的手性分子。

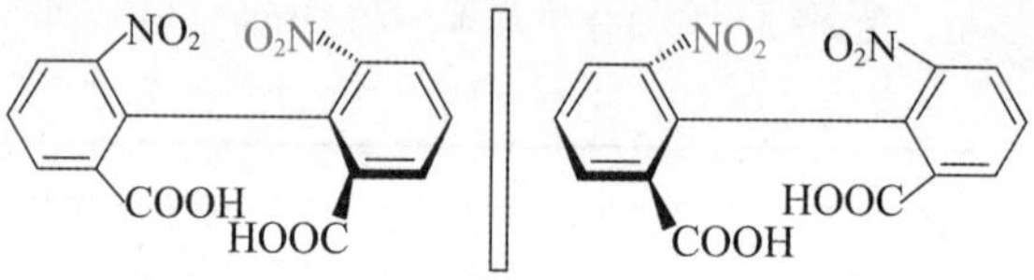

问题 3 - 2　判断下列化合物是否是手性化合物。

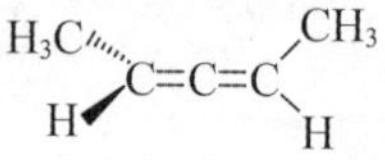

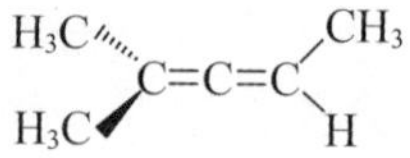

（三）对映异构体

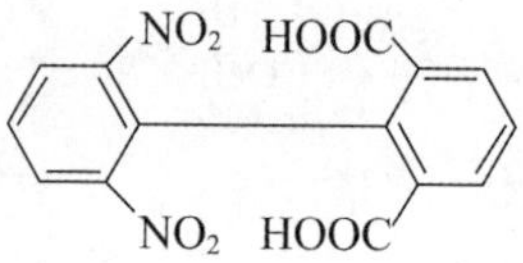

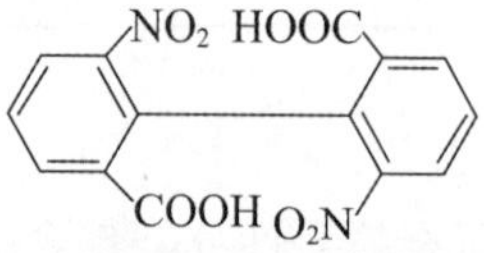

对映异构体简称对映体（enantiomer），是指彼此成实物与镜像关系而又不能重合的两个化合物。上述提到的乳酸 b 和乳酸 c、丙二烯类化合物 a 和 b、联苯类化合物 c 和 d 均互为实物和镜像关系，且彼此不能重合，因此都属于对映异构体。含有一个手性碳原子的化合物有一对对映体。

三、非手性分子与对称因素

无论是含手性碳原子的手性分子还是不含手性碳原子的手性分子都有一个共同的特征：分子中找不到对称因素（对称面、对称中心等）。分子中有对称面或对称中心的化合物有什么特征呢？

（一）分子中有对称面的分子

对称面是指能将分子结构剖成互为实物与镜像的平面，如通过圆球中心的平面、将长方形盒子分成各一半的平面等。有对称面的分子与它的镜像能重合，因此没有对映异构现象，是非手性分子。如图 3-4 所示，不同色阶的球代表不同的原子或基团，当 sp^3 杂化的碳原子连有两个或多个相同的原子或基团时，分子有一个或多个对称面，是非手性分子。

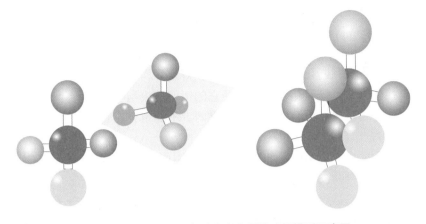

图 3-4 分子中有一个对称面分子的球棍模型示意图

例如丙酸分子中有一个沿着羧基、甲基和通过中心碳原子的对称面（图 3-5），此对称面将丙酸分子剖成实物与镜像关系的两半，丙酸分子与它的镜像可以重合，所以丙酸没有手性，是非手性分子。

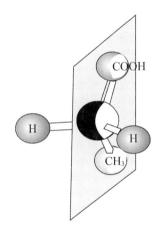

图 3-5 丙酸分子的对称面

（二）分子中有对称中心的分子

当分子中的任意一个原子或基团到某一假想点（Ⅰ）连线，再延长到等距离处，遇到一个相同的原子或基团时，这个假想的点就称为该分子的对称中心，如下面两个结构式中的Ⅰ点：

有对称中心的化合物与它的镜像也能重合，是非手性分子。

综上所述：凡是分子中有对称面或对称中心的分子均为非手性分子，可以通过寻找分子中对称面或对称中心的方法判断分子是否是手性分子。若分子中可以找到一个或多个对称面或对称中心，则分子为非手性分子，反之可以初步判定为手性分子。

四、对映异构体的判断

可通过以下三种方法判断化合物分子是否存在对映异构体。

第一，最直接的方法是搭建化合物分子和它的镜像的模型。如果两者能重合，那么这个化合物就不具有对映异构现象，没有对映体；如果两者不能重合，就具有对映异构现象，存在对映体。

第二，寻找对称面或对称中心。如果化合物分子中有对称面或对称中心，这个化合物和它的镜像就能重合，该化合物没有对映异构现象，不存在对映体。

第三，最简单的方法是寻找手性碳原子（手性中心）。如果化合物分子有一个手性碳原子，它就具有对映异构现象，有一对对映体。利用此方法时，要注意，含有两个或两个以上手性碳原子的化合物有例外情况（见第四节内消旋化合物）。

五、手性分子的表示方法——费歇尔投影式

对映异构体的结构可以用透视式来表示，例如 2-丁醇的一对对映异构体分别为：

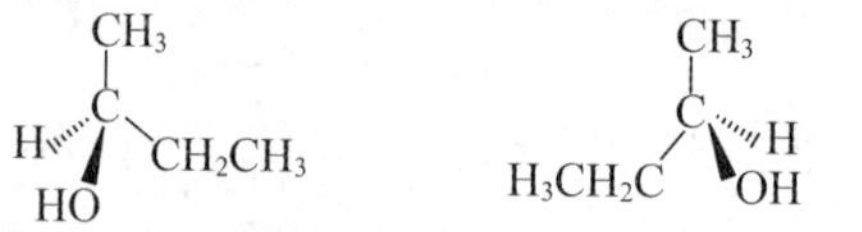

但对于多手性中心化合物用透视式表示就比较困难。1891 年，德国化学家 Emil Fischer 提出了一种全新的手性化合物的表示方法，后人称之为费歇尔（Fischer）投影式。它的规则是：将化合物投影在平面上，向前的键投影在水平键上，向后的键投影在竖键上，如图 3-6 所示：

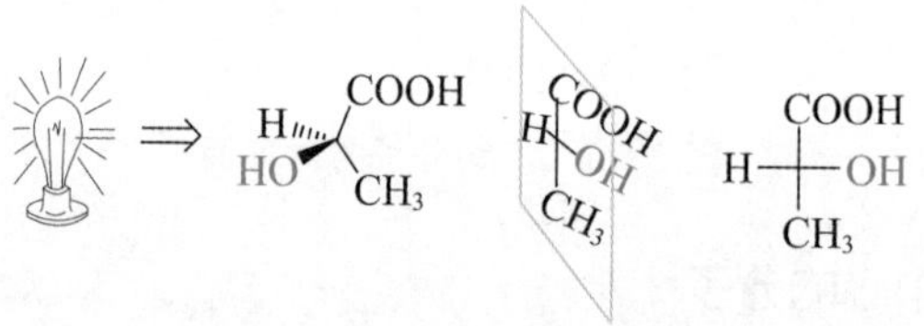

图 3-6   Fischer 投影式示意图

下面是甘油醛和酒石酸立体异构体的透视式和 Fischer 投影式：

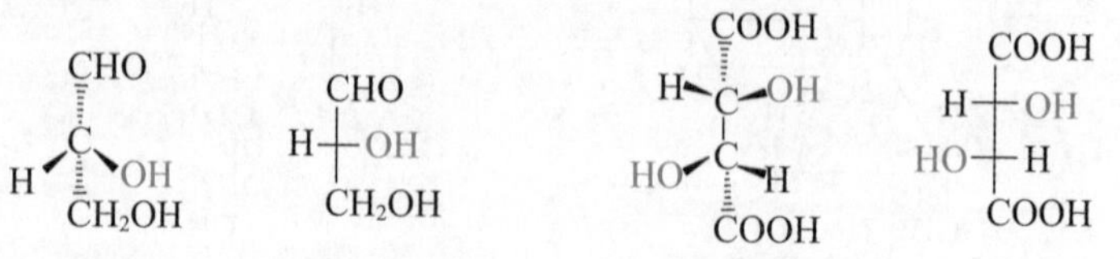

透视式   Fischer投影式   透视式   Fischer投影式
甘油醛   酒石酸

将手性化合物写成 Fischer 投影式时，必须注意下列要点：

（1）水平线和垂直线的交叉点代表手性碳原子，位于纸平面上。

（2）与手性碳原子相连的横键代表朝向纸平面前方的价键。

（3）与手性碳原子相连的竖键代表朝向纸平面后方的价键。

（4）Fischer 投影式只能在纸平面内旋转 $180°$，构型保持不变。不能将分子离开纸平面旋

转，否则就会改变原分子的构型。

根据 Fischer 投影式规则，一个化合物可以写出多个投影式。但一般习惯将分子的主链垂直投影在纸面上，同时把编号最小的基团放在最上端，例如乳酸一对对映体的 Fischer 投影式通常写成下列形式：

$$
\begin{array}{cc}
\text{COOH} & \text{COOH} \\
\text{H}\!-\!\!-\!\text{OH} & \text{HO}\!-\!\!-\!\text{H} \\
\text{CH}_3 & \text{CH}_3
\end{array}
$$

第二节　手性分子的特性——旋光性

一、偏振光和旋光性

光具有波的性质，普通光在垂直于光传播方向的无数个平面内振动传播。当普通光通过一个尼科尔（Nicol）棱镜时，只有振动方向与棱镜晶轴平行的光才能通过，而在其他平面振动的光被阻挡不能通过，所以通过尼科尔棱镜的光只能在与晶轴平行的平面上振动。这种只在一个平面上振动传播的光称为平面偏振光，简称偏振光，偏振光的振动平面称为偏振面。

当偏振光通过盛有某些液体或溶液的容器时，偏振光的偏振面会向右或向左旋转一定的角度。化合物能使偏振光的偏振面旋转的特性称为旋光性，手性化合物都具有旋光性。因此，手性化合物又称光学活性化合物或旋光活性化合物，其异构体又称为光学异构体。

二、旋光度与比旋光度

（一）旋光度

在实际工作中通常用旋光仪测定物质旋光能力的大小。图 3-7 为普通旋光仪的原理简图。它是由一个光源和两个尼科尔棱镜组成的，在两个棱镜中间有一个盛放样品的旋光管（样品管），图中 α 表示偏振面旋转的角度。

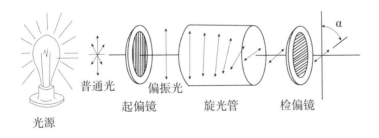

图 3-7　旋光仪的原理简图

第一个棱镜是固定的，称为起偏镜，它的作用是将光源投射来的普通光转变为平面偏振光；第二个棱镜可以旋转，称为检偏镜，它的作用是测量被测物质旋转偏振光偏振面的角度。

使用旋光仪测定物质的旋光度时，可将被测物质配成溶液（若是液体化合物，可以直接用纯样品）装在旋光管里进行测量。若被测物质无旋光性，则平面偏振光通过旋光管后，偏振光的偏振面不被旋转，偏振光可以直接通过检偏镜（检偏镜晶轴与起偏镜晶轴相平行），视场光亮度不会改变；如果被测定物质具有旋光性，平面偏振光通过旋光管后，偏振光的偏振面就会被向右或向左转一个角度（如图 3-7 所示 α 角），这时的偏振光就不能通过与起偏镜晶轴相平行的检偏镜，视场变暗，只有检偏镜也向右或向左旋转相同的角度（α 角度），旋转了的平面偏振光才能完全通过检偏镜，视场恢复原来的亮度。观察检偏镜上刻度盘旋转的角度，即为该旋光性物质的旋光度。

平面偏振光的偏振面被旋光性化合物所旋转的角度称为旋光度，用"α"表示。偏振面被向右（顺时针）旋转的称为右旋，用符号"＋"表示；向左（逆时针）旋转的称为左旋，用"－"表示。例如：（＋）- 2 - 丁醇表示它使偏振面向右旋转；（－）- 2 - 丁醇表示它使偏振面向左旋转。所有的旋光性化合物，不是右旋的，就是左旋的。（＋）和（－）仅表示旋光方向不同，无其他意义。

目前，实验室测定化合物旋光度的仪器基本都是自动旋光仪，可直接显示被测化合物的旋光度和旋光方向，但它的基本原理和普通旋光仪相同。

（二）比旋光度

化合物的旋光度与溶液的浓度、旋光管的长度成正比，除此以外，还与测定时的温度、光源波长以及所用溶剂有关。为了更好地反映化合物的旋光特性，使用单位长度旋光管、单位浓度下测得的旋光度作为化合物旋光性的度量单位——比旋光度（specific rotary power）。

比旋光度是指用 1 分米（dm）长的旋光管、浓度为 $1g \cdot ml^{-1}$ 的待测物质、波长为 589nm 的钠 D 光做光源时所测得的旋光度，用 $[\alpha]_D^t$ 表示。在实际工作中，常用某一长度的旋光管盛放某一浓度的待测物质，测定旋光度后，按下列公式计算得到的比旋光度：

$$[\alpha]_D^t = \frac{\alpha}{l \times C}$$

式中：t 为测定时的温度（℃）；D 表示旋光仪使用的光源即钠 D 光（$\lambda = 589nm$）；α 为实测的旋光值（度）；l 为旋光管的长度（dm）；C 表示溶液的浓度（$g \cdot ml^{-1}$）（纯液体用密度 $g \cdot cm^{-3}$）。

例题：将胆固醇样品 260mg 溶于 5ml 氯仿中，然后将其装满 5 厘米长的旋光管，在室温（20℃）通过钠 D 光测得旋光度为 －2.5°，计算胆固醇的比旋光度。

解：$[\alpha]_D^t = \frac{\alpha}{l \times C} = \frac{-2.5°}{0.26g/5ml \times 0.5dm} = -96°$

答：胆固醇的比旋光度为 －96°（$HCCl_3$）。

比旋光度同物质的熔点、沸点、密度、折射率等物理常数一样，是光学活性化合物的一种物理常数。

通过测定化合物的比旋光度可以了解未知化合物的旋光方向和旋光能力的大小、已知化合物的纯度等。因此，掌握比旋光度的表示方法及其含义是十分必要的。例如，在理化手册上查得海洛因（heroin）的比旋光度值为 $[\alpha]_D^{15} = -166°$（甲醇）。通过该数据我们知道海洛因是一个光学活性化合物，它是左旋的，以甲醇作溶剂，在 15℃时用钠 D 光测定的比旋光度为 166°。

在科学文献报导旋光性化合物的比旋光度值时，一般总在 $[\alpha]_D^t$ 值之后，在括号内标出实验中测定旋光度使用的溶剂以及溶液的浓度，以小写字母 c 表示百分浓度。例如：抗帕金森病药物 L - 多巴，$[\alpha]_D^{20} = -12°$（c 5.0，1N HCl）。这说明 L - 多巴的比旋光度为左旋 12°，测定时的温度为 20℃，使用钠 D 光，溶剂为 $1mol \cdot L^{-1}$ 的盐酸溶液，溶液浓度为 5%（5g/100ml 1N HCl）。

问题3-3 某浓度的光学活性化合物溶液，在 10cm 的样品管中测得其旋光度为 ＋30°，怎样证明它的旋光度是 ＋30°而不是 －330°？

第三节　外消旋体及其拆分

一、对映体的理化性质

一对对映体比旋光度绝对值相等，旋光方向相反。除此以外它们的其他物理性质如熔点、沸点、密度、折光率以及在非手性溶剂中的溶解度均相同。表3-1为2-丁醇一对对映体的常见物理常数。

表3-1　2-丁醇对映体的物理常数

名称	沸点（℃）	$[\alpha]_D^{20}$	密度（$g \cdot cm^{-3}$）
（＋）-2-丁醇	99.5	＋13.9°	0.81
（－）-2-丁醇	99.5	－13.9°	0.81

在非手性环境中，一对对映体的化学性质没有区别，它们与非手性化合物反应的速率也相同。如（＋）-乳酸和（－）-乳酸与氢氧化钠反应的速率完全相同。但是在手性环境中，即一对对映体与同一个手性化合物作用时，它们则体现出区别较大甚至截然不同的化学性质。生命体内包含大量的手性物质，如氨基酸和蛋白质、糖类、脂类等，因此手性化合物的研究对生命科学具有重要的意义，一对对映体混合物的拆分也显得尤为重要。

二、外消旋体

外消旋体（racemate）是指一对对映体的等量混合物。一对对映体对平面偏振光的影响是旋光度相等，旋光方向相反，因此，将一对对映体等量混合后，这对对映体对偏振光产生的影响正好抵消，混合物不再具有旋光性。

外消旋体通常用"±"或"*dl*"表示。外消旋体不具有旋光性，它的某些物理性质与纯的单一对映体不同，如熔点、密度和溶解度等常有差异，但沸点常与纯对映体相同。乳酸不同立体异构体的部分理化常数见表3-2。

表3-2　乳酸立体异构体的部分理化常数

名称	熔点（℃）	$[\alpha]_D^{20}$	pK_a	溶解度（$g \cdot 100ml^{-1}$水）
（＋）-乳酸	26.0	＋3.8°	3.76	∞
（－）-乳酸	26.0	－3.8°	3.76	∞
（±）-乳酸	18.0	0°	3.76	∞

三、外消旋体的拆分

一对对映体除了光学活性不同外，往往具有不同的生理、药理活性。在科研或生产过程中往往得到外消旋体，需要进一步将外消旋体拆分为互为镜像的两种手性分子。

外消旋体中的一对对映体熔点、沸点和溶解度等物理性质相同，因此不能直接通过分步结晶、蒸馏等物理方法进行分离。目前外消旋体的拆分方法包括诱导结晶法、酶法、手性柱拆分法、化学拆分法等，其中化学拆分法是最常用、最有效、最廉价的拆分方法。

化学拆分法的原理是将外消旋体中的对映体转化为非对映体，利用非对映体物理性质的差异采用结晶、蒸馏、层析等方法将非对映体分离，最后再将单一的非对映异构体还原为原来的光学异构体，从而达到拆分的目的。

化学拆分法常常利用酸碱成盐的性质拆分外消旋体的酸或碱。如（±）-乳酸与光学纯的碱（＋）-奎宁结合成非对映体的盐，利用分步结晶法将盐分开，再用无机酸处理得到纯的光学异构体。

$$（±）-乳酸 + （＋）-奎宁 \longrightarrow \begin{array}{l} \longrightarrow （+）乳酸（+）奎宁盐 \xrightarrow{H^+} （+）乳酸 \\ \longrightarrow （-）乳酸（+）奎宁盐 \xrightarrow{H^+} （-）乳酸 \end{array}$$

外消旋体的碱可与光学纯的酸［如（＋）-酒石酸、（＋）-樟脑磺酸等］结合成非对映体的盐，利用分步结晶法将盐分开，再用无机强碱处理得到纯的光学异构体的碱；非酸性或碱性化合物可将化合物转化为酸性或碱性化合物再拆分。

第四节 非对映体和内消旋化合物

一、非对映体

含有一个手性碳原子（手性中心）的化合物有两个光学异构体（一对对映体）；含有 n 个手性碳原子的化合物最多有 2^n（n 代表手性碳原子数）个光学异构体。

如：2,3,4-三羟基丁醛分子中含有两个构造不相同的手性碳原子，存在四种光学异构体（$2^2 = 4$）。下面是 2,3,4-三羟基丁醛的四种光学异构体：

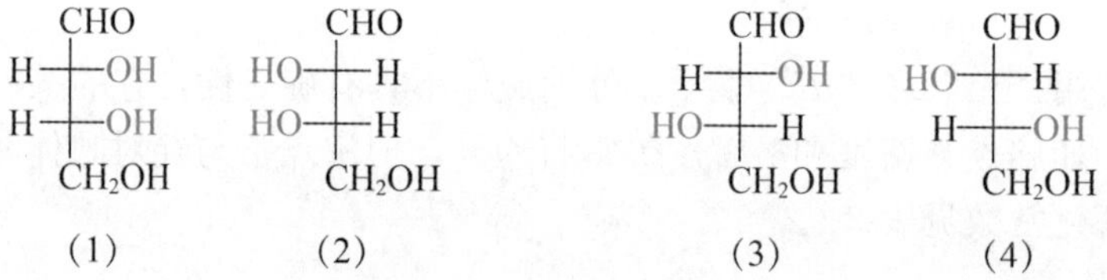

(1) 和 (2)、(3) 和 (4) 互为对映体。化合物 (1) 和 (3) 之间，以及 (1) 和 (4)、(2) 和 (3)、(2) 和 (4) 之间是什么关系呢？它们是彼此不成镜像关系的光学异构体，称为非对映体（diastereoisomer）。

非对映体是指彼此不成镜像关系的光学异构体，亦即所有不是对映体的光学异构体都是非对映体。非对映体具有不同的物理性质，即它们的沸点、熔点、溶解度等都不相同，因此可以通过蒸馏、重结晶等物理方法将非对映体的混合物分离、纯化。

二、内消旋化合物

含有两个不同构造手性碳原子的化合物有 4（2^2）个光学异构体，如果分子中含有两个构造相同的手性碳原子，其异构情况又如何呢？

酒石酸（2,3-二羟基丁二酸）分子中含有两个构造相同的手性碳［两个手性碳原子都分别连有—H、—OH、—COOH、—C（H）（OH）（COOH）四个原子或基团］。按照 2^n 规则，酒石酸分子可能有四个光学异构体：

$$
\begin{array}{cccc}
\text{COOH} & \text{COOH} & \text{COOH} & \text{COOH} \\
\text{H}\!-\!\text{OH} & \text{HO}\!-\!\text{H} & \text{H}\!-\!\text{OH} & \text{HO}\!-\!\text{H} \\
\text{HO}\!-\!\text{H} & \text{H}\!-\!\text{OH} & \text{H}\!-\!\text{OH} & \text{HO}\!-\!\text{H} \\
\text{COOH} & \text{COOH} & \text{COOH} & \text{COOH} \\
(1) & (2) & (3) & (4)
\end{array}
$$

（1）和（2）互为对映体，（1）和（3）、（2）和（3）互为非对映体。那么（3）和（4）之间是何种关系呢？两者看似互为镜像与实物的关系，但将（4）在纸平面内旋转$180°$，就和（3）完全相同，说明（3）和（4）是完全相同的化合物。将（3）或（4）这种有两个或两个以上手性中心，镜像和实物相重合的分子称为内消旋化合物（meso compound）。

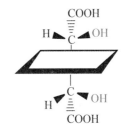

图 3-8　内消旋酒石酸

内消旋化合物不具有旋光性，属于非手性分子。我们看看内消旋酒石酸分子的结构特征：分子中有两个构造相同的手性碳原子，并且分子中有一对称面，如图 3-8 所示：上半部分是下半部分的镜像，分子的上下两部分对平面偏振光的旋光性影响相互抵消，整个分子不具有旋光性。

由于酒石酸内消旋体的存在，酒石酸只有三个光学异构体，因此，含有 n 个手性碳原子化合物的异构体的数目$\leqslant$手性碳原子^n。表 3-3 为酒石酸三种立体异构体的部分理化常数。

表 3-3　酒石酸立体异构体的部分理化常数

名称	熔点（℃）	溶解度（$g \cdot 100ml^{-1} H_2O$）	$[\alpha]_D^{20}$	pK_{a1}	pK_{a2}
（－）-酒石酸	170.0	139.0	$-12.0°$	2.93	4.23
（＋）-酒石酸	170.0	139.0	$+12.0°$	2.93	4.23
内消旋酒石酸	147.0	125.0	$0°$	3.11	4.80
（±）-酒石酸	206.0	20.6	$0°$	2.96	4.24

> 问题 3-4　下列化合物中哪些存在内消旋化合物？
> （1）1,4-二溴丁烷　　　　　　　（2）1,3-二溴丁烷
> （3）1,2-二溴丁烷　　　　　　　（4）2,3-二溴丁烷

第五节　对映异构体构型的标记

对映异构体构型的标记有两种方法：D/L 标记法和 R/S 标记法。

一、D/L 标记法

D/L 标记法又称相对构型标记法。它是德国化学家费歇尔（Fischer）提出、以甘油醛为参照物的命名方法。

费歇尔（Fischer）选择甘油醛为标准，并规定在 Fischer 投影式中，将主链竖向排列，醛基位于竖键上端，（＋）-甘油醛，C2 上的羟基（—OH）位于右侧，为 D-构型；其对映体

（-）-甘油醛，羟基（—OH）位于左侧，为 L-构型。D/L-甘油醛的结构如下：

$$
\begin{array}{c}
\text{CHO} \\
\text{H}\!-\!\!\!-\!\text{OH} \\
\text{CH}_2\text{OH}
\end{array}
\qquad
\begin{array}{c}
\text{CHO} \\
\text{HO}\!-\!\!\!-\!\text{H} \\
\text{CH}_2\text{OH}
\end{array}
$$

D-（+）-甘油醛   L-（-）-甘油醛

以甘油醛为底物，通过适当的化学反应转化为其他的旋光性化合物，若在反应过程中，不涉及与手性碳原子直接相连的化学键的断裂，则所得的化合物的构型与原甘油醛的构型相同。例如：

$$
\begin{array}{c}
\text{CHO} \\
\text{H}\!-\!\!\!-\!\text{OH} \\
\text{CH}_2\text{OH}
\end{array}
\xrightarrow{\text{Br}_2/\text{H}_2\text{O}}
\begin{array}{c}
\text{COOH} \\
\text{H}\!-\!\!\!-\!\text{OH} \\
\text{CH}_2\text{OH}
\end{array}
$$

D-（+）-甘油醛   D-（-）-甘油酸

D-甘油醛与 Br_2/H_2O 反应，醛基被氧化成羧基（—COOH），生成甘油酸。由于在氧化过程中与手性碳原子直接相连的键没有发生断裂，因此甘油酸的构型应与甘油醛相同，也是 D 构型，但甘油酸的旋光方向却为左旋。这一事实说明化合物的构型与旋光方向没有直接的关系，D 构型不一定是右旋的，化合物的旋光方向是通过旋光仪测定的。

D/L 命名法有一定的局限性，一般只适用于与甘油醛结构类似的化合物。目前主要用于糖和氨基酸类化合物的构型标记。

二、*R/S* 标记法

1979 年 IUPAC 建议遵循凯恩-英戈德-普雷洛格规则（R. S. Cahn-R. S. Ingold-V. Prelog Rules）的 *R/S* 构型标记法，这是目前广泛使用的手性化合物的命名方法。*R/S* 构型标记法的基本规则是：首先将与手性碳原子相连的四个原子或基团按优先顺序排列，将最小的基团远离观察者（指向后方），然后将其余的朝向观察者的三个基团从大到小排列，若顺时针排列则为 *R* 构型，逆时针排列则为 *S* 构型，如图 3-9 所示。

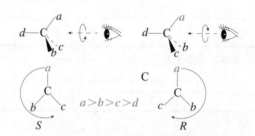

图 3-9 *R/S* 构型判断示意图

基团优先次序规则如下：

（1）比较与手性碳原子直接相连的四个原子的原子序数，原子序数大的为优先基团，如—OH＞—CH₃，—Br＞—Cl，—SO₃H＞—CO₂H。

（2）若与手性碳原子直接相连的原子相同，则比较与此原子相连的原子的原子序数，以此类推直至比较出大小为止。如：—CH₃ 与—CH₂CH₃，与手性碳原子直接相连的都是碳原子，那就比较与碳原子相连的原子，—CH₃ 与 C 相连的是 3 个 H 原子，—CH₂CH₃ 与 C 相连的是 1 个 C 原子和 2 个 H 原子，因此，—CH₂CH₃ 优于—CH₃。例如：

—CH₂OH＞—C（CH₃）₃＞—CH（CH₃）₂＞—CH₂CH₃＞—CH₃

（3）双键、三键分别相当于与两个或三个相同的原子相连，例如：

$$-C{=}C \quad 看作 \quad -\overset{\overset{C}{|}}{\underset{\underset{C}{|}}{C}}-C \qquad\qquad -C{\equiv}C \quad 看作 \quad -\overset{\overset{C}{|}}{\underset{\underset{C}{|}}{C}}-\overset{C}{\underset{C}{C}}-C \qquad\qquad -C{=}O \quad 看作 \quad -\overset{\overset{O}{|}}{C}-O$$

例：判断下列化合物的 R/S 构型。

（1）　　　　　　（2）

解：（1）依次序规则—OH＞—CHO＞—CH$_2$OH＞—H，将最小的基团指向后方（远离观察者），其余的三个基团由—OH 到—CHO 再到—CH$_2$OH 为顺时针排列，化合物为 R 构型。

（2）依次序规则—Br＞—CH$_2$CH$_3$＞—CH$_3$＞—H，将最小的基团—H 指向后方（远离观察者），其余的三个基团由—Br 到—CH$_2$CH$_3$ 再到—CH$_3$ 逆时针，化合物为 S 构型。

化合物绝对构型（R/S）最直观的判断方法是搭建化合物的球棍模型，记住各个球代表的基团，按命名规则判断化合物的构型，但是，并不是任何情况下都方便搭建球棍模型。下面介绍一种比较简单的判断 Fischer 投影式中手性碳原子构型的方法：首先比较与手性碳原子相连的四个原子或基团的大小；暂时不管最小的基团，判断其余三个基团由大到小的旋转方向，若最小基团在竖键上，R/S 构型的判断与上述基本规则完全一致，即顺时针为 R，逆时针为 S；若最小基团在水平键上，R/S 构型的判断与上述基本规则正好相反，即顺时针为 S，逆时针为 R。

另外，可以用"手势法"判断化合物的构型。用左手或右手的手臂代表与手性碳原子上相连的最小的基团，用拇指、食指和中指分别代表其余的三个基团，记住每个手指代表的基团，将三个手指指向自己，判断三个手指代表的三个基团由大到小的顺序，顺时针为 R 构型，逆时针为 S 构型。

问题 3-5　比较下列基团的优先顺序。

$$-\overset{\overset{O}{\|}}{\underset{\underset{O}{\|}}{S}}OH \qquad -\overset{\overset{O}{\|}}{C}OH \qquad -\overset{\overset{O}{\|}}{C}H \qquad -\overset{\overset{O}{\|}}{C}OCH_3 \qquad -CH_2OH \qquad -C{\equiv}CH$$

$$-Cl \qquad -C{\equiv}N \qquad -\overset{\overset{O}{\|}}{C}-NH_2 \qquad -OH \qquad -OCH_3 \qquad -SH$$

问题 3-6   判断下列化合物的构型。

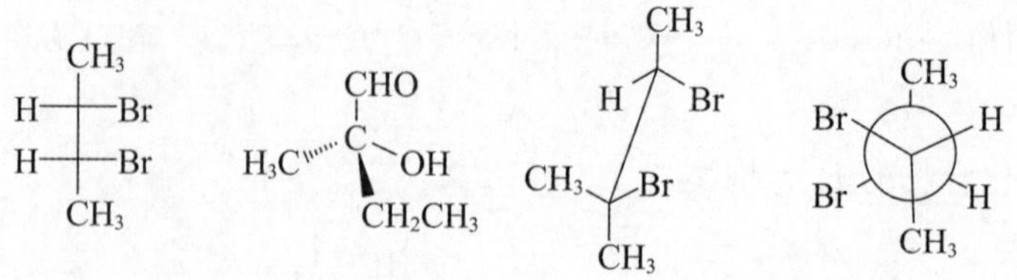

第六节   对映体的生物活性

尽管一对对映体的结构看起来很相似，但它们的生理活性往往差异很大。

例如香芹酮的一对对映体有不同的气味，（S）-香芹酮有香菜的气味，而（R）-香芹酮有薄荷的气味。

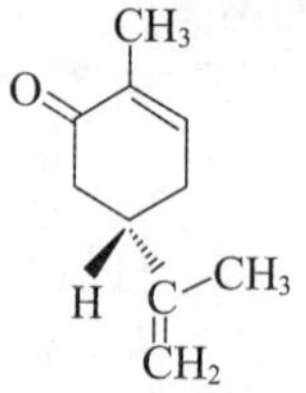

（S）-香芹酮 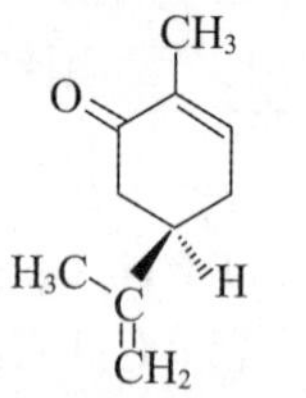   （R）-香芹酮

多巴（Dopa），化学名为 2-氨基-3-（3′,4′-二羟基苯基）丙酸，分子中有一个手性中心，存在一对对映体。（—）-多巴广泛用于治疗帕金森病（中枢神经系统的一种慢性病），（＋）-多巴则无任何相关药效。

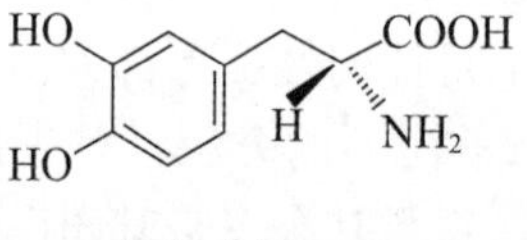

（+）多巴 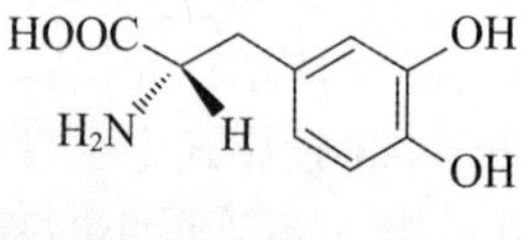   （—）多巴

缓解妇女妊娠反应的药物——肽胺哌啶酮（thalidomide），又名沙利度胺、反应停，有一个手性碳原子，具有一对对映体。（＋）-肽胺哌啶酮具有镇静作用，可缓解妇女妊娠反应；（—）-肽胺哌啶酮有强力的致畸作用，可导致胎儿畸形。

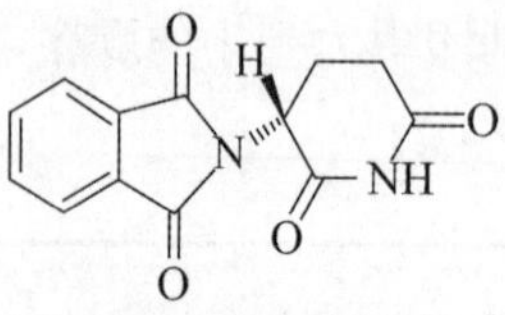

（+）-肽胺哌啶酮 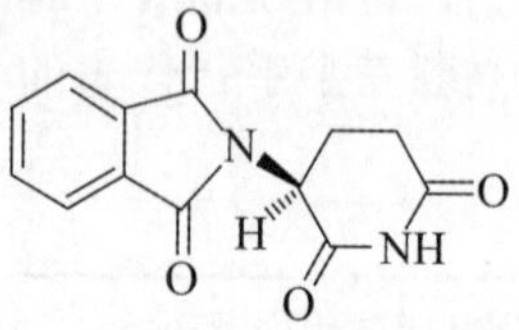   （–）-肽胺哌啶酮

一对对映体的构型差异为什么会导致如此大的生理活性差异呢？一种药物要发挥药理作用，必须与蛋白受体结合，药物与受体的关系就好比手与手套的关系，对映体与受体互补才能结合，产生药理活性。蛋白受体是手性的，不同的对映体由于基团的空间排列不同，与受体结合的程度不同，甚至完全不能结合，致使不同的对映体会有不同的甚至是相反的生理活性。

生物体内存在大量的手性分子，而且多以单一的对映体存在，生物体中的蛋白质、糖、氨基酸、核酸等都是手性化合物。如糜蛋白酶（chymotrypsin）有 251 个手性碳原子，理论上应有 2^{251} 个异构体，但只有一个异构体存在于有机体中。

知识扩展

手性药物

药物受体是蛋白分子，具有独特的空间结构，一对对映体的空间构型不同，与药物受体结合的程度会有差别，最终导致对映体生理活性的差异。对映体生理活性的差异主要表现为以下两种情况。

一种情况是对映体有相同的药理活性，或一种异构体有活性，另一种异构体无活性也无毒副作用，这类对映体可以外消旋体方式入药。如抗心律失常药氟卡尼（Flecainide）两个对映体以及外消旋体的药理作用和作用强度没有明显差别。抗炎镇痛药布洛芬（Ibuprofen）只有（＋）-布洛芬具有抗炎和止痛的功效，（－）-布洛芬无活性。

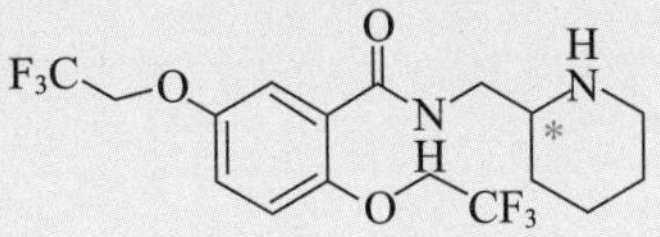

氟卡尼 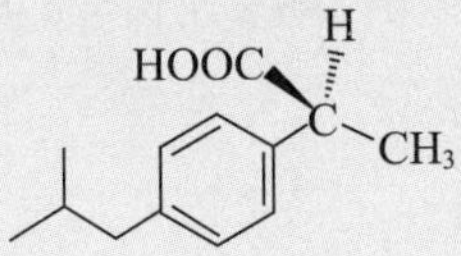　　　　（S）-（＋）-布洛芬 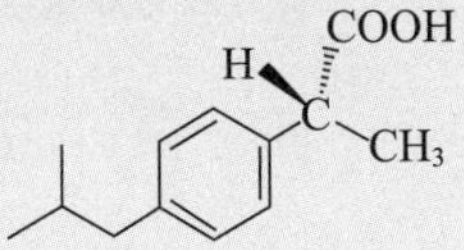　　　　（R）-（－）-布洛芬

另外一种情况是对映体有不同的或相反的药理活性，或某一异构体有毒副作用，这类对映体必须以单一成分入药。例如：静脉麻醉药氯胺酮（Ketamine）的（S）-（＋）-异构体有麻醉作用，而（R）-（－）-异构体具有中枢神经兴奋作用；（R）-1-甲基-5-丙基-5-苯基巴比妥酸具有镇静、催眠的作用，而（S）-1-甲基-5-丙基-5-苯基巴比妥酸引起惊厥，生理活性正好相反。

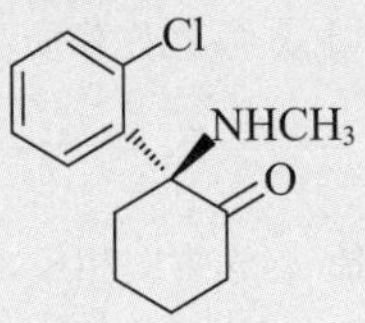

（S）-（＋）-氯胺酮 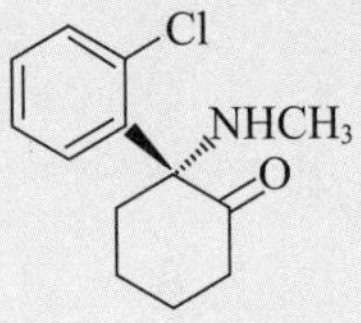　　　　（R）-（－）-氯胺酮

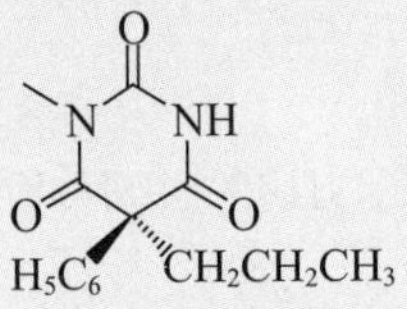

（R）-巴比妥酸 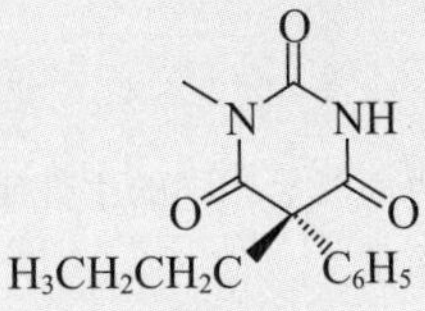　　　　（S）-巴比妥酸

随着现代合成与分离技术的提高以及对对映体生物活性认识的深入，越来越多的临床药物仅用单一对映体，药物的剂量、毒副作用越来越小。

小　结

立体异构是指构造相同，但由于分子中各基团在空间的相对位置不同所产生的异构现象，它包括构象异构和构型异构。对映异构属于构型异构的范畴，它产生的根本原因是分子的不对称性，即分子中不存在对称因素（对称面和对称中心等）。与自己的镜像不能重合的分子称为手性分子，手性分子存在对映异构体。手性分子可使平面偏振光的振动面发生偏转，因此手性化合物又称光学活性化合物。

一对对映体的关系正如人们左右手的关系，互为镜像与实物，彼此又不能重合。一对对映体只有旋光方向不同，一个异构体使偏振光向左旋转，另一个异构体必然是向右旋转，其余的物理性质、化学性质在非手性环境下均相同。

手性分子可分为含有手性碳原子的手性分子和不含手性碳原子的手性分子两大类，最常见的是含有手性碳原子的手性分子。通过寻找手性碳原子（连有四个不同原子或基团的 sp^3 杂化的碳原子）可以判断分子的手性，有一个手性碳原子的化合物一定是手性化合物，必定有一对对映体。

含有 n 个手性碳原子的化合物，最多有 2^n 个光学异构体。分子中若有两个或两个以上相同构造的手性碳原子，则存在内消旋化合物，光学异构体数目少于 2^n。内消旋化合物是有手性碳原子的非手性化合物，不具有旋光活性。

一对对映体的等量混合物称为外消旋体，外消旋体无旋光活性，可以采取一系列方法进行拆分。

彼此不成镜像关系的立体异构体称为非对映体。非对映体之间具有不同的物理性质。

手性化合物的结构除了用透视式、锯架式、Newman 投影式表示外，还可以用 Fischer 投影式来表示。在 Fischer 投影式中，水平键表示指向前方的键，垂直键表示指向后方的键，化合物分子一旦写成 Fischer 投影式，只能在纸平面内旋转 $180°$。

手性化合物的构型可采用 D/L 相对构型标记法，也可采用 R/S 绝对构型标记法。D/L 相对构型标记法有局限性，目前只在糖和氨基酸等生物分子使用，其他的手性化合物多采用 R/S 绝对构型标记法命名。

习　题

1. 解释下列概念。

   (1) 手性　　　　　　　　　　　　(2) 手性分子

   (3) 手性碳原子　　　　　　　　　(4) 对映体

   (5) 非对映体　　　　　　　　　　(6) 内消旋化合物

   (7) 外消旋体　　　　　　　　　　(8) 平面偏振光

   (9) 旋光性　　　　　　　　　　　(10) 旋光性物质

2. 选择题

   (1) 关于对映体的叙述正确的是

   　　A. 熔点、沸点相同　　　　　　　B. 旋光方向相反，旋光值相同

   　　C. 不能重合　　　　　　　　　　D. 互为镜像与实物的关系

   (2) 关于内消旋化合物的叙述正确的是

   　　A. 无光学活性

   　　B. 非手性分子

   　　C. 分子内有两个或两个以上相同的手性碳原子，且有一个对称面

   　　D. 分子内无手性碳原子

   (3) 2,3-二溴丁烷有几种旋光异构体

   　　A. 2　　　　　　B. 3　　　　　　C. 4　　　　　　D. 5

   (4) 关于外消旋体的叙述正确的是

   　　A. 一对对映体的等量混合物　　　B. 可以拆分

   　　C. 非手性化合物　　　　　　　　D. 无旋光活性

   (5) 下列各组化合物中属于对映体的是

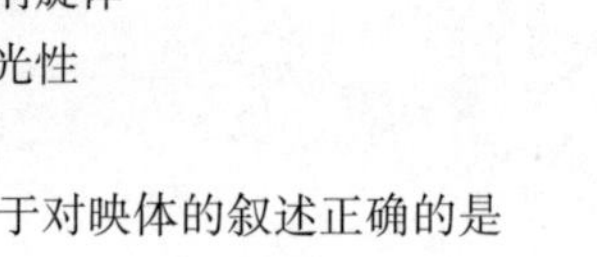

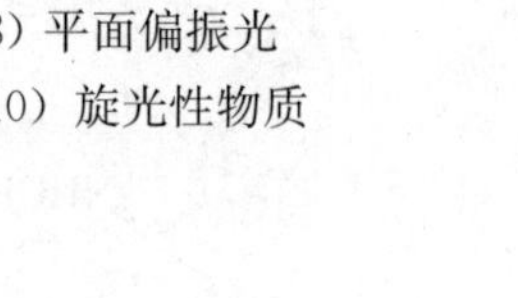

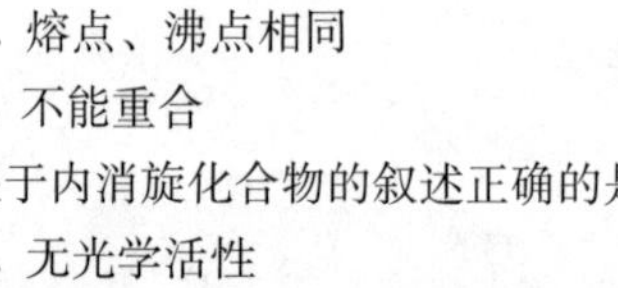

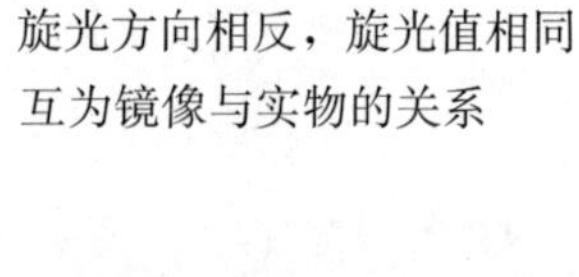

3. 命名下列化合物

(1)

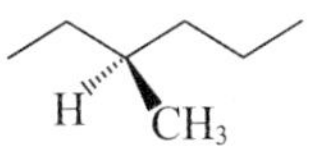

(2)

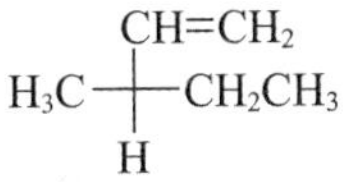

(3)

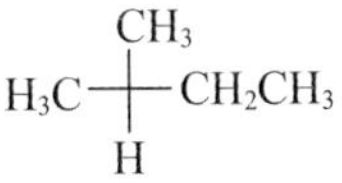

(4)

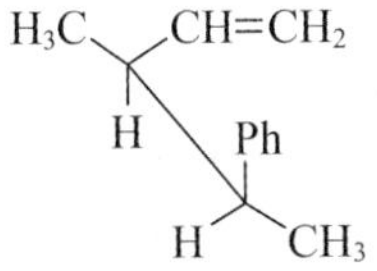

4. 写出下列化合物的结构式。

   (1)（S）-4-甲基-2-己烯

   (2)（S）-2-氯-丁烷

   (3)（2R,3R）-2,3-二氯戊烷

   (4)（3S,4R）-3,4-二甲基己烷

5. 标出下列化合物的手性碳原子。

(1)

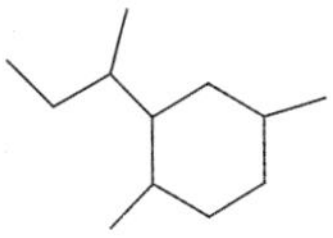

(2)

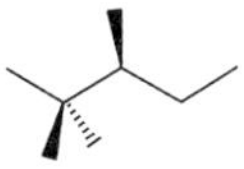

(3)

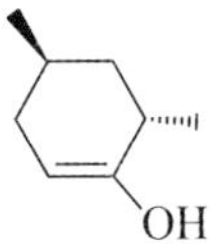

(4)

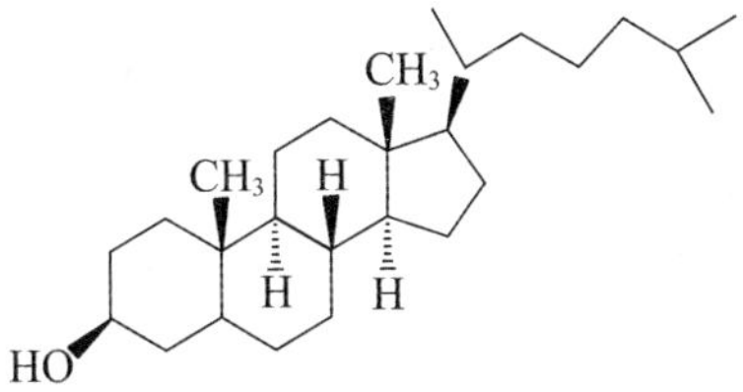

6. 浓度为 5g·ml^{-1}（CHCl$_3$）的旋光性物质在 20℃，用钠 D 光作光源，5cm 旋光管测得的旋光度是 ＋50°，如何判断该物质旋光度是＋50°而不是－310°？并计算该物质的比旋光度。

7. 判断下列四种化合物的构型，并指出它们之间的相互关系（对映体、非对映体、相同化合物）。

A.

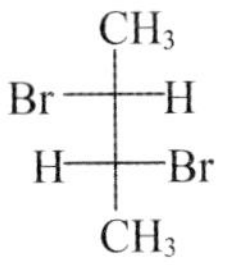

B.

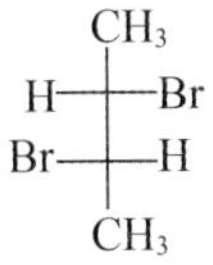

C.

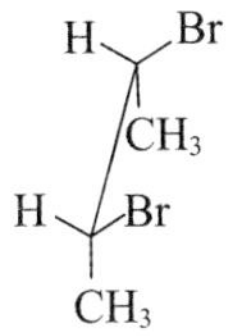

D.

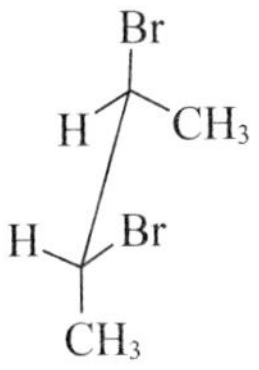

8. 指出各组化合物的相互关系（对映体、非对映体、相同化合物）。

(1)

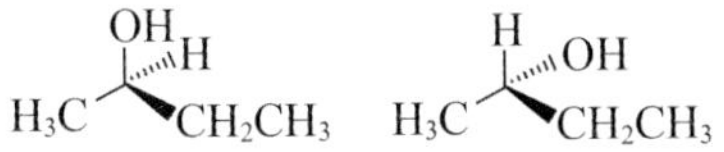

(2)

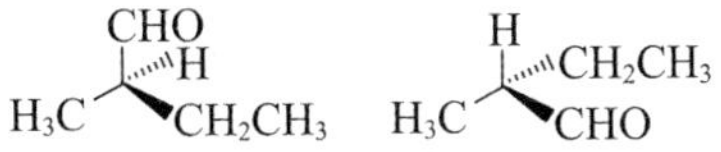

(3)

(4)

(5)

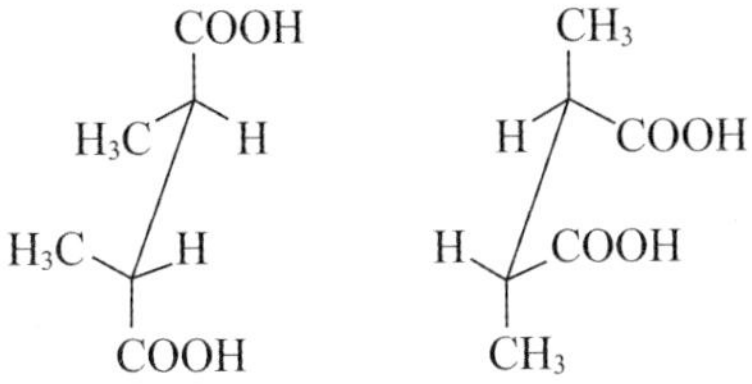

(6)

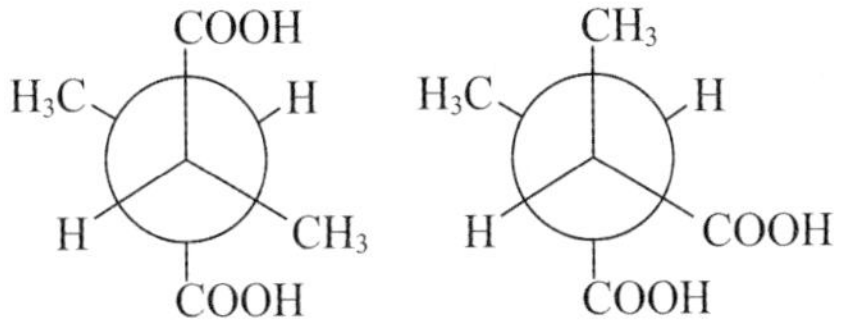

9. 山梗烷是从印度烟叶中分离出来的一个化合物，已被用作戒烟剂。其结构如下：

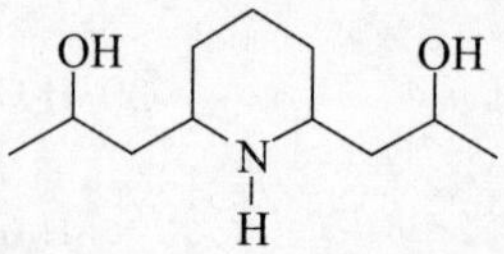

它有手性碳原子，但没有旋光性，也不能被拆分，试解释该化合物非手性的原因。

10. 丁烷在强紫外光照射下，与等当量的 Cl_2 反应，得到两种一氯代产物，两种产物均无旋光活性，试用 Fischer 投影式写出两种产物的结构，并解释无光学活性的原因。

（李树春）

第四章 烯烃、二烯烃和炔烃

烯烃（alkene）、二烯烃（diene）、炔烃（alkyne）同属于不饱和烃，其分子结构中含有碳碳双键（C=C）或碳碳三键（C≡C）官能团。它们共同的结构特征是均有化学性质较活泼的 π 键，其化学性质远较饱和的烷烃高。烯烃、炔烃是重要的工业原料，是与人类生活、生命息息相关的不饱和碳氢化合物。

第一节 烯 烃

一、烯烃的结构与同分异构

（一）烯烃的结构

含有一个碳碳双键的开链烯烃通式为 C_nH_{2n}，比饱和的开链烷烃少两个氢原子。乙烯（$CH_2=CH_2$）是最简单的烯烃，两个双键碳原子均采取 sp^2 杂化，三个杂化轨道在同一平面上，杂化轨道间的键角接近 $120°$。两个碳原子分别用一个 sp^2 杂化轨道沿键轴方向重叠形成一个 C—C σ 键，每个碳原子再分别用两个 sp^2 杂化轨道与两个氢原子的 $1s$ 轨道重叠形成两个 C—H σ 键。此外，两个碳原子还各有一个没参与杂化的 p 轨道，这两个 p 轨道垂直于三个 sp^2 杂化轨道所在的平面，它们彼此平行且侧面重叠形成一个 C—C π 键。烯烃的 π 键较弱且 π 电子云位于成键原子所在平面的上下方，离成键原子核相对较远，易受亲电试剂的进攻，因此烯烃的化学性质较烷烃高。

烯烃分子中的 C=C 是由一个 σ 键与一个 π 键构成的，两个双键碳原子不能围绕键轴自由旋转。乙烯分子的结构如图 4-1 所示。

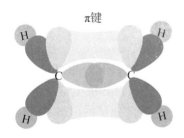

图 4-1 乙烯分子的结构示意图

C=C 的键能为 $610.28kJ·mol^{-1}$，大于 C—C 键能（$347 kJ·mol^{-1}$），但明显小于单键键能的 2 倍。C=C 的键长为 134pm，比 C—C 键长（154pm）短。

问题 4-1 比较 σ 键与 π 键的主要特征。

（二）烯烃的同分异构

烯烃的同分异构现象主要包括构造异构与顺反异构。

1. 构造异构   烯烃的构造异构比烷烃复杂，它包括碳链异构与官能团位置异构。例如，丁烯有三个构造异构体：

$$H_2C = CH-CH_2-CH_3 \qquad H_3C-CH = CH-CH_3 \qquad \underset{(3)}{H_2C = \overset{\displaystyle CH_3}{\underset{|}{C}}-CH_3}$$
$$\qquad\quad (1) \qquad\qquad\qquad\qquad (2)$$

（1）、（2）与（3）为碳链异构，而（1）与（2）为官能团位置异构。

2. 顺反异构   由于烯烃分子中存在限制碳原子自由旋转的双键，因此，若两个双键碳原子上分别连接不同的原子或基团，这些原子或基团就有不同的空间排列方式，从而产生顺反异构体。例如，2-丁烯在空间存在如下两种不同排列方式：

顺式　　　　　　　　反式

> 问题 4-2   写出分子式为 C_5H_{10} 的烯烃的所有同分异构体（不包括立体异构体），并标出哪些是碳链异构，哪些是官能团位置异构。

二、烯烃的命名

（一）普通命名法

简单的烯烃常用普通命名法，即根据烯烃含有的碳原子数目，称为"某烯"。相应的英文名称是取代基的英文名称后加 ene。例如：

$$H_2C = CH_2 \qquad\qquad H_2C = CH-CH_3 \qquad\qquad H_2C = \overset{\displaystyle CH_3}{\underset{|}{CH}}-CH_3$$

乙烯　　　　　　　　　丙烯　　　　　　　　　异丁烯

ethylene　　　　　　　propylene　　　　　　isobutylene

（二）系统命名法

烯烃的系统命名法与烷烃的系统命名法相似，其命名原则为：

1. 选择含碳碳双键的最长碳链作为主链，按主链上的碳原子数目称为"某烯"，当主链上的碳原子数目多于 10 个时，命名时在中文数字后面加"碳烯"；相应的英文名称是将烷烃后缀 ane 改为 ene。

2. 从靠近双键的一端对主链进行编号，碳碳双键的位次以双键碳原子编号中较小的表示并将其写在主链名称之前，编号数字与烯烃名称之间用半字线相连。例如：

$$H_2C = CHCH_2CH_3 \qquad\qquad H_3C(H_2C)_2HC = CH(CH_2)_5CH_3$$

1-丁烯　　　　　　　　　　4-十一碳烯

1-butene　　　　　　　　　4-undecene

3. 取代基的位次和名称写在表示双键位次的数字之前并用半字线隔开，其原则和书写方法与烷烃相同。例如：

$$H_2C = CCH_2CH_3$$

2-甲基-1-丁烯

2-methyl-1-butene

$$H_2C = C - CH - CH_3$$

3-甲基-2-乙基-1-丁烯

2-ethyl-3-methyl-1-butene

烯烃去掉一个氢原子称为烯基。烯基命名时，编号是从游离的价键处开始。例如：

$$H_2C = CH -$$

乙烯基（1-乙烯基）

ethenyl（1-ethenyl）

$$H_3C - HC = CH -$$

丙烯基（1-丙烯基）

propenyl（1-propenyl）

$$H_2C = CH - CH_2 -$$

烯丙基（2-丙烯基）

allyl（2-propenyl）

（三）顺反异构体的命名

1. 顺反构型命名法　当两个双键碳原子上连有相同的原子或基团时，具有顺反异构体的烯烃可采用顺/反构型命名法。若两个双键碳原子上连接的相同原子或基团分布在双键键轴同侧，称为顺式（cis）；若相同原子或基团分布在双键键轴异侧，则称为反式（$trans$）。命名时，将"顺"或"反"放在烯烃名称的前面，并用半字线隔开。例如：

顺-2-丁烯

cis-2-butene

反-2-丁烯

$trans$-2-butene

显然，当两个双键碳原子所连接的四个原子或基团都不相同时，则无法使用顺反命名法。

2. Z/E 构型命名法　Z/E 构型命名法适用于所有具有顺反异构体的烯烃。若两个双键碳原子上所连的较优原子或基团分布在双键键轴的同侧，称为 Z 构型；若较优原子或基团分布在双键键轴异侧，则称为 E 构型。命名时，把 Z 或 E 写在括号里，放在烯烃名称的前面，并用半字线隔开。例如：

（Z）-3-乙基-2-己烯

（Z）-3-ethyl-2-hexene

（E）-3-乙基-2-己烯

（E）-3-ethyl-2-hexene

顺反异构体的命名在没有特殊说明的情况下用 Z/E 构型命名法或顺反构型命名法均可，这两种命名法之间没有必然的对应关系，即顺式不一定是 Z，反式不一定是 E。

三、烯烃的物理性质

烯烃的物理性质与碳原子数相同的烷烃相似。在常温常压下，2~4 个碳原子的烯烃为气体，5~18 个碳原子的烯烃为液体，19 个碳原子以上的烯烃为固体。烯烃难溶于水，可溶于某些非极性溶剂，如苯、石油醚和四氯化碳等。

烯烃的熔点和沸点都随着碳原子数的增多而升高。通常反式异构体的熔点比顺式异构体高，这是因为反式异构体比顺式异构体在晶体中排列更紧密。而顺式异构体的沸点却比反式的高，这是因为顺式异构体的偶极矩比反式异构体的偶极矩大。一些烯烃的物理常数见表 4-1。

表 4-1　一些烯烃的物理常数

名称	结构式	沸点（℃）	熔点（℃）	密度（g·cm^{-3}）
乙烯	$CH_2=CH_2$	−103.7	−169.4	0.610
丙烯	$CH_3CH=CH_2$	−47.4	−185.2	0.610
2-甲基丙烯	$(CH_3)_2C=CH_2$	−6.9	−140.3	0.600
1-丁烯	$CH_3CH_2CH=CH_2$	−6.3	−185.3	0.626
顺-2-丁烯	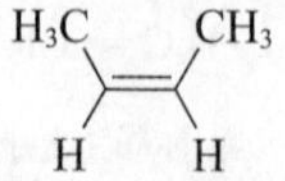	3.7	−138.9	0.621
反-2-丁烯	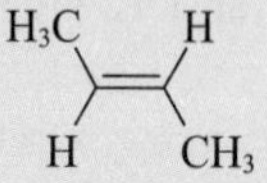	0.9	−105.5	0.604
1-戊烯	$CH_3CH_2CH_2CH=CH_2$	30	−138	0.650

四、烯烃的化学性质

烯烃的官能团是由一个 σ 键和一个 π 键组成的 C＝C。由于 π 键键能较小，较易断裂，故烯烃的化学性质较活泼，易发生加成反应和氧化反应。

（一）加成反应

当烯烃的 π 电子受到试剂的进攻时，π 键发生断裂，双键碳原子上分别加一个原子或基团，形成两个 σ 键的反应称为烯烃的加成反应（additive reaction）。由于烯烃双键 π 电子云密度较高，易受亲电试剂（electrophilic reagent）的进攻，因此，烯烃的加成反应主要是亲电加成反应。

1. 亲电加成反应　由亲电试剂进攻烯烃中的 π 键而发生的加成反应称为烯烃的亲电加成反应。烯烃可与卤素单质、卤化氢、硫酸和水等亲电试剂（缺电子基团）发生亲电加成反应。

（1）与卤素的加成：烯烃与卤素加成得到邻二卤代烷。

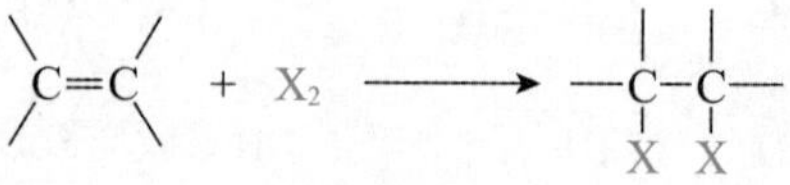

卤素的活性顺序为 $F_2>Cl_2>Br_2>I_2$。F_2 与烯烃的加成反应非常剧烈，同时伴随着其他副反应，而 I_2 很难与烯烃发生加成反应，所以烯烃与卤素的加成通常是指与 Cl_2 或 Br_2 的加成。

室温下将烯烃加入 Br_2 的 CCl_4 溶液中，可使溴的红棕色褪去，故常用 Br_2 的 CCl_4 溶液鉴别烯烃。

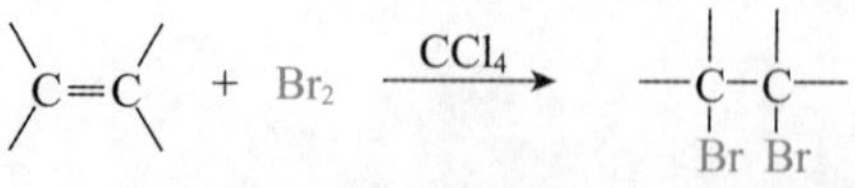

研究证实烯烃与 Br_2 的加成反应分两步进行。第一步是烯烃与极化的 Br_2 中带正电荷的溴加成生成三元环状溴鎓离子与 Br^-，这步反应速率较慢，是加成反应的速率控制步骤。第二步是 Br^- 从背面进攻溴鎓离子环上的碳原子，生成反式加成产物，这步反应速率较快。

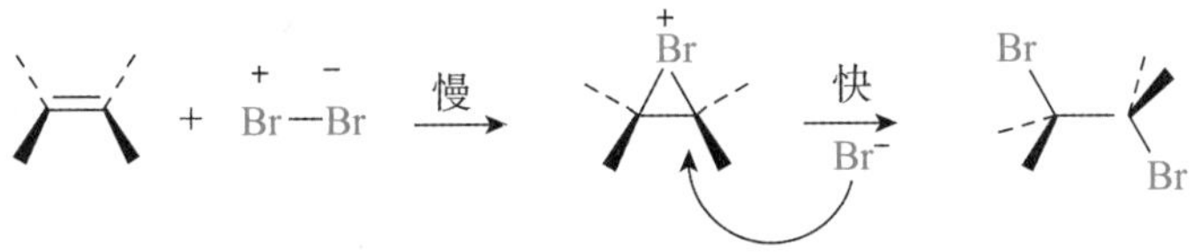

（2）与卤化氢的加成

1）烯烃与卤化氢加成的一般过程：烯烃与卤化氢加成得到一卤代烷。

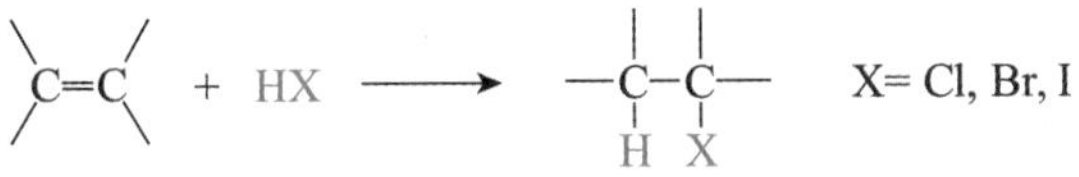

$$X= Cl, Br, I$$

为避免 H_2O 与烯烃的加成反应，常使用干燥的卤化氢气体与烯烃进行加成反应。卤化氢的活性顺序为 $HI>HBr>HCl$。

研究证实烯烃与卤化氢的加成反应分两步进行。第一步是烯烃与卤化氢中的氢离子加成生成中间体碳正离子与卤离子，这步反应速率较慢，是加成反应的速率控制步骤。第二步是中间体碳正离子与卤离子生成卤代烷，这步反应速率较快。

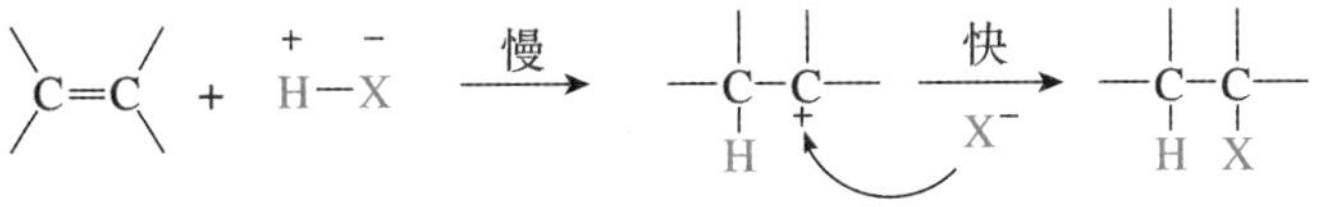

2）不对称烯烃加成的方向：对称烯烃与对称试剂或不对称试剂加成、不对称烯烃与对称试剂加成只有一种产物，不对称烯烃与不对称试剂（如卤化氢）加成时，理论上可得到两种不同的加成产物，但实际上产物一般以一种为主。俄国化学家马尔科夫尼科夫（Markovnikov）总结了不对称烯烃与卤化氢加成的规则：不对称烯烃与卤化氢加成时，卤化氢中的氢离子总是优先加到双键中含氢较多的碳原子上，而卤离子加到双键中含氢较少的碳原子上，这一规则称为马尔科夫尼科夫规则，简称马氏规则。例如：

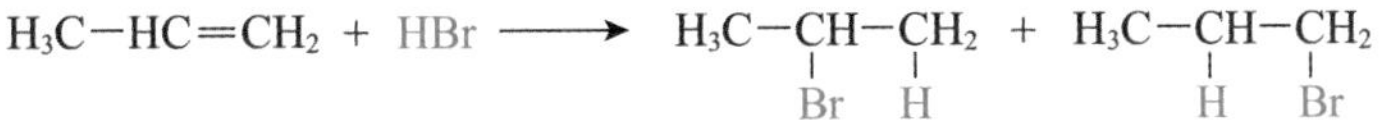

主要产物

3）马氏规则的解释

a. 诱导效应解释马氏规则：由于电负性不同的原子或基团的影响，导致分子中的成键电子对按一定方向偏移的效应称为诱导效应（inductive effect），用 I 表示。诱导效应沿着 σ 键传递，并逐渐减弱，一般经过三个 σ 键后可以忽略。例如，1-氯丁烷分子中的电荷分布情况为：

由于 Cl 的电负性大于 C 的电负性，C_1 上带有部分正电荷 δ^+，从而导致 C_1—C_2 键的共用电子对偏向 C_1，使 C_2 带有比 C_1 较少的正电荷 $\delta\delta^+$。同理，C_2 又导致 C_3 带有比 C_2 更少的正电荷 $\delta\delta\delta^+$。

诱导效应通常以 H 作为比较标准。吸电子能力大于 H 的原子或基团可引起吸电子诱导效应，用 $-I$ 表示。吸电子能力小于 H 的原子或基团可引起斥电子诱导效应，用 $+I$ 表示。用箭头 "$\rightarrow$" 表示电子云移动方向。

X吸电子   比较标准   Y斥电子

一些常见原子或基团引起的吸电子诱导效应相对大小顺序如下：

$$—NO_2>—COOH>—COOR>—X>—OCH_3>—OH>—C_6H_5$$

与 sp^2 杂化碳原子相连的烷基可引起斥电子诱导效应，其相对大小顺序如下：

$$—C(CH_3)_3>—CH(CH_3)_2>—CH_2CH_3>—CH_3$$

利用诱导效应可以解释马氏规则。以丙烯与 HBr 的加成反应为例。在丙烯分子中，—CH_3 的斥电子诱导效应导致碳碳双键的电子对发生偏移，离—CH_3 较远的双键碳原子带部分负电荷，离 CH_3 较近的双键碳原子带部分正电荷。当 HBr 对丙烯进行亲电加成时，HBr 中的氢离子先加到带部分负电荷的双键碳原子上，形成碳正离子，然后 Br^- 与碳正离子结合生成2 - 溴丙烷。

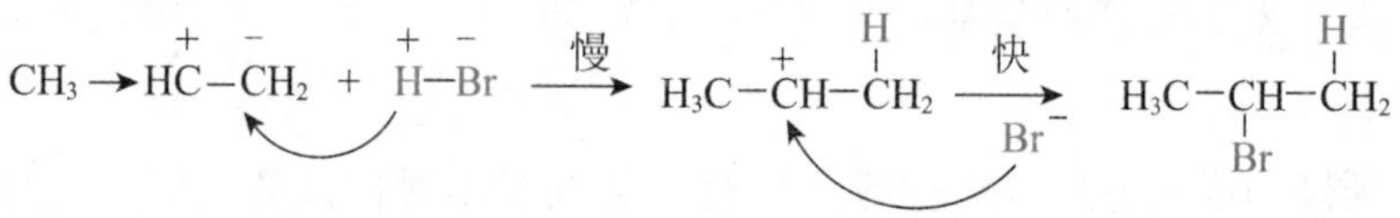

b. 碳正离子中间体稳定性解释马氏规则：碳正离子是指带 1 个正电荷的碳氢基团，其中带正电荷的碳原子外围只有 6 个电子，其杂化形式为 sp^2，其结构与烷基自由基类似，如图 4 - 2 所示。

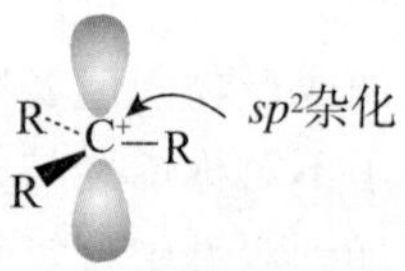

图 4 - 2   烷基碳正离子

由于烷基具有斥电子诱导效应，可使碳正离子上的正电荷得以分散，从而导致碳正离子的稳定性增大。因此，烷基碳正离子的稳定性次序为：

$$R_3\overset{+}{C}>R_2\overset{+}{C}H>R\overset{+}{C}H_2>\overset{+}{C}H_3$$

在产生碳正离子中间体的反应中，碳正离子越稳定，反应越易进行。

利用碳正离子（carbonium ion）稳定性也可解释马氏规则，以丙烯与 HBr 的加成反应为例。首先氢加到双键碳原子上，可生成仲碳正离子与伯碳正离子；由于仲碳正离子比伯碳正离子稳定，因此更容易生成，成为主要活性中间体。然后 Br^- 加到仲碳正离子中间体上，生成2 - 溴丙烷。

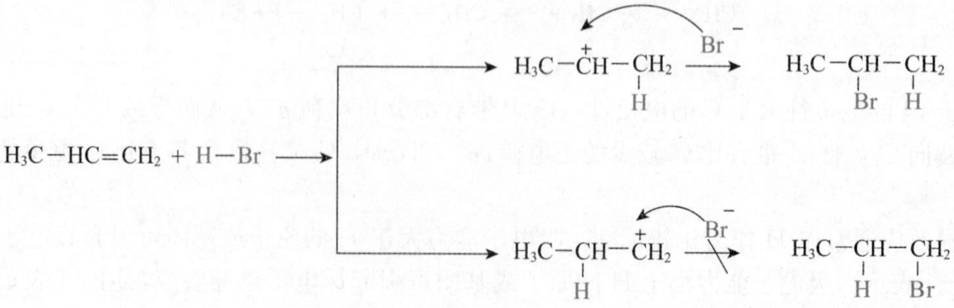

4）碳正离子的重排（rearragement）：在有机化学反应中，产物与反应物相比碳骨架发生的变化称为重排。碳正离子的重排是指带正电荷碳原子邻位碳原子上的氢或烷基带着一对电子

迁移至带正电荷的碳原子上的过程，氢原子或烃基迁移后形成了更稳定的碳正离子。因此，在有机化学反应中，但凡有碳正离子中间体生成的反应都有可能会发生碳正离子的重排。利用碳正离子重排可解释烯烃加成反应中的异常产物（重排产物）。例如：

$$H_3C-\overset{\overset{CH_3}{|}}{HC}-HC=CH_2 + HCl \longrightarrow H_3C-\overset{\overset{CH_3}{|}}{HC}-\underset{\underset{H}{|}}{\overset{\overset{}{|}}{CH}}-CH_2 + H_3C-\overset{\overset{CH_3}{|}}{\underset{\underset{H}{|}}{C}}-CH_2-CH_2$$
$$\text{重排产物}$$

$$H_3C-\overset{\overset{CH_3}{|}}{\underset{\underset{CH_3}{|}}{C}}-HC=CH_2 + HCl \longrightarrow H_3C-\overset{\overset{CH_3}{|}}{\underset{\underset{CH_3}{|}}{C}}-\underset{\underset{H}{|}}{\overset{\overset{}{|}}{CH}}-CH_2 + H_3C-\overset{\overset{CH_3}{|}}{\underset{\underset{CH_3}{|}}{C}}-CH_2-CH_2$$
$$\text{重排产物}$$

这两个反应的机理为：烯烃与 HCl 中的氢离子加成生成较稳定的中间体仲碳正离子与卤离子，这步反应速率较慢，是加成反应的速率控制步骤；然后带正电荷碳原子邻位碳原子上的氢或甲基带着一对电子迁移至带正电荷的碳原子上，形成了更稳定的中间体叔碳正离子，这步反应速率较快；最后中间体叔碳正离子与 Cl^- 生成重排产物，这步反应速率也较快。

$$H_3C-\overset{\overset{CH_3}{|}}{\underset{\underset{H}{|}}{C}}-HC=CH_2 + HCl \xrightarrow{\text{慢}} H_3C-\overset{\overset{CH_3}{|}}{\underset{\underset{H}{|}}{C}}-\overset{+}{CH}-CH_2 \xrightarrow[\text{重排}]{\text{快}} H_3C-\overset{\overset{CH_3}{|}}{\overset{+}{C}}-CH-CH_2 \xrightarrow[Cl^-]{\text{快}} H_3C-\overset{\overset{CH_3}{|}}{\underset{\underset{Cl}{|}}{C}}-CH-CH_2$$

$$H_3C-\overset{\overset{CH_3}{|}}{\underset{\underset{CH_3}{|}}{C}}-HC=CH_2 + HCl \xrightarrow{\text{慢}} H_3C-\overset{\overset{CH_3}{|}}{\underset{\underset{CH_3}{|}}{C}}-\overset{+}{CH}-CH_2 \xrightarrow[\text{重排}]{\text{快}} H_3C-\overset{\overset{CH_3}{|}}{\overset{+}{C}}-CH-CH_2 \xrightarrow[Cl^-]{\text{快}} H_3C-\overset{\overset{CH_3}{|}}{\underset{\underset{Cl}{|}}{C}}-CH-CH_2$$

> 问题 4-3　比较乙烯、丙烯和 2-甲基丙烯与 HCl 加成的反应速度，并简述理由。

（3）与 H_2SO_4 的加成：烯烃与 H_2SO_4 加成得到烷基硫酸氢酯。在加热条件下，烷基硫酸氢酯水解转变成相应的醇，这是工业上制备醇的方法之一，称为间接水合法。另外，不对称烯烃与 H_2SO_4 的加成反应也按马氏规则进行。除乙烯外，通过烯烃的间接水合法制得的醇均为仲醇或叔醇。例如：

$$H_2C=CH_2 + HOSO_2OH \text{（98\%）} \xrightarrow{0\,℃} CH_3CH_2OSO_3OH \xrightarrow[\Delta]{H_2O} CH_3CH_2OH + H_2SO_4$$

$$H_3C-HC=CH_2 + HOSO_2OH \text{（98\%）} \xrightarrow{0\,℃} H_3C-\underset{\underset{OSO_2OH}{|}}{CH}-CH_3 \xrightarrow[\Delta]{H_2O} H_3C-\underset{\underset{OH}{|}}{CH}-CH_3 + H_2SO_4$$

利用烯烃与 H_2SO_4 发生加成反应生成的烷基硫酸氢酯溶于硫酸的性质，可以除去烷烃等化合物中所含的少量的烯烃杂质。

（4）与 H_2O 的加成：在高温及酸催化下，烯烃与 H_2O 加成直接生成醇，这是工业上制备醇的方法之一，称为直接水合法。另外，不对称烯烃与 H_2O 的加成反应也按马氏规则进行。除乙烯外，通过烯烃的直接水合法制得的醇均为仲醇或叔醇。例如：

$$H_2C=CH_2 + H_2O \xrightarrow[300℃,\ 7MPa]{H_3PO_4} CH_3CH_2OH$$

$$H_3C-HC=CH_2 + H_2O \xrightarrow[90℃,\ 2MPa]{H_3PO_4} H_3C-\underset{\underset{OH}{|}}{C}H-CH_3$$

2. 自由基加成反应　在过氧化物（R—O—O—R）存在下，不对称烯烃与 HBr 加成时，主要生成反马氏规则产物：

$$H_3C-HC=CH_2 + HBr \xrightarrow{ROOR} H_3C-CH_2-CH_2-Br$$

这种由过氧化物引起的反马氏规则加成称为过氧化物效应。在卤化氢中，只有 HBr 与烯烃的加成反应存在过氧化物效应。

研究证实：在过氧化物（R—O—O—R）存在下，不对称烯烃与 HBr 加成反应是自由基加成反应。现以丙烯为例说明自由基加成反应机理：ROOR 发生均裂生成自由基，该自由基夺取 HBr 中的氢，形成溴自由基；然后溴自由基与丙烯的双键加成，生成仲碳自由基与伯碳自由基；最后较稳定的仲碳自由基再与 HBr 分子中的 H 结合，生成反马氏规则产物 1-溴丙烷。

$$ROOR \longrightarrow 2RO\cdot$$

$$2RO\cdot + HBr \longrightarrow ROH + Br\cdot$$

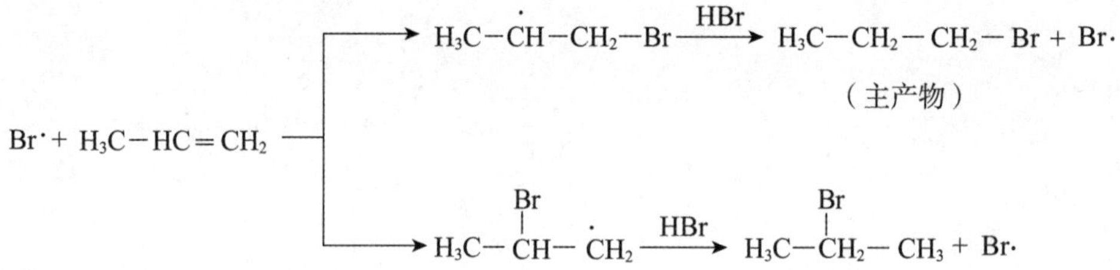

3. 催化加氢　在催化剂（catalyst）（Pt、Pd、Ni 等）催化下，烯烃与 H_2 加成生成饱和烃的反应称为催化加氢。

由于双键碳原子上的烷基具有空间位阻，可导致催化加氢速率降低。因此，不同烷基取代的烯烃加氢的相对速率为：

乙烯＞一烷基取代烯烃＞二烷基取代烯烃＞三烷基取代烯烃＞四烷基取代烯烃

（二）氧化反应

烯烃的双键容易被氧化。常用的氧化剂包括 $KMnO_4$、O_3、空气中的氧及过氧化物。

1. $KMnO_4$ 氧化　低温下，稀的、碱性 $KMnO_4$ 可氧化烯烃的双键，生成邻二醇。$KMnO_4$ 的紫色褪去，生成褐色的 MnO_2。

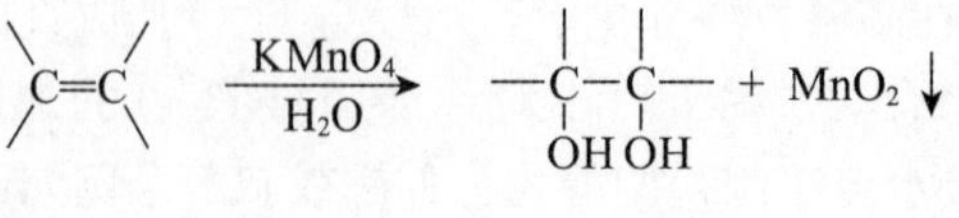

用浓的、热的或酸性 $KMnO_4$ 氧化烯烃时，碳碳双键被氧化发生断裂，紫红色的 $KMnO_4$ 溶液褪为无色。氧化产物取决于双键碳原子所连接的原子或基团，$R_2C=$ 被氧化成酮，$RCH=$ 被氧化成羧酸，$H_2C=$ 被氧化成二氧化碳。例如：

$$H_3CHC=CH_2 \xrightarrow[H_3O^+]{KMnO_4} CH_3COOH + CO_2 + H_2O$$

$$H_3CC=CHCH_3 \xrightarrow[H_3O^+]{KMnO_4} H_3C-\overset{O}{\overset{\|}{C}}-CH_3 + CH_3COOH$$
$$\underset{CH_3}{|}$$

通过分析产物的组成可以推测原来烯烃的结构；利用 $KMnO_4$ 溶液的颜色变化可鉴别烯烃。

2. O_3 氧化反应　O_3 可氧化烯烃的双键，生成不稳定的环氧化合物。在还原剂锌粉存在下，用水处理环氧化合物能生成醛或酮。

$$\overset{}{\underset{}{C_1}}=\overset{}{\underset{}{C_2}} \xrightarrow{O_3} \overset{O}{\underset{O-O}{\diagup}} \xrightarrow[H_2O]{Zn} -\overset{O}{\overset{\|}{C_1}}- + -\overset{O}{\overset{\|}{C_2}}-$$

氧化产物的结构取决于烯烃的结构。双键中，$R_2C=$ 被氧化成酮，$RCH=$ 被氧化成醛，$H_2C=$ 被氧化成甲醛。

3. 环氧化反应　在 Ag 的催化下，乙烯可以被 O_2 氧化为环氧乙烷。

$$H_2C=CH_2 + O_2 \xrightarrow[250℃]{Ag} \underset{O}{H_2C-CH_2}$$

此外，烯烃也可以被过氧酸氧化为环氧化合物。

$$R-HC=CH_2 + R-\overset{O}{\overset{\|}{C}}OOH \longrightarrow R-HC\overset{O}{\diagup}CH_2 + RCOOH$$

（三）聚合反应

在高温高压或自由基诱发下，烯烃分子之间相互加成生成长链大分子的反应，称为聚合反应。生成的大分子称为聚合物，发生聚合反应的烯烃分子称为单体，式中的 n 称为聚合物的聚合度。例如：

$$n\ H_2C=CH_2 \xrightarrow[65℃,\ 1000kPa]{TiCl_4-Al(C_2H_5)_3} \left[H_2C-CH_2 \right]_n$$

第二节　二　烯　烃

分子中含有两个 C=C 的化合物称为二烯烃，开链二烯烃的通式为 C_nH_{2n-2}。二烯烃的命名与单烯烃基本一致，只是需要标示两个双键的位置，称为某二烯，构型异构体可用 Z/E 或顺反构型命名法命名。相应的英文名称是将烷烃后缀 ane 的 ne 改为 diene。

根据分子中两个 C=C 的相对位置，二烯烃分为累积二烯烃、隔离二烯烃和共轭二烯烃。两个 C=C 连在同一碳原子上的二烯烃称为累积二烯烃，如丙二烯（$CH_2=C=CH_2$）；两个 C=C 被两个或两个以上 C—C 隔开的二烯烃称为隔离二烯烃，如 1,4 -戊二烯（$CH_2=CH—CH_2—CH=CH_2$）；两个 C=C 被一个 C—C 隔开的二烯烃称为共轭二烯烃，如 1,3 -丁二烯

（$CH_2=CH—CH=CH_2$）。累积二烯烃化合物不太稳定，数量较少；隔离二烯烃的性质与单烯烃相同，只是有两个可以反应的 $C=C$，没有什么特殊性，本节主要讨论共轭二烯烃。

一、共轭二烯烃的结构

1,3-丁二烯是最简单的共轭二烯烃。在1,3-丁二烯中，四个碳原子均采取 sp^2 杂化，碳原子之间以 sp^2 杂化轨道相互重叠形成3个 $C—C$ σ 键，碳原子的 sp^2 杂化轨道与氢原子的 $1s$ 轨道形成6个 $C—H$ σ 键，这些 σ 键都在一个平面上，键角都接近120°。同时，四个碳原子上的四个没参与杂化的 $2p$ 轨道都垂直于 σ 键所在的平面，它们彼此平行，侧面重叠形成一个四原子四电子的大 π 键。在1,3-丁二烯分子中，π 电子不再局限在C1—C2及C3—C4之间，而是分布到四个碳原子上。

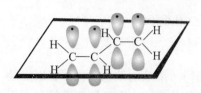

图4-3　1,3-丁二烯分子的结构示意图

1,3-丁二烯分子的结构如图4-3所示：

在1,3-丁二烯分子中，碳碳双键的键长为137pm，比乙烯的双键键长（134pm）长；而碳碳单键键长为146pm，比烷烃的单键键长（154pm）短。

二、共轭效应与超共轭效应

（一）共轭效应

分子中多个原子间相互平行的 p 轨道，彼此连贯重叠形成的 π 键称为共轭 π 键（也称为大 π 键或离域 π 键），含有共轭 π 键的体系称为共轭体系（conjugative system）。在共轭体系中，由于原子间的相互影响而使体系内的 π 电子或 p 电子分布发生变化的电子效应称为共轭效应（conjugative effect）。共轭效应导致 π 电子的分布趋向平均化、分子能量降低、分子稳定性增加、键长趋于平均化，在外电场影响下共轭分子链发生正负电荷交替分布。

共轭效应分为吸电子共轭效应（用—C表示）和给电子共轭效应（用+C表示）。减小共轭体系 π 电子密度的取代基引起吸电子共轭效应，如—NO_2、—CN 和—CHO 等基团。增加共轭体系 π 电子密度的取代基引起给电子共轭效应，如—NH_2、—OH 和—OR 等基团。

常见的共轭体系包括 $\pi-\pi$ 共轭体系和 $p-\pi$ 共轭体系。由两个或两个以上 π 键所形成的共轭体系称为 $\pi-\pi$ 共轭体系，例如，1,3-丁二烯分子属于 $\pi-\pi$ 共轭体系。由 p 轨道与 π 键所形成的共轭体系称为 $p-\pi$ 共轭体系，例如，烯丙基正离子、烯丙基自由基和氯乙烯分子都属于 $p-\pi$ 共轭体系，如图4-4所示：

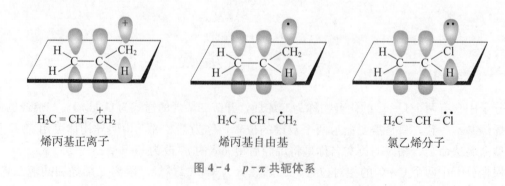

图4-4　$p-\pi$ 共轭体系

（二）超共轭效应

当 C—H σ 键与 π 键（或 p 轨道）处于共轭位置时产生的电子离域现象称为超共轭效应（hyperconjugative effect）。由于 C—H σ 键与 π 键或 p 轨道重叠程度较小，所以超共轭效应弱于共轭效应。

常见的超共轭体系包括 σ-π 超共轭体系和 σ-p 超共轭体系。由 C—H σ 键与 π 键所形成的共轭体系称为 σ-π 超共轭体系。例如，丙烯分子属于 σ-π 超共轭体系，如图 4-5 所示：

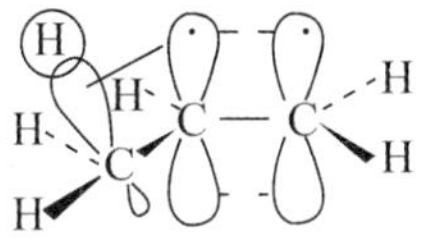

图 4-5 丙烯分子的超共轭体系

由于丙烯分子中的甲基可围绕 C—C σ 键自由旋转，所以三个 C—H σ 键都参与了超共轭效应。

由 C—H σ 键与 p 轨道所形成的共轭体系称为 σ-p 超共轭体系。例如，烷基碳正离子和烷基自由基均属于 σ-p 超共轭体系，如图 4-6 所示：

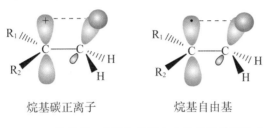

烷基碳正离子　　　　　烷基自由基

图 4-6 烷基碳正离子与烷基自由基的超共轭体系

在 σ-π 超共轭体系与 σ-p 超共轭体系中，能产生超共轭效应的 C—H σ 键越多，超共轭效应就越强，体系就越稳定。因此，烷基碳正离子与烷基自由基的稳定性大小顺序为：

$$(CH_3)_3\overset{+}{C} > (CH_3)_2\overset{+}{C}H > CH_3\overset{+}{C}H_2 > \overset{+}{C}H_3$$

$$(CH_3)_3\overset{\cdot}{C} > (CH_3)_2\overset{\cdot}{C}H > CH_3\overset{\cdot}{C}H_2 > \overset{\cdot}{C}H_3$$

> 问题 4-4 比较 2-丁烯与 1-丁烯的稳定性，并简述理由。

三、共轭二烯烃的化学性质

共轭二烯烃除了具有单烯烃的化学性质（加成反应、氧化反应及聚合反应等）外，还能与亲电试剂加成得到 1,2-加成产物与 1,4-加成产物。例如：

$$H_2C{=}CH{-}CH{=}CH_2 + HBr \longrightarrow \underset{\underset{Br\quad H}{|\quad\;|}}{CH_2{=}CH{-}CH{-}CH_2} + \underset{\underset{Br\qquad\quad H}{|\qquad\quad|}}{CH_2{-}CH{=}CH{-}CH_2}$$

1,2-加成产物　　　　1,4-加成产物

此反应的机理为：H^+ 接近 1,3-丁二烯链上 π 电子时，共轭分子链出现正、负电荷交替分布现象；H^+ 优先加到碳链末端的碳原子（如果 H^+ 加到中间碳原子上，则生成比烯丙基型碳正离子稳定性差的伯碳正离子，不利于加成反应），生成较稳定的烯丙基型碳正离子中间体（p-π 共轭导致烯丙基碳正离子稳定性增加）；然后 Br^- 分别加到烯丙基型碳正离子共振杂化体中带部分正电荷的 2 位和 4 位碳原子上，得到 1,2-加成与 1,4-加成两种产物。

$$CH_2=CH-CH-CH_3 \qquad CH_2-CH=CH-CH_3$$
$$\qquad\qquad\ \ | \qquad\qquad\qquad |$$
$$\qquad\qquad\ \ Br \qquad\qquad\qquad Br$$
$$\uparrow Br^- \qquad\qquad\qquad \uparrow Br^-$$
$$CH_2=CH-CH_2 \longleftrightarrow CH_2-CH=CH_2$$
$$\qquad\qquad\qquad | \qquad\qquad\qquad\qquad |$$
$$\qquad\qquad\qquad H \qquad\qquad\qquad\qquad H$$

$$H_2C=CH-CH=CH_2 \xrightarrow{H^+}$$

$$CH_2-CH-CH=CH_2$$
$$\qquad\ \ |$$
$$\qquad\ \ H$$

从上述过程可以看出，1,2-加成过程的中间体较为稳定，反应的活化能较低；而1,4-加成的产物更加稳定。共轭二烯烃与亲电试剂是发生1,2-加成还是1,4-加成，取决于反应的条件。一般情况下，低温有利于1,2-加成（动力学控制），而高温有利于1,4-加成（热力学控制）。例如：

$$H_2C=CH-CH=CH_2 + Br_2 \longrightarrow CH_2=CH-CH-CH_2 + CH_2-CH=CH-CH_2$$
$$\qquad\qquad\qquad\qquad\qquad\qquad\qquad\qquad | \quad | \qquad\qquad | \qquad\qquad |$$
$$\qquad\qquad\qquad\qquad\qquad\qquad\qquad\qquad Br\ \ Br \qquad\quad Br \qquad\qquad Br$$

	1,2-加成产物	1,4-加成产物
−15℃	55%	45%
60℃	10%	90%

第三节 炔 烃

一、炔烃的结构与同分异构

(一) 炔烃的结构

含有一个 C≡C 的开链炔烃的通式为 C_nH_{2n-2}，比饱和烷烃少 4 个氢原子。

乙炔（CH≡CH）是最简单的炔烃。乙炔中两个三键碳原子均采取 sp 杂化，两个杂化轨道间的键角接近 180°。两个碳原子分别用一个 sp 杂化轨道相互重叠形成一个 C—C σ 键，每个碳原子再分别用一个 sp 杂化与一个氢原子的 1s 轨道重叠形成一个 C—H σ 键。此外，两个碳原子还各有两个没参与杂化且相互垂直的 p 轨道，它们彼此分别从侧面重叠，形成两个相互垂直的 π 键。由此可见，炔烃分子中的 C≡C 是由一个 σ 键与两个 π 键构成的，C≡C 不能自由旋转。乙炔分子的结构如图 4-7 所示。

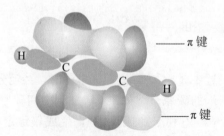

图 4-7 乙炔分子的结构示意图

C≡C 的键能为 837 kJ·mol^{-1}，大于 C=C 键能（610.28 kJ·mol^{-1}）及 C—C 键能（347 kJ·mol^{-1}）。C≡C 的键长为 120pm，较 C=C 键长（134pm）及 C—C 键长

(154pm）短。

（二）炔烃的同分异构

炔烃没有构型异构，炔烃的异构主要是构造异构，它包括碳链异构与官能团位置异构。例如：

$$CH_3CH_2CH_2C \equiv CH \qquad CH_3CH_2C \equiv CCH_3 \qquad \underset{\underset{CH_3}{|}}{CH_3CHC \equiv CH}$$

$$(1) \qquad\qquad (2) \qquad\qquad (3)$$

（1）、（2）与（3）为碳链异构，而（1）与（2）为官能团位置异构。

问题 4-5　为什么炔烃没有顺反异构体？

二、炔烃的命名

（一）普通命名法

普通命名法是以乙炔（acetylene）作母体，其他的炔看作是乙炔的衍生物，普通命名法只适用于较简单的炔类化合物的命名。

$$CH_3C \equiv CH \qquad\qquad CH_3CH_2C \equiv CH \qquad\qquad CH_3CH_2C \equiv CCH_3$$

甲基乙炔　　　　　　　乙基乙炔　　　　　　　甲基乙基乙炔

methylacetylene　　　ethylacetylene　　　ethylmethylacetylene

（二）系统命名法

炔烃的系统命名法与烯烃相似，只是命名时将"烯"改为"炔"。其英文名称是将烷烃后缀 ane 改为 yne。例如：

$$HC \equiv C-CH_2-CH_2-CH_2-CH_3 \qquad\qquad H_3C-C \equiv C-\underset{\underset{CH_3}{|}}{\overset{\overset{CH_3}{|}}{C}}-CH_2-CH_3$$

1-己炔　　　　　　　　　　　　　　　　4,4-二甲基-2-己炔

1-hexyne　　　　　　　　　　　　　　4,4-dimethyl-2-hexyne

（三）含有双键和三键双官能团化合物的命名

含有双键和三键双官能团或多官能团化合物命名时，选含双键及三键在内的最长碳链为主链，按其碳原子数称"某烯炔"。若双键和三键离碳链末端的距离不同，则从靠近不饱和键的一端编号。若双键和三键离碳链末端的距离相同，则从双键端开始编号。

$$H_3C-CH=CH-C \equiv CH \qquad\qquad HC \equiv C-CH_2-CH_2-CH=CH_2$$

3-戊烯-1-炔　　　　　　　　　1-己烯-5-炔

3-penten-1-yne　　　　　　　1-hexen-5-yne

三、炔烃的物理性质

炔烃的物理性质与碳原子数相同的烯烃相似。炔烃难溶于水，易溶于石油醚、苯等有机溶

剂。一些炔烃的物理常数见表 4-2。

表 4-2　一些炔烃的物理常数

名称	结构式	沸点（℃）	熔点（℃）	密度（g·cm^{-3}）
乙炔	HC≡CH	-84	-80.8	0.6179
丙炔	CH$_3$C≡CH	-23.2	-101.5	0.6714
1-丁炔	CH$_3$CH$_2$C≡CH	8.6	-122.5	0.6682
2-丁炔	CH$_3$C≡CCH$_3$	27.0	-24.0	0.6937
1-戊炔	CH$_3$CH$_2$CH$_2$C≡CH	39.7	-98.0	0.6950
2-戊炔	CH$_3$CH$_2$C≡CCH$_3$	55.5	-101.0	0.7127

四、炔烃的化学性质

炔烃与烯烃同属于不饱和烃，化学性质与烯烃相似，可发生加成、氧化等反应。只是炔烃的 π 电子云离 sp 杂化碳原子核更近，受碳原子核的束缚较烯烃大，反应活性较烯烃低，此外炔烃能发生某些烯烃不能发生的反应。

（一）加成反应

炔烃与烯烃一样，能与卤素、卤化氢、水及氢气等发生加成反应。

1. 与卤素加成　炔烃与卤素（主要是 Br$_2$ 或 Cl$_2$）发生亲电加成反应。例如：

$$HC≡CH + Br_2 \xrightarrow{CCl_4} \underset{\underset{Br\ \ Br}{|\ \ \ |}}{\overset{\overset{Br\ \ Br}{|\ \ \ |}}{CH-CH}}$$

$$HC≡CH + Cl_2 \xrightarrow{FeCl_3} \underset{\underset{Cl\ \ Cl}{|\ \ \ |}}{\overset{\overset{Cl\ \ Cl}{|\ \ \ |}}{CH-CH}}$$

与烯烃相比，炔烃较难进行亲电加成反应，因此当分子内同时含有 C≡C 与 C=C 时，C=C 优先加成。例如：

$$CH≡CCH_2CH=CH_2 + Br_2 \xrightarrow[-20℃]{CCl_4} CH≡CCH_2\underset{\underset{Br\ \ Br}{|\ \ \ |}}{CH-CH_2}$$

将炔烃加入 Br$_2$ 的 CCl$_4$ 溶液中，可使 Br$_2$ 的红棕色褪去，故常用 Br$_2$ 的 CCl$_4$ 溶液鉴别炔烃。

2. 与卤化氢加成　炔烃与卤化氢的加成反应遵守马氏规则。例如：

$$HC≡C-CH_3 + HCl \xrightarrow{HgCl_2} \underset{\underset{H\ \ Cl}{|\ \ \ |}}{CH=C-CH_3} \xrightarrow[HgCl_2]{HCl} \underset{\underset{H\ \ Cl}{|\ \ \ |}}{\overset{\overset{H\ \ Cl}{|\ \ \ |}}{HC-C-CH_3}}$$

该反应的第一步是乙炔与 HCl 反应生成氯代烯烃，然后氯代烯烃与 HCl 加成生成氯代烷烃。

此外，在过氧化物存在的情况下，炔烃与 HBr 反应生成反马氏规则加成产物。

3. 与 H$_2$O 加成　炔烃在 HgSO$_4$ 催化下，在稀 H$_2$SO$_4$ 溶液中与 H$_2$O 的加成反应称为炔烃的水合反应，该反应遵守马氏规则。例如：

$$R-C\equiv CH + H-OH \xrightarrow[H_2SO_4]{HgSO_4} R-\underset{\underset{\text{烯醇}}{}}{C}=\overset{\overset{OH}{|}}{\underset{|}{C}}H \xrightleftharpoons{\text{重排}} R-\underset{\underset{\text{羰基化合物}}{}}{\overset{\overset{O}{\|}}{C}}-CH_3$$

该反应的第一步是生成烯醇，然后烯醇重排为更稳定的羰基化合物。乙炔与水的加成产物为乙醛，其他炔烃与水的加成产物为酮。

4. 加氢　在 Pt 或 Pd 等催化剂的催化下，炔烃与 H_2 反应生成烷烃。

$$R-C\equiv CH + H_2 \xrightarrow{Pt或Pd} R-CH_2-CH_3$$

在林德拉（Lindlar）催化剂［用 $Pb(OOCCH_3)_2$ 溶液处理附着在 $CaCO_3$ 上的钯粉］的催化下，炔烃与 H_2 反应生成顺式烯烃。然而在液氨中用 Na 或 Li 还原炔烃则主要生成反式烯烃。例如：

$$R-C\equiv C-R + H_2 \xrightarrow{Lindlar催化剂} \underset{H}{\overset{R}{\underset{|}{C}}}=\underset{H}{\overset{R}{C}}$$

$$R-C\equiv C-R \xrightarrow{Na/液氨} \underset{H}{\overset{R}{C}}=\underset{R}{\overset{H}{C}}$$

（二）氧化反应

炔烃的 $C\equiv C$ 可被酸性 $KMnO_4$ 等氧化剂氧化，$C\equiv C$ 发生断裂，生成羧酸、CO_2。

$$HC\equiv CH \xrightarrow[H^+]{KMnO_4} CO_2$$

$$RC\equiv CR' \xrightarrow[H^+]{KMnO_4} RCOOH + R'COOH$$

根据氧化产物的结构可推测炔烃的结构。此外，利用 $KMnO_4$ 溶液的颜色变化可鉴别炔烃。

（三）炔氢的反应

与末端三键碳相连的氢原子称为炔氢。含有炔氢的炔烃称为末端炔烃。末端炔氢具有弱酸性，其酸性比烯烃与烷烃强。乙炔、乙烯与乙烷的 pK_a 如下所示：

$$\begin{array}{cccc} & CH\equiv CH & CH_2=CH_2 & CH_3-CH_3 \\ pK_a & 25 & 44 & 50 \end{array}$$

在液氨中，末端炔烃与 $NaNH_2$ 反应生成炔化钠：

$$RC\equiv CH + NaNH_2 \xrightarrow{液氨} RC\equiv CNa + NH_3$$

末端炔烃与 $AgNO_3$ 或 CuCl 的氨溶液反应，生成白色的炔化银或砖红色的炔化亚铜沉淀，该反应常用于鉴别末端炔烃。例如：

$$HC\equiv CH + 2[Ag(NH_3)_2]NO_3 \longrightarrow AgC\equiv CAg\downarrow + 2NH_3 + 2NH_4NO_3$$

$$HC\equiv CH + 2[Cu(NH_3)_2]Cl \longrightarrow CuC\equiv CCu\downarrow + 2NH_3 + 2NH_4Cl$$

干燥的金属炔化物容易爆炸，生成后应及时用稀酸处理。

知识扩展

绿色化学的典范——烯烃复分解（Olefin metathesis）反应

烯烃复分解反应是指在金属钼、钌等催化剂的作用下碳碳双键断裂，并重新组合成新烯烃分子的过程，例如 $2RCH{=}CHR' \rightarrow RCH{=}CHR + R'CH{=}CHR'$。

96%

该反应是在常温常压下有效实施的催化反应。相对于其他有机反应，烯烃复分解反应减少了目标产物的合成步骤，提高了原子利用率，减少了资源的消耗和浪费。反应过程更简单快捷，反应效率更高，副产品更少，产生的有害物质也少，有利于环境保护，是绿色化学的典范。该反应拓展了研究有机分子的手段，广泛应用于化工、聚合物材料、药物及生物活性分子的合成。目前，一些科学家采用这种方法研发抗癌、抗早老性痴呆症和抗艾滋病等的新药。

法国科学家 Yves Chauvin、美国科学家 Robert H. Grubbs 与 Richard R. Schrock 因在烯烃复分解反应研究中的突出贡献而共享了 2005 年度的诺贝尔化学奖。

小　结

烯烃的双键碳原子为 sp^2 杂化，其官能团 C=C 是由一个 σ 键和一个 π 键构成的。开链的单烯烃通式为 C_nH_{2n}。烯烃除碳链异构及官能团位置异构的构造异构外，当双键碳原子上各自连有不同的原子或基团时还存在构型异构，具有构型异构体的烯烃都可采用 Z/E 构型命名法。当两个双键碳原子上有相同的原子或基团时，亦可采用顺反构型命名法。Z/E 构型命名法与顺反构型命名法没有必然的对应关系。烯烃的化学性质包括亲电加成反应（与卤素单质、卤化氢、硫酸、水等反应）、催化加氢反应、氧化反应（与 $KMnO_4$、O_3、O_2 等反应）、聚合反应。不对称烯烃与不对称试剂亲电加成反应遵循马氏规则。在过氧化物存在下，不对称烯烃与 HBr 发生的加成反应遵循反马氏规则。马氏规则可从诱导效应与碳正离子稳定性两个方面解释。

分子中含有两个 C=C 的不饱和烃称为二烯烃；二烯烃依双键的相对位置分为累积二烯烃、隔离二烯烃、共轭二烯烃。共轭二烯烃 π 电子分布在整个共轭二烯烃分子中。常见的共轭体系包括 π-π 共轭体系和 p-π 共轭体系，共轭效应是一种重要的电子效应。共轭二烯烃除了具有单烯烃的化学性质（加成反应、氧化反应及聚合反应等）外，还能发生 1,2-加成反应和 1,4-加成反应。

分子中含有 C≡C 的不饱和烃称为炔烃。含有一个 C≡C 的开链炔烃通式为 C_nH_{2n-2}。C≡C 的碳原子为 sp 杂化，其夹角为 180°。C≡C 由一个 σ 键和两个 π 键组成。炔烃的化学性质与烯烃相似，可发生加成、氧化等反应。此外，末端炔氢具有弱酸性，能与 $AgNO_3$ 或 CuCl 的氨溶液反应，生成白色的炔化银或砖红色的炔化亚铜沉淀。

习　题

1. 命名下列化合物。

（1）　$H_3CH_2CHCHC{=}CHCH_3$
　　　　　　　H_3C

（2）　$HC{\equiv}CC(CH_3)_2CH_2CH_3$

(3) $(H_3C)_2C=CH-CH=CH_2$

(4) $H_3CHC=CHCHC\equiv CCH_3$
　　　　　　　　$|$
　　　　　　　　CH_3

(5) $H_2C=CHCHC\equiv CCH_3$
　　　　　　$|$
　　　　　　CH_3

(6)

2. 写出下列化合物的结构式。

(1) 3-丙基-1-戊烯-4-炔

(2) 4,4-二甲基-2-戊炔

(3) 反-4-甲基-2-戊烯

(4) (Z)-3,4-二甲基-2-己烯

3. 判断对错

(1) 乙烯中的碳原子采取 sp^2 杂化，所以烯烃中双键碳原子都采取 sp^2 杂化。

(2) 具有顺反异构体的烯烃均可采用 Z/E 构型命名法或顺反构型命名法。

(3) 所有炔烃均存在构造异构。

(4) 烯炔与卤素加成时，碳碳双键优先发生亲电加成。

(5) 诱导效应导致碳碳共价键上的电子云密度分布发生变化。

(6) 共轭效应导致 π 电子分布在整个体系中，体系能量降低，整个体系更趋稳定，键长趋于平均化。

4. 填空题

(1) 分子中含有碳碳双键的碳氢化合物称为_____，含有一个碳碳双键的开链烃的通式为_____。

(2) 分子中含有碳碳三键的碳氢化合物称为_____，含有一个碳碳三键的开链烃的通式为_____。

(3) 不对称烯烃与溴化氢加成的反应机理为_____；但在过氧化物存在下，其反应机理为_____。

(4) 在烯烃的顺反异构体中，顺式异构体的熔点比反式的_____，顺式异构体的沸点比反式的_____。

(5) 一般情况下，低温有利于共轭二烯烃与亲电试剂发生_____反应，而高温有利于_____反应。

(6) 当用酸性的高锰酸钾氧化烯烃时，碳碳双键被氧化发生断裂，双键中 $R_2C=$ 被氧化成_____，$RCH=$ 被氧化成_____，$H_2C=$ 被氧化成_____。

5. 选择题

(1) 卤化氢与丙烯发生加成反应时，反应速度最快的为

A. HF　　　　B. HCl　　　　C. HBr　　　　D. HI

(2) 卤素单质与丙烯发生加成反应时，反应活性由大到小的顺序为

A. $Cl_2>Br_2>I_2$　　　B. $Cl_2>I_2>Br_2$　　　C. $I_2>Cl_2>Br_2$　　　D. $I_2>Br_2>Cl_2$

(3) 碳正离子① $H_3C-\overset{+}{C}-CH_2-CH_3$ ② $H_3C-CH-\overset{+}{CH}-CH_3$ ③ $H_3C-H_2C-CH_2-\overset{+}{CH_2}$ 的稳定性
　　　　　　　　$|$　　　　　　　　　　　$|$
　　　　　　　　CH_3　　　　　　　　　CH_3

由大到小的顺序为

A. ①>②>③　　　B. ①>③>②　　　C. ②>①>③　　　D. ③>②>①

(4) 在室温下，能与氯化亚铜的氨溶液生成红棕色沉淀的是

A. $CH_2=CHCH_2CH_3$　　　　　　　　　B. $CH_3CH=CHCH_3$

C. $CH_3C\equiv CCH_3$　　　　　　　　　　D. $CH\equiv CCH_2CH_3$

(5) 下列烯烃中，能被臭氧氧化和锌粉还原水解处理后生成丙酮和丙醛的是

A. $CH_3CH_2CH=CHCH_2CH_3$　　　　　　B. $(CH_3)_2C=CHCH_2CH_3$

C. $(CH_3)_2C=C(CH_3)_2$　　　　　　　　D. $CH_3CH_2CH=CHCH(CH_3)_2$

(6) 可使炔烃加氢停留在生成烯烃阶段的催化剂是

A. Pt　　　　B. Pd　　　　C. 林德拉催化剂　　　　D. Ni

6. 用化学方法鉴别下列化合物。

(1) 戊烷、1-戊烯、1-戊炔

(2) 1-戊烯、1-戊炔、2-戊炔

7. 写出下列反应的主要产物。

(1) $Cl_3C-CH=CH_2 + HBr \longrightarrow$

(2) $H_3C-C=CH_2 + HBr \xrightarrow{ROOR}$
　　　　$|$
　　　　CH_3

（3） $H_3C-\underset{\underset{CH_3}{|}}{C}=CH_2 + H_2SO_4 \longrightarrow$

（4） $H_3C-C\equiv CH + 2[Ag(NH_3)_2]NO_3 \longrightarrow$

（5） $H_3C-\underset{\underset{CH_3}{|}}{C}=CH_2 \xrightarrow[\;H_2SO_4\;]{KMnO_4}$

（6） $HC\equiv C-CH_3 + H_2O \xrightarrow[\;HgSO_4\;]{H_2SO_4}$

8. 推断结构

（1）分子式为 C_4H_6 的链状化合物能使高锰酸钾溶液褪色，但不能与氯化亚铜的氨溶液发生反应，写出这个化合物可能的结构式。

（2）某单烯烃经酸性高锰酸钾溶液氧化后得产物 CH_3CH_2COOH、CO_2 和 H_2O；另一单烯烃经酸性高锰酸钾溶液氧化后得产物 $C_2H_5COCH_3$ 和 $(CH_3)_2CHCOOH$，请写出这两个烯烃的结构式。

（夏春辉）

第五章　芳香烃

具有芳香性（aromaticity）的碳氢化合物简称芳香烃（aromatic hydrocarbon）。在有机化学发展的初期，人们从天然产物中发现了一些含有苯环具有芳香气味的物质，例如从安息香树脂中得到苯甲酸，从杏仁中得到苯甲醛等。为了与脂肪族化合物相区别，人们将苯以及含有苯环结构的化合物统称为芳香族化合物。随着对有机化合物研究的不断进展，人们发现还有一些具有特殊稳定性的不饱和环状物质也表现出和芳香族化合物相类似的性质，也被归为芳香族化合物的范畴。因此，现在所说的芳香族化合物，是指具有高度不饱和性，难发生不饱和脂肪烃最具代表性的加成反应，而易发生取代反应等的环状平面结构的一类化合物。芳香烃分为苯型芳香烃和非苯型芳香烃，其中最常见的是苯型芳香烃；根据含有苯环的数目不同，又可以将苯型芳香烃分为单环芳香烃和多环芳香烃。

第一节　单环芳香烃

一、苯的结构

苯是最简单、最重要的芳香烃。元素分析和分子量测定结果表明苯的分子组成为 C_6H_6，与乙炔分子中碳氢比相同。实验事实表明苯分子与高锰酸钾作用不被氧化，与溴、硫酸等亲电试剂作用不发生加成反应；在一定温度及催化作用下容易发生卤化、硝化等取代反应，苯发生取代反应得到一种一元取代产物、三种二元取代产物。那么是什么样的结构导致苯具有如此不同于开链烃的特殊性质呢？

（一）凯库勒结构式

1865 年德国化学家凯库勒（Kekule）以非凡的想象力提出：苯是含有交替单、双键的六碳原子环状化合物，每个碳原子上连有一个氢原子，即：

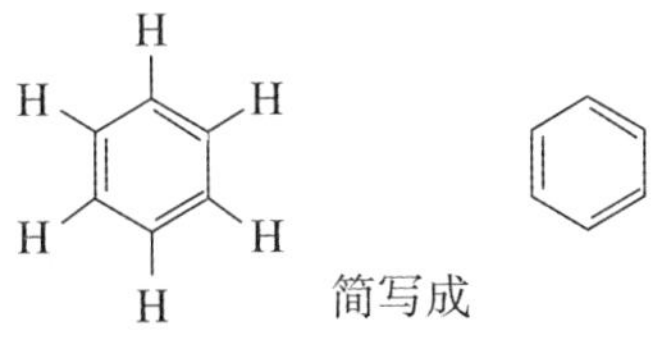

由于六个氢原子完全相同，因此在符合分子组成的同时也可以解释为什么苯只有一种一元取代产物。同时凯库勒还认为，苯分子中双键位置不是固定的，单键和双键处于一种快速转化平衡之中，因此苯的二元取代产物共有三种。

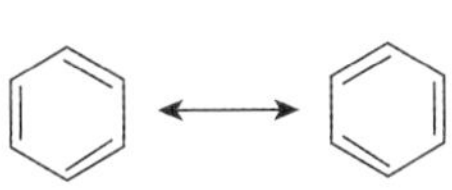

凯库勒结构式不尽完善，因为它仍然不能很好地解释苯环特有的稳定性，对苯环不易发生加成反应的解释也显牵强，但这一理论的提出对当时研究芳香族化合物的结构乃至对以后有机

化学理论研究具有重要作用。凯库勒结构式目前仍然是书刊、文献中应用最多的苯的表达式。

（二）苯分子闭合共轭体系

近代物理学方法证明：苯分子中六个碳原子构成平面正六边形，每个碳原子连有一个氢原子，所有原子共平面。其中碳碳键的键长均为 140pm，处于碳碳单键（154pm）和碳碳双键（134pm）之间；六个碳氢键的键长均为 108pm；所有的键角均为 120°。

根据杂化轨道理论，苯分子中的碳原子都采用 sp^2 杂化，每个碳原子都以三个 sp^2 杂化轨道分别与相邻两个碳原子和一个氢原子形成三个 σ 键。分子中所有 σ 键共平面，每个碳原子尚未参与杂化的 p 轨道都垂直于该平面且彼此相互平行，它们以"肩并肩"方式彼此重叠，形成一个闭合的六原子六电子共轭体系，如图 5 - 1a、5 - 1b 所示。在这个体系中，电子云对称、均匀地分布在环平面的上下方，因此苯分子中没有单、双键的区别；同时由于 π 电子高度离域，导致体系能量较低，因此苯环相对稳定，难以发生加成反应。图 5 - 1c 形象地表示了苯分子中的大 π 键。

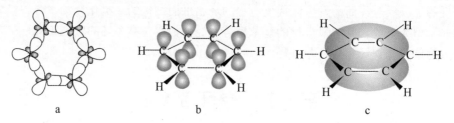

a   b   c

图 5 - 1　苯分子结构示意图

由于在苯环的共轭体系中碳碳键完全相同，因此也常用正六边形内加一个圆圈来表示苯分子的结构，如下图所示：

> 问题 5 - 1　以苯分子为例，说明芳香族化合物在分子组成、结构和化学性质方面的特点。

（三）苯的共振结构式

苯的结构也可用两个 Kekule 结构式的共振式或共振杂化体表示。

苯的两个共振式　　　　　　共振杂化体

二、苯同系物的分类和命名

苯的同系物是指苯环上的氢原子被烃基取代的产物，根据取代基的数目可以分为一取代苯、二取代苯、三取代苯等。

（一）一取代苯的命名

一取代苯只有一种，其命名方式分为两种情况：

1. 以苯为母体，烃基作为取代基。例如：

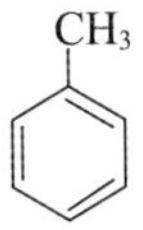

甲苯 乙苯 异丙基苯

methylbenzene(toluene)　　ethylbenzene　　isopropylbenzene

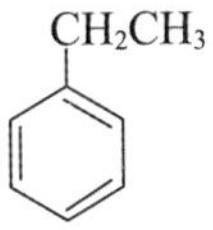

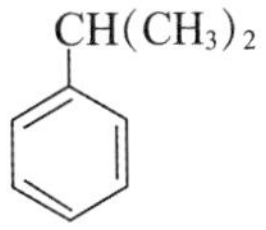

2. 当苯环上连有不饱和烃基，或苯环上所连烃基较为复杂，或分子为多苯基芳烃（见本章第二节）时，将苯基作为取代基。例如：

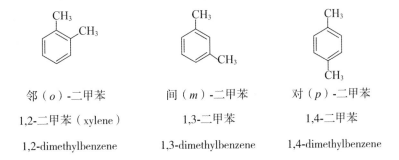

苯乙烯 苯乙炔 2-苯基戊烷

phenylethene　　phenylethyne　　2-phenylpentane

（二）二取代苯和三取代苯的命名

二取代苯有三种异构体，命名时用邻或 o（ortho）表示两个取代基处于邻位；用间或 m（meta）表示两个取代基处于中间相隔一个碳原子的两个碳上；用对或 p（para）表示两个取代基处于对角位置。邻、间、对位在系统命名法中分别用 1,2-、1,3-、1,4-表示。例如二甲苯的三种异构体可以表示为：

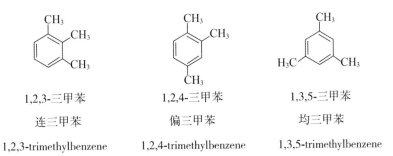

邻（o）-二甲苯　　　间（m）-二甲苯　　　对（p）-二甲苯

1,2-二甲苯（xylene）　　1,3-二甲苯　　　1,4-二甲苯

1,2-dimethylbenzene　　1,3-dimethylbenzene　　1,4-dimethylbenzene

当苯环上连有三个相同烃基时，分别用连、偏、均来表示三个基团依次处于 1,2,3 位、1,2,4位、1,3,5 位。例如：

1,2,3-三甲苯　　　1,2,4-三甲苯　　　1,3,5-三甲苯

连三甲苯　　　偏三甲苯　　　均三甲苯

1,2,3-trimethylbenzene　　1,2,4-trimethylbenzene　　1,3,5-trimethylbenzene

当苯环上连有两个或两个以上烃基时，从较小的基团开始给苯环编号，苯环上碳原子的编号应符合最低序列原则，即使取代基的位次尽量小，命名时遵循"较优"基团后列出的原则，若苯环上有甲基，常以甲苯作为母体命名。例如：

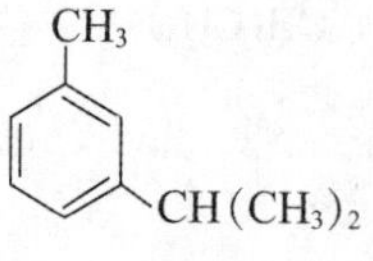

$$CH_3$$ —— (结构式) ——

3-异丙基甲苯

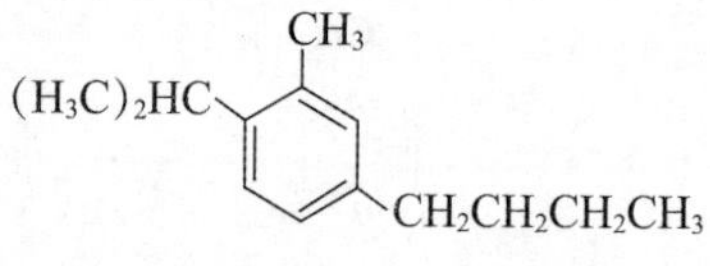

$$CH_3$$ —— (结构式) ——

2-异丙基-5-正丁基甲苯

芳香烃分子中去掉一个氢原子后剩余的部分称为芳基，常用 Ar-表示。最常见的芳基包括苯基 C_6H_5-（简写为 Ph—）和苄基 $C_6H_5CH_2-$。

问题 5-2 试写出分子式为 C_9H_{12} 的单环芳香烃的所有异构体的构造式并分别命名。

三、苯及其同系物的物理性质

苯及大多数芳香烃为具有特殊气味的液体，难溶于水，易溶于乙醚、四氯化碳等非极性溶剂。苯、甲苯等芳香烃经常被用作有机溶剂。大多数芳香烃具有一定毒性，长期接触会造成造血器官和神经系统的损伤，因此在使用时要采取防护措施。表 5-1 列出了苯及其同系物的部分物理性质。

表 5-1 苯及其同系物的物理性质

化合物	熔点（℃）	沸点（℃）	密度（g·cm^{-3}）
苯	5.5	80	0.879
甲苯	−95	111	0.866
邻二甲苯	−25	144	0.881
间二甲苯	−48	139	0.864
对二甲苯	13	138	0.861
连三甲苯	−25	176	0.894
偏三甲苯	−44	169	0.876
均三甲苯	−45	165	0.865
乙苯	−95	136	0.867
正丙苯	−99	159	0.862
异丙苯	−96	152	0.864
苯乙烯	−31	145	0.907
苯乙炔	−45	142	0.929

四、苯及其同系物的化学性质

由于苯分子中存在共轭大 π 键，体系相对稳定，所以苯环难以发生加成反应和氧化反应。由于分子中的共轭 π 键离域程度较大，环平面上下电子云密度较高，导致苯环易受亲电试剂的进攻，发生亲电取代反应。芳香烃侧链具有脂肪烃的基本性质，由于苯环的影响，侧链中与苯环直接相连碳原子上的氢具有较高反应活性，可以发生自由基取代反应和氧化反应。

（一）亲电取代反应

苯环上的亲电取代反应（electrophilic substitutive reaction）是指亲电试剂在一定条件下

与苯环作用，苯环上的氢原子被亲电试剂取代的反应。

$$\text{苯} + E^+ \longrightarrow \text{E-苯} + H^+$$

反应分为两步：首先是亲电试剂 E^+ 进攻富含 π 电子的苯环，这一步类似于亲电试剂对烯烃加成的第一步。苯环向亲电试剂提供的一对电子是离域于整个苯环的，所以这步反应要比亲电试剂进攻烯烃困难。缺电子的亲电试剂首先从苯环上接受一对 π 电子，形成 π-络合物。紧接着 E^+ 利用从苯环上得到的一对电子与苯环上的一个碳原子以 σ 键结合，生成一个碳正离子活性中间体，也称 σ-络合物。然后是反应的第二步，与亲电试剂连在同一碳上的氢以质子形式从碳正离子中间体离去，恢复苯环的共轭体系，生成取代产物。亲电取代反应通常需要强的路易斯酸做催化剂，因为路易斯酸有助于产生活性足够强的亲电试剂。整个亲电取代反应机理可用下式表示：

$$\text{苯} + E^+ \rightleftharpoons \underset{\pi\text{-络合物}}{\text{苯-}E^+} \overset{\text{慢}}{\rightleftharpoons} \underset{\sigma\text{-络合物}}{\oplus} \longrightarrow \underset{\text{取代产物}}{\text{E-苯}} + H^+$$

中间体碳正离子的形成需要经过一个势能较高的过渡态，因此整个反应的反应速率主要取决于这一步。

常见的芳香族化合物亲电取代反应包括卤代反应、硝化反应、磺化反应、傅-克反应等。下面结合上述反应机理逐一介绍这些反应。

1. 卤代反应　以氯化铁（溴化铁）或铁粉为催化剂，苯与氯（溴）在加热条件下发生反应，苯环上的氢原子被卤原子取代生成氯苯（溴苯）。

$$\text{苯} + Cl_2 \xrightarrow[55\sim60\text{℃}]{FeCl_3} \underset{\text{氯苯}}{\text{Cl-苯}} + HCl$$

$$\text{苯} + Br_2 \xrightarrow[55\sim60\text{℃}]{FeBr_3} \underset{\text{溴苯}}{\text{Br-苯}} + HBr$$

铁粉可以与 Cl_2 或 Br_2 反应生成 $FeCl_3$ 或 $FeBr_3$，因此也可以直接用铁粉做催化剂。三卤化铁在这里的作用是路易斯酸，它可以接受一个卤负离子而生成亲电试剂，即卤正离子。以氯代反应为例，具体的反应机理如下所示：

$$Cl_2 + FeCl_3 \rightleftharpoons FeCl_4^- + Cl^+$$

$$\text{苯} + Cl^+ \rightleftharpoons \oplus \longrightarrow \text{Cl-苯} + H^+$$

$$H^+ + FeCl_4^- \longrightarrow HCl + FeCl_3$$

问题 5-3 试写出苯在 $FeBr_3$ 催化下与溴发生亲电取代反应的反应机理。

2. 硝化反应　苯与浓 HNO_3 和浓 H_2SO_4（经常被称为混酸）在 55~60℃下共热，苯环上的氢原子被—NO_2 取代，生成硝基苯。

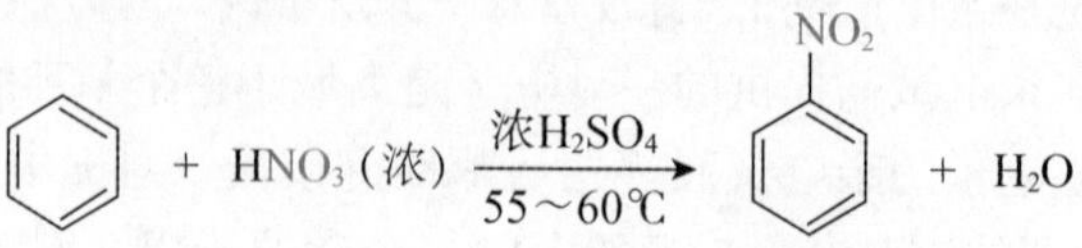

浓 H_2SO_4 的作用是通过与 HNO_3 反应产生亲电试剂——硝基正离子（$\overset{+}{N}O_2$）。$\overset{+}{N}O_2$ 进攻苯环生成 σ-配合物，然后 σ-配合物失去一个 H^+ 生成硝基苯。

$$H_2SO_4 + HONO_2 \rightleftharpoons \overset{+}{N}O_2 + H_2SO_4^- + H_2O$$

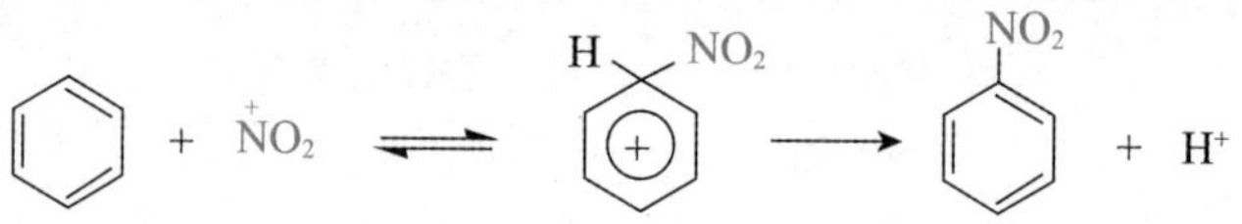

硝基苯是一种重要的化工原料，硝基苯经铁粉与 HCl 等还原剂还原后生成苯胺。

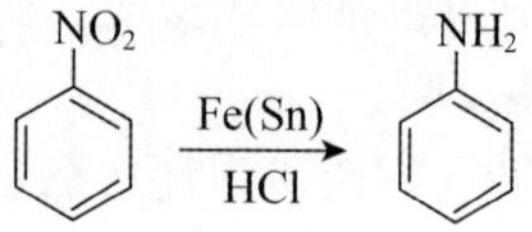

3. 磺化反应　在有机化合物分子中引入磺酸基（—SO_3H）的反应称为磺化反应。苯与浓 H_2SO_4 或发烟 H_2SO_4 作用，苯环上的氢原子被磺酸基取代生成苯磺酸。

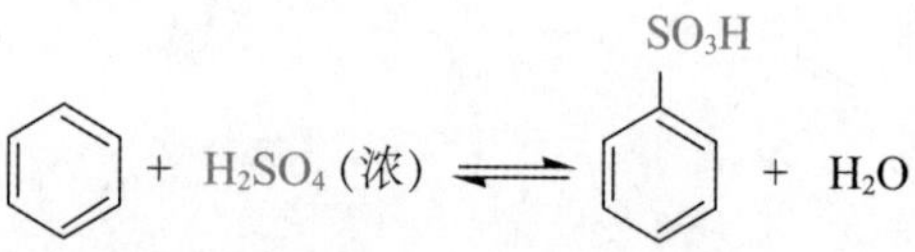

磺化反应中的亲电试剂是 SO_3。浓硫酸存在下列平衡：

$$2H_2SO_4 \rightleftharpoons SO_3 + H_3O^+ + HSO_4^-$$

虽然 SO_3 不是正离子，但硫原子由于与三个氧原子相连而带部分正电荷，可以将它看成是一个缺电子中心，整个分子可作为亲电试剂。苯环磺化反应的机理如下所示：

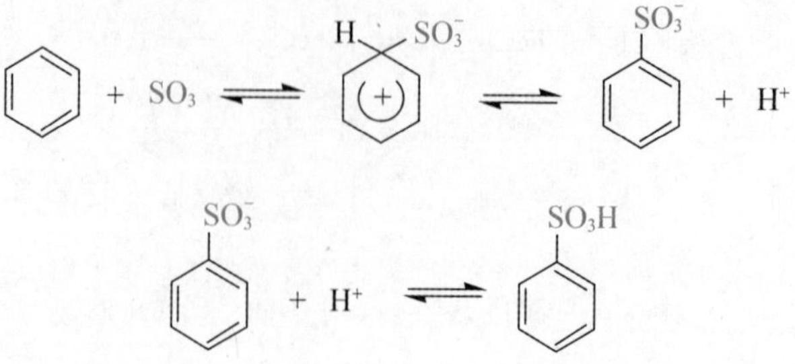

与卤代反应或硝化反应不同的是，苯的磺化反应是可逆反应，即苯磺酸在加热条件下与稀 H_2SO_4 或稀 HCl 作用，可以失去磺酸基生成苯。例如：

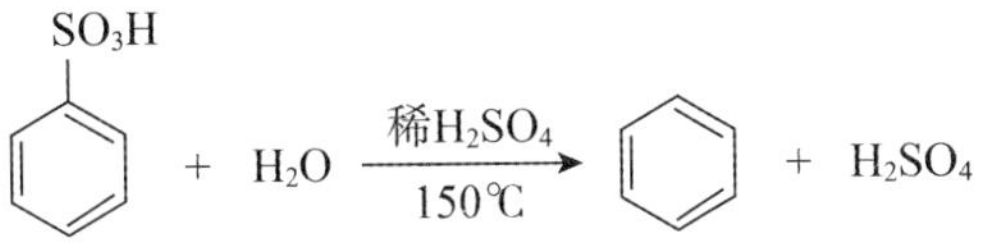

在有机合成中可利用苯磺化反应的可逆性在某些特定位置上先引入磺酸基，待其他反应完成后再将磺酸基脱去。

4. 傅-克反应　博瑞德尔（C. Friedel）-克拉夫茨（J. M. Crafts）反应简称傅-克反应。其中苯环上的氢原子被烷基取代生成烷基苯的反应称作傅-克烷基化反应（alkylation reaction）；苯环上的氢原子被酰基（RCO—）取代生成芳香酮的反应称作傅-克酰基化反应（acylation reaction）。

（1）傅-克烷基化反应：在无水 $AlCl_3$ 等路易斯酸的催化作用下，苯与卤代烷反应，生成烷基苯。例如：

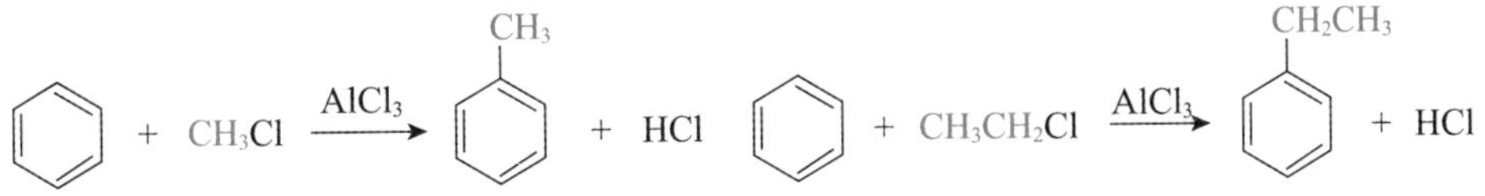

烷基化反应的机理和硝化、卤代反应很相似，首先是卤代烷在催化剂作用下产生碳正离子，碳正离子作为亲电试剂进攻苯环产生 σ-配合物，然后 σ-配合物失去 H^+ 生成烷基苯。其中碳正离子的产生过程如下所示：

$$RCl + AlCl_3 \longrightarrow R^+ + AlCl_4^-$$

在傅-克烷基化反应中，亲电试剂为碳正离子，因此可能产生碳正离子重排所导致的烷基异构化产物。例如，1-氯丙烷与苯反应，得到的主要产物是异丙苯：

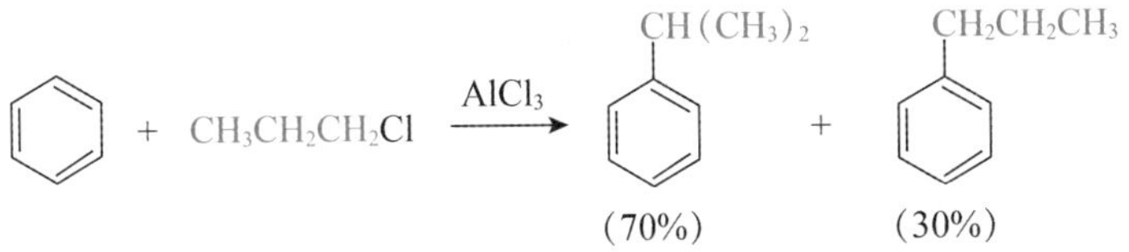

除了在 $AlCl_3$ 催化下与卤代烷反应外，在其他可以形成碳正离子的条件下，也可能发生苯环上的烷基化反应。例如醇和烯烃在酸催化下能和苯环发生烷基化反应：

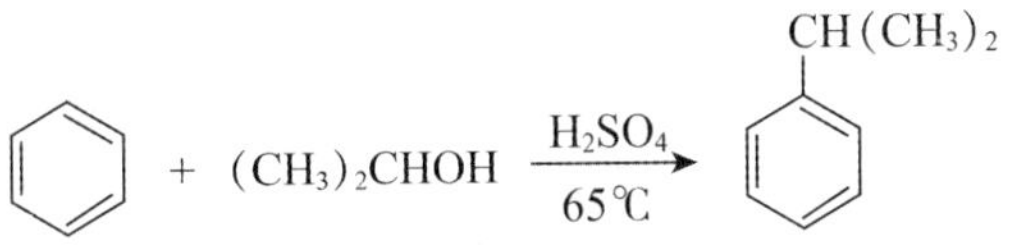

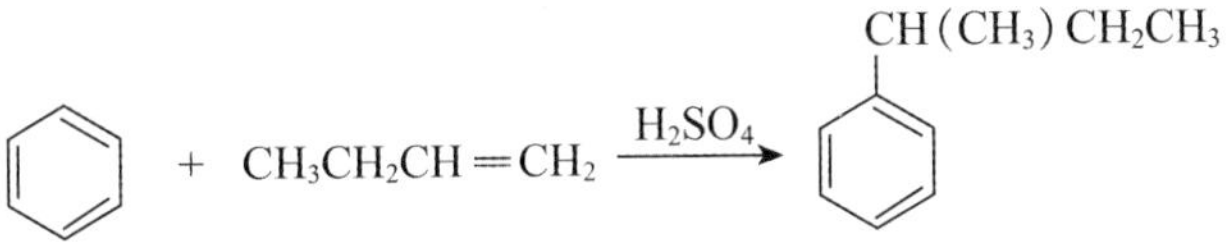

（2）傅-克酰基化反应：酰卤或酸酐在路易斯酸催化下与苯反应生成芳香酮，也称酰基苯。例如：

$$\text{苯} + CH_3COCl \xrightarrow{AlCl_3} \text{（乙酰苯）COCH}_3 + HCl$$

乙酰苯（苯乙酮）

$$\text{苯} + (CH_3CO)_2O \xrightarrow{AlCl_3} \text{COCH}_3 + CH_3COOH$$

酰基化反应的机理与烷基化相似，酰卤或酸酐首先在催化剂作用下生成酰基正离子，然后酰基正离子和芳香环发生亲电取代反应。与烷基化反应不同的是，傅-克酰基化反应不发生异构化。例如正丙基苯可以通过苯与丙酰氯反应，再经过克莱门森还原（详见第九章）而制得。

$$\text{苯} + CH_3CH_2COCl \xrightarrow{AlCl_3} \text{COCH}_2CH_3 \xrightarrow[HCl]{Zn-Hg} \text{CH}_2CH_2CH_3$$

当苯环上连接较强的吸电子基团（如—NO$_2$，—SO$_3$H，—COOH）时，傅-克反应难以发生。

问题 5-4 完成下列反应。

1. $\text{苯} + CH_3CH{=}CH_2 \xrightarrow{H_2SO_4}$ 2. $\text{苯} +$ （酸酐）$\xrightarrow{AlCl_3}$

（二）苯环侧链的反应

1. α-卤代反应　当苯环上连有烃基侧链时，与苯环直接相连的碳被称为 α-碳，该碳原子上连接的氢原子即为 α-氢。在高温或紫外光照射下，烷基苯与卤素分子（通常是氯或溴）作用，α-氢原子被卤原子取代。例如：

$$\text{苯}{-}CH_2CH_3 + Cl_2 \xrightarrow{h\nu} \text{苯}{-}CHCH_3 + HCl$$
$$\overset{}{\underset{Cl}{}}$$

该反应属于自由基反应历程，由于苄基自由基中存在 $p\text{-}\pi$ 共轭效应而具有特殊的稳定性，所以按照自由基反应机理，α-位的氢原子最容易被取代。

N-溴代丁二酰亚胺（NBS）是常用的溴代试剂，可用于苯环侧链的 α-溴代反应。

$$\text{苯}{-}CH_3 + \text{（NBS）} \longrightarrow \text{苯}{-}CH_2Br + \text{（丁二酰亚胺）}$$

2. 氧化反应　苯环对氧化剂具有相对稳定性，但是烷基苯中的侧链烷基却容易被常见的氧化剂诸如 KMnO$_4$、K$_2$Cr$_2$O$_7$ 等氧化。只要与苯环直接相连的碳原子上连有氢原子，无论烃基侧链长短，最后都被氧化成与苯环直接相连的羧基。例如：

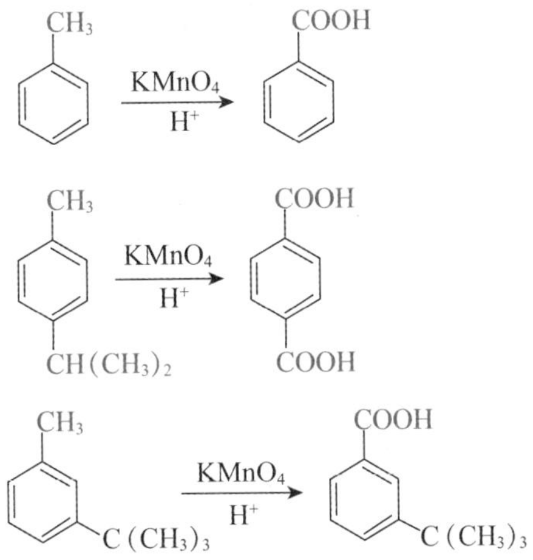

（三）加成反应

芳香烃由于其特殊的稳定性而较难发生加成反应。但在催化剂和较高温度下苯和氢气反应生成环己烷，而且不会有类似多烯烃加成中的分步加成产物出现。例如：

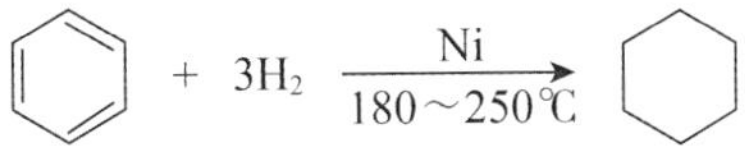

五、苯环亲电取代反应的取代基效应

苯分子与亲电试剂进行一元取代反应时只生成一种产物。当苯环上连有一个取代基，该取代苯发生亲电取代反应生成二元取代苯时，原来存在的取代基会对即将发生的取代反应产生影响，这种影响被称作亲电取代反应中的取代基效应。取代基效应体现在两个方面：影响苯环亲电取代反应活性；影响第二个取代基进入苯环的位置。

（一）致活基团与致钝基团

与苯分子相比，不同的一取代苯发生亲电取代反应时反应速率明显不同。以硝化反应为例，假设苯分子硝化反应速率为1，苯酚、甲苯、氯苯、硝基苯的硝化反应速率分别如下所示：

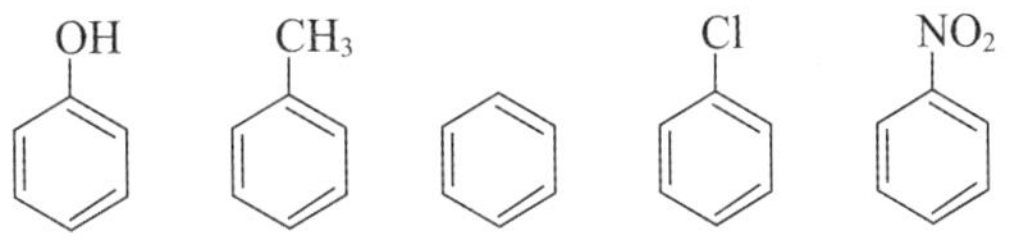

相对反应速率：　　1000　　　　25　　　　　1　　　　0.033　　　　6×10^{-8}

从上述数据中可以看出，和苯相比，苯酚和甲苯的硝化反应速率分别提高了1000倍和25倍（需要说明的是，苯酚硝化时尽管反应速率较高，但产物收率较低，见第七章），说明羟基和甲基具有使苯环上亲电取代反应活性提高的作用，这种作用被称为致活作用，具有致活作用的基团被称为致活基团。相反，氯原子和硝基则使苯环上亲电取代反应活性降低，这种作用被称为致钝作用，具有致钝作用的基团被称为致钝基团。从相对反应速率数据中还可以看出，同一类基团的致活或致钝作用的强弱是有区别的。

常见的致活基团按其致活作用由强至弱大致排列如下：—NH_2（—NHR，—NR_2），—OH，—OR，—NHCOR，—OCOR，—R，—Ar。从结构特点上看，这类取代基要么是与苯环直接相连的原子具有孤对电子，要么为给电子的烃基。从对苯环产生的电子效应看，这些基团的共同特点是给苯环电子，使苯环电子云密度变大，从而使苯环上的亲电取代反应更容易发生。

　　常见的致钝基团按其致钝作用由强至弱大致排列如下：—NR$_3^+$，—NO$_2$，—CF$_3$，—CN，—SO$_3$H，—CHO，—COOH，—COOR。从结构特点上看，这类取代基与苯环直接相连的原子或带正电荷，或连有多个吸电子基，或以不饱和键与电负性较大的原子相连。从对苯环产生的电子效应看，这些基团的共同特点是从苯环吸电子，使苯环电子云密度变小，从而使苯环上的亲电取代反应更难发生。

　　卤原子是一类特殊的弱致钝基团。

（二）邻对位定位基与间位定位基

　　当一取代苯进行亲电取代反应时，从理论上讲第二个取代基可以进入原取代基的邻位、间位和对位，但实验结果表明苯环上原有取代基对新导入取代基的位置产生较大影响。例如甲苯和苯甲酸进行硝化反应时三种不同产物的收率分别如下所示：

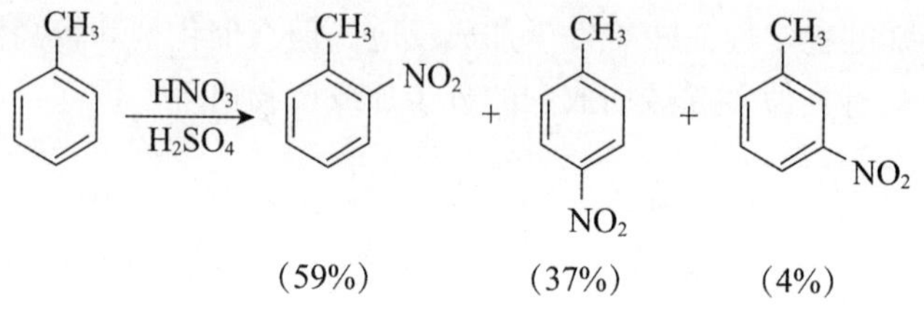

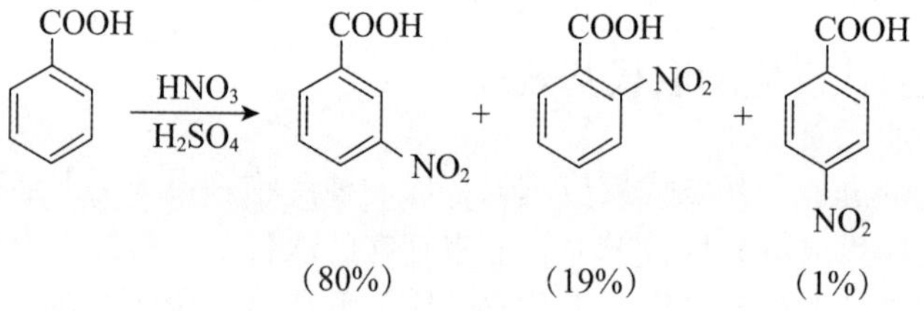

$$CH_3 \xrightarrow[\text{H}_2\text{SO}_4]{\text{HNO}_3} \quad (59\%) + (37\%) + (4\%)$$

$$COOH \xrightarrow[\text{H}_2\text{SO}_4]{\text{HNO}_3} \quad (80\%) + (19\%) + (1\%)$$

　　从以上结果可以看出，在甲苯的硝化反应产物中，硝基主要位于甲基的邻位和对位；而在苯甲酸的硝化反应产物中，硝基主要位于羧基的间位。这说明不同的取代苯进行亲电取代反应时，第二个取代基的取代位置取决于原有取代基，因此原有取代基也被称作定位基（orienting group），这种原有基团对后来基团进入苯环位置所产生的影响称为取代基的定位效应（orienting effect），也称作苯环上亲电取代反应的定位规律。定位基通常被分为两大类：像甲基这样主要生成邻、对位产物的取代基称为邻对位定位基，在苯环亲电取代反应中具有邻、对位定位效应；而像羧基这样主要生成间位产物的取代基称为间位定位基，在苯环亲电取代反应中具有间位定位效应。

　　研究表明取代基的定位效应与其致活、致钝作用之间存在一定规律。所有的间位定位基均为致钝基团，其定位能力与其致钝作用顺序一致；除了卤原子以外，所有的邻对位定位基均为致活基团，其定位能力与其致活作用顺序一致。卤原子是邻对位定位基，同时又是弱致钝基团。表5-2为常见基团的取代基效应小结。

表 5-2 常见基团的取代基效应

邻对位定位基				间位定位基	
强	中	弱	弱	强	最强
—NH$_2$，—NHR，—NR$_2$， —OH，—OR	—NHCOR， —OCOR	—R， —Ar	—F，—Cl，—Br， —I，—CH$_2$Cl	—NO$_2$，—CF$_3$，—CN， —SO$_3$H，—CHO， —COOH，—COOR	—N$^+$R$_3$
致活基团				致钝基团	

（三）取代基效应示例

1. 甲苯 我们已经知道，甲苯比苯容易发生亲电取代反应，主要得到邻位和对位产物。那么是什么原因导致的这种结果呢?

甲苯中的甲基碳原子为 sp^3 杂化，而苯环碳原子为 sp^2 杂化，sp^2 杂化碳原子的电负性大于 sp^3 杂化碳原子的电负性，因此甲基对苯环表现出给电子的诱导效应。此外，甲基的三个 C—H σ 键与苯环形成 σ-π 超共轭体系，使 C—H 键的 σ 电子向苯环偏移。无论是诱导效应还是超共轭效应都使苯环的电子云密度增加，尤其是使甲基邻、对位的电子云密度增加更多。下面是根据量子化学计算结果得出的甲苯相对于苯分子的电子云密度分布:

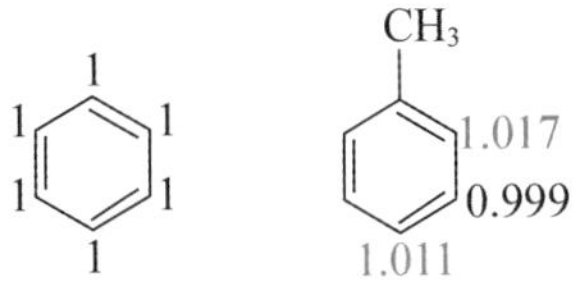

因此甲苯的亲电取代反应比苯分子容易，且反应主要发生在甲基的邻位和对位。例如:

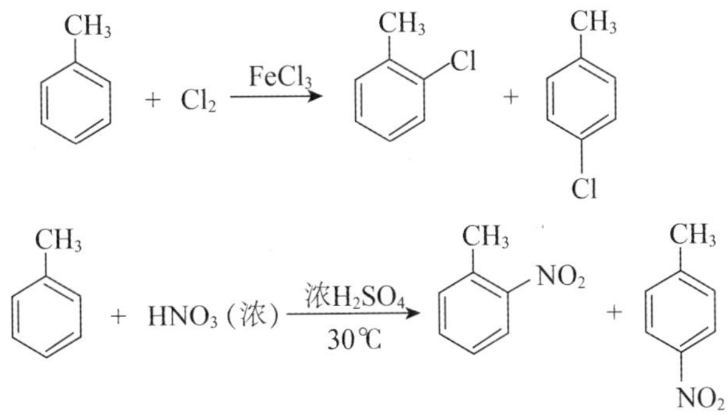

2. 苯酚 苯酚比甲苯更容易发生亲电取代反应，主要生成邻、对位产物。

在苯酚分子中，羟基氧原子与苯环直接相连，由于氧的电负性大于碳，因此羟基对苯环有吸电子的诱导效应，使苯环上的电子云密度降低;同时，氧原子 $2p$ 轨道中的孤对电子与苯环形成 p-π 共轭体系，氧原子孤对电子向苯环大 π 键偏移，使苯环上的电子云密度增大。由于羟基的共轭效应大于诱导效应，因此总的结果是使苯环上电子云密度增大，而且使邻、对位的电子云密度大于间位。例如苯酚在常温下能够与溴水反应生成 2,4,6-三溴苯酚。

3. 硝基苯 硝基与苯环直接相连时，硝基本身具有强吸电子的诱导效应。同时，硝基的氮氧双键与苯环的大 π 键形成共轭体系，共轭效应的结果也使苯环大 π 键电子云向硝基偏移。由于诱导效应和共轭效应的叠加作用，硝基的存在使苯环电子云密度大为降低，尤其使邻位和对位电子云密度降低显著。假定苯环碳原子电子云密度等于 1，则硝基苯的电子云密度分布如下:

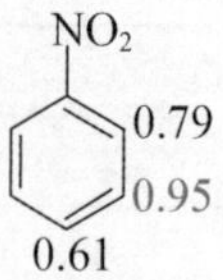

因此硝基苯亲电取代反应活性明显低于苯分子，且取代主要发生在间位，例如将硝基苯进一步硝化需要使用发烟 HNO_3 并提高反应温度。

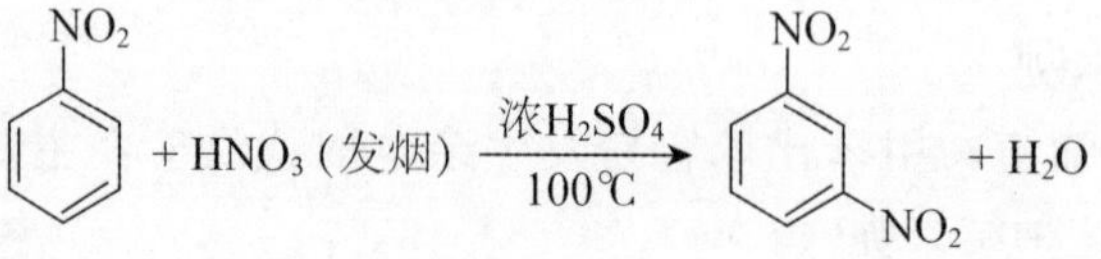

4. **卤代苯**　对于苯环的亲电取代反应来说，卤素原子是一类特殊的取代基，也是唯一的邻对位致钝基团。以氯苯为例，由于 Cl 的电负性比碳元素大，与苯环直接相连的 Cl 呈现较强的吸电子诱导效应，使苯环上的电子云密度降低。同时，和羟基氧类似，Cl 上也具有孤对电子，可以和苯环形成 p-π 共轭体系，共轭效应的结果是使苯环的电子云密度变大；与羟基不同的是，Cl 的诱导效应大于其共轭效应，综合考虑两种电子效应的结果，Cl 是亲电取代反应弱致钝基团。氯苯的亲电取代发生在邻、对位时，更有利于 Cl 与苯环的 p-π 共轭，形成的中间体 σ-络合物更稳定。因此，氯苯更倾向于邻、对位亲电取代反应，卤素是邻对位定位基。

问题 5-5　写出下列化合物发生一溴代反应的主要产物。

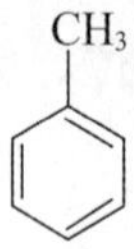

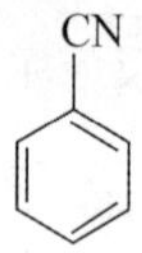

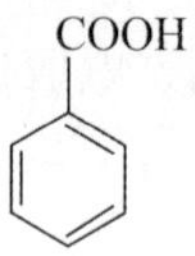

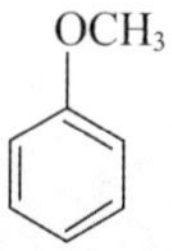

（四）二取代苯的定位规则

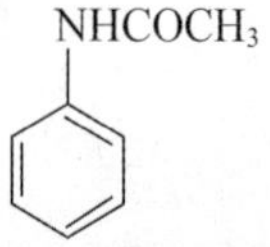

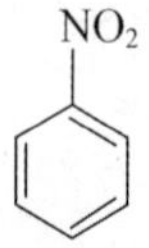

二取代苯发生亲电取代反应时，如果两个定位基的定位效应是协同的，则容易得到较纯的取代产物。例如下列化合物引入第三个基团时，第三个基团主要进入箭头所示位置：

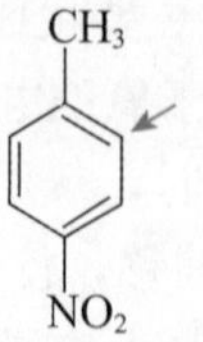

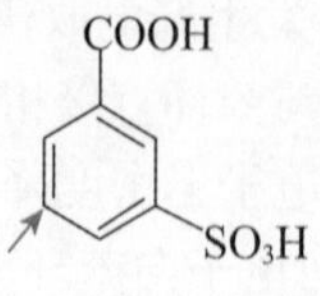

如果两个定位基的定位效应不协同，则通常分为下列几种情况。

1. 原有的两个取代基均为邻对位定位基时，第三个取代基的位置主要取决于定位能力更强的定位基。例如：和甲基相比，甲氧基是更强的致活基团和邻对位定位基，所以对甲基苯甲醚发生亲电取代反应时第三个基团进攻位置如下所示：

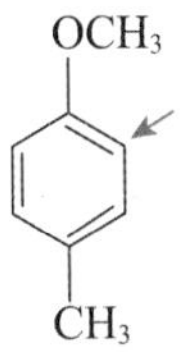

2. 原有的两个基团分别为邻对位定位基和间位定位基时，第三个取代基的位置主要由邻对位定位基决定。例如：

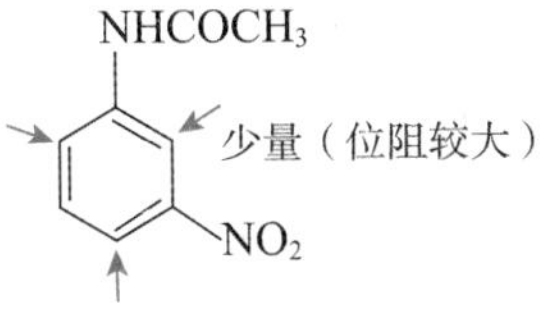

3. 原有的两个取代基均为间位定位基时，由于苯环已被两个基团钝化，再加上定位矛盾，则反应难以发生且产物复杂。

第二节　多环芳香烃

一、多环芳香烃的分类和命名

分子中含有两个或两个以上苯环的芳香烃称为多环芳香烃。根据苯环的连接方式的不同，多环芳香烃可以分为多苯代脂肪烃、联苯型化合物和稠环芳香烃。

（一）多苯代脂肪烃

开链烃分子中的两个或多个氢原子被苯基取代的多环芳香烃称为多苯代脂肪烃，命名时将苯基作为取代基，脂肪烃作为母体。例如：

1,2-二苯基乙烷 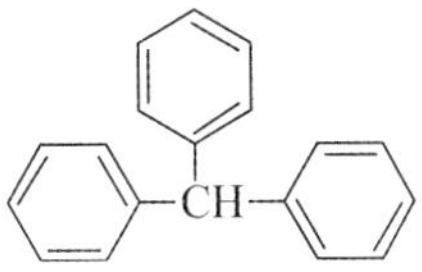　　　　　　　　三苯甲烷

在多苯代脂肪烃中，苯环与致活基团直接相连，因此更容易发生苯环上的亲电取代反应。同时，与苯环直接相连的碳原子受苯环的影响容易形成稳定的苄型碳自由基或碳正离子，因此该部位也有较强的反应活性。

（二）联苯型化合物

两个或多个苯环以单键直接相连形成的化合物称为联苯型化合物，其中最简单的是联二苯，简称联苯。联苯型化合物的编号从苯环与单键的直接连接处开始，第二个苯环的位次编号上方加上一撇"′"。例如联苯的结构及其环碳原子编号如下所示：

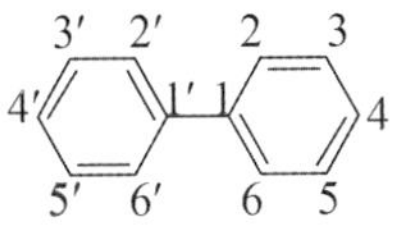

（三）稠环芳香烃

苯环之间通过共用两个相邻碳原子而形成的多环芳香烃称为稠环芳香烃。萘、蒽、菲是最常见的稠环芳香烃，它们的结构及碳原子的编号方法如下所示：

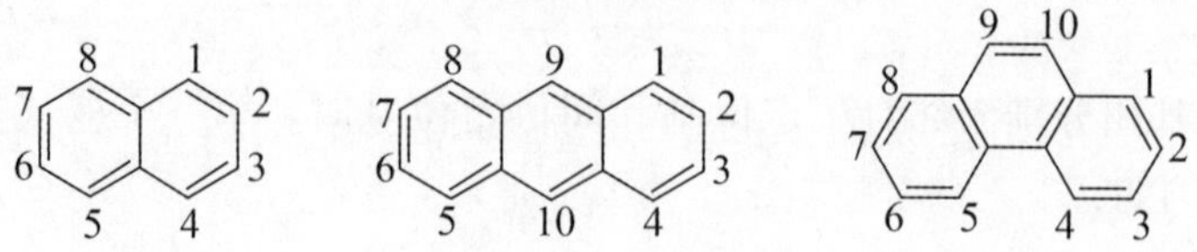

萘　　　　　　　　蒽　　　　　　　　菲

在萘分子中，1、4、5、8位等同，被称作 α-位；2、3、6、7位等同，被称作 β-位。在蒽分子中，1、4、5、8位等同，被称作 α-位；2、3、6、7位等同，被称作 β-位；9、10位等同，被称作 γ-位。取代稠环芳香烃的命名与单环芳香烃类似，例如：

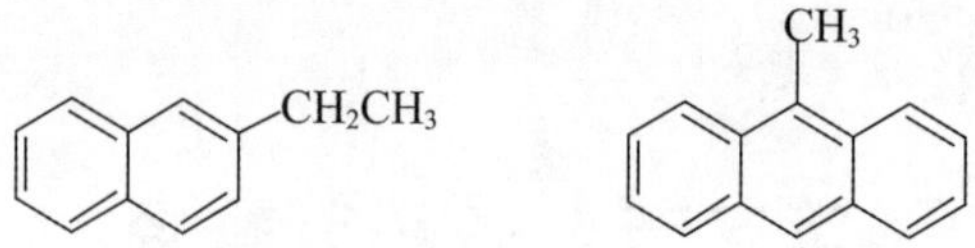

2-乙基萘（β-乙基萘）　　　　　　　9-甲基蒽（γ-甲基蒽）

稠环芳香烃具有和苯分子相似的结构特征和化学性质，同时由于多个苯环相互稠合，又使稠环芳香烃在结构和性质方面具有一些特殊性。下面介绍几种常见的稠环芳香烃。

二、萘

（一）萘的结构

萘分子由两个苯环稠合而成，分子式为 $C_{10}H_8$。每个碳原子均为 sp^2 杂化，三个 sp^2 杂化轨道和一个未参与杂化的 p 轨道中各含有一个电子，每个碳原子都用三个 sp^2 杂化轨道分别与相邻碳原子的 sp^2 杂化轨道或氢原子的 $1s$ 轨道重叠，形成三个 σ 键，因此十个碳原子和八个氢原子共处同一平面。每个碳原子的 p 轨道垂直于分子所在平面并以"肩并肩"方式重叠，形成了一个十原子十电子的共轭 π 键。图 5-2 为萘分子结构示意图，分别表示萘分子中 σ 键和 π 键的形成。

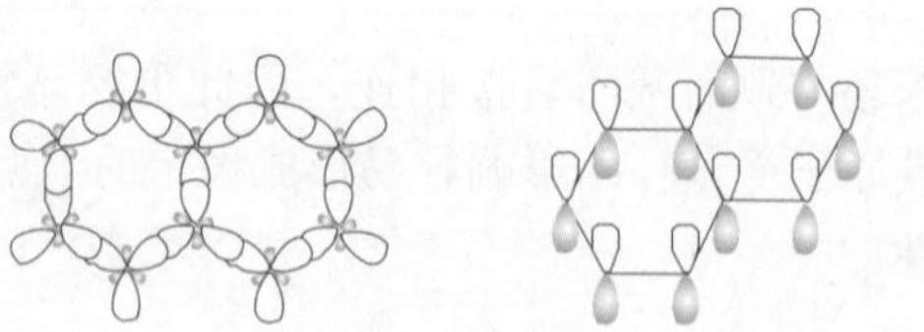

图 5-2　萘分子结构示意图

与苯分子不同的是，萘分子中的 π 电子云在十个碳原子上的分布是不均匀的，这种电子云的不均匀分布使萘分子中 C—C 键键长不完全相等。

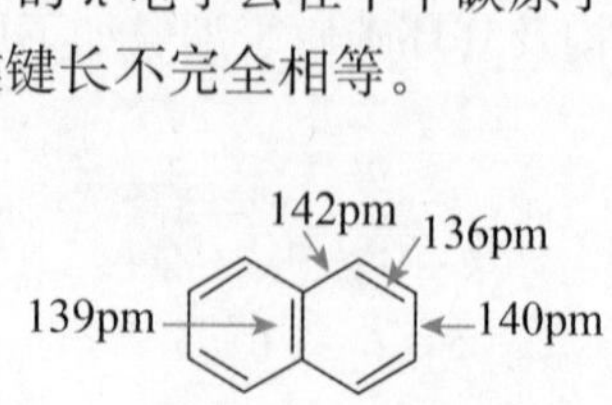

（二）萘的物理性质

萘为白色片状结晶，熔点为 80℃，沸点为 218℃，难溶于水，易溶于乙醇、乙醚、苯等有机溶剂。萘在室温下易升华，具有特殊气味，曾被广泛用于防虫蛀剂。

（三）萘的化学性质

萘分子中电子云的分布不均匀，导致萘的化学性质比苯活泼，而且不同位置体现出不同的反应活性。例如在萘的亲电取代反应中，由于 α-位的电子云密度大于 β-位，导致亲电试剂更容易进攻 α-位。

1. 亲电取代反应　在一定条件下，萘能发生卤代、硝化、磺化等常见的芳香环亲电取代反应。

（1）卤代反应：在 $FeCl_3$ 存在下，将 Cl_2 通入萘的苯溶液中，主要生成 α-氯萘。

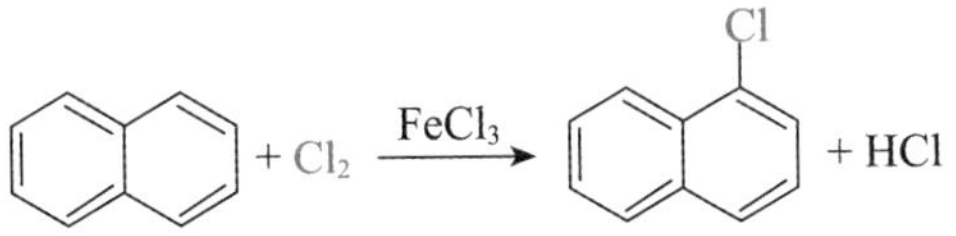

（2）硝化反应：萘在混酸条件下发生硝化反应，主要生成 α-硝基萘。

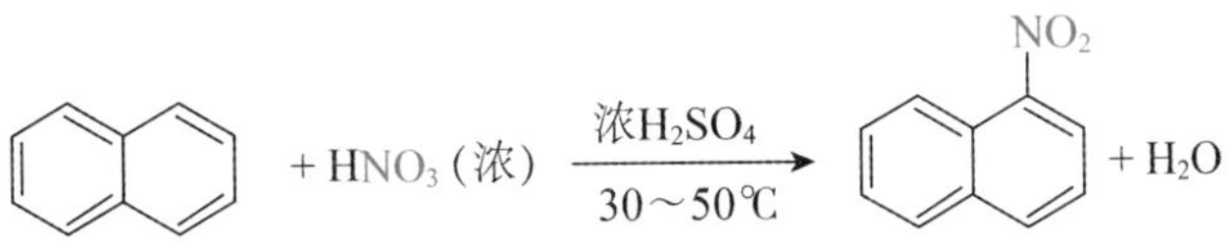

（3）磺化反应：萘可以与浓 H_2SO_4 发生可逆的磺化反应。在较低温度磺化时，主要生成 α-萘磺酸；而在较高温度磺化时，主要生成 β-萘磺酸。α-萘磺酸受热能转变成 β-萘磺酸。

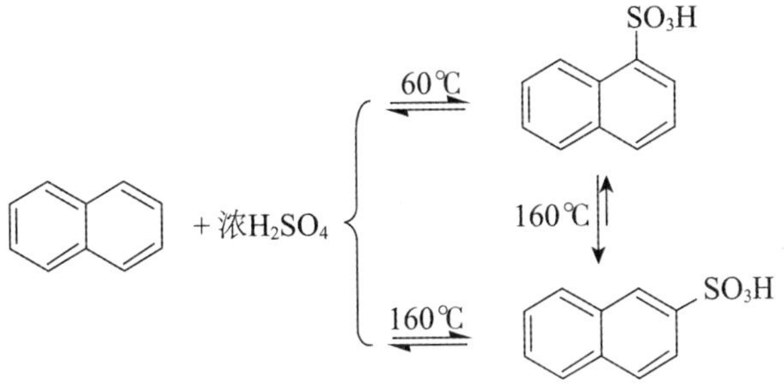

萘的 α-位电子云密度较高，更容易受到亲电试剂的进攻，反应速率较快，活化能较低，所以在较低温度下主要产物是 α-萘磺酸，这是动力学控制产物。但是由于磺酸基体积较大，与异环同侧 α-位上的氢原子之间的距离小于它们的范德华半径之和，以致产生空间拥挤，因此 α-萘磺酸稳定性较差。而 β-萘磺酸相对稳定，温度升高提供了生成 β-萘磺酸所需的高活化能，主要产物为 β-萘磺酸，这是热力学控制产物。

对于萘的其他亲电取代反应，如果不存在因取代基体积大而产生的空间位阻效应，主要得到 α-取代产物。由于磺酸基容易被其他基团所取代，因此可以利用 β-萘磺酸来制备其他 β-取代萘。

（4）定位规律：一元取代萘在进行亲电取代反应时，第二个基团进入哪个环及哪个位置取决于原有取代基的性质，其定位规律与苯环取代相类似。原有基团为邻对位致活基团时，取代反应发生在同环，如果定位基在 1 位则第二个基团优先进入 4 位；如果定位基在 2 位则第二个基团优先进入 1 位。原有基团为致钝基团时，取代反应主要发生在异环的 5 或 8 位。例如：

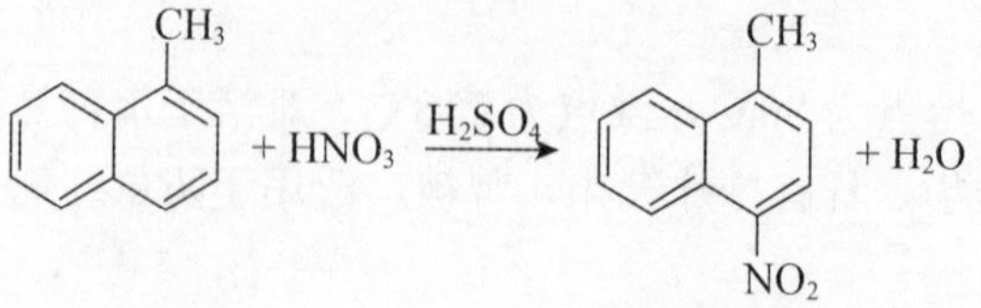

1-甲基-4-硝基萘

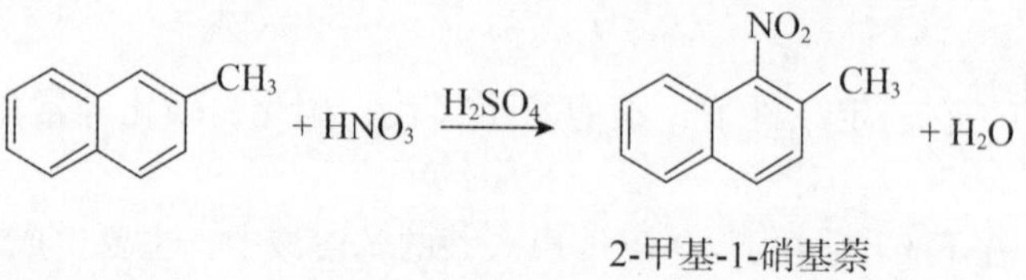

2-甲基-1-硝基萘

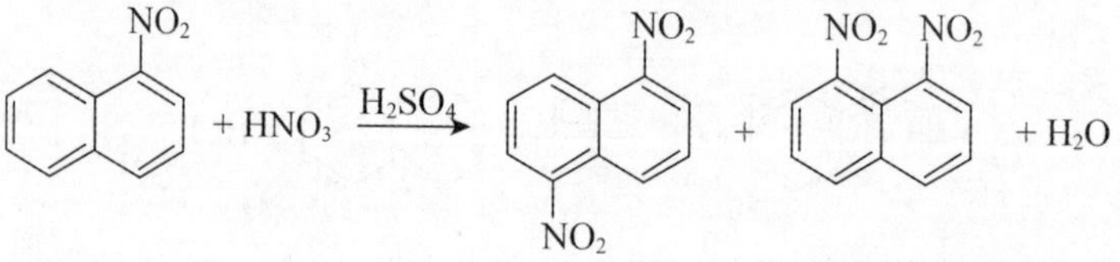

1,5-二硝基萘   1,8-二硝基萘

2. 加成反应   萘比苯容易发生加成反应，在不同条件下可以得到不同加成产物。例如，萘可以通过催化加氢生成四氢化萘和十氢化萘。

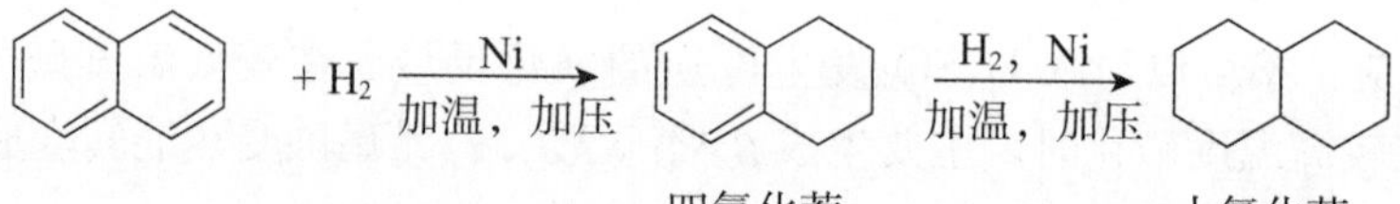

四氢化萘   十氢化萘

3. 氧化反应   萘比苯容易发生氧化反应，当氧化条件不同时，萘的氧化产物也不同。例如，在 V_2O_5 的催化下，萘可以被空气中的 O_2 氧化为邻苯二甲酸酐，这是一种重要的化工原料。

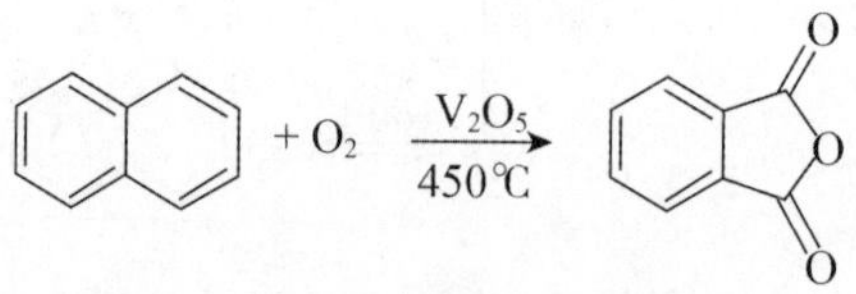

三、蒽和菲

（一）蒽和菲的结构

蒽分子由三个苯环稠合而成，分子中的 14 个碳原子均为 sp^2 杂化，每个碳原子都用三个 sp^2 杂化轨道分别与相邻碳原子的 sp^2 杂化轨道或氢原子的 $1s$ 轨道重叠，形成三个 σ 键，因此 14 个碳原子和 10 个氢原子共处同一平面。每个碳原子上都有一个 p 轨道未参与杂化，这些 p 轨道相互平行且都垂直于分子所在的平面，彼此以"肩并肩"方式重叠，形成了一个 14 个原子 14 个电子的大 π 键。菲分子也是由三个苯环稠合而成，只是稠合方式与蒽略有不同，两个化合物的结构非常相似。

（二）蒽和菲的物理性质

蒽是无色片状晶体，熔点为 216℃，沸点为 342℃，不溶于水，易溶于苯等有机溶剂；菲是带有光泽的无色片状晶体，熔点为 101℃，沸点为 340℃，不溶于水，易溶于苯等有机溶剂，溶液有蓝色荧光。

（三）蒽和菲的化学性质

蒽和菲比萘更容易发生氧化反应和还原反应，而且无论是被氧化还是被还原，反应都容易发生在两种化合物的 9 位和 10 位。例如：

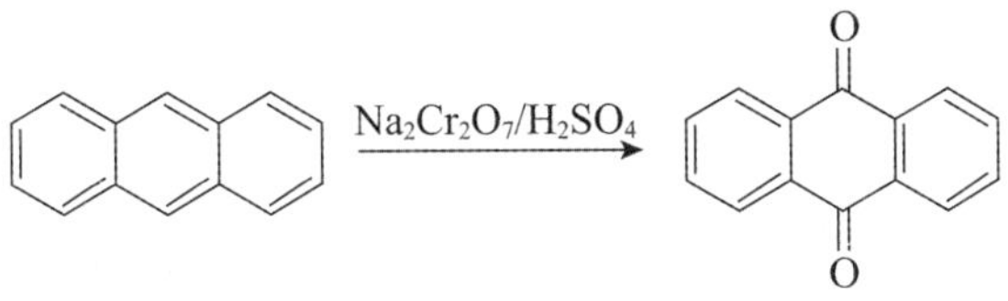

9,10-蒽醌

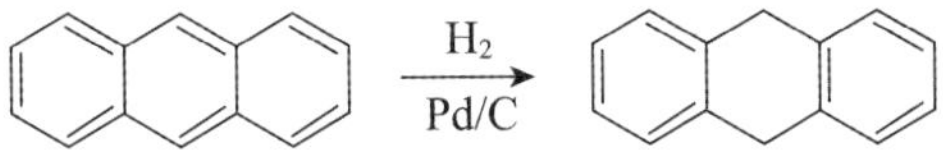

9,10-二氢蒽

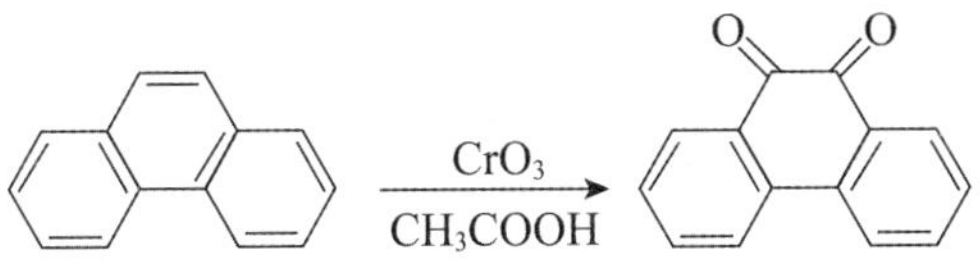

9,10-菲醌

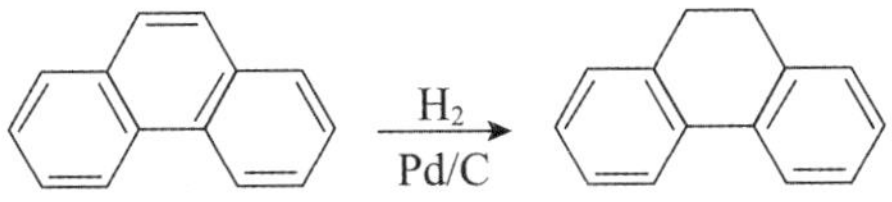

9,10-二氢菲

蒽和菲也能够发生芳香环的亲电取代反应，但往往伴随着诸如加成反应等副反应的发生。例如：

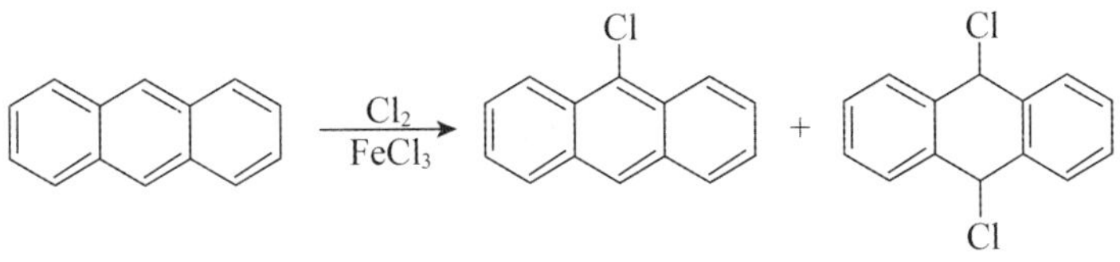

第三节　非苯型芳香烃

前面提到的苯、萘、蒽、菲等含有苯环结构的化合物，在结构上均为环状、闭合的共轭体系，在化学性质上均表现为易取代、难加成等特点，即都具有芳香性。在了解苯型芳香烃的结构和性质以后，人们很容易从价键理论的观点出发产生这样一种推测：像环丁二烯和环辛四烯这种结构的分子是否也具有芳香性呢？

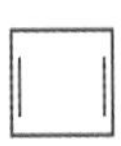

环丁二烯 　　环辛四烯

但研究结果表明：环丁二烯很不稳定，难以合成；环辛四烯具有烯烃的典型性质，也就是说这两种化合物都不具有芳香性。那么如何判断一个化合物是否具有芳香性呢？

一、休克尔规则

首先提出芳香性判断规则的是德国化学家休克尔（E. Hückel）。休克尔于 1931 年提出了下列理论：离域 π 电子数等于 $4n+2$（$n=0,1,2,3\cdots$）的单环平面共轭多烯具有芳香性。例如苯分子中成环原子共平面，离域的 π 电子数为 6，符合 $4n+2$（$n=1$），因此具有芳香性。对于稠环芳香烃，则通常只考虑成环原子周边的 π 电子数，例如萘、蒽、菲的成环原子均共平面，π 电子数为 10 或 14，也具有芳香性。前面提到的环丁二烯虽然符合平面、闭合及共轭的条件，但 π 电子数为 4，不符合休克尔规则，因而不具有芳香性；而环辛四烯分子实际上并非平面结构，不符合芳香性化合物的基本要求。

二、常见非苯型芳香烃

（一）单环芳香离子

某些环烃本身没有芳香性，但将其转变成正离子或负离子后，由于环中带正电和带负电的碳原子均为 sp^2 杂化，因此可能符合休克尔规则并具有芳香性。例如环戊二烯分子不具有芳香性，但其负离子却具有芳香性，因为成环的五个碳原子共平面，离域的 π 电子数等于 6，符合休克尔规则。环戊二烯的化学性质也证实了这一结论：环戊二烯具有明显的酸性（$pK_a=15$），可以和强碱作用成盐。例如：

常见的单环芳香性离子及其 π 电子数如下所示：

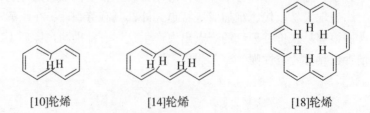

芳香离子：	环丙烯正离子	环戊二烯负离子	环庚三烯正离子
π电子数：	2	6	6

（二）轮烯

轮烯是指具有交替单双键结构的单环共轭多烯，也称环多次甲基。轮烯的组成通式为 $(CH)_x$（$x\geqslant10$），命名时将碳原子数放在方括号内，称为某轮烯。例如：

[10]轮烯	[14]轮烯	[18]轮烯

根据共轭 π 电子数，［10］轮烯、［14］轮烯、［18］轮烯都应该具有芳香性。但事实上，［10］轮烯、［14］轮烯由于环内氢原子相距很近，彼此之间的斥力使成环原子不能共平面，因此它们不符合休克尔规则，不具有芳香性。而［18］轮烯由于环内空间较大，分子仍保持平面结构，所以具有芳香性。

（三）稠环

奠是典型的非苯型稠环芳香烃，它由一个五元碳环和一个七元碳环稠合而成，具有平面结构，且 π 电子数等于 10，符合休克尔规则。常见的具有芳香性的稠环还有茚负离子等。

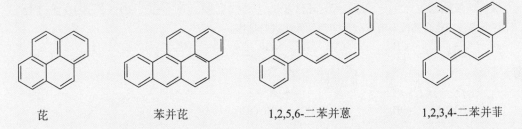

奠　　　　　　　　　　茚负离子

知识扩展

致癌稠环芳香烃

致癌物质是指会造成动物细胞 DNA 受损、突变或使细胞内的化学反应不正常化的物质。有些稠环芳香烃已被确认具有致癌作用，例如：

芘　　　　苯并芘　　　　1,2,5,6-二苯并蒽　　　　1,2,3,4-二苯并菲

其中苯并芘是第一个被发现的化学致癌物，而且它的致癌性很强。这些致癌稠环芳香烃主要来自于煤炭、木材、烟草、石油等的不完全燃烧，也可以产生于食物的不健康加工方式，如烟熏、火烤、油煎等。稠环芳香烃大部分是无色或淡黄色的结晶，脂溶性强；由于分子中存在共轭效应，稠环芳香烃化学性质相对稳定，长期通过呼吸道或者皮肤直接接触可使人体致癌，包括肺癌、消化道癌、膀胱癌、乳腺癌等。为预防稠环芳香烃对人体的损害，应该采取一系列的措施，包括治理环境污染、避免采用不合理的烹调方式、远离烟草等。

小　结

苯是最简单的芳香烃。苯分子中 6 个 C 原子均为 sp^2 杂化，每个碳原子都以三个 sp^2 杂化轨道分别与相邻两个碳原子和一个氢原子形成三个 σ 键，所有原子共处于同一平面；6 个未参与杂化的 p 轨道相互侧面重叠，形成一个环状闭合的共轭大 π 键。由于高度离域的 π 电子云均匀分布在环平面的上下方，所以苯分子中无单双键之分，苯环具有特殊的相对稳定性。

苯分子容易发生卤代、硝化、磺化、傅-克烷基化和酰基化等亲电取代反应，在反应中苯环上的氢原子分别被—X、—NO$_2$、—SO$_3$H、—R、—COR 等原子或基团所取代。一取代苯在进行亲电取代反应时，环上已存在的取代基会对亲电取代反应速率及第二个取代基进入苯环的位置产生影响。根据取代基效应的不同，可将取代基分为邻对位定位基和间位定位基两大类。邻对位定位基主要使新导入的取代基进入其邻位和对位，并使苯环的亲电取代反应活性增强（卤素除外）；这类定位基中与苯环直接相连的原子不含多重键，大多数含有孤对电子。间位定位基主要使新导入的取代基进入其间位，并使苯环的亲电取代反应活性减弱；间位定位基中与苯环直接相连的原子多以不饱和键与电负性较大的原子相连。苯环侧链中与苯环直接相连碳原子上的氢具有较高反应活性，可以发生取代反应和氧化反应。

分子中含有两个或两个以上苯环的芳香烃称为多环芳香烃。稠环芳香烃的结构和性质与苯分子相似，但由于稠环芳香烃中 π 电子云分布不均匀，导致其芳香性比苯差，化学性质更为活泼。

习 题

1. 用系统命名法命名下列化合物。

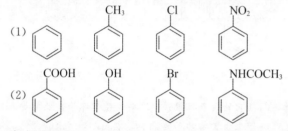

(1) 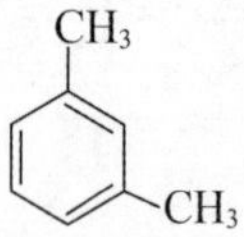 (2) 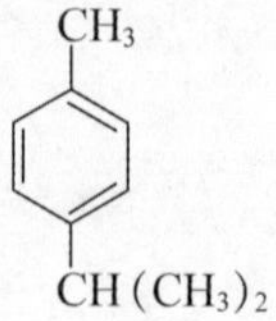 (3) 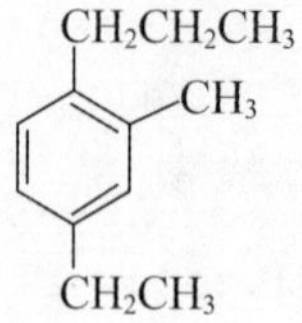 (4) 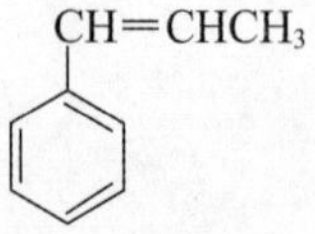 (5) 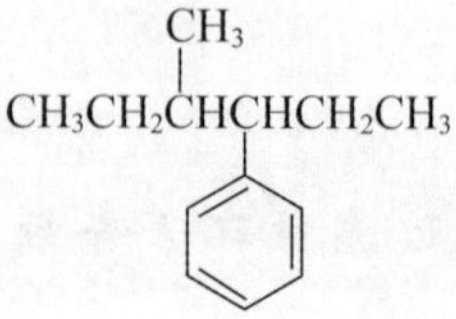 (6)

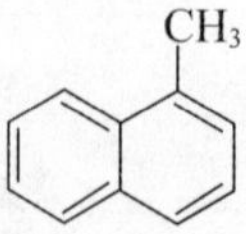

2. 写出下列化合物的构造式。

(1) 1,2,4-三甲苯   (2) 苯乙炔   (3) 间甲基苯乙烯

(4) 3-苯基戊烷   (5) 环己基苯   (6) (Z)-2-苯基-2-丁烯

3. 将下列各组化合物按亲电取代反应活性大小进行排序。

(1)

(2)

4. 完成下列反应。

(1)

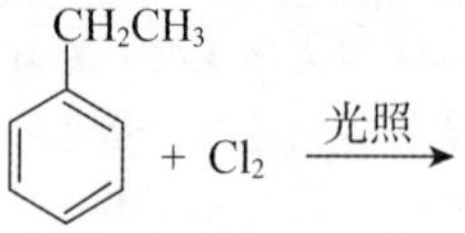

(2)

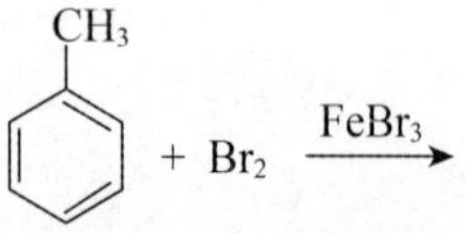

(3)

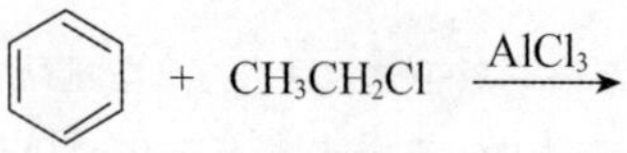

(4)

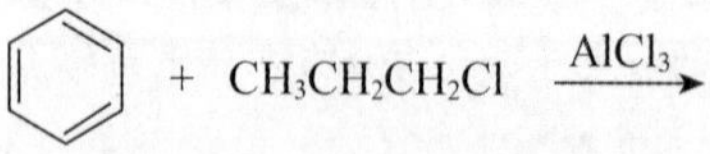

(5)

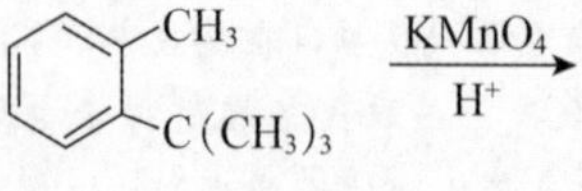

(6)

(7)

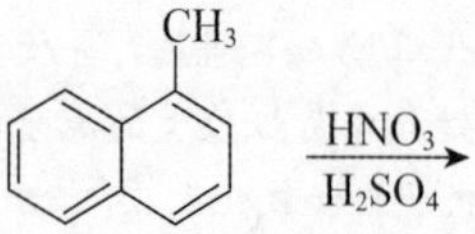

(8)

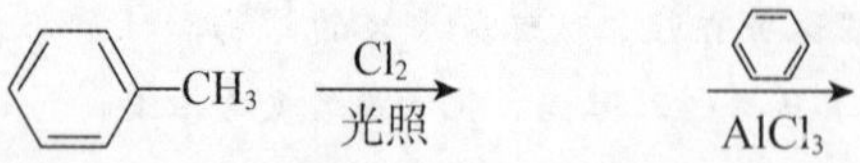

5. 写出符合下列要求的芳香烃。

(1) C_9H_{12}：单溴代只生成一种环上取代产物

（2）C_8H_{10}：单氯代只生成两种环上取代产物

（3）C_8H_{10}：单氯代生成两种主要的环上取代产物

6. 用箭头标示下列化合物进行硝化反应时硝基进入苯环的主要位置。

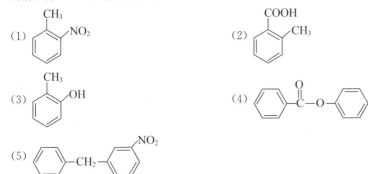

7. 用化学方法鉴别下列各组化合物。

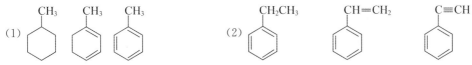

8. 以苯为原料合成下列化合物。

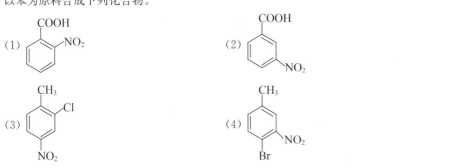

9. 下列化合物在通常情况下哪些能够发生傅-克反应？哪些难以发生傅-克反应？

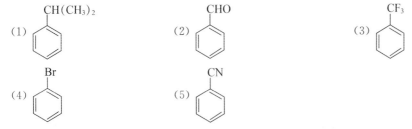

10. 芳香烃化合物 A、B、C，分子式均为 C_9H_{12}，分别用 $KMnO_4$ 酸性溶液氧化，A 生成一元羧酸，B 生成二元羧酸，C 生成三元羧酸；A、B、C 三种物质分别进行硝化时，A 和 B 均生成两种收率较高的一硝基化合物，而 C 只生成一种一硝基化合物，试推断 A、B、C 的结构式。

11. 化合物 A（C_9H_{10}）在室温下能使 Br_2/CCl_4 溶液褪色；1mol A 在温和条件下与 1mol H_2 加成生成化合物 B；A 在强烈条件下氢化可以与 4 mol H_2 加成；A 用酸性高锰酸钾氧化时生成邻苯二甲酸，试推测 A 和 B 的结构。

12. 判断下列化合物哪些具有芳香性。

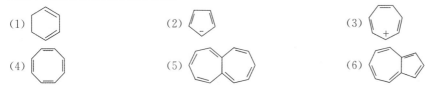

第六章 卤代烃

烃分子中的一个或多个氢原子被卤原子取代的化合物称为卤代烃（halohydrocarbon），以通式 RX 表示，X 代表卤素原子（F、Cl、Br、I）。

天然的卤代烃数量不多，绝大多数卤代烃是合成产物。天然有机卤化物主要存在于一些海洋生物体中，如海藻、海绵类动植物中，这些生物体中产生的卤代物有其特殊结构，有些具有抗菌、抗真菌和抗肿瘤活性。

目前人们应用的卤代烃可达 15000 多种。根据其结构和性质，卤代烃可以用作溶剂或有机合成原料，也可用作制冷剂、杀虫剂和医用麻醉剂等。

许多卤代烃有毒性，如常作为溶剂使用的氯仿和四氯化碳有致癌性，使用时应注意防护。某些卤代烃能破坏臭氧层，应尽量减少这类卤代烃向环境中的扩散。

卤代烃发生的化学反应及其反应机理在有机化学中占有重要地位，本章将在讨论卤代烃化学性质的基础上，对亲核取代反应机理和消除反应机理做较为详细的介绍。

第一节 卤代烃的结构、分类和命名

一、卤代烃的结构

卤代烃中卤原子与碳原子通过 σ 键相连。由于卤原子的电负性大于碳原子（电负性：F 4.0，Cl 3.2，Br 3.0，I 2.7，C 2.5），C—X 键为极性共价键，成键电子对偏向卤原子，偶极方向由碳原子指向卤原子，碳、卤原子分别为正、负电中心。

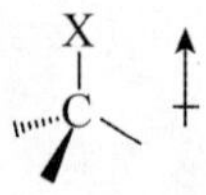

$$\overset{X}{\underset{}{C}} \uparrow \quad (X=F,\ Cl,\ Br,\ I)$$

由于卤原子的电负性和原子半径不同，卤原子与饱和碳原子相连的四种卤代烃氟代烃、氯代烃、溴代烃和碘代烃中碳卤键键长也不相同。表 6-1 为卤代烃中碳卤键的键长和偶极矩数值。

表 6-1 卤代烃中 C—X 键键长和偶极矩

C—X 键	键长（pm）	偶极矩（D）
C—F	139	1.81
C—Cl	176	1.96
C—Br	194	1.78
C—I	214	1.64

二、卤代烃的分类

根据分子中所含卤素的种类不同，卤代烃可以分为氟代烃、氯代烃、溴代烃和碘代烃。

根据分子中所含卤原子的数目不同，卤代烃可以分为一卤代烃、二卤代烃和多卤代烃。二卤代烃中，两个卤原子连在同一碳原子上的称为偕二卤代烃；两个卤原子连在相邻碳原子上的称为邻二卤代烃或连二卤代烃。例如：

$$CH_3CH_2CH_2X \qquad CH_2X_2 \qquad XCH_2CH_2X \qquad CX_3$$

一卤代烃　　偕二卤代烃　　邻二卤代烃　三卤代烃

根据与卤原子相连的烃基结构不同，卤代烃可以分为饱和卤代烃、不饱和卤代烃和芳香卤代烃。

$$CH_3CH_2CH_2X \qquad CH_2{=}CHCH_2X \qquad \text{〈苯环〉}{-}X$$

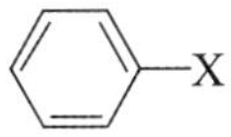

饱和卤代烃　　不饱和卤代烃　　芳香卤代烃

根据与卤原子相连的碳原子的类型不同，卤代烃可分为伯卤代烃、仲卤代烃和叔卤代烃。

$$R{-}CH_2{-}X \qquad R{-}\underset{}{\overset{R'}{CH}}{-}X \qquad R{-}\underset{R''}{\overset{R'}{C}}{-}X$$

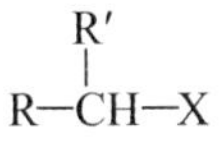

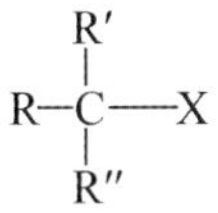

伯卤代烃　　　　仲卤代烃　　　　叔卤代烃
（一级卤代烃）　（二级卤代烃）　（三级卤代烃）

三、卤代烃的命名

卤代烃的命名可以采取普通命名法和系统命名法。

（一）普通命名法

简单的卤代烃可采用普通命名法，通常将烃基名称与卤原子名称连在一起，或在烃的名称前加上卤素的名称，例如：

$$CH_3CH_2CH_2CH_2Cl \qquad CH_3\underset{}{\overset{CH_3}{CH}}CH_2Br \qquad H_3C{-}\underset{CH_3}{\overset{CH_3}{C}}{-}Br \qquad \text{〈苯环〉}{-}CH_2Cl$$

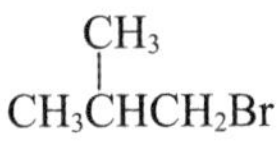

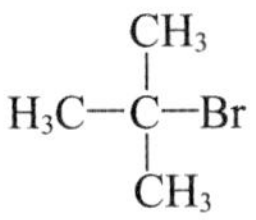

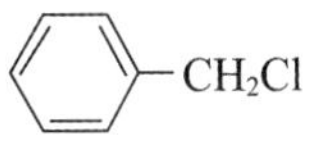

正丁基氯　　　　　异丁基溴　　　　　叔丁基溴　　　　　苄基氯
（氯丁烷）　　　（溴代异丁烷）　　（溴代叔丁烷）　　（氯化苄）
butyl chloride　　iso-butyl bromide　tert-butyl bromide　benzyl chloride

（二）系统命名法

按系统命名法命名卤代烃时，将卤原子作为取代基，按照烷烃或烯烃等母体化合物的命名方法给主链编号并命名，编号遵循"最低序列原则"，取代基的排序遵循"次序规则"。值得注意的是，和同样作为取代基的烃基相比，卤原子是较优基团。例如：

$$CH_3CHCHCH_3$$
$$\quad\quad\ |\ \ |$$
$$\quad\quad Br\ Cl$$

$$CH_3CHCHCH_2CH_3$$
$$\quad\quad\ |\quad |$$
$$\quad\quad Cl\ \ CH_3$$

$$CH_3CHCH_2Br$$
$$\quad\quad |$$
$$\quad\quad CH_3$$

2-氯-3-溴丁烷　　　　　3-甲基-2-氯戊烷　　　　2-甲基-1-溴丙烷

3-bromo-2-chlorobutane　　2-chloro-3-methylpentane　　1-bromo-2-methylpropane

$$CH_3CHCH_2CHCH_3$$
$$\quad\ |\quad\quad\ |$$
$$\quad CH_3\quad\ Cl$$

$$CH_2 = CHCH_2Cl$$

$$CH_3CH = CHCH_2Cl$$

2-甲基-4-氯戊烷　　　　　　3-氯-1-丙烯　　　　　　1-氯-2-丁烯

4-chloro-2-methylpentane　　3-chloro-1-propene　　　1-chloro-2-butene

有些卤代烃常用其俗名，例如三卤甲烷常称为卤仿（haloform）：

$$CHCl_3$$　　　　　　　　　　　$$CHI_3$$

氯仿（chloroform）　　　　　碘仿（iodoform）

第二节　卤代烃的物理性质

常温下，四个碳以下的氟代烷、两个碳以下的氯代烷和溴甲烷为气体，一般卤代烷多为液体，15 个 C 以上的卤代烷为固体。

卤原子的质量比有机物中常见的其他原子的质量大，因此卤代烃的密度较高，大多数卤代烃比水的密度大。所有的卤代烃均不溶于水，但能溶于大多数有机溶剂。许多有机物能溶于卤代烃，CH_2Cl_2、$CHCl_3$ 等是常用的有机溶剂。表 6-2 列出了常见卤代烃的部分物理性质。

表 6-2　常见卤代烃的物理性质

名称	英文名	结构式	沸点（℃）	密度（g·cm^{-3}）
氯甲烷	chloromethane	CH_3Cl	-24.2	0.94
溴甲烷	bromomethane	CH_3Br	3.6	1.68
碘甲烷	iodomethane	CH_3I	42.4	2.28
氯乙烷	chloroethane	CH_3CH_2Cl	12.3	0.90
溴乙烷	bromoethane	CH_3CH_2Br	38.4	1.46
碘乙烷	iodoethane	CH_3CH_2I	72.3	1.94
氯苯	chlorobenzene	C_6H_5Cl	132	1.11
溴苯	bromobenzene	C_6H_5Br	155.5	1.50
碘苯	iodobenzene	C_6H_5I	188.5	1.83
二氯甲烷	dichloromethane	CH_2Cl_2	40	1.34
三氯甲烷	chloroform	$CHCl_3$	61	1.49
四氯化碳	tetrachloromethane	CCl_4	77	1.60

纯的一卤代烷没有颜色，但碘代烷久置见光分解产生游离 I_2，因此碘代烷应存放于棕色瓶中。

第三节 卤代烃的化学性质

一、卤代烷的亲核取代反应

一卤代烷分子中与卤原子直接相连的碳原子（也称作中心碳原子）带部分正电荷，容易受到负离子或含孤对电子的亲核试剂的进攻，使碳卤键发生异裂，卤原子以负离子的形式离去，生成卤代烷中卤原子被其他原子或基团取代的产物。例如一卤代烷可以与 NaOH、NaOR、KCN、NH_3 等试剂发生取代反应生成醇、醚、腈和胺等。

卤代烷与氢氧化钠（或氢氧化钾）的水溶液共热，卤原子被羟基（—OH）所取代生成醇，该反应称为卤代烷的水解反应。例如：

$$RX + NaOH \xrightarrow[\triangle]{H_2O} ROH + NaX$$

卤代烷与氰化钾（或氰化钠）在醇溶液中反应，卤原子被氰基（—CN）取代生成腈：

$$RX + KCN \xrightarrow[\triangle]{醇} RCN + KX$$

腈可以在酸性条件下回流水解生成羧酸，也可还原得到胺，得到的羧酸或胺比卤代烷增加了一个碳原子，这是有机合成中增长碳链的方法之一。

$$RCN + H_2O \xrightarrow[\triangle]{H^+} RCOOH \qquad RCN \xrightarrow{[H]} RCH_2NH_2$$

卤代烷与醇钠（NaOR）的醇溶液共热，卤原子被烃氧基（—OR）取代生成醚：

$$RX + NaOR' \xrightarrow[\triangle]{R'OH} ROR' + NaX$$

利用该反应制备醚，称为威廉姆森（Williamson）合成法。

卤代烷与过量的氨溶液共热，卤原子被氨基取代生成伯胺：

$$RX + NH_3 \xrightarrow{\triangle} RNH_2 + NH_4X$$

卤代烷与硝酸银的乙醇溶液共热，生成硝酸酯和卤化银沉淀：

$$RX + AgNO_3 \xrightarrow[\triangle]{CH_3CH_2OH} RONO_2 + AgX\downarrow$$

该反应一旦发生现象明显，可用作鉴别反应。

上述反应具有共同特点，即卤代烷分子中带部分正电荷的碳原子受到带有负电荷的碱性试剂（如 OH^-、CN^-、OR^-）或含有未共用电子对的中性试剂（如 NH_3）的进攻，这些试剂称为亲核试剂（nucleophilic reagent），用 Nu 表示。亲核试剂提供一对电子与卤代烷中的中心碳生成 C—Nu 共价单键（产物），卤原子带着一对电子离去，称为离去基团（leaving group）；受到亲核试剂进攻的卤代烷称为底物。这种由亲核试剂对带部分正电荷的碳原子进攻而引起的取代反应称为亲核取代反应（nucleophilic substitution reaction），用 S_N 表示。反应通式如下：

$$R—X + Nu^- \longrightarrow RNu + X^-$$

卤代烷的亲核取代反应中，碳卤键断裂的从易到难程度依次为：C—I＞C—Br＞C—Cl，氟代烷难以发生亲核取代反应。

二、卤代烷亲核取代反应机理

研究卤代烷水解反应动力学时发现，一些卤代烷的水解反应速率仅与卤代烷的浓度有关；而另一些卤代烷的水解反应速率不仅与卤代烷的浓度有关，还与水解时亲核试剂的浓度有关，这说明卤代烷的水解存在两种反应机理。英国化学家 C. K. Ingold 和 E. D. Hughes 合作研究，共同提出了亲核取代反应的两种机理，即单分子亲核取代反应（unimolecular nucleophilic substitution）机理和双分子亲核取代反应（bimolecular nucleophilic substitution）机理，分别用 S_N1 和 S_N2 表示。

（一）单分子亲核取代反应（S_N1）

1. 反应机理　叔丁基溴在稀碱溶液中水解，反应速率 v 仅与叔丁基溴的浓度成正比，而与亲核试剂 OH^- 的浓度无关。

$$(CH_3)_3C—Br + OH^- \longrightarrow (CH_3)_3C—OH + Br^-$$
$$v = k[(CH_3)_3CBr]$$

该反应在动力学上属于一级反应，k 为速率常数。通过对反应结果和实验事实的分析得知，上述反应是分为两步进行的，反应机理如下：

$$(CH_3)_3C—Br \xrightarrow{慢} [\overset{\delta^+}{(CH_3)_3C}\text{----}\overset{\delta^-}{Br}] \longrightarrow (CH_3)_3C^+ + Br^-$$

$$(CH_3)_3C^+ + OH^- \longrightarrow [\overset{\delta^+}{(CH_3)_3C}\text{----}\overset{\delta^-}{OH}] \longrightarrow (CH_3)_3COH$$

反应的第一步是叔丁基溴在溶剂中离解为活性中间体叔丁基碳正离子和溴负离子，这一步为慢反应。第二步是叔丁基碳正离子与 OH^- 生成叔丁醇，这一步反应较快。决定整个反应的限速步骤是第一步慢反应。而第一步反应只与叔丁基溴的浓度有关，与 OH^- 无关，所以称之为单分子亲核取代反应（S_N1）。

2. 能量变化　图 6-1 为叔丁基溴按 S_N1 机理水解反应过程能量变化图。从图中可以看出，第一步 C—Br 键逐渐延长，体系能量增大（$Ea1$），到 C—Br 键完全断开形成叔丁基碳正离子 $(CH_3)_3C^+$ 后能量下降；第二步 C—O 键形成过程中能量上升（$Ea2$），完全形成 $(CH_3)_3COH$ 后能量下降到最低。而第一步的活化能 $Ea1$ 大于第二步反应的活化能 $Ea2$，表明第一步形成碳正离子是决定反应速率的关键一步。

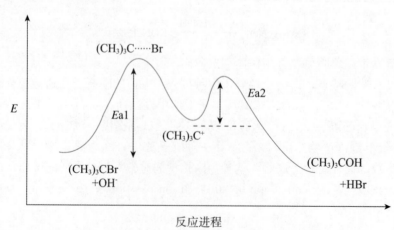

图 6-1　叔丁基溴水解反应（S_N1）能量图

3. 立体化学　在卤代烷的 S_N1 反应中，关键一步是卤离子离去，生成碳正离子。碳正离子呈平面构型，中心碳原子为 sp^2 杂化。下一步亲核试剂可以从平面两侧进攻，当中心碳原子为手性碳时，则得到构型保持和构型反转的两种产物，即外消旋体。例如（R）-3-甲基-3-氯己烷的水解反应过程及产物如下所示：

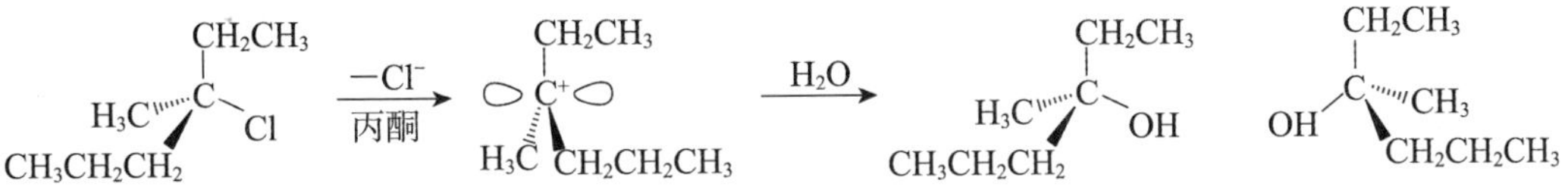

　　（R型）　　　　　　　　　　　　　　　　　　　　　（R型）　　　（S型）
　　　　　　　　　　　　　　　　　　　　　　　　　　构型保持　　构型反转

有些卤代烷发生亲核取代反应时有重排产物生成，例如 2-甲基-3-氯丁烷水解时得到 93％ 的 2-甲基-2-丁醇：

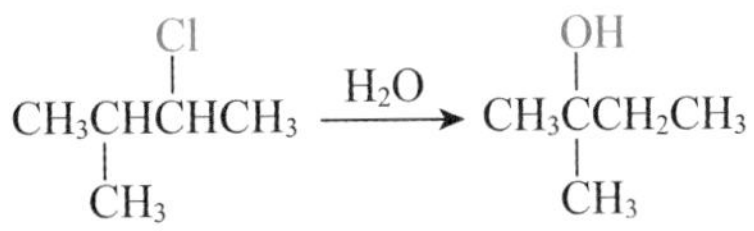

该反应是 S_N1 反应，反应中间体碳正离子经历了下列重排过程：

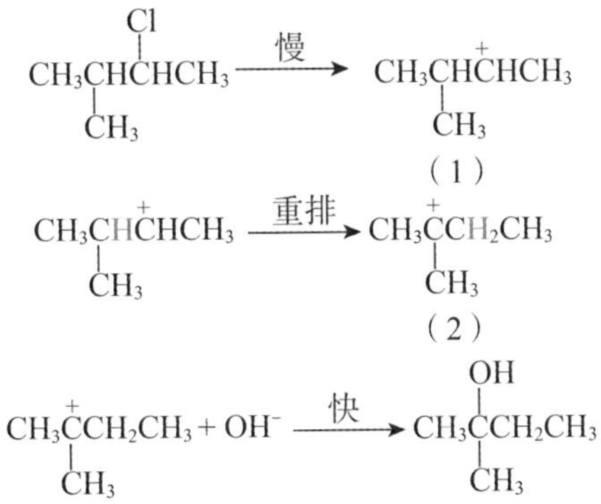

第一步氯离子离去生成仲碳正离子（1），然后邻位碳上的氢带着一对电子迁移到带正电荷的碳原子上，形成新的叔碳正离子（2），最后叔碳正离子（2）与亲核试剂 OH⁻ 反应形成产物。

综上所述，S_N1 反应的特点包括：单分子反应；反应分两步进行；形成碳正离子活性中间体，有可能伴随重排反应产物生成；如果中心碳原子是手性碳，则构型发生外消旋化。

问题 6-1　比较下列碳正离子稳定性。

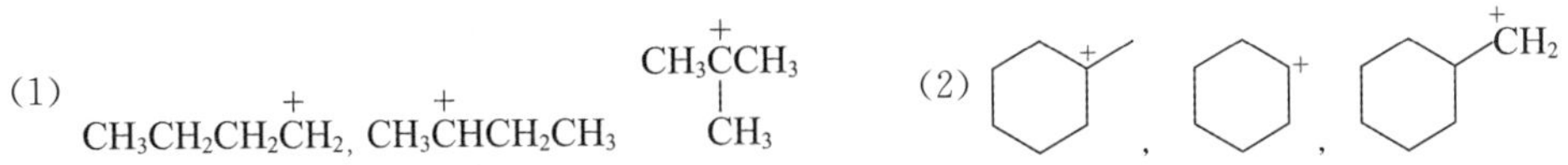

（二）双分子亲核取代反应（S_N2）

1. 反应机理　溴甲烷在碱性溶液中的水解，反应速率不仅与卤代烷的浓度成正比，也与亲核试剂的浓度成正比，在动力学上属于二级反应。

$$CH_3Br + OH^- \longrightarrow CH_3OH + Br^-$$

$$v = k\,[CH_3Br][OH^-]$$

式中 k 为速率常数。研究表明溴甲烷的水解反应机理如下：

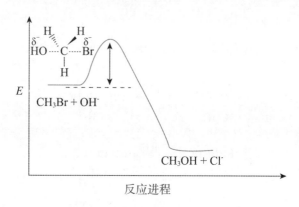

反应中亲核试剂 OH^- 从溴的背面接近溴甲烷带有部分正电荷的中心碳原子，并与之逐渐结合且部分成键，同时 C—Br 键逐渐伸长变弱形成过渡态。此时，C 变成 sp^2 杂化，HO、C、Br 在同一直线上，体系能量达到最高值。随着 OH^- 继续接近碳原子，O—C 键形成，溴离子带一对电子离去，体系能量逐渐降低，反应完成。反应过程中形成过渡态的速率与溴甲烷和碱的浓度都有关，即为双分子亲核取代反应（S_N2）。

2. 能量变化 图 6-2 为溴甲烷水解反应过程能量变化图。从 S_N2 的能量图中看出，O—C 键即将形成和 C—Br 键即将断开的过渡态能量最高，至形成甲醇后能量达到最低点。

图 6-2 溴甲烷水解反应（S_N2）能量图

3. 立体化学 按 S_N2 机理进行的亲核取代反应过渡态的中心碳原子为 sp^2 杂化，除了亲核试剂和离去基团外，中心碳原子与另外三个基团形成的价键共平面。当反应继续进行时，随着 C—Br 键的断裂和 C—O 键的生成，这三个基团的朝向发生了反转。如果中心碳原子为手性碳，则反应产物的构型与反应物的构型翻转。这种在 S_N2 反应中构型完全反转的现象称为瓦尔登（Walden）转化。例如（S）-2-溴丁烷在碱性条件下的水解反应如下所示：

（S）-2-溴丁烷   过渡态   （R）-2-丁醇

综上所述，S_N2 反应的特点包括：双分子反应；反应一步进行；如果中心碳原子是手性碳，则反应产物发生构型反转。

> 问题 6-2 比较单分子亲核取代反应（S_N1）和双分子亲核取代反应（S_N2）机理的特点。

（三）影响亲核取代反应速率的因素

影响卤代烷亲核取代反应机理和反应活性的因素包括：底物、亲核试剂和溶剂。下面分别讨论这三种因素的具体影响。

1. 底物的影响　作为底物的卤代烷由两部分组成，即烷基和离去基团。

（1）烷基结构的影响：如果一卤代烷的亲核取代反应按 S_N1 机理进行，在速率控制步骤中生成碳正离子，碳正离子越稳定则该卤代烷亲核取代反应的速率就越快。烷基碳正离子的稳定性顺序为：叔碳正离子＞仲碳正离子＞伯碳正离子＞甲基碳正离子，因此不同类型的一卤代烷 S_N1 反应活性大小顺序为：叔卤代烷＞仲卤代烷＞伯卤代烷＞卤代甲烷。

如果一卤代烷的亲核取代反应按 S_N2 机理进行，反应一步完成，亲核试剂从离去基团的背面进攻带部分正电荷的中心碳原子形成过渡态，所以中心碳原子连接的烷基数目越多、体积越大，就越不利于亲核试剂的进攻，过渡态就越难形成，反应活性就越低。因此在 S_N2 反应中，一卤代烷反应活性大小顺序为：卤代甲烷＞伯卤代烷＞仲卤代烷＞叔卤代烷。

可见烷基结构对一卤代烷的亲核取代反应机理和活性有较大影响。通常情况下，叔卤代烷按 S_N1 机理反应，伯卤代烷按 S_N2 机理反应；而仲卤代烷的反应既可以是 S_N1 机理，也可以是 S_N2 机理，且往往在一个反应中两种机理共存，并受亲核试剂和溶剂的影响。

（2）离去基团的离去能力：一卤代烷无论按哪种机理发生亲核取代反应，关键步骤中都涉及离去基团的离去。因此底物中离去基团的离去能力强，对于 S_N1 和 S_N2 反应都是有利的，但 S_N1 机理受离去基团的影响更为明显。因为 S_N1 机理的反应速率主要取决于离去基团从底物离去而形成碳正离子的这一步；而 S_N2 机理还需要亲核试剂的进攻参与才能反应。离去基团的离去能力主要取决于 C—X 键的键能大小和离去基团的稳定性。对于一卤代烷来说，C—X 键键能大小顺序为：C—F＞C—Cl＞C—Br＞C—I；卤负离子的稳定性顺序为：I^-＞Br^-＞Cl^-＞F^-。因此当烷基相同时，一卤代烷反应活性大小为：RI＞RBr＞RCl＞RF。例如：几种叔卤代烷在 80% 乙醇水溶液中进行 S_N1 反应的相对速率为：

$$(CH_3)_3C-X + H_2O \xrightarrow{C_2H_5OH} (CH_3)_3C-OH + (CH_3)_3C-OC_2H_5 + HX$$

X：	Cl	Br	I
相对速率：	1.0	39	99

2. 亲核试剂的影响　在亲核取代反应中，亲核试剂进攻中心碳原子的能力称为试剂的亲核性。在 S_N1 反应中，反应速率只取决于卤负离子解离后生成碳正离子中间体的稳定性，亲核试剂的亲核性强弱和浓度大小对反应速率影响不大。而在 S_N2 反应中，增加亲核试剂的亲核性和浓度将有利于反应的进行。表 6-3 列出了一些常见的亲核试剂在甲醇溶液中与碘甲烷发生 S_N2 反应的相对速率。

表 6-3　一些常见亲核试剂与碘甲烷发生 S_N2 反应的相对速率

亲核试剂	相对速率	亲核试剂	相对速率
CH_3OH	1	CN^-	5×10^6
F^-	5×10^2	I^-	3×10^7
Cl^-	2×10^4	CH_3S^-	1×10^8
NH_3	3×10^5	$C_6H_5O^-$	$\sim10^5$
Br^-	6×10^5	CH_3COO^-	$\sim10^4$
CH_3O^-	2×10^6	CH_3COOH	$\sim10^{-2}$

判断试剂亲核性强弱遵循以下规律：

（1）负离子比相应的中性分子亲核性强，例如亲核性：CH_3O^-＞CH_3OH；OH^-＞HOH。

（2）一般情况下，亲核试剂的碱性越强，其亲核性越强，即试剂的亲核性与碱性强弱顺序一致，常见下列两种情形：

1）进攻中心为同种元素的亲核试剂，例如：

亲核性：　　　$CH_3O^- > OH^- > PhO^- > CH_3COO^- > NO^- > CH_3OH$

共轭酸 pK_a：15.9　　　 15.7　　 9.89　　 4.8　　　　 −1.3　 −1.7

2）进攻中心原子处于同一周期并具相同电荷的亲核试剂，例如：

碱性：　$R_3C^- > R_2N^- > RO^- > F^-$

亲核性：$R_3C^- > R_2N^- > RO^- > F^-$

（3）有些情况下亲核试剂的亲核性与其碱性顺序相反，常见于进攻中心原子处于同一族的亲核试剂，例如：

碱性：$F^- > Cl^- > Br^- > I^-$；亲核性：$I^- > Br^- > Cl^- > F^-$

碱性：$RO^- > RS^-$；亲核性：$RS^- > RO^-$

这种情形的出现主要是由于反应体系中存在溶剂化效应，半径越小的负离子越容易被溶剂包围，导致其亲核性减弱。

3. 溶剂的影响　常见的溶剂包括极性溶剂和非极性溶剂，其中极性溶剂又可以分为质子性溶剂和非质子性溶剂，像水、醇等分子中含有可形成氢键的氢原子的溶剂被称为质子性溶剂。在 S_N1 反应中，极性较大的溶剂对碳卤键的解离和碳正离子的稳定均有利，因此增加溶剂的极性对 S_N1 反应有利。S_N2 反应要求亲核试剂的亲核性较强，通常情况下亲核试剂为负离子，而极性质子性溶剂容易使负离子溶剂化，阻碍亲核试剂接近中心碳原子，不利于过渡态的形成，因此增加溶剂的极性对 S_N2 反应不利。

三、卤代烷的消除反应

在有机化合物中与官能团直接相连的碳原子称为 α-碳，与 α-碳相连的碳原子称为 β-碳，依此类推 γ、δ……卤代烷中卤原子的吸电子诱导效应通过碳链的传递可以影响 β-碳氢键的极性，使 β-碳上的氢显酸性而易受碱性试剂进攻，卤代烷分子中脱去卤原子和 β-H 生成烯烃。这种从有机物分子中脱去一个小分子生成不饱和化合物的反应称为消除反应（elimination reaction，简称 E 反应）。

一卤代烷与氢氧化钠（钾）醇溶液共热，脱去一分子卤化氢生成烯烃：

$$\overset{\beta}{R}-\overset{\alpha}{\underset{H}{CH}}-\underset{Cl}{CH_2} + NaOH \xrightarrow[\triangle]{C_2H_5OH} RCH = CH_2 + NaCl + H_2O$$

反应中，卤代烷失去卤原子和 β-碳上的氢，所以也称为 β-消除反应。

对卤代烷消除反应动力学的研究表明，该反应存在两种消除机理，即单分子消除反应（E1）和双分子消除反应（E2）。

（一）E1 机理

在 E1 反应中，反应速率与卤代烷的浓度成正比，与碱的浓度无关，反应分两步进行。第一步与 S_N1 反应相同，碳卤键发生异裂生成碳正离子和卤负离子。消除反应的第二步，碱性试剂 B^- 进攻 β-碳上的氢，失去质子后 β-碳转化为 sp^2 杂化状态，α-碳上的 p 轨道和 β-碳上的 p 轨道平行重叠形成 π 键，生成烯烃。决定反应速率的是第一步碳正离子的生成，所以为单分子消除反应（E1）。E1 反应机理如下所示：

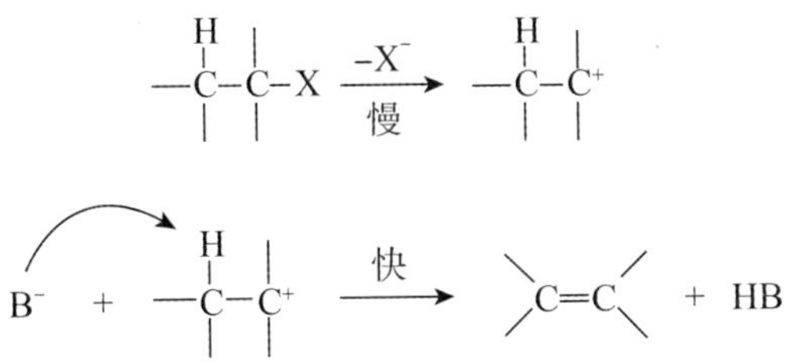

由此可见，E1 和 S_N1 反应的第一步都是生成碳正离子，不同的是第二步反应，在 S_N1 反应中是亲核试剂进攻中心碳原子，而在 E1 反应中是碱性试剂进攻 β-氢。

由于形成碳正离子这一步是决定反应速率的关键步骤，因此卤代烷发生 E1 反应的活性顺序为：叔卤代烷＞仲卤代烷＞伯卤代烷＞卤代甲烷。

（二）E2 机理

在 E2 反应中，反应速率与卤代烷的浓度和碱的浓度的乘积成正比，反应一步完成。碱性试剂 B^- 进攻卤代烷 β-碳上的氢，并使氢原子以质子形式脱去，同时卤原子带着一对电子离去，α-碳和 β-碳都由 sp^3 杂化变成 sp^2 杂化状态，两个碳原子上的 p 轨道平行重叠形成 π 键，得到烯烃。β-碳 C—H 键和 α-碳 C—X 键的断裂与双键的形成是同时发生的。

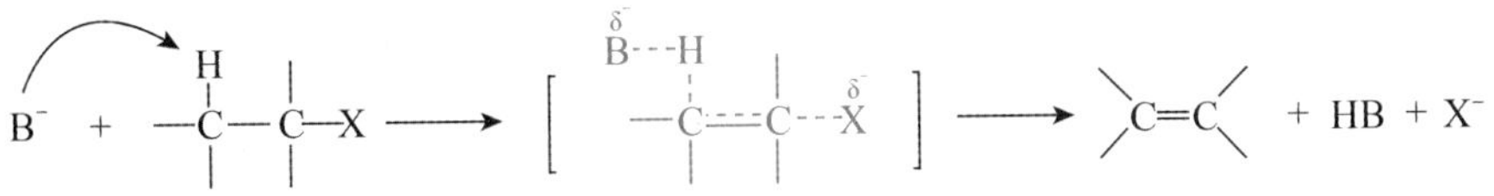

E2 和 S_N2 机理有相似之处。二者的差异在于：在 S_N2 反应中是亲核试剂进攻 α-碳原子，而在 E2 反应中是碱性试剂进攻 β-氢。

由于 E2 反应是一步完成的，同时碱性试剂进攻 β-氢较少受空间位阻的影响，因此烯烃的稳定性是决定反应速率的主要因素。双键碳上连有烃基越多的烯烃越稳定，所以卤代烷发生 E2 反应的活性顺序为：叔卤代烷＞仲卤代烷＞伯卤代烷＞卤代甲烷。显然，卤代烷按两种不同机理发生消除反应时卤代烷的活性顺序是一致的。

（三）消除反应的取向

卤代烷进行消除反应时，如果分子中存在两种以上 β-氢，可能生成双键位置不同的烯烃。例如：

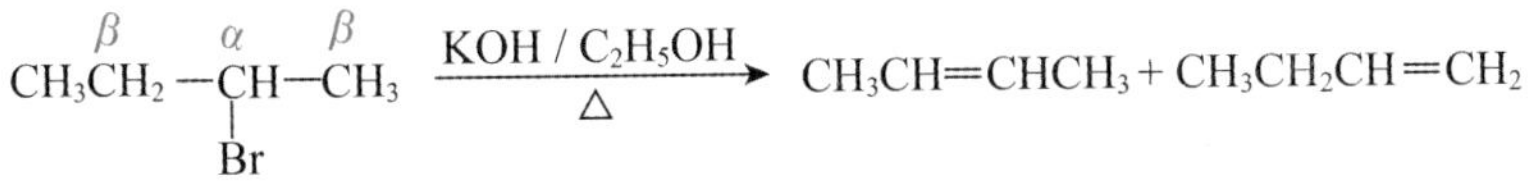

2-溴丁烷　　2-丁烯（80%）　1-丁烯（19%）

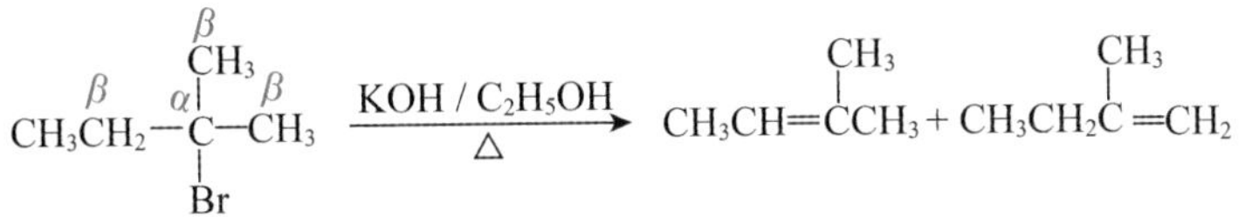

2-甲基-2-溴丁烷　　2-甲基-2-丁烯（70%）　2-甲基-1-丁烯（30%）

实验证明，当分子中存在两种或两种以上可以消除的 β-氢时，优先生成的产物是双键碳上连有较多烃基的烯烃，这一规律首先由俄国化学家扎依采夫（Saytzeff）提出，因此被称为扎依采夫规则。该规则的另一种叙述方式是：卤代烷发生消除反应脱去卤化氢时，主要是从含氢较少的 β-碳上脱去氢原子。

问题 6-3 完成下列反应

$$(1) \quad \underset{\underset{\text{Br}}{|}\quad \underset{\text{CH}_3}{|}}{\text{CH}_3\text{CHCHCH}_2\text{CH}_3} \xrightarrow[\triangle]{\text{NaOH}/醇}$$

$$(2) \quad \text{C}_6\text{H}_5\text{—CH}_2\underset{\underset{\text{Br}}{|}}{\text{CH}}\text{CH}_2\text{CH}_3 \xrightarrow[\triangle]{\text{NaOH}/醇}$$

四、卤代烷取代反应和消除反应的竞争

亲核试剂又是广义上的碱，卤代烷与亲核试剂作用时，亲核取代反应和消除反应可能同时发生且相互竞争。哪种反应占优势取决于卤代烷的结构、试剂碱性的强弱、溶剂的极性和反应温度等诸多因素。

（一）卤代烷结构的影响

伯卤代烷一般发生 S_N2 反应，E2 反应较少发生，例如：

$$\text{CH}_3\text{CH}_2\text{CH}_2\text{Br} \xrightarrow[\text{CH}_3\text{CH}_2\text{OH}]{\text{CH}_3\text{CH}_2\text{O}^-} \text{CH}_3\text{CH}_2\text{CH}_2\text{OCH}_2\text{CH}_3 + \text{CH}_3\text{CH}=\text{CH}_2$$
$$(91\%) \qquad\qquad (9\%)$$

仲卤代烷和 β-碳原子上连有支链的伯卤代烷，因空间位阻的影响，不利于 S_N2 反应，E2 消除产物较多。例如：

$$\underset{\underset{\text{CH}_3}{|}}{\text{CH}_3\text{CHCH}_2\text{Br}} \xrightarrow[\text{CH}_3\text{CH}_2\text{OH}]{\text{CH}_3\text{CH}_2\text{O}^-} \underset{\underset{\text{CH}_3}{|}}{\text{CH}_3\text{CHCH}_2\text{OCH}_2\text{CH}_3} + \underset{\underset{\text{CH}_3\text{C}=\text{CH}_2}{}}{\overset{\text{CH}_3}{|}}$$
$$(40\%) \qquad\qquad (60\%)$$

叔卤代烷一般以单分子反应机理进行，强碱性条件下发生 E1 消除，无强碱性试剂时发生 S_N1 反应。例如：

$$\underset{\underset{\text{CH}_3}{|}}{\overset{\overset{\text{CH}_3}{|}}{\text{H}_3\text{C}-\text{C}-\text{Br}}} \xrightarrow[\text{CH}_3\text{CH}_2\text{OH}]{\text{CH}_3\text{CH}_2\text{O}^-} (\text{CH}_3)_3\text{COCH}_2\text{CH}_3 + (\text{CH}_3)_2\text{C}=\text{CH}_2$$
$$\qquad\qquad\qquad 3\% \qquad\qquad\qquad 92\%$$

$$\underset{\underset{\text{CH}_3}{|}}{\overset{\overset{\text{CH}_3}{|}}{\text{H}_3\text{C}-\text{C}-\text{Br}}} \xrightarrow{\text{CH}_3\text{CH}_2\text{OH}} (\text{CH}_3)_3\text{COCH}_2\text{CH}_3 + (\text{CH}_3)_2\text{C}=\text{CH}_2$$
$$\qquad\qquad\qquad 81\% \qquad\qquad\qquad 19\%$$

（二）亲核试剂的影响

亲核试剂的中心原子一般都具有未共用电子对，表现为碱性。在与卤代烷的反应中，碱性强弱是指试剂与质子（β-氢）的结合能力；而亲核性强弱则是指试剂与带部分正电荷的中心碳原子的结合能力。

试剂的亲核性强、碱性弱有利于取代反应；亲核性弱、碱性强有利于消除反应。试剂的碱性强、浓度大有利于 E2 反应；亲核性强、浓度大有利于 S_N2 反应。另外试剂的体积越大越不容易接近中心碳原子，因此越难发生取代反应而易发生消除反应。

（三）溶剂和温度的影响

通常情况下，增大溶剂的极性有利于卤代烷的取代反应，减小溶剂的极性有利于消除反应的发生。例如一卤代烷与 NaOH 作用，以水为溶剂时有利于取代反应，而以醇为溶剂时有利于消除反应。

一般情况下，提高反应温度有利于消除反应的发生，这是因为消除反应中 β-碳上的 C—H 键断裂所需活化能较高。

五、不饱和卤代烃的亲核取代反应

根据分子中卤原子与不饱和碳原子的相对位置不同，可以将不饱和卤代烃分为三种，即乙烯型卤代烃和卤代芳烃、烯丙型卤代烃和苄基型卤代烃、孤立型不饱和卤代烃。下面分别介绍这三种不饱和卤代烃的结构特点及其亲核取代反应活性。

（一）乙烯型卤代烃和卤代芳烃

卤原子与 C=C 直接相连的卤代烃称为乙烯型卤代烃；卤原子与芳香环直接相连的卤代烃称为卤代芳烃。例如：

$$CH_2=CH-Cl$$
氯乙烯
chloroethene

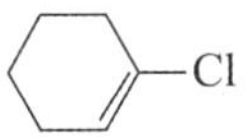

1-氯环己烯
1-chlorocyclohexene

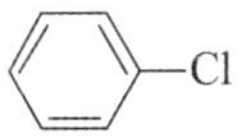

氯苯
chlorobenzene

在乙烯型卤代烃和卤代芳烃分子中，卤原子含有孤对电子的 p 轨道与 π 键或芳环大 π 键形成 p-π 共轭体系，p 电子离域到 π 键中，C—X 键介于单键和双键之间，C—X 键键能增大，C—X 键难以发生异裂。氯乙烯和氯苯分子中形成的 p-π 共轭体系如图 6-3 所示：

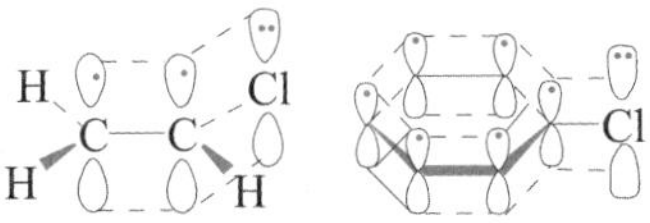

图 6-3　氯乙烯和氯苯分子的 p-π 共轭体系

乙烯型卤代烃和卤代芳烃很难发生亲核取代反应，与硝酸银的乙醇溶液共热时不能生成卤化银沉淀。

（二）烯丙型卤代烃和苄基型卤代烃

烯丙型卤代烃中卤原子和 C=C 相隔一个饱和碳原子，苄基型卤代烃是芳香基和卤原子相隔一个饱和碳原子。例如：

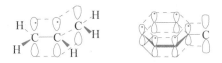

$$CH_2=CHCH_2Cl$$
3-氯丙烯
3-chloropropene

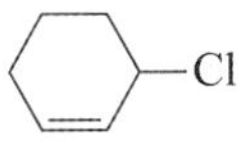

3-氯环己烯
3-chlorocyclohexene

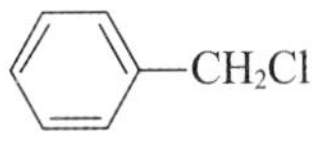

氯化苄
benzylchloride

烯丙型和苄基型卤代烃分子中卤原子反应活性很大，非常容易发生亲核取代反应。这是由于这两类化合物按 S_N1 机理反应时，当卤原子带着一对电子离去后，形成的碳正离子分别为烯丙基碳正离子和苄基碳正离子，中心碳原子的 $2p$ 空轨道与 π 键或苯环大 π 键形成 p-π 共轭体系，因此碳正离子比较稳定，反应容易发生。图 6-4 为烯丙基碳正离子和苄基碳正离子的 p-π 共轭体系示意图。

图 6-4　烯丙基碳正离子和苄基碳正离子的 p-π 共轭体系

烯丙型卤代烃和苄基型卤代烃在室温下就能与 AgNO₃醇溶液发生反应生成 AgX 沉淀。

（三）孤立型不饱和卤代烃

分子中卤原子与 C=C（或苯环）相隔两个或两个以上饱和碳原子的卤代烃为孤立型不饱和卤代烃。例如：

孤立型不饱和卤代烃因双键碳原子或芳环碳原子离卤原子较远，相互影响较小，其亲核取代反应与卤代烷相似，例如在加热条件下能与 AgNO₃醇溶液发生反应生成 AgX 沉淀。

综上所述，各类不饱和卤代烃发生亲核取代反应的活性次序为：烯丙型卤代烃（苄基型卤代烃）＞孤立型不饱和卤代烃＞乙烯型卤代烃（卤代芳烃）。

问题 6-4   按与 AgNO₃/EtOH 反应活性大小排列下列卤代烃。

(1) $\underset{\substack{|\\ \text{Br}}}{\text{CH}_3\text{C}}=\text{CHCH}_3$ (2) ⬡—$\underset{\substack{|\\ \text{Br}}}{\text{CH}_2\text{CHCH}_2\text{CH}_3}$ (3) $\text{CH}_2=\text{CHCH}\underset{\substack{|\\ \text{Br}}}{\text{CH}_3}$

六、卤代烃与金属反应

卤代烃可与 Mg、Li、K、Na、Al、Cd 等金属反应形成有机金属化合物。卤代烃与金属镁反应生成的烃基卤化镁称为格林雅试剂（Grignard reagent），简称格氏试剂。格氏试剂是卤代烃与金属镁在无水乙醚中反应制得的：

$$R\!-\!X + Mg \xrightarrow{\text{无水乙醚}} RMgX$$

格氏试剂中，R 可以是各类型烷基、不饱和烃基或芳基；卤素为氯、溴、碘；氟代烃不能形成格氏试剂。

格氏试剂中具有一个极性很大的 C—Mg 键，带明显负电荷的碳原子具有很强的亲核性，可以作为亲核试剂参与许多化学反应，因此格氏试剂在有机合成中有重要用途。格氏试剂的化学活性很强，遇到含活泼氢的化合物（如水、醇、氨等）立即分解成相应的烃。例如：

$$RMgBr + CO_2 \longrightarrow RCOOMgBr \xrightarrow{H^+/H_2O} RCOOH + Mg(OH)Br$$

$$RMgBr + H_2O \longrightarrow RH + Mg(OH)Br$$

$$RMgBr + R'OH \longrightarrow RH + Mg(OR')Br$$

知识扩展

卤代烃对人类生活的影响

卤代烃曾对人类社会的进步和文明进程起到了巨大的促进作用，如制冷剂"氟利昂"、塑料"聚氯乙烯"等的使用大大提高了人们的生活质量。但是卤代烃在给人类造福的同时，也给人类的生存及生命健康带来了不良影响，甚至带来了危害。例如，曾作为农药使用的 DDT［1,1-二（对氯苯基)-2,2,2-三氯乙烷］对环境造成严重污染，许多国家已禁止使用。

$$CCl_3$$

DDT [1,1-二（对氯苯基）-2,2,2-三氯乙烷]

冰箱、空调中制冷剂的主要成分是有机氟化物，商品名为氟利昂（Freon），其中包括 CF_2Cl_2、$CClF_3$、CHF_3 等。泄露到空气中的氟化物可以随大气流上升，在平流层中受紫外线照射后发生分解，产生氯自由基；氯自由基可引发消耗臭氧的自由基链反应，起到催化剂的作用，少量的氟利昂就可以破坏大量的臭氧分子。

$$CF_2Cl_2 \xrightarrow{\text{紫外线}} CF_2Cl \cdot + Cl \cdot$$
$$Cl \cdot + O_3 \longrightarrow \cdot ClO + O_2$$
$$\cdot ClO + O_3 \longrightarrow 2O_2 + Cl \cdot$$

大气臭氧层中的臭氧分子可以吸收紫外线。臭氧层被破坏会导致紫外线的增加，而紫外线增加会抑制植物生长，还能造成生物体中基因改变和细胞损伤等。为保护环境，国际上已签署了多个限制氟利昂生产和使用的协议。

小　结

烃分子中一个或多个氢原子被卤原子取代的产物称为卤代烃。根据卤原子种类和数目、烃基种类和饱和程度等情况对不同卤代烃进行分类。卤代烃的命名可以采取普通命名法和系统命名法；在系统命名法中将卤原子当成取代基，相应的烃当作母体。

卤代烷的亲核取代反应按 S_N1 和 S_N2 两种机理进行。S_N1 反应为单分子反应，反应分两步进行，关键步骤是形成碳正离子中间体，碳正离子中间体会发生重排；如果中心碳原子是手性碳，则构型发生外消旋化。S_N2 反应的特点为双分子反应，反应一步完成；如果中心碳原子是手性碳，则反应产物发生构型反转。影响亲核取代反应机理和速率的因素包括反应底物、亲核试剂和溶剂。

卤代烷和碱性试剂作用发生消除反应，消除反应可以按 E1 或 E2 机理进行，反应过程中 C—X 键和 β-C—H 键发生断裂生成烯烃。卤代烷的消除反应遵循扎依采夫规则，稳定的烯烃容易生成。

卤代烷的亲核取代反应和消除反应存在竞争关系，哪种反应占优势取决于卤代烷的结构、试剂碱性的强弱、溶剂的极性和反应温度等诸多因素。

卤代烃与金属镁在无水条件下反应生成的烃基卤化镁称作格氏试剂。格氏试剂中含有带部分负电荷的碳原子，因此可以作为亲核试剂在有机合成中广泛使用。

习　题

1. 命名下列化合物。

(1) $(CH_3)_3CCH(CH_3)CH_2Cl$

(2) CHI_3

(3) $ClCH_2CH(CH_3)CH{=}CHCH_3$

(4)
$$\begin{array}{c} CH_3 \\ H {-} Br \\ H {-} Cl \\ CH_2CH_3 \end{array}$$

(5)
$$CH_2Cl$$

$$Br$$

2. 写出下列化合物的结构式。

(1) 溴化苄   (2) 烯丙基氯

(3) (R)-2-碘戊烷   (4) 1-氯环己烯

(5) (E)-3-甲基-2-氯-2-戊烯

3. 用化学方法区别下列各组化合物。

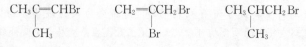

$$CH_3C=CHBr \qquad CH_2=CCH_2Br \qquad CH_3CHCH_2Br$$
$$\quad | \qquad\qquad\qquad | \qquad\qquad\qquad\qquad |$$
$$\quad CH_3 \qquad\qquad\qquad Br \qquad\qquad\qquad\qquad CH_3$$

4. 完成下列反应。

(1) $CH_3CHCHCH_3 \xrightarrow[\triangle]{NaOH/H_2O}$
         | |
        Br CH_3

(2) $CH_3CH_2CHCH(CH_3)_2 \xrightarrow[\triangle]{KOH/C_2H_5OH}$
             |
            Cl

(3)
        CH_3
         |
  H—C—Cl $\xrightarrow{CH_3ONa/CH_3OH}$
         |
        CH_2CH_3

(4) $(CH_3)_2C=CH_2 \xrightarrow{HBr} \xrightarrow{NaCN} \xrightarrow{H_3O^+}$

(5) [phenyl]—CH=CH_2 $\xrightarrow{HBr}$ $\xrightarrow[\text{无水乙醚}]{Mg}$ $\xrightarrow[(2)H_3O^+]{(1)CO_2}$

5. 将下列各组卤代烃按反应速率大小排序。

(1) S_N1 反应

   (a) [phenyl]—CH_2Br (b) [phenyl]—CH_2CH_2Br

   (c) [phenyl]—$CHBrCH_3$ (d) [phenyl]—Br

(2) S_N2 反应

   (a) $CH_3CH_2CH_2CH_2Br$ (b) $(CH_3)_3CBr$

   (c) $CH_3CH_2CHCH_3$ (d) $CH_3CH_2CHCH_2Br$
              | |
            Br CH_3

(3) E1 或 E2 反应

   (a) $CH_3CH_2CH_2CH_2Br$ (b) $(CH_3)_3CBr$

   (c) $CH_3CH_2CHCH_3$ (d) $CH_3CH_2CHCH_2Br$
              | |
            Br CH_3

6. 卤代烷与氢氧化钠在 H_2O/C_2H_5OH 中反应，指出下列现象属于 S_N1 还是 S_N2 反应机理。

(1) 反应分步进行   (2) 反应一步完成

(3) 产物构型完全反转   (4) 有重排产物

(5) 反应速率伯卤代烷比仲卤代烷快   (6) 反应速率叔卤代烷比仲卤代烷快

(7) 增加氢氧化钠浓度反应速率加快

7. 判断下列卤代烃与硝酸银的乙醇溶液能否反应，并注明需加热与否。

(1) $BrCH_2CH=CHCH_2CH_3$ (2) $CH_3C=CHCH_2CH_3$
                                                 |
                                              Br

(3) $CH_3CH=CCH_2CH_3$ (4) $CH_3CH=CHCH_2CH_2Br$
                 |
                Br

8. 化合物 A（C_5H_{10}）与溴水不反应，在紫外光照射下与溴发生等摩尔自由基取代，得到产物 B（C_5H_9Br），B 与 KOH/CH_3OH 反应得产物 C，C 与 $KMnO_4/H^+$ 反应得戊二酸。写出 A、B、C 的结构式及各步反应式。

9. 以苯为原料合成下列化合物。

(1) 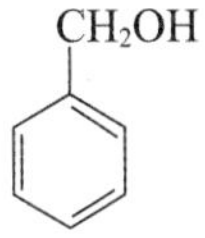　CH₂OH

(2) 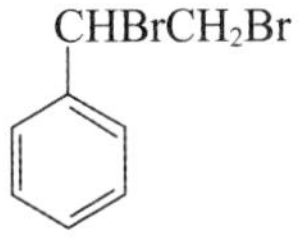　CHBrCH₂Br

（刘乐乐）

第七章　醇 和 酚

　　醇（alcohol）和酚（phenol）是以羟基（hydroxy group，—OH）为官能团的化合物。羟基连在脂肪烃基上的化合物称为醇，羟基连在芳香环上的化合物称为酚。

　　醇和酚在自然界中广泛存在，在人们的生产、生活中也有着非常普遍的应用，如用作饮料和燃料的乙醇，发动机防冻液中的乙二醇，化妆品中的甘油，茶叶中的茶多酚，常用的消毒剂"来苏尔"中的甲酚等。在工业上和实验室中醇和酚都是重要的化工原料和溶剂。

　　本章主要讨论醇和酚的结构、命名以及化学性质。

第一节　醇

一、醇的结构

　　醇羟基的氧原子为 sp^3 杂化，其中两个杂化轨道被孤对电子占据，另外两个杂化轨道分别与氢原子的 $1s$ 轨道和碳原子的 sp^3 杂化轨道重叠形成 O—H σ 键和 C—O σ 键。例如，甲醇中 C—O—H 键角为 $108.9°$，C—O 键的键能为 $360\ kJ \cdot mol^{-1}$。甲醇的结构如图 7-1 所示。

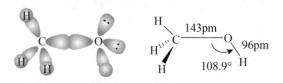

图 7-1　甲醇的结构

　　由于氧原子的电负性强于碳原子和氢原子，甲醇分子中的 C—O 键和 O—H 键的电子云均偏向于氧原子，因此 C—O 键和 O—H 键均为极性键。甲醇为极性分子，偶极矩为 $1.71\ D$，偶极方向指向羟基。

二、醇的分类

　　根据分子中羟基的数目，可以将醇分为一元醇和多元醇。多元醇可分为二元醇、三元醇等。例如：

$$CH_3CH_2OH$$

一元醇

$$\underset{OH\quad\quad OH}{H_2C-CH_2-CH_2}$$

二元醇

$$\underset{OH\ \ OH\ \ OH}{H_2C-CH-CH_2}$$

三元醇

　　根据醇烃基的不同，可以将醇分为脂肪醇、脂环醇和芳香醇。例如：

$$CH_3CH_2-OH$$

脂肪醇

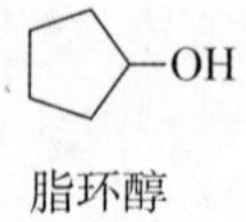

脂环醇

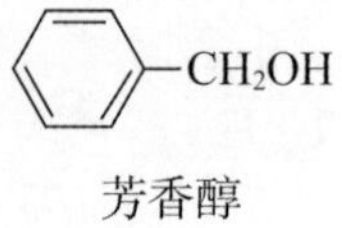

芳香醇

根据烃基是否有不饱和键，可将醇分为饱和醇和不饱和醇。例如：

$$CH_3CH_2—OH \qquad \bigcirc{-}OH \qquad H_2C{=}CH{-}CH_2{-}OH \qquad \bigcirc{-}CH{=}CHCH_2OH$$

饱和醇   不饱和醇

根据羟基连接的碳原子的类型，又可将醇分为甲醇、一级醇（伯醇、1°醇）、二级醇（仲醇、2°醇）和三级醇（叔醇、3°醇）。例如：

$$CH_3OH \qquad R—CH_2—OH \qquad R{-}\underset{}{\overset{R'}{CH}}{-}OH \qquad R{-}\underset{R''}{\overset{R'}{C}}{-}OH$$

甲醇   一级醇   二级醇   三级醇
伯醇（1°醇）   仲醇（2°醇）   叔醇（3°醇）

三、醇的命名

1. 普通命名法 普通命名法适用于结构简单的醇。命名时取代基名称后加"醇"字。相应的英文名称是取代基的英文名称＋alcohol。例如：

$$CH_3CH_2CH_2OH \qquad CH_3{-}\underset{}{\overset{CH_3}{CH}}{-}CH_2{-}OH \qquad \bigcirc{-}CH_2OH \qquad CH_3{-}\underset{CH_3}{\overset{CH_3}{C}}{-}OH$$

正丙醇   异丁醇   苄醇   叔丁醇
n-propyl alcohol   isobuty alcohol   benzyl alcohol   tert-buty alcohol

2. 系统命名法 选择含有羟基所连的碳原子的最长碳链作为主链，按主链中的碳原子数称为"某醇"；从靠近羟基一端开始给主链编号；并将羟基位次、数目写在母体名称之前。其他命名原则与烷烃相同。相应的英文名称是将烃英文名称的最后一个字母"e"变换为"ol"，二元醇是在烃英文名称的后面加"diol"。例如：

$$CH_3CH_2CH_2CH_2OH \qquad \underset{CH_3}{CH_3CHCH_2CH_2OH} \qquad \underset{CH_3}{CH_3\overset{OH}{CH}CHCH_2OH} \qquad H_3C{-}\bigcirc{-}OH$$

1-丁醇   3-甲基-1-丁醇   3-甲基-1,2-丁二醇   3-甲基-1-环戊醇
l-butanol   3-methyl-1-butanol   3-methyl-1,2-butanediol   3-methyl-1-cyclopentanol

命名不饱和醇时，要选择含有不饱和键和羟基所连的碳原子在内的最长碳链为主链，根据主链碳原子数称为"某烯（炔）醇"；从靠近羟基一端开始编号；在母体名称前面标明不饱和键及羟基的位置。例如：

$$\underset{CH_3}{CH_3CHCH{=}CHCH_2OH} \qquad CH_3C{\equiv}CCH_2OH \qquad H_3C{-}\bigcirc{-}OH$$

4-甲基-2-戊烯-1-醇   2-丁炔-1-醇   5-甲基-2-环己烯-1-醇
4-methyl-2-penten-1-ol   2-butyn-1-ol   5-methyl-2-cyclohexen-1-ol

问题 7-1　命名下列醇或写出其结构式。

$\overset{\displaystyle C_2H_5}{}$
(1) $H_2C=CHCH\underset{\displaystyle OH}{CH}CH_3$

(2) $\underset{\displaystyle H_3C-CH_2}{\overset{\displaystyle H}{}}C=C\overset{\displaystyle CH(OH)CH_3}{\underset{\displaystyle H}{}}$

(3) $H_3C-\!\!\!\bigcirc\!\!\!-OH$

(4) 异戊醇

(5) 5-甲基-2,4-己二醇

(6) 叔丁醇

四、醇的物理性质

$C_1\sim C_4$ 的低级饱和一元醇为无色、易挥发、具有特殊气味的液体，$C_5\sim C_{11}$ 的醇为黏稠液体，11 个碳原子以上的高级醇为无臭无味的蜡状固体。

直链饱和一元醇的沸点随相对分子质量的增大而升高，醇的同分异构体中，支链越多沸点越低。

醇分子间可以形成氢键，分子间的作用力（氢键键能约为 25 kJ·mol^{-1}）较只有范德华力的烃、醚大得多。所以，醇的沸点要比相对分子质量相当的烃高得多，例如，甲醇（相对分子质量为 32）的沸点为 64.7℃，乙烷（相对分子质量为 30）的沸点为 -88.5℃。但随着相对分子质量的增大，这种差距会变小。多元醇随着羟基的增多，所能形成氢键的数目也增多，所以沸点更高（表 7-1）。

醇可以通过羟基和水分子之间形成氢键，因此，相对分子质量低的甲醇、乙醇和丙醇能与水混溶。但随着相对分子质量的增大，增大的烃基会影响氢键的形成，水分子和醇分子缔合程度逐渐减弱，导致醇的水溶性减小，脂溶性增大，例如正己醇在水中的溶解度只有 0.6g/100ml。相同碳原子数目的多元醇，随着羟基数量的增多，水溶性增大。醇分子间以及醇与水分子间形成的氢键如下所示：

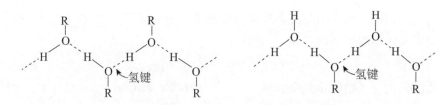

醇分子间通过氢键的缔合　　　　　　　醇分子与水分子通过氢键的缔合

表 7-1　常见醇的部分物理常数

名称	结构式	熔点（℃）	沸点（℃）	密度（g·cm^{-3}）	溶解度（g/100ml）*
甲醇	CH_3OH	-97	64.7	0.792	∞
乙醇	CH_3CH_2OH	-115	78.4	0.789	∞
正丙醇	$CH_3(CH_2)_2OH$	-126	97.2	0.804	∞
正丁醇	$CH_3(CH_2)_3OH$	-90	117.8	0.810	7.9
正戊醇	$CH_3(CH_2)_4OH$	-79	138.0	0.817	2.4
正己醇	$CH_3(CH_2)_5OH$	-52	156.5	0.819	0.6
异丙醇	$(CH_3)_2CHOH$	-88.5	82.3	0.786	∞
异丁醇	$(CH_3)_2CHCH_2OH$	-108	107.9	0.802	10.0

续表

名称	结构式	熔点（℃）	沸点（℃）	密度（g·cm⁻³）	溶解度（g/100ml）*
叔丁醇	$(CH_3)_3COH$	-25	82.5	0.789	∞
环己醇	⬡—OH	-24	161.5	0.962	3.6
烯丙醇	$CH_2=CHCH_2OH$	-129	97.0	0.855	∞
苯甲醇	$C_6H_5CH_2OH$	-15	205.0	1.046	4.0
乙二醇	CH_2OHCH_2OH	-16	197.0	1.113	∞
丙三醇	$CH_2OHCHOHCH_2OH$	-18	290.0	1.261	∞

* 溶解度是指 20℃时在水中的溶解度

五、醇的化学性质

由于 O—H 键和 C—O 键均为极性键，在不同的反应条件下，醇可发生 O—H 键和 C—O 键的异裂，表现出不同的化学性质；醇的 α-H 和 β-H 受羟基吸电子诱导效应的影响，活性增大，在一定条件下，也可以参与一些反应。

（一）与活泼金属的反应

醇和水类似，能与活泼金属（Li、Na、K、Mg、Ca、Ba 等）反应，放出氢气并生成醇盐。例如：

$$CH_3CH_2OH + Na \longrightarrow CH_3CH_2ONa + H_2\uparrow$$

醇的酸性（$pK_a = 16\sim18$）比水（$pK_a = 15.7$）弱，因此醇与钠的反应比较温和。在液相中，不同饱和醇的酸性大小次序为：

$$CH_3OH > RCH_2OH > R_2CHOH > R_3COH$$

醇钠是弱酸强碱盐，故遇水立即水解，生成氢氧化钠和醇。

$$RONa + H_2O \longrightarrow ROH + NaOH$$

上式说明醇钠的碱性比 NaOH 的碱性还要强。醇盐作为强碱在有机合成中得到广泛应用。

（二）与氢卤酸的反应

醇可以与氢卤酸发生取代反应，羟基被卤原子取代，生成卤代烃：

$$ROH + HX \longrightarrow RX + H_2O \ (X=Cl, Br, I)$$

该反应属于亲核取代反应，在酸性条件下质子与羟基氧原子结合形成质子化的醇，使 C—O 键的极性增强，同时形成了更好的离去基团 H_2O。亲核取代反应速率取决于醇的结构和氢卤酸的种类。不同类型醇的反应活性顺序为：

$$3°醇 > 2°醇 > 1°醇 > 甲醇$$

氢氟酸一般不反应，其他氢卤酸活性顺序与其亲核性一致，即：

$$HI > HBr > HCl$$

HCl 的反应活性相对较小，在无水 $ZnCl_2$（Lewis 酸）的催化作用下反应活性得以提高。无水 $ZnCl_2$ 的浓盐酸溶液称为卢卡斯（Lucas）试剂，可以用来鉴别 6 个及以下碳原子的伯、仲、叔醇，因为这些醇一般易溶于水，而反应产物卤代烃则难溶于水。在室温条件下，叔醇与 Lucas 试剂作用立即出现浑浊，仲醇一般在数分钟后出现浑浊，而伯醇室温下不反应，加热后才出现浑浊。

（三）与无机含氧酸的酯化反应

醇与无机含氧酸反应得到无机酸酯。在临床上用作缓解心绞痛的药物亚硝酸异戊酯和甘油三硝酸酯（又称硝酸甘油）都属于这种酯类。例如：

$$(CH_3)_2CHCH_2CH_2OH + HONO \xrightarrow{H^+} (CH_3)_2CHCH_2CH_2-O-NO + H_2O$$
亚硝酸异戊酯

$$\begin{array}{l} CH_2OH \\ | \\ CHOH \\ | \\ CH_2OH \end{array} + 3\,HONO_2 \xrightarrow[10℃]{H_2SO_4} \begin{array}{l} CH_2-ONO_2 \\ | \\ CH-ONO_2 \\ | \\ CH_2-ONO_2 \end{array} + 3\,H_2O$$

甘油　　　　　　　　　　　　甘油三硝酸酯

多元酸与醇反应可脱水生成中性酯或酸性酯。例如：

$$CH_3OH + H_2SO_4 \longrightarrow CH_3O-SO_2-OH + H_2O$$
硫酸氢甲酯（酸性硫酸酯）

$$2CH_3OH + H_2SO_4 \longrightarrow CH_3O-SO_2-OCH_3 + 2H_2O$$
硫酸二甲酯（中性硫酸酯）

有些酯在有机合成中被用作烃基化试剂，如硫酸二甲酯可用作甲基化试剂。醇与有机酸反应生成有机酸酯（见第十章）。

（四）脱水反应

醇在 H_2SO_4、H_3PO_4 等酸催化下加热，可发生脱水反应。脱水方式与反应温度以及醇的结构有关。

1. 分子内脱水　在酸的催化作用下，醇的 α - C 脱羟基，β - C 脱氢，发生分子内消除反应生成烯烃，消除反应取向遵循 Saytzeff 规则。例如：

$$\underset{\underset{OH}{|}}{CH_3CH_2CHCH_3} \xrightarrow[100℃]{66\%H_2SO_4} \underset{81\%}{CH_3CH=CHCH_3} + \underset{19\%}{H_2C=CHCH_2CH_3}$$

醇分子内脱水生成烯烃的反应遵循 E1 机理。在酸的催化作用下，质子首先与羟基氧结合，形成质子化的醇，然后质子化的醇脱水形成碳正离子，最后再消除 β - H 生成烯烃。乙醇分子内脱水反应机理如下：

$$CH_3-CH_2-OH \xrightarrow[快]{H^+} CH_3-CH_2-OH_2^+ \xrightarrow[慢]{-H_2O} CH_3-CH_2^+ \xrightarrow[快]{-H^+} CH_2=CH_2$$

反应的速率主要取决于中间体碳正离子的生成速率。碳正离子越稳定，生成速率越快。例如，下列三种丁醇进行脱水反应生成烯烃所需要的条件如下：

$$CH_3CH_2CH_2CH_2-OH \xrightarrow[140℃]{75\%H_2SO_4} CH_3CH_2CH=CH_2$$

$$CH_3CH_2\underset{\underset{OH}{|}}{C}HCH_3 \xrightarrow[100℃]{66\%H_2SO_4} CH_3CH=CHCH_3$$

$$H_3C-\underset{\underset{OH}{|}}{\overset{\overset{CH_3}{|}}{C}}-CH_3 \xrightarrow[80\sim90℃]{20\%H_2SO_4} H_3C-\overset{\overset{CH_3}{|}}{C}=CH_2$$

由反应条件可见，不同类型的醇发生分子内脱水反应的活性顺序为：3°醇＞2°醇＞1°醇。

2. 分子间脱水　在酸的催化作用下，两个醇分子之间脱去一分子水生成醚。该反应是以亲核取代反应机理进行的。

$$CH_3CH_2-\boxed{OH+H}-OCH_2CH_3 \xrightarrow[140℃]{浓H_2SO_4} CH_3CH_2-O-CH_2CH_3+H_2O$$

醇的取代反应和消除反应是并存和互相竞争的反应，反应的方式和醇的结构及反应条件有关，伯醇容易发生取代反应生成醚，仲醇和叔醇容易发生消除反应生成烯烃；温度高有利于消除反应。

问题 7-2　写出下列醇发生分子内脱水反应的主产物。

(1) 2-甲基-3-己醇　　　　　　　　　(2) 1-甲基-1-环己醇

（五）醇的氧化反应

在有机分子中引入氧原子或脱去氢原子的反应称为氧化反应（oxidation reaction）；而引入氢原子或脱去氧原子的反应称作还原反应（reduction reaction）。在强氧化剂（如高锰酸钾或铬酸等）作用下，醇分子同时脱去羟基氢和 α-H，伯醇被氧化生成醛，进一步被氧化成酸；仲醇被氧化生成酮；叔醇没有 α-H，在一般情况下不被氧化。

$$R-CH_2-OH \xrightarrow[或KMnO_4]{K_2Cr_2O_7/H^+} \boxed{R-CHO} \xrightarrow[或KMnO_4]{K_2Cr_2O_7/H^+} R-COOH$$

$$\text{伯醇} \qquad\qquad\qquad \text{醛} \qquad\qquad\qquad \text{羧酸}$$

$$R-\underset{\underset{H}{|}}{\overset{\overset{OH}{|}}{C}}-R' \xrightarrow[或KMnO_4]{K_2Cr_2O_7/H^+} R-\overset{\overset{O}{||}}{C}-R'$$

$$\text{仲醇} \qquad\qquad\qquad\qquad \text{酮}$$

常用的氧化剂有 $K_2Cr_2O_7/H^+$、$KMnO_4$，一旦反应发生，氧化剂的颜色会发生变化，借此可将叔醇与另外两类醇区分开。交警检查酒后驾驶的"酒精分析仪"就是利用 $K_2Cr_2O_7/H^+$ 将乙醇氧化，颜色由橙红色变成绿色（$Cr_2(SO_4)_3$）的原理设计的。

伯醇氧化生成的醛很容易被氧化成羧酸，因此如果要想得到醛，则须将生成的醛立即蒸出反应体系或选用较温和的氧化剂，使伯醇的氧化停留在生成醛的阶段。如 Collins 试剂（CrO_3 与吡啶的配合物，CH_2Cl_2 作溶剂）只把醇羟基氧化成醛基，分子中的不饱和键不受影响。例如：

$$CH_2=CHCH_2OH \xrightarrow{\text{Collins试剂}} CH_2=CHCHO$$
烯丙醇   丙烯醛

人饮酒后，在乙醇脱氢酶催化下，乙醇被氧化成为乙醛，乙醛经过乙醛脱氢酶作用转化为乙酸，乙酸以乙酰辅酶 A 的形式进入三羧酸循环，最后被氧化成 H_2O 和 CO_2，同时释放出大量 ATP。因此，适度饮酒对人体无害，但饮酒过量会导致摄入血液中的乙醛浓度过高，出现醉酒或中毒症状。同样，如果摄入了甲醇，甲醇在脱氢酶的作用下被氧化成甲醛，甲醛不能进入三羧酸循环而被氧化，会损伤视神经和视网膜，因此服用 10 ml 的甲醇即可致人失明。

（六）邻二醇的特殊反应

相邻的两个碳原子上连有羟基的醇称为邻二醇。邻二醇除具有一元醇的性质外，还具有一些特殊的化学性质。

1. 与高碘酸的反应　高碘酸可使邻二醇中连有羟基的两个碳原子之间的 C—C 键断裂，生成两分子羰基化合物。例如：

$$R-CH-CH_2 + HIO_4 \longrightarrow RCHO + HCHO + HIO_3$$
$$\quad\ \ OH\ \ OH$$

如果分子中含有多个相邻的羟基，则相应的 C—C 键都发生断裂，例如：

$$R-CH-CH-CH_2 + 2HIO_4 \longrightarrow RCHO + HCOOH + HCHO + 2HIO_3$$
$$\quad\ \ OH\ \ OH\ \ OH$$

上述反应能够定量进行，每断裂 1mol C—C 键，则消耗 1mol HIO_4，通过分析 HIO_4 的用量和产物的结构，可以推测具有相邻羟基的多元醇结构。

2. 与氢氧化铜的反应　将邻二醇加到浅蓝色的氢氧化铜沉淀中，沉淀消失，并生成一种绛蓝色的配合物溶液。实验室中常用此反应鉴别具有相邻羟基的多元醇。

$$-\!\!\overset{|}{C}\!-OH \atop -\!\!\underset{|}{C}\!-OH \ + Cu(OH)_2\downarrow \longrightarrow \ \cdots Cu + 2H_2O$$

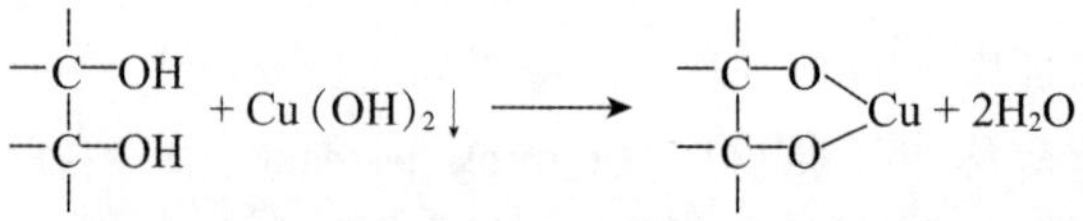

第二节　酚

酚是羟基直接连在芳环上的化合物，通式为 Ar—OH。酚类化合物在自然界中广泛存在，如石油和煤焦油中的苯酚、甲酚和萘酚，葡萄籽中的葡萄多酚，百里香中的麝香草酚，香草中的香兰素等。

一、酚的结构

以苯酚为例讨论酚的结构。苯酚是平面分子，C—O—H 键角为 109°，C—O 键的键长为 136 pm，比甲醇中的 C—O 键（142 pm）短。图 7-2 为苯酚和甲醇的结构。

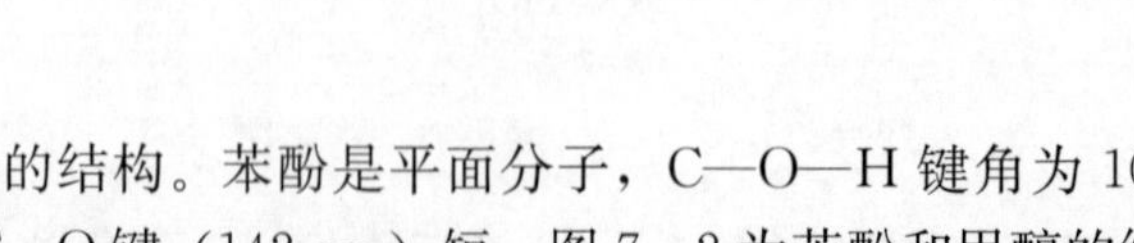

图 7-2　苯酚和甲醇的结构

苯酚的氧原子采取 sp^2 杂化,未杂化的 p 轨道(带孤对电子)与苯环大 π 键形成 p-π 共轭体系,氧原子上的孤对电子向苯环转移,结果导致:①O 与苯环形成一个"整体",C—O 键介于单键与双键之间,难于断裂;②氧原子上的电子云密度降低,O—H 键的极性增强;③苯环上电子云相对密度增加。图 7-3 为苯酚中 p-π 共轭体系示意图。

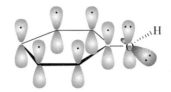

图 7-3 苯酚的 p-π 共轭体系

二、酚的分类

根据羟基所连芳香环的种类,可以将酚分为苯酚、萘酚等,例如:

苯酚   萘酚   蒽酚

根据芳环上连接羟基的数目,可以将酚分为一元酚和多元酚,多元酚包括二元酚、三元酚等。例如:

一元酚   二元酚   三元酚

三、酚的命名

简单酚的命名方法是"芳环名称+酚",再标明取代基的位次、数目和名称。对于烃基复杂或含不饱和键的酚,命名时可把烃基作为母体,羟基取代的苯基作为取代基。有些酚类化合物常用俗名。例如:

3-甲基苯酚   2-甲氧基苯酚
3-methylphenol   2-methoxyphenol

邻苯二酚(儿茶酚)   3-(3-羟基苯基)-1-丁烯
pyrocatechol   3-(3-hydroxyphenyl)-1-butene

四、酚的物理性质

常温下多数酚为无色结晶状固体，但放置过程中会被空气逐渐氧化，颜色逐渐呈粉红色至褐色。多数酚具有难闻气味，少数有香味。由于酚羟基之间、酚羟基与水分子之间可以形成氢键，所以酚类化合物的熔点和沸点较高，在水中也有一定的溶解度。酚类化合物一般可溶于乙醇、乙醚、苯等有机溶剂。一些常见酚的物理常数见表 7-2。

表 7-2 常见酚类化合物的部分物理常数

化合物	熔点（℃）	沸点（℃）	溶解度（g/100ml）*	pK_a（25℃）
苯酚（石炭酸）	41	182	9.3	9.96
邻甲苯酚	31	191	2.5	10.29
间甲苯酚	12	202	2.6	10.09
对甲苯酚	35	202	2.3	10.26
邻氯苯酚	9	173	2.8	8.48
间氯苯酚	33	214	2.6	9.02
对氯苯酚	43	217	2.6	9.38
邻硝基苯酚	45	214	2.0	7.22
间硝基苯酚	96	194	1.4	8.39
对硝基苯酚	114	279（分解）	1.7	7.15
2,4-二硝基苯酚	113	（升华）	6.0	4.09
2,4,6-三硝基苯酚（苦味酸）	122	300（爆炸）	1.4	0.25
邻苯二酚（儿茶酚）	105	245	45.1	9.48
间苯二酚	110	281	12.3	9.44
对苯二酚（氢醌）	170	286	8.0	9.96

* 溶解度是指 20℃时在水中的溶解度

五、酚的化学性质

由于苯酚分子中存在氧原子与苯环形成的 p-π 共轭体系，导致 C—O 键难于断裂，酚羟基酸性增加，芳环上亲电取代反应活性增大。

（一）酸性

苯酚的酸性（pK_a=9.96）比水（pK_a=15.74）和醇（pK_a=16~18）强，可与 NaOH 和 Na$_2$CO$_3$ 反应生成苯酚钠。例如：

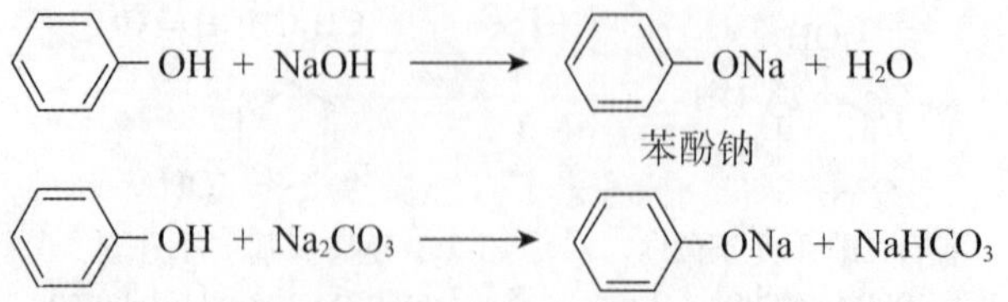

苯酚钠

向苯酚钠溶液中通入 CO$_2$ 又能析出苯酚，这表明苯酚的酸性比碳酸（pK_{a1}=6.35；pK_{a2}=

10.33）弱。利用酚的这一性质可对其进行分离纯化。

$$\text{C}_6\text{H}_5\text{—ONa} + \text{CO}_2 + \text{H}_2\text{O} \longrightarrow \text{C}_6\text{H}_5\text{—OH} + \text{NaHCO}_3$$

芳环上的取代基对酚的酸性影响很大。酚的芳环上连有吸电子取代基时，芳环上电子云密度降低，使 O—H 键的极性增加，氢离子更容易解离；同时芳环上吸电子基团的存在有助于酚氧负离子的稳定，使酚的酸性增强。相反，当酚的芳环上连有给电子基时，酚的酸性减弱。例如：

—OH	H₃C—◯—OH	O₂N—◯—OH	O₂N—◯—OH (带NO₂)
pK_a 9.96	10.26	7.15	0.38

> **问题 7-3** 酚氧负离子和环己基氧负离子相比，哪一个更稳定？为什么？

> **问题 7-4** 比较苯酚、对三氯甲基苯酚、对溴苯酚和对乙基苯酚的酸性强弱。

> **问题 7-5** 试用学过的电子效应解释间硝基苯酚比苯酚的酸性强而比邻硝基苯酚的酸性弱。

（二）芳环上的亲电取代反应

酚羟基是强致活的邻对位基团。因此，苯酚的亲电取代反应要比苯容易得多，且往往得到多取代化合物。

1. 卤代反应　室温下，苯酚的水溶液与溴水立即反应，生成 2,4,6-三溴苯酚白色沉淀。该反应十分灵敏，现象明显，且定量进行，可用于苯酚的定性和定量检测。

$$\text{C}_6\text{H}_5\text{—OH} + \text{Br}_2 \longrightarrow \text{2,4,6-三溴苯酚} \downarrow$$

苯酚低温时在二硫化碳等非极性溶剂中进行溴代反应，一般可得到一溴代产物。例如：

$$\text{C}_6\text{H}_5\text{—OH} + \text{Br}_2 \xrightarrow[0\,℃]{\text{CS}_2} \text{Br—C}_6\text{H}_4\text{—OH} + \text{HBr}$$

2. 硝化反应　苯酚在室温下很容易和稀硝酸进行硝化反应，生成邻硝基苯酚和对硝基苯酚：

$$\text{C}_6\text{H}_5\text{—OH} + \underset{(20\%)}{\text{HNO}_3} \longrightarrow \underset{30\%\sim40\%}{\text{邻硝基苯酚}} + \underset{15\%}{\text{O}_2\text{N—C}_6\text{H}_4\text{—OH}}$$

反应产物对硝基苯酚和邻硝基苯酚可以采用水蒸气蒸馏的方法进行分离，因为邻硝基苯酚的羟基和硝基能形成分子内氢键，水溶性减小，挥发性增大，容易随水蒸气蒸出。而对硝基苯酚则不但能形成分子间氢键，也可与水分子形成氢键，水溶性增大，挥发性减小。

3. 磺化反应　苯酚与浓硫酸作用，在 15～25℃ 下反应，主要得到邻位产物（受动力学控制）；在 100℃ 下反应，主要得到对位产物（受热力学控制）。

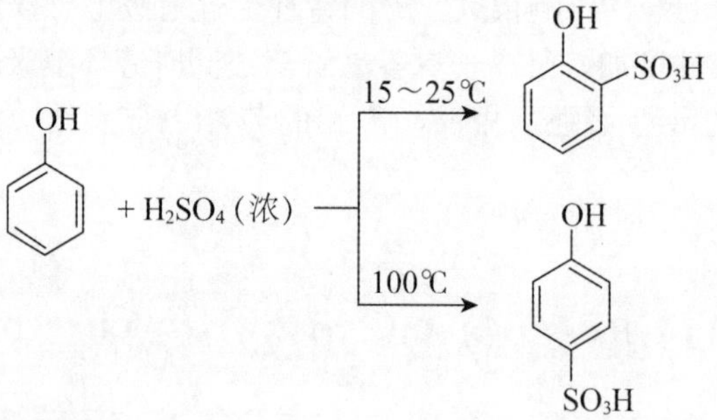

（三）与 FeCl₃ 的显色反应

大多数酚能与 FeCl₃ 溶液作用生成有色配合物，其中酚氧负离子作为配体。例如，苯酚、1,3,5-苯三酚、间苯二酚与 FeCl₃ 反应显紫色；甲苯酚与 FeCl₃ 反应显蓝色；邻苯二酚、对苯二酚与 FeCl₃ 反应显绿色和暗绿色。此反应可用于酚类化合物的鉴别。

$$6C_6H_5OH + Fe^{3+} \longrightarrow [Fe(OC_6H_5)_6]^{3-} + 6H^+$$

一般含有稳定烯醇式结构（—C=C—OH）的化合物都能发生这种显色反应。

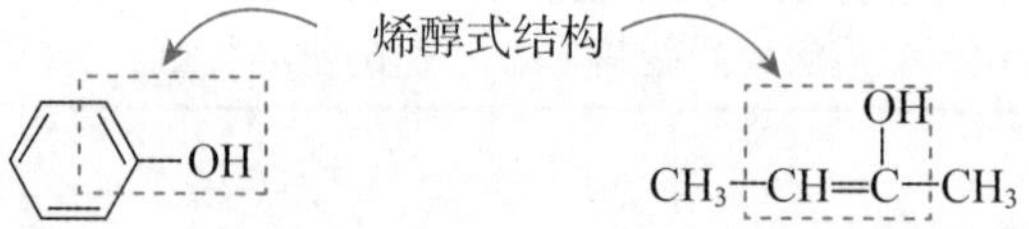

（四）氧化反应

酚类化合物很容易被氧化，氧化后颜色变深，产物主要是醌类化合物。$KMnO_4$、$K_2Cr_2O_7$ 以及空气中的 O_2 都可氧化酚。

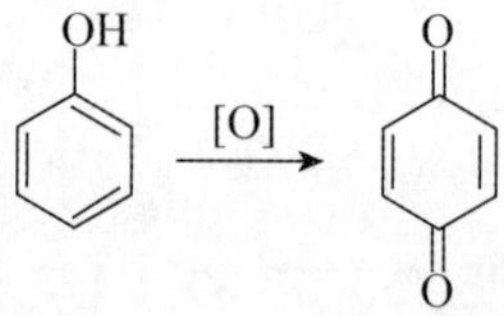

对苯醌

多元酚更易被氧化，如胶片上的弱氧化剂 AgBr 可被对苯二酚还原成单质 Ag 而显像。因此，一些多元酚类化合物常被用作抗氧化剂。

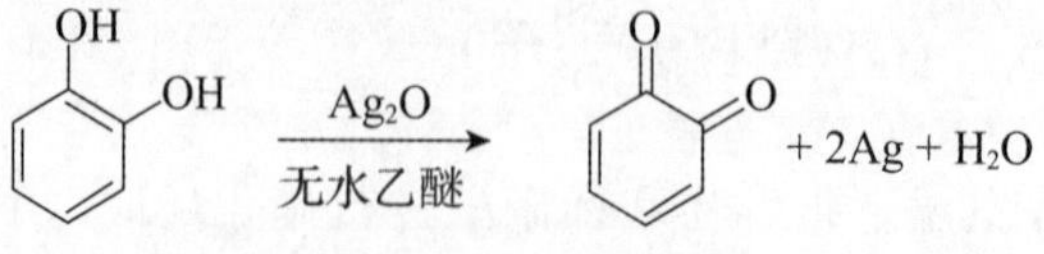

邻苯醌

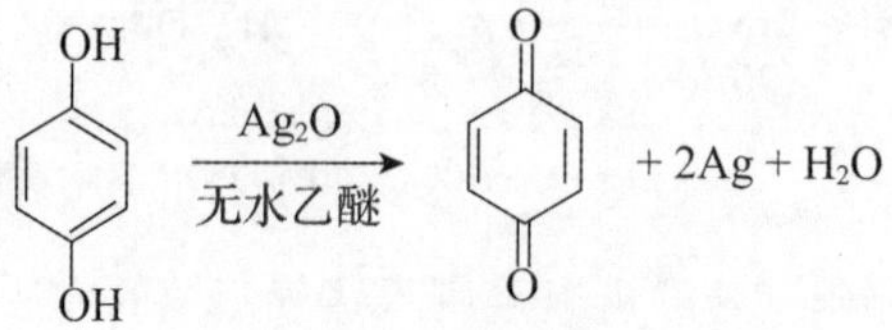

对苯醌

生物体内存在一些酚类抗氧化剂，如维生素 E（俗称生育酚），可防御自由基对机体的损害，维持机体正常的生理功能。它们抗氧化的机理是与活泼的自由基反应，生成相对稳定的酚氧自由基，阻断了自由基的链反应，从而保护体内的正常组织、细胞或分子不受活泼自由基的攻击。

$$ROO\cdot + HO-\underset{}{\bigcirc} \longrightarrow ROOH + \cdot O-\underset{}{\bigcirc}$$

较稳定的酚自由基

一些植物中含有多酚类物质，如存在于绿茶中的茶多酚，红葡萄籽、花生皮中的葡萄多酚等都具有抗氧化、清除自由基、抑制肿瘤、抗诱变的能力，已经引起了各国的植物化学家、食品化学家以及医学专家的广泛关注。

问题 7 - 6 苯酚为无色晶体，但在实验室中使用的苯酚常显粉红色，为什么？如何避免？

知识扩展

重金属解毒剂——硫醇

脂肪烃的氢原子被巯基（—SH）取代的产物称为硫醇。大多数硫醇易挥发且有特殊的臭味。如乙硫醇具有强烈、持久和刺激性的蒜臭味，它是 2000 年版吉尼斯纪录中收录的最臭的物质。空气中含 1/500 亿浓度的乙硫醇时其臭味就可以被嗅到。乙硫醇通常被加入煤气、天然气、石油气中作为可燃性气体泄漏的警告剂。

硫醇很容易与汞、砷、铅、银等重金属盐或氧化物作用生成不溶于水的硫醇盐。例如：

$$R-SH + HgO \longrightarrow (RS)_2Hg\downarrow + H_2O$$

生物体重金属中毒的原理也是基于此反应。生物体内许多酶（如琥珀酸脱氢酶、乳酸脱氢酶等）上的巯基遇到汞、铅等重金属会发生上述反应，使酶变性而丧失生理功能。当发生重金属中毒时，给中毒者使用硫醇类解毒剂，解毒剂与酶争夺重金属生成毒性较小且容易代谢的硫醇盐，从而使酶的活性得以恢复。

临床上常用的重金属解毒剂通常含有两个相邻的巯基，能与砷、汞、锑等金属作用生成无毒、稳定的环状化合物并由尿排出。二巯基丙醇是早期使用的解毒剂，因其毒性较大，解毒效果不很理想，已逐渐被其他解毒剂所代替。二巯基丁二酸钠是由我国研制的一个毒性较低、效力更强的新型解毒剂。

$$H_2C-\underset{OH}{\overset{H}{C}}-CH_2 \qquad NaOOC-\underset{SH}{\overset{H}{C}}-\underset{SH}{\overset{H}{C}}-COONa$$

二巯基丙醇　　　　　　　　二巯基丁二酸钠

二巯基丁二酸是一个广谱的解毒药，不但可解铅、汞、锑、铜、金、铊、锌、砷等对人体造成的毒性，也能解蛇毒、毒草（即毒蘑菇）和一些杀虫剂（如沙蚕毒素类、杀虫单、易卫杀）等对人体造成的毒害。

小　结

醇按不同的分类方法可分为一元醇和多元醇；饱和醇和不饱和醇；脂肪醇、脂环醇、芳香醇；甲醇、伯醇、仲醇和叔醇。醇的命名可采用普通命名法和系统命名法两种命名方法：普通命名法是取代基的名称后加"醇"字；系统命名法是选择包含连有羟基碳原子的最长碳链作为主链，按主链中的碳原子数称为"某醇"，从靠近羟基一端开始给主链编号，将羟基位次、数目写在母体名称之前。

醇的氧原子为 sp^3 杂化，其中两个 sp^3 杂化轨道分别与 C 原子以及 H 原子形成 C—O σ 键和 O—H σ 键，另外两个杂化轨道分别有一对孤对电子。C—O 键和 O—H 键的电子云均偏向于氧原子，均为极性共价键。

醇分子能发生的化学反应及反应部位如下所示：

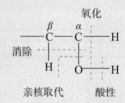

醇的性质比较活泼。醇羟基的氢原子能被 Na、K、Ca、Mg 等置换放出氢气；羟基能被卤素原子取代生成卤代烃；醇能与无机含氧酸反应生成无机酸酯；在酸催化作用下，醇主要发生分子间或分子内的脱水反应，分别生成醚或烯烃；有 α-H 的醇能被酸性重铬酸钾、高锰酸钾等氧化剂氧化，分别生成醛或酮，醛容易被进一步氧化生成羧酸。邻二醇能被高碘酸氧化，根据氧化产物可推测邻二醇的结构；邻二醇还能与氢氧化铜生成一种绛蓝色的配合物溶液，可用于鉴别邻二醇类化合物。

酚的命名方法是"芳环名称＋酚"，并标明取代基的位次、数目和名称。对于烃基较复杂或含不饱和键的酚，命名时可把烃基作为母体，连羟基的苯基作为取代基。

酚羟基中的氧原子与苯环形成 p-π 共轭体系，氧原子上的电子向苯环转移，结果导致：①C—O 键增强、极性减弱，难于断裂；②O—H 键的极性增强，易于断裂，酸性较醇大；③苯环上电子云密度相对增加，芳环更易发生亲电取代反应。

苯酚的酸性比水、醇强，但比碳酸弱。当芳环上连有吸电子取代基时，酚的酸性增强，反之则减弱。酚比苯更容易发生卤代、硝化、磺化等亲电取代反应。多数酚能与 $FeCl_3$ 发生显色反应，可用于酚类物质的鉴别。

习　题

1. 选择题

(1) 一种检测酒后驾驶的醉酒呼吸分析仪，其中装有 $K_2Cr_2O_7$ 和 H_2SO_4，如果司机血液中乙醇含量超过标准，则该分析仪显示绿色，其原理是
  A. 乙醇被氧化　　　　　　　　　　　　B. 乙醇被吸收
  C. 乙醇被脱水　　　　　　　　　　　　D. 乙醇被还原

(2) 下列醇的酸性大小顺序为
  ①CH_3CH_2OH　　　　　　　　　　　②$CH_3CHOHCH_3$
  ③CH_3OH　　　　　　　　　　　　　④$(CH_3)_3COH$
  A. ③>①>②>④　　　　　　　　　　B. ①>②>③>④
  C. ③>②>①>④　　　　　　　　　　D. ①>③>②>④

(3) 下列醇中与金属钠反应最快的是
  A. 乙醇　　　　　　　　　　　　　　　B. 叔丁醇
  C. 2-丙醇　　　　　　　　　　　　　　D. 1-丙醇

(4) 下列化合物中，不能形成分子间氢键的有
　　A. 乙醇　　　　　　　　　　　　B. 苯酚
　　C. 氯乙烷　　　　　　　　　　　D. 2-丙醇

(5) 能区别丙醇和甘油的试剂是
　　A. 溴水　　　　　　　　　　　　B. 三氯化铁
　　C. 氢氧化铜　　　　　　　　　　D. 高锰酸钾

(6) 下列各醇中与卢卡斯试剂反应最慢的是
　　A. 1-丙醇　　　　　　　　　　　B. 甲醇
　　C. 2-丙醇　　　　　　　　　　　D. 2-甲基-2-丙醇

2. 填空题

(1) 在醇的分类方法中，和性质关系最紧密的是按＿＿＿＿＿分类，该种分类方法可以将醇分为
＿＿＿＿＿、＿＿＿＿＿、＿＿＿＿＿和＿＿＿＿＿。

(2) Lucas 试剂的成分有＿＿＿＿＿和＿＿＿＿＿。它遇到伯醇＿＿＿＿＿，遇到仲醇＿＿＿＿＿，遇
到叔醇＿＿＿＿＿。

(3) 列出三种区分乙醇和叔丁醇的方法：＿＿＿＿＿、＿＿＿＿＿、＿＿＿＿＿。

(4) 饱和脂肪醇羟基中的氧原子是＿＿＿＿＿杂化，酚羟基中的氧原子是＿＿＿＿＿杂化。

(5) 列出三种区分环己醇和苯酚的方法：＿＿＿＿＿、＿＿＿＿＿、＿＿＿＿＿。

3. 命名下列化合物。

(1) $CH_3CHC{\equiv}CCH_2OH$（CH₃支链）

(2)

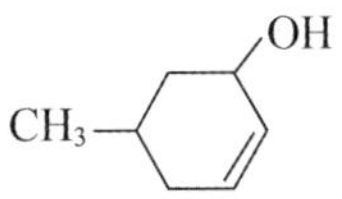

(3)

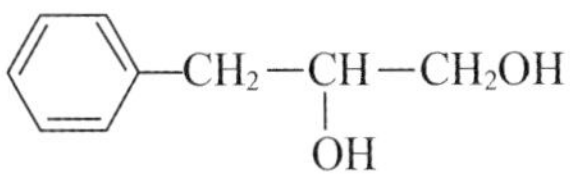

(4)

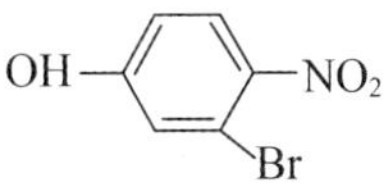

(5) $(CH_3)_2CHCH_2CHCH_3$（OH）

(6)

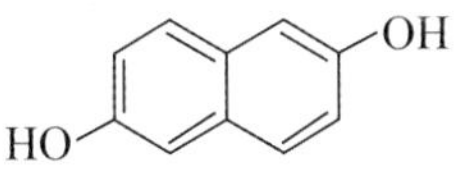

(7) 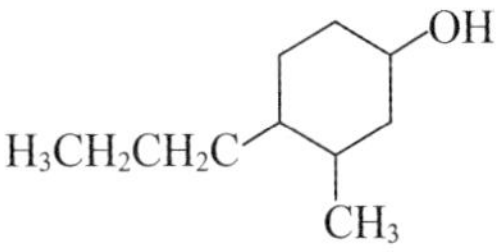 H_3CH_2C—（环己醇，CH₃）

(8)  HO——OH

4. 写出下列化合物的结构式。

(1) 3-甲基-1,3-戊二醇
(2) 反-4-氯-1-环己醇（优势构象）
(3) 4-甲基-1-萘酚
(4) 2,4,6-三硝基苯酚（苦味酸）
(5) 2-甲基-4-异丙基环己醇
(6) (1R,3R)-1,3-环己二醇
(7) 3-丁烯-2-醇
(8) 乙二醇

5. 写出下列反应的主要产物。

(1) $CH_3CH_2-\overset{CH_3}{\underset{OH}{C}}-CH_3 + HCl(浓) \longrightarrow$

(2) $(CH_3)_2CHCH_2CH_2OH + HNO_3 \longrightarrow$

(3) $CH_3\overset{CH_3}{CH}CHCH_3 + H_2SO_4（浓） \xrightarrow[170℃]{\triangle}$（OH）

(4) $CH_3CH_2CH_2OH + Na \longrightarrow$

(5) 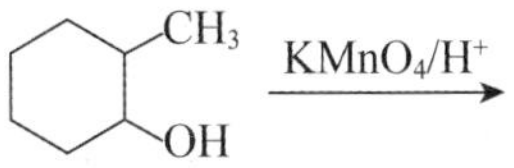 （环己烷CH₃, OH）$\xrightarrow{KMnO_4/H^+}$

(6) 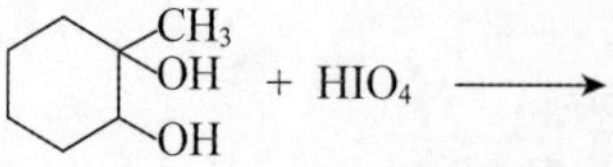 + HIO_4 ——→

(7) 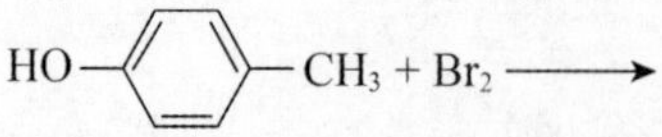 HO—⟨benzene⟩—CH_3 + Br_2 ——→

(8) 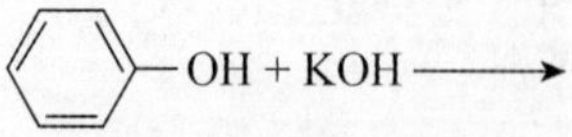 ⟨benzene⟩—OH + KOH ——→

6. 将下列各组化合物按指定要求进行排序。

(1) 与氢溴酸反应的相对速率

    a. $CH_3CH_2CH_2OH$ b. CH_3OH

    c. CH_3CHCH_3 d. $(CH_3)_3OH$
            $\overset{|}{OH}$

(2) 酸性大小

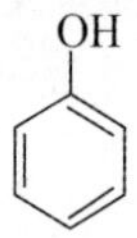

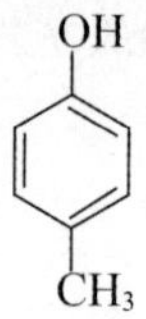

    a. 苯酚   b. 异丙醇

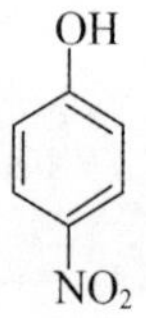

    c. 甲醇   d. 碳酸

(3) 酸性大小

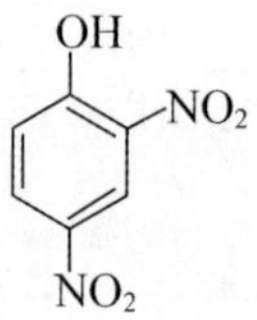

(4) 碱性大小

    a. $C_2H_5O^-$ b. $C_6H_5O^-$

    c. OH^- d. $(CH_3)_3CO^-$

7. 用化学方法鉴别下列各组化合物。

(1) 正丁醇、仲丁醇、叔丁醇、苯酚   (2) 乙醇、环己醇、2-甲基苯酚

(3) 1-丙醇、2-丙醇、1,2-丙二醇

8. 分子式为 $C_5H_{12}O$ 的化合物 A 能与 Na 反应放出 H_2,与卢卡斯试剂作用时几分钟后出现浑浊,与浓硫酸共热可得 B(C_5H_{10})。用稀冷的 $KMnO_4$ 水溶液处理 B,可以得到化合物 C($C_5H_{12}O_2$),C 在高碘酸的作用下最终生成乙醛和丙酮。试推测 A 的结构,并用化学反应式表明推断过程。

9. 化合物 A(C_7H_8O)能溶于 NaOH 溶液,但不溶于 $NaHCO_3$ 溶液,能与溴水作用生成化合物 B($C_7H_5OBr_3$)。试写出 A 和 B 的结构式。若 A′ 与溴水作用生成化合物 C($C_7H_6OBr_2$),则 A′ 是怎样的结构?

(王 宁)

第八章 醚和环氧化合物

醚（ether）是两个烃基通过氧原子连接而成的化合物，也可以看成是水分子中的两个氢原子被烃基取代的产物，醚键（C—O—C）是醚类化合物的官能团。环氧化合物（epoxides）属于醚类，是指脂环烃的环上碳原子被一个或多个氧原子取代的化合物。大多数醚化学性质相对稳定，常用作有机溶剂，有的还可用作麻醉剂。1,2-环氧化合物因其化学性质活泼，常作为药物合成的重要中间体。最简单的环氧化合物——环氧乙烷为高效灭菌剂，可在临床上用于医疗器械消毒。

第一节 醚

一、醚的结构

脂肪醚是非线型分子。醚键中的氧原子为 sp^3 杂化，它用两个 sp^3 杂化轨道分别与两个碳原子的 sp^3 杂化轨道重叠，形成两个 σ 键；两对孤对电子分别占据另外两个 sp^3 杂化轨道，键角接近 $112°$。以甲醚为例，其醚键的键角为 $111.7°$，C—O 键的键长约为 142pm。甲醚的结构如图 8-1 所示。

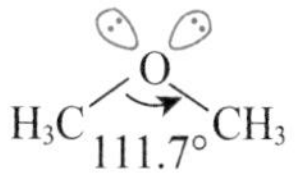

图 8-1 甲醚的结构

二、醚的分类和命名

开链醚中，若氧原子所连接的两个烃基相同，称为单醚；若两个烃基不同，则称为混醚。当醚分子的两个烃基均为脂肪烃基时称为脂肪醚，若两个烃基中至少有一个是芳香基，则称为芳香醚。

对于结构简单的醚采用普通命名法，命名时在两个烃基名称后加"醚"字。相应的英文名称为取代基英文名称＋ether。

单醚在相同的烃基名称前加数字"二"，通常情况下"二"和"基"字可以省略，例如：

CH₃CH₂OCH₂CH₃

（二）乙（基）醚
diethyl ether

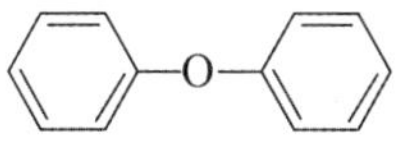

（二）苯（基）醚
diphenyl ether

混醚的命名则按"次序规则"排列不同的烃基，较优基团后列出。对于结构为 Ar 的醚，命名时芳基名称在前，脂肪烃基名称在后。例如：

CH₃OC(CH₃)₃

甲基叔丁基醚
t-butyl methyl ether

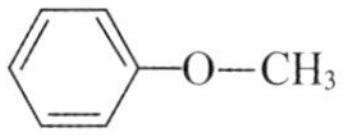

苯甲醚
methyl phenyl ether

对于结构复杂的醚采用系统命名法，取较长的烃基作为母体，另一烃基与氧原子组成的烃氧基作为取代基。例如：

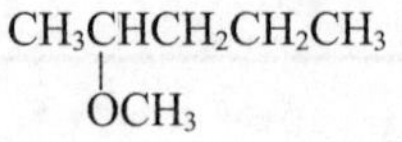

$$CH_3CHCH_2CH_2CH_3$$
$$|$$
$$OCH_3$$

2-甲氧基戊烷
2-methoxy pentane

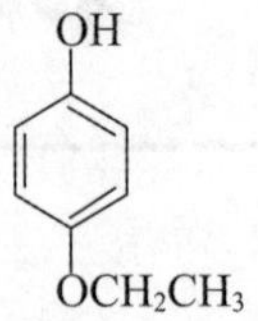

对乙氧基苯酚
p-ethoxyphenol

三、醚的物理性质

醚的氧原子两边连有两个烃基，没有活泼的氢原子，所以醚分子之间不能形成氢键，醚的沸点与相对分子量接近的烷烃沸点相近，低于异构体的醇。例如，正庚烷（$Mr=100$）、甲基正戊基醚（$Mr=102$）、正己醇（$Mr=102$）的沸点分别为 98℃、100℃、157℃。

因为醚分子中的氧原子可以和水分子中的氢原子形成氢键，所以低级醚在水中的溶解度与相对分子质量接近的醇相近。例如，甲醚和乙醇一样，可以与水混溶；乙醚和正丁醇在水中的溶解度都约为 8.0g/100ml，但一般高级醚难溶于水。一些常见醚的部分物理常数如表 8-1 所示。

表 8-1　一些常见醚的物理常数

化合物	沸点（℃）	熔点（℃）	密度（$g \cdot cm^{-3}$）（20℃）
甲醚	−24.9	−138	0.661
乙醚	34.6	−116	0.714
甲乙醚	10.8	−139	0.697
正丙醚	90.5	−122	0.736
异丙醚	68	−86	0.724
苯甲醚	153.8	−37	0.996
四氢呋喃	65.4	−108	0.889

醚在工业上和实验室中常用作溶剂和萃取剂。但是醚如果经过光照或长期与空气接触，α-碳上的氢可以被氧化，生成有机过氧化物（peroxide）。过氧化物不稳定，受热容易分解而发生爆炸。因此，在蒸馏醚时应避免蒸干，以防止发生爆炸危险。

低级醚具有很强的挥发性和易燃性。乙醚是无色透明液体，具有刺激性气味，沸点34.6℃，极易挥发，非常容易燃烧。乙醚蒸气密度比空气大，易沉积于地面，当空气中含有 1.85%～3.65%（体积比）的乙醚时，即能引起燃烧和爆炸，故使用乙醚时应保持高度警惕，远离明火，保持良好通风。

> 问题 8-1　如何检验并除去乙醚中的过氧化物？

四、醚的化学性质

醚分子极性较小，化学性质相对稳定，在常温下与活泼金属、还原剂、氧化剂、碱溶液和稀酸溶液都不易发生反应。在一定条件下，醚可以发生下列反应。

（一）生成锌盐

醚分子中的氧原子上有未共用电子对，在浓强酸条件下，氧原子可以接受质子生成锌盐（oxonium salt），例如：

$$R-\overset{..}{\overset{..}{O}}-R' + H_2SO_4 \longrightarrow \left[R-\overset{+}{\underset{H}{O}}-R' \right] HSO_4^-$$

生成的锌盐与浓强酸互溶，加水分解又转变为原来的醚。利用这一性质可以鉴定或分离醚与其他不溶于浓强酸的有机物（如烷烃等）。

（二）醚键的断裂

醚与氢卤酸（氢碘酸最常用）一起加热，醚键发生断裂，生成醇和卤代烃。若加入过量的氢卤酸，则生成的醇可进一步反应生成卤代烃。例如：

$$R-\overset{..}{\overset{..}{O}}-R' + HI \longrightarrow RI + R'OH$$
$$\xrightarrow{HI} R'I + H_2O$$

醚键的断裂遵循亲核取代反应机理。在酸性条件下，醚首先质子化生成锌盐，然后根据氧原子连接的烃基的不同，按照 S_N2 或 S_N1 机理进行亲核取代反应。

当醚键中的碳原子为伯碳或仲碳原子时，亲核取代反应按 S_N2 机理进行。亲核试剂优先进攻空间位阻较小的中心碳原子，反应的结果一般是较小的烃基生成卤代烃，较大的烃基生成醇。例如：

$$CH_3CH_2CH_2OCH_3 + HI \longrightarrow CH_3CH_2CH_2OH + CH_3I$$

该反应机理如下所示：

$$CH_3CH_2CH_2-O-CH_3 \xrightarrow{H^+} CH_3CH_2CH_2-\overset{+}{\underset{H}{O}}-CH_3 \xrightarrow{I^-} CH_3CH_2CH_2OH + CH_3I$$

当醚键中的碳原子为叔碳原子时，亲核取代反应按 S_N1 机理进行，锌盐中 C—O 键断裂生成较稳定的叔碳正离子，然后卤负离子与碳正离子结合生成卤代烃。例如：

$$CH_3CH_2-\underset{CH_3}{\overset{CH_3}{\underset{|}{\overset{|}{C}}}}-O-CH_3 \xrightarrow{HI} CH_3CH_2-\underset{CH_3}{\overset{CH_3}{\underset{|}{\overset{|}{C}}}}-I + CH_3OH$$

该反应机理如下：

$$CH_3CH_2-\underset{CH_3}{\overset{CH_3}{\underset{|}{\overset{|}{C}}}}-O-CH_3 \xrightarrow{H^+} CH_3CH_2-\underset{CH_3}{\overset{CH_3}{\underset{|}{\overset{|}{C}}}}-\overset{+}{\underset{H}{O}}-CH_3$$

$$\xrightarrow{-CH_3OH} CH_3CH_2-\underset{CH_3}{\overset{CH_3}{\underset{|}{\overset{|}{C^+}}}} \xrightarrow{I^-} CH_3CH_2-\underset{CH_3}{\overset{CH_3}{\underset{|}{\overset{|}{C}}}}-I$$

从上述两种反应机理中可以看出，醚质子化的结果都是形成了较好的离去基团 ROH，从而使亲核取代反应更容易发生。

苯基烷基醚与氢卤酸反应时，由于苯与醚键氧原子形成 p-π 共轭，苯基 C—O 键结合得较为牢固，所以醚键的断裂总是发生在烷基与氧之间，生成卤代烷和酚。例如：

$$\text{〈benzene〉—O—CH}_3 + \text{HI} \longrightarrow \text{〈benzene〉—OH} + \text{CH}_3\text{I}$$

二苯基醚的醚键很稳定，通常不易与氢卤酸发生醚键的断裂反应，常用作高温反应的非极性溶剂。

> 问题 8 - 2   完成叔丁基醚与 HI 的反应。

第二节   环氧化合物

环氧化合物也属于醚类，可以看成是脂肪烃环上碳原子被一个或多个氧原子取代的化合物，其结构特征与开链醚相似。

一、环氧化合物的分类和命名

环氧化合物中最常见的是 1,2-环氧化合物。其结构特点是分子中含有由两个碳原子和一个氧原子构成的三元环。命名 1,2-环氧化合物时，中文通常将其称作烷的氧化物，英文一般将其看成"氧化某烯"。例如：

$$\text{H}_2\text{C——CH}_2 \qquad \text{H}_2\text{C——CH——CH}_3 \qquad \text{H}_2\text{C——CH——CH}_2\text{CH}_3$$
$$\underset{\text{O}}{\diagdown\diagup} \qquad\qquad \underset{\text{O}}{\diagdown\diagup} \qquad\qquad\qquad \underset{\text{O}}{\diagdown\diagup}$$

环氧乙烷   1,2-环氧丙烷   1,2-环氧丁烷

ethylene oxide   1,2-propylene oxide   1,2-butylene oxide

如果环氧化合物中具有若干个 —$\text{CH}_2\text{CH}_2\text{O}$— 结构单元，则称之为冠醚（crown ether），这是由于最初合成的该类化合物结构形似皇冠而取名。冠醚的名称表示为 X - 冠 - Y，其中 X 表示成环的原子总数，Y 表示成环原子中氧原子的数目。例如：

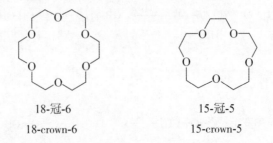

18-冠-6   15-冠-5

18-crown-6   15-crown-5

20 世纪 60 年代美国化学家彼得森（C. J. Pedersen）合成了第一个冠醚 18 - 冠 - 6。几十年来，人们合成了大量的不同结构的冠醚化合物，并研究其性质和用途。这类化合物因具有特殊的络合能力，可以在有机化学反应中作相转移催化剂，还可用于金属离子混合物的分离等。

还有一些环氧化合物可以采用俗名表示，没有俗名的也可以称作氧杂某烷。例如：

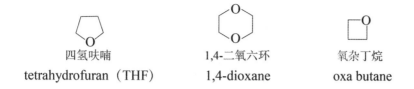

四氢呋喃　　　　　　　　　1,4-二氧六环　　　　　　　氧杂丁烷
tetrahydrofuran（THF）　　　1,4-dioxane　　　　　　　oxa butane

二、1,2-环氧化合物的开环反应

一般的醚化学性质较稳定，因此常被用作溶剂。但是 1,2-环氧化合物具有不稳定的三元环结构，因此与一般的醚不同，是一类化学性质非常活泼的化合物。1,2-环氧化合物的主要化学性质是能够发生开环反应，开环反应可在酸性条件或碱性条件下进行。

（一）开环反应

在酸性条件下，水、氢卤酸、醇和酚可与环氧乙烷发生下列开环反应：

$$H_2C\underset{O}{\overset{}{\diagup\!\!\diagdown}}CH_2 + H_2O \xrightarrow{H^+} HOCH_2CH_2OH$$

$$H_2C\underset{O}{\overset{}{\diagup\!\!\diagdown}}CH_2 + HX \longrightarrow XCH_2CH_2OH$$

$$H_2C\underset{O}{\overset{}{\diagup\!\!\diagdown}}CH_2 + ROH \xrightarrow{H^+} ROCH_2CH_2OH$$

$$H_2C\underset{O}{\overset{}{\diagup\!\!\diagdown}}CH_2 + \text{〔}C_6H_5\text{〕}{-}OH \xrightarrow{H^+} \text{〔}C_6H_5\text{〕}{-}OCH_2CH_2OH$$

在碱性条件下，氢氧化钠、醇钠、酚钠和氨也可与环氧乙烷进行开环反应：

$$H_2C\underset{O}{\overset{}{\diagup\!\!\diagdown}}CH_2 + NaOH \xrightarrow{H_2O} HOCH_2CH_2OH$$

$$H_2C\underset{O}{\overset{}{\diagup\!\!\diagdown}}CH_2 + RONa \xrightarrow{ROH} ROCH_2CH_2OH$$

$$H_2C\underset{O}{\overset{}{\diagup\!\!\diagdown}}CH_2 + \text{〔}C_6H_5\text{〕}{-}ONa \xrightarrow{H_2O} \text{〔}C_6H_5\text{〕}{-}OCH_2CH_2OH$$

$$H_2C\underset{O}{\overset{}{\diagup\!\!\diagdown}}CH_2 + NH_3 \longrightarrow H_2NCH_2CH_2OH$$

1,2-环氧化合物还可以和格氏试剂发生开环反应，生成比格氏试剂多两个碳原子的醇，例如：

$$H_2C\underset{O}{\overset{}{\diagup\!\!\diagdown}}CH_2 + RMgX \xrightarrow{\text{无水乙醚}} RCH_2CH_2OMgX \xrightarrow{H_2O} RCH_2CH_2OH$$

1,2-环氧化合物与醇、酚以及格氏试剂的反应使有机物的碳链增长，这是有机反应中增长碳链的方法之一。上述开环反应大都生成含有多官能团的化合物，这些化合物通常具有特殊的用途。如乙二醇的聚合物（polyethylene glycol，PEG），因毒性小且性质稳定，对药物有一定的增溶、稳定及延效的作用，医学上常用作药用辅料，亦可用作外用亲水软膏的基质和片剂的添加剂。

(二) 开环反应机理

上述开环反应属于亲核取代反应，反应产物都是在亲核试剂分子上引入了羟乙基（—CH₂CH₂OH）。

1. 酸性条件下的开环机理   以环氧乙烷与水分子反应为例，其反应机理如下所示：

$$H_2C \overset{O}{\underset{}{\diagdown}} CH_2 \overset{H^+}{\underset{}{\rightleftharpoons}} H_2C\!-\!CH_2 \overset{H_2\ddot{O}}{\longrightarrow} H_2C\!-\!CH_2 \overset{-H^+}{\longrightarrow} H_2C\!-\!CH_2$$

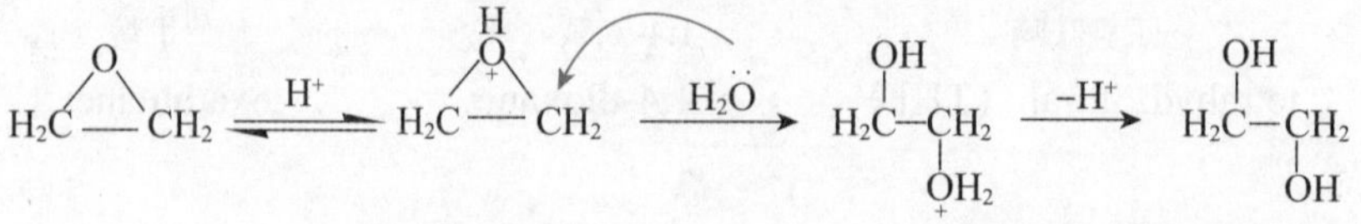

在酸性条件下，环氧乙烷首先被质子化，致使较难离去的烷氧基负离子转变成相对较易离去的醇（—CH₂OH），同时质子化增强了环碳原子所带的正电荷，这两个因素都有利于较弱的亲核试剂（H₂O）进攻中心碳原子，使 C—O 键断裂而开环。但三元环的高张力无疑是开环反应的最重要诱因。

当 1,2-环氧化合物为非对称分子时，在酸催化下，亲核试剂主要进攻连取代基多的碳原子，相应的开环产物是主产物。例如：

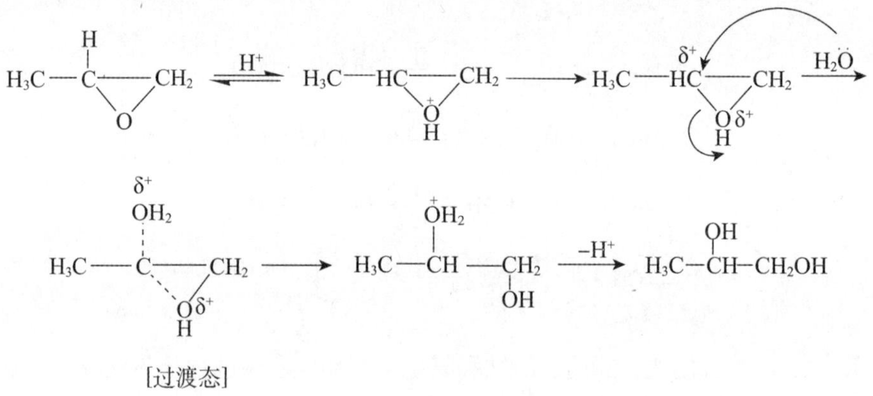

[过渡态]

2. 碱性条件下的开环机理   以环氧乙烷与 CH₃CH₂ONa 反应为例，其反应机理如下所示：

$$H_2C\overset{O}{\underset{}{\diagdown}}CH_2 + CH_3CH_2ONa \xrightarrow{CH_3CH_2OH} \underset{OH}{CH_2\!-\!CH_2OCH_2CH_3}$$

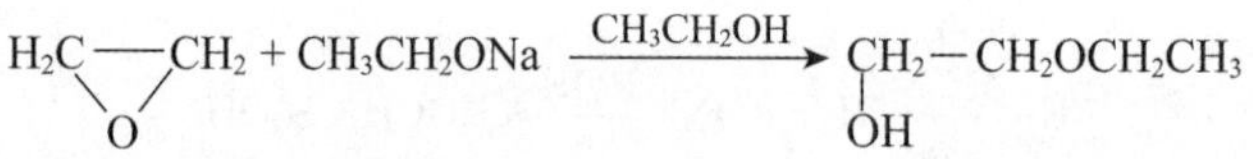

在碱性条件下，环氧乙烷不能被质子化，离去基团较难离去，但醇钠是一个较强的亲核试剂，强亲核试剂对中心碳原子的进攻导致 C—O 键断裂而开环。当 1,2-环氧化合物为非对称分子时，亲核试剂主要进攻连取代基较少的环氧碳。例如：

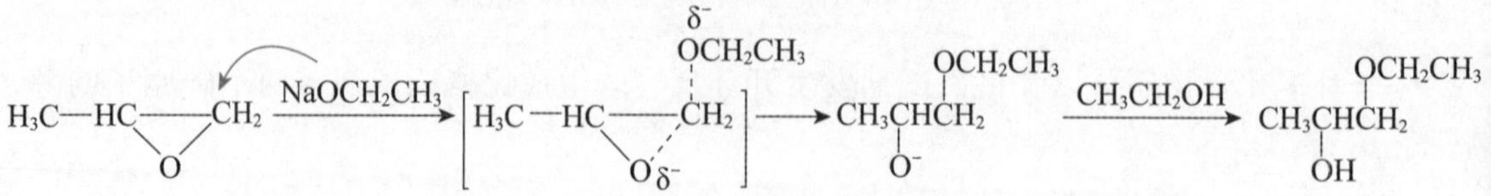

问题 8-3   环氧乙烷在酸性和碱性条件下发生开环反应的主要原因分别是什么？

知识扩展

醚类麻醉剂

　　1842 年，美国佐治亚州外科医生 Grawford W. Long 首次采用吸入法利用乙醚作为外科手术麻醉剂，并因此被誉为"乙醚麻醉"发明者和"吸入麻醉法"创始人。乙醚麻醉性能强，安全范围广，使用设备简单。乙醚作为外科手术中常用的麻醉剂，其麻醉作用是乙醚溶于神经组织脂肪中引起的生理变化。醚的这种麻醉作用取决于其在脂肪相和水相中的分配系数差异。乙烯基醚是一种更强效的麻醉剂，其麻醉性能比乙醚强 7 倍，而且作用极快，但乙烯基醚有迅速使麻醉程度过深的危险，因而限制了它在这方面的实际应用。

　　目前乙醚因其易燃、易爆且苏醒后又常有恶心、呕吐等副作用而限制了它的广泛使用，日趋被更安全的麻醉剂，如恩氟醚和脱氟醚等所代替。氟醚麻醉剂作用比乙醚弱，一般用于复合全身麻醉，可与多种静脉全身麻醉药和全身麻醉辅助用药联合使用。高效麻醉剂具有诱导期短、恢复快、代谢能力强、对人体无毒副作用以及不燃烧、不爆炸等优点，是传统麻醉药乙醚的换代产品。七氟醚于 1968 年被合成，1986 年完成Ⅲ期临床试验，1990 年首先由日本的药监部门批准临床使用。

　　恩氟醚（又称安氟醚，enflurane）　$HFClCF_2C$—O—CF_2H

　　脱氟醚（deflurane）　CF_2H—O—CFH—CF_3

　　异氟醚（又称异氟烷，isoflurane）　CF_3CHCl—O—CF_2H

　　七氟醚（又称七氟异丙甲醚，sevoflurane）　CH_2F—O—$CH(CF_3)_2$

小　结

　　醚可以看成是水分子中两个氢原子被烃基取代的产物，sp^3 杂化的氧直接与两个碳原子相连。醚的命名可采用普通命名法或系统命名法。普通命名法命名时在两个烃基名称后加"醚"字；系统命名法则取较长的烃基作为母体，另一烃基与氧原子组成的烃氧基作为取代基。环氧化合物可以看成是脂环烃的环上碳原子被一个或多个氧原子取代的化合物，其中最重要的是 1,2-环氧化合物，其结构特点是分子中含有由两个碳原子和一个氧原子构成的三元环。通常将 1,2-环氧化合物称作烷的氧化物。冠醚是另外一种较为常见的环氧化合物，其结构特点是分子中含有若干个—CH_2CH_2O—结构单元，冠醚的名称用"X-冠-Y"表示。

　　醚可以和浓强酸作用生成锌盐，利用这一性质可以将醚与烷烃等物质进行分离；醚与氢卤酸（氢碘酸最常用）一起加热，醚键发生断裂，生成醇和卤代烃。醚键的断裂遵循亲核取代反应机理，当醚键中的碳原子为伯碳或仲碳时，亲核取代反应按 S_N2 机理进行，当醚键中的碳原子为叔碳原子时，亲核取代反应按 S_N1 机理进行。1,2-环氧化合物因具有不稳定的三元环结构，因此是一类化学性质非常活泼的化合物。1,2-环氧化合物容易发生开环反应，开环反应可在酸性条件或碱性条件下进行。

习　题

1. 命名下列化合物。

(1) $CH_3\overset{\overset{\displaystyle CH_3}{|}}{C}H$—$O$—$\overset{\overset{\displaystyle CH_3}{|}}{C}HCH_3$

(2) $HOCH_2CH_2OCH_2CH_3$

(3) H_3C—⟨benzene⟩—O—CH_3

(4) CH_3O—$\overset{\overset{\displaystyle CH(CH_3)_2}{|}}{\underset{\underset{\displaystyle CH_2CH_2CH_3}{|}}{C}}H$

(5)
$$H_3C-\overset{\overset{\displaystyle O}{\diagup\backslash}}{C}-CH_2$$
$$\quad\ \ |$$
$$\quad CH_2CH_2CH_3$$

(6)

2. 写出下列化合物的结构式。
   (1) 苯基环丙基醚
   (2) (2R,3S)-2,3-二甲氧基丁烷
   (3) 1-甲氧基环己醇
   (4) 丁子香酚（4-烯丙基-2-甲氧基苯酚）
   (5) 藜芦醚（邻二甲氧基苯）
   (6) 3-甲基-3,4-环氧-1-丁烯

3. 完成下列反应。
   (1) $(CH_3CH_2CH_2)_2O + HI$ （过量）$\longrightarrow$

   (2) $? + ? \longrightarrow CH_3OCH_2\overset{\overset{\displaystyle OH}{|}}{CH_2}$

   (3) $H_3C-\!\!\!\!\bigcirc\!\!\!\!-OCH_3 + HI \longrightarrow$

   (4) $H_3C-\overset{}{HC}\underset{\diagdown O \diagup}{-\!\!\!\!-}CH_2 + HBr \longrightarrow$

   (5) $C_6H_5-\overset{}{HC}\underset{\diagdown O \diagup}{-\!\!\!\!-}CH_2 \xrightarrow{\ CH_3NH_2\ }$

   (6) $\xrightarrow{\ CH_3OH,\ H^+\ }$

4. 用化学方法鉴别下列各组化合物。
   (1) 环己烷与正丁醚
   (2) 甲苯和苯甲醚
   (3) 丁醚与丁醇
   (4) 甲基烯丙基醚与丙醚

5. 实验发现 (R)-2-甲氧基丁烷与 HI 反应生成碘甲烷和 (R)-2-丁醇，甲基叔丁醚与 HI 反应生成甲醇和叔丁基碘。为什么是这样的产物？

6. 化合物 A 的分子式为 C_7H_8O，溶于 NaOH 溶液，不溶于 $NaHCO_3$ 溶液，与 $FeCl_3$ 溶液反应生成有色物质；与 Br_2 水反应生成化合物 B，B 的分子式为 $C_7H_5OBr_3$。试写出 A 和 B 的结构式。若 A 与 $FeCl_3$ 溶液不发生显色反应，不溶于 NaOH 溶液，溶于氢溴酸溶液，试写出 A 的结构式。

7. 解释下列事实。
   (1) 醚均有一定的偶极矩（约 1.18D）。
   (2) 醚比其异构的醇具有低得多的沸点。
   (3) 互为异构体的醚和醇在水中的溶解度较接近。

8. 为什么 ArOR 被 HI 开环时得到 RI 和 ArOH 而不是得到 ArI 和 ROH？

9. 某化合物 A 的分子式为 $C_{10}H_{14}O$，A 与钠不发生反应，与浓硫酸共热生成化合物 B 和 C。B 能溶于氢氧化钠溶液，并与三氯化铁作用显紫色。C 经催化加氢后，得到分子中只有 1 个叔氢的烷烃。试写出 A、B 和 C 的结构式。

10. 利用 1,2-环氧化合物制备下列化合物。

   (1) $CH_3OCH_2CH_2OH$
   (2) $CH_3OCH_2\overset{\overset{\displaystyle OH}{|}}{CH}CH_3$

   (3) $CH_3O\overset{\overset{\displaystyle CH_3}{|}}{CH}CH_2OH$

（姜 炜）

第九章 醛 酮

醛（aldehyde）和酮（ketone）有共同的官能团——羰基（carbonyl group，C＝O），同属于羰基化合物。羰基上连有一个或两个氢原子的是醛；羰基上连有两个烃基的是酮。醛和酮的羰基分别被称为醛基和酮基。

羰基　　　　　醛　　　　　　酮

醛、酮是一类非常重要的化合物，许多醛和酮是重要的工业原料，有的醛、酮是重要的药物和香料。醛、酮的羰基是高反应活性的官能团，能发生多种化学反应，醛、酮在有机合成中具有举足轻重的作用。

第一节 醛、酮的结构

醛和酮的羰基碳原子为 sp^2 杂化，其 3 个 sp^2 杂化轨道分别与氧原子及其他 2 个原子形成共平面的 3 个 σ 键，羰基碳原子剩下的一个未杂化 p 轨道与氧的 $2p$ 轨道侧面重叠，形成 π 键。分子中的氧原子、羰基碳原子以及连在羰基碳原子上的两个原子位于同一个平面中，它们之间的键角接近 $120°$。

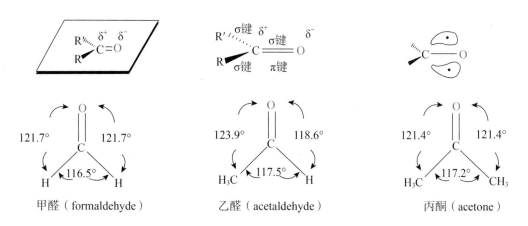

甲醛（formaldehyde）　　　　乙醛（acetaldehyde）　　　　丙酮（acetone）

在羰基的碳氧双键中，氧的电负性较大，π 电子云更偏向氧原子，羰基碳缺电子，因此，碳氧双键是极性不饱和双键。这一现象造成了醛、酮具有高反应活性的化学特征。

第二节 醛、酮的分类及命名

根据烃基的不同，醛、酮可分为脂肪醛、酮（aliphatic aldehyde and ketone）和芳香醛、酮（aromatic aldehyde and ketone）等；以烃基是否含有双键，又可分饱和（saturated）醛、

酮和不饱和（unsaturated）醛、酮；根据羰基的数目不同，又可分为一元、二元及多元醛、酮等。羰基与两个相同的烃基相连，称为简单酮（simple ketone）或对称酮，与两个不相同的烃基相连称为混合酮（mixture ketone）或不对称酮。

$$H_3C-CHO \quad H_3C-\overset{\overset{\displaystyle O}{\|}}{C}-CH_3 \quad \underset{H}{\overset{H_2C=C}{}}-CHO \quad \underset{H}{\overset{H_2C=C}{}}-\overset{\overset{\displaystyle O}{\|}}{C}-CH_3 \quad \phenyl-CHO \quad \phenyl-\overset{\overset{\displaystyle O}{\|}}{C}-CH_3$$

饱和醛酮　　　　　　　　　　　　　　　不饱和醛酮　　　　　　　　　芳香醛酮
　　　　　脂肪醛酮

简单的醛和酮可采用普通命名法命名，如一元酮可按照羰基所连的两个烃基来命名，脂肪酮的命名是将"次序规则"中的优先基团置后，芳香酮的命名是先命名芳香烃基再命名脂肪烃基，称为"某某酮"；相应的英文名称是取代基的英文名称＋"aldehyde"或"ketone"，取代基书写顺序是按英文字母的排序书写。

$$CH_3CHO \qquad (CH_3)_2CHCH \qquad CH_3-\overset{\overset{\displaystyle O}{\|}}{C}-CH_2CH_2CH_3$$

乙醛　　　　　　　　　异丁基醛　　　　　　　甲基丙基酮
ethylaldehyde　　　　isobutylaldehyde　　　methyl propyl ketone

苯甲醛　　　　　　　　二苯（基）酮　　　　　　二乙烯基酮
benzaldehyde　　　　diphenyl ketone　　　　divinyl ketone

结构复杂的醛和酮多采用系统命名法。其命名规则为：选择含有羰基碳原子的最长的碳链做主链，从靠近羰基原子的一端开始编号，将取代基的序号、数量和名称写在醛、酮名称前。醛基总是在 1 位，不用标出其位次，醛取代基的位置也可用希腊字母来表示，和羰基直接相连的碳原子用 α 表示，其次是 β、γ……酮不可用希腊字母命名。醛系统命名的英文命名是把相应烃词尾的- e 改为- al，酮的英文命名是把相应烃词尾的- e 改为- one。如：

$$\underset{\underset{CH_2CH_3}{|}}{\overset{\varepsilon\ \ \delta\ \ \gamma\ \ \beta\ \ \alpha}{\underset{6\ \ 5\ \ 4\ \ 3\ \ 2\ \ 1}{CH_3CH_2CHCH_2CH_2CHO}}}$$

4（γ）-乙基己醛

4（γ）-ethylhexanal

$$\underset{\underset{CH_3}{|}}{CH_3-\overset{\overset{\displaystyle O}{\|}}{\underset{2}{C}}-\overset{3\ \ 4\ \ 5}{CHCH_2CH_3}}$$
　　1　　　3　4　5

3-甲基-2-戊酮

3-methyl-2-pentanone

$$\underset{\underset{CH_3}{|}}{\overset{6\ \ \ 5\ \ \ 4\ \ \ 3\ \ \ 2\ \ 1}{CH_3CH=CH-CH-\overset{\overset{\displaystyle O}{\|}}{C}-CH_3}}$$

3-甲基-4-己烯-2-酮

3-methyl-4-hexene-2-one

$$\overset{\beta\ \ \ \alpha}{\underset{3\ \ 2\ \ 1}{CH_3CHCHO}}$$

2-苯丙醛

2（α）-phenylpropanal

$$H_3CO-\phenyl-\overset{\overset{\displaystyle O}{\|}}{C}-CH_3$$

对甲氧基苯乙酮

4-methoxyphenylethanone

$$\overset{\beta\ \ \ \alpha}{\underset{3\ \ 2\ \ 1}{CH=CHCHO}}$$

3-苯丙烯醛（肉桂醛）

3-cinnamyl aldehyde

多元醛和酮命名时，选择含羰基最多的碳链作主链，使羰基编号最小，注明羰基的序号和数目；醛基作取代基时，可用"甲酰基"或"氧代"表示；羰基作取代基时，用"氧代"表示。脂环酮命名，从羰基碳原子开始编号，在名称前加"环"字。二元醛、酮的英文名称是在相应烃英文名称后加"dial"或"dione"后缀。

2,4-戊二酮（乙酰丙酮）　　　　1,3-环己二酮　　　　　　3-氧代丁醛

2,4-pentanedione　　　　1,3-cyclohexanedione　　　　3-oxobutanal

茚三酮　　　　　　　　　2-苯基丙二醛

ninhydrin　　　　　　　2-phenylpropanedial

第三节　醛、酮的物理性质

羰基属于极性不饱和基团，醛、酮化合物属于极性化合物，分子间的作用力主要表现为偶极-偶极作用力。醛、酮的沸点比相应分子量的烃、醚高，但比存在分子间氢键作用力的醇低。常温下，甲醛是气体，12个碳原子以下的醛、酮都是液体，高级的醛、酮是固体。醛、酮分子间不能形成氢键，但羰基氧原子可以与水形成氢键，所以低级醛、酮与水混溶，随着醛、酮分子中烃基增大，其水溶性迅速降低。常见醛、酮的物理性质见表9-1。

表 9-1　常见醛和酮的物理性质

化合物	英文名	结构式	熔点（℃）	沸点（℃）	溶解度（g/100ml H_2O）
甲醛	formaldehyde	HCHO	-92	-21	易溶
乙醛	acetaldehyde	CH_3CHO	-121	21	16
丙醛	propylaldehyde	CH_3CH_2CHO	-81	49	7
丁醛	n-butylaldehyde	$CH_3(CH_2)_2CHO$	-99	76	微溶
戊醛	n-pentylaldehyde	$CH_3(CH_2)_3CHO$	-92	103	微溶
苯甲醛	benzaldehyde	⟨benzene⟩—CHO	-26	178	0.3
丙酮	acetone	$H_3C\overset{O}{\overset{\|}{C}}CH_3$	-95	56	∞
丁酮	ethyl methyl ketone	$H_3C\overset{O}{\overset{\|}{C}}CH_2CH_3$	-86	80	26
2-戊酮	methyl propyl ketone	$H_3C\overset{O}{\overset{\|}{C}}(CH_2)_2CH_3$	-78	102	6.3

续表

化合物	英文名	结构式	熔点（℃）	沸点（℃）	溶解度（g/100ml H₂O）
3-戊酮	diethyl ketone	$H_3CH_2C-\overset{\displaystyle O}{\overset{\|}{C}}-CH_2CH_3$	−40	102	5
环己酮	cyclohexanone	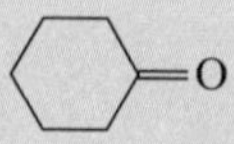	−45	155	2.4
苯乙酮	methyl phenylketone	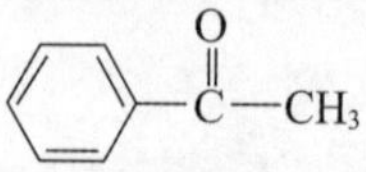	21	202	不溶
苯丙酮	ethyl phenyl ketone	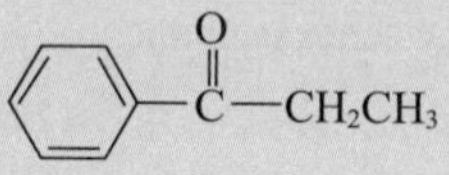	21	218	不溶
二苯酮	diphenyl ketone	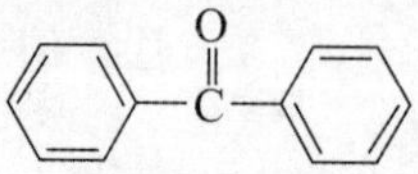	48	306	不溶

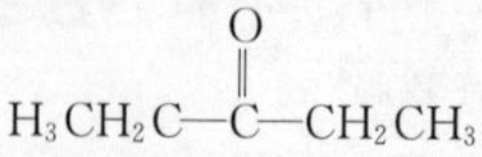

> 问题 9-1 丁醇和丁醛的分子量相似，哪个化合物的沸点高？请解释原因。

第四节 醛、酮的化学性质

由于氧原子的电负性比碳原子大，碳氧双键的碳原子带部分正电荷，氧原子带部分负电荷，醛、酮的官能团羰基（C=O）属于极性不饱和基团，易受亲核试剂的进攻而发生亲核加成反应（nucleophilic addition reaction）；而烯烃的碳碳双键（C=C）没有或极性很小，其双键 π 电子流动性大，易受亲电试剂的进攻而发生亲电加成反应。同时，羰基的吸电子诱导效应使得其 α-H 有一定的弱酸性。亲核加成反应和 α-H 的反应是醛和酮的两类主要反应。此外，醛和酮还能发生氧化、还原反应。

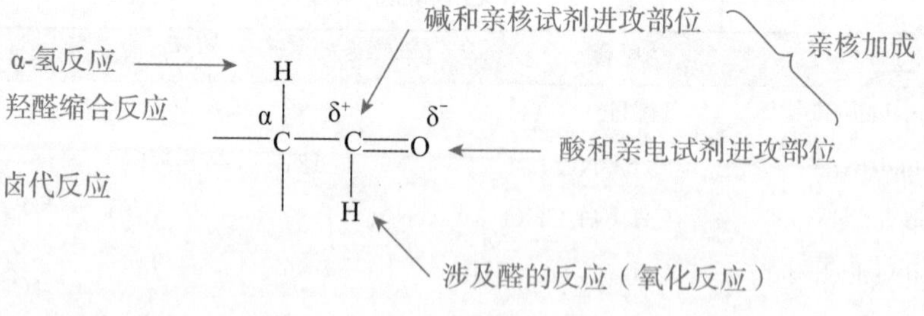

一、醛、酮的亲核加成反应

醛和酮分子中的羰基是极性不饱和双键，π 键比较活泼，容易断裂，可以与氢氰酸、醇、亚硫酸氢钠、格氏试剂以及氨的衍生物等发生加成反应。在碱性或酸性条件下，都可以发生亲核加成反应。

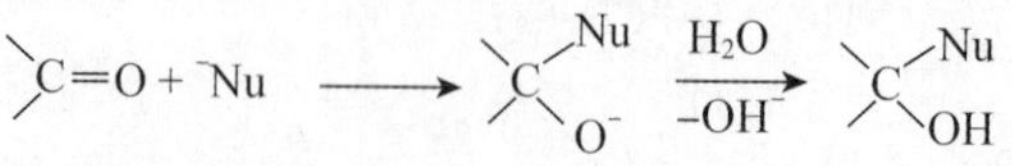

以碱性条件下的亲核加成反应为例，反应机理如下：首先，亲核试剂进攻羰基碳原子，和碳原子形成 σ 键，此步是限速步骤。然后，生成的氧负离子快速地夺取一个质子生成终产物。

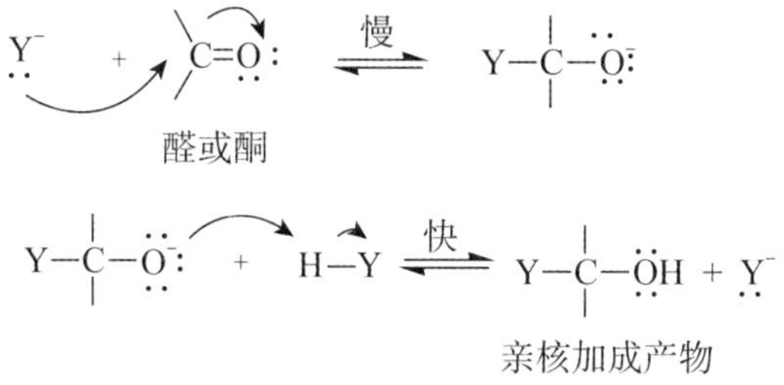

醛或酮

亲核加成产物

（一）与 HCN 的加成

1. 氢氰酸与醛、酮加成，生成 α-羟基腈（α-氰醇）。

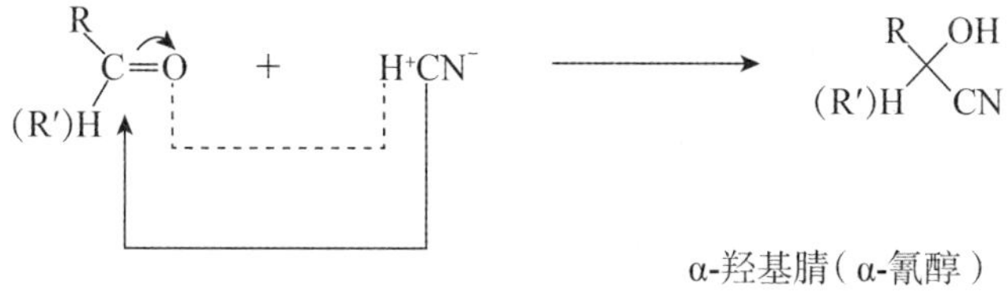

α-羟基腈（α-氰醇）

醛、酮和 HCN 反应后的产物 α-氰醇不仅比原料多了一个 C 原子，而且引入了两个新的官能团——醇羟基和氰基，它们又可以用来引入其他官能团。羟基可用来生成烯烃、醚或卤化物，氰基可被还原为胺或水解成羧基。如：

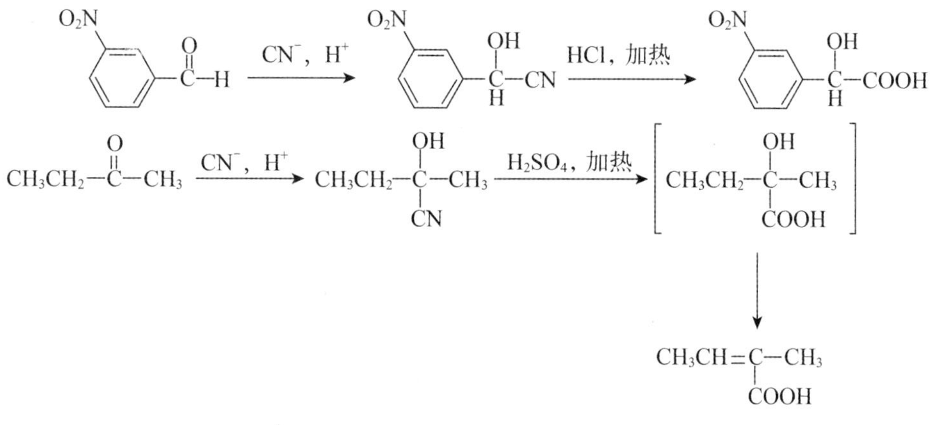

该反应的适用范围：所有醛、脂肪甲基酮、八碳以下环酮。

2. 亲核加成反应机理　以丙酮与 HCN 的反应为例，在中性条件下（无碱存在时）3～4小时只有一半原料起反应；加一滴 KOH 到反应体系中，两分钟内反应即完成；加大量酸到反应体系中，放置几个星期也不反应。这是因为 HCN 是很弱的酸，中性条件下氰酸根的浓度很小，故反应速度慢。加入碱则中和了 H^+，CN^- 的浓度增大，故反应速度加快（但碱性不能太强，因为最后需要 H^+ 才能完成反应）。加入 H^+ 后抑制了 HCN 的电离，CN^- 的浓度大大减小，故反应很难进行。这些实验事实说明羰基与 CN^- 的反应确实是亲核加成反应。具体反应机理如下：

$$HCN \underset{快}{\rightleftharpoons} H^+ + CN^-$$

$$\begin{matrix} R \\ R' \end{matrix} C=O + CN^- \underset{慢}{\rightleftharpoons} \begin{matrix} R \\ R' \end{matrix} C \begin{matrix} O^- \\ CN \end{matrix}$$

$$\begin{matrix} R \\ R' \end{matrix} C \begin{matrix} O^- \\ CN \end{matrix} + H-CN \underset{快}{\rightleftharpoons} \begin{matrix} R \\ R' \end{matrix} C \begin{matrix} OH \\ CN \end{matrix} + CN^-$$

由于氢氰酸挥发性大（沸点 26.5℃），有剧毒，使用不方便，因此通常将醛、酮与 NaCN（或 KCN）水溶液混合，再慢慢向混合液中滴加无机酸，以便氢氰酸一生成就立即与醛（或酮）作用。如：

$$H_3C-\overset{\overset{\displaystyle O}{\|}}{C}-CH_3 + NaCN \xrightarrow[10\sim20℃]{H_2SO_4} \begin{matrix} H_3C & OH \\ & C \\ H_3C & CN \end{matrix}$$
$$78\%$$

3. 影响亲核加成反应活性的因素

（1）电子效应（electronic effect）：羰基碳原子连有吸电子基团将使羰基碳原子的正电性提高，有利于亲核试剂的进攻；反之，连有给电子基团时，将使羰基碳原子的正电性下降，不利于亲核试剂的进攻。当羰基与碳碳双键或芳环直接相连时，羰基碳原子上的部分正电荷离域到双键或芳环上，降低了羰基碳的正电性，所以芳醛或酮比脂肪醛或酮活性低。

$$\begin{matrix} \overset{\displaystyle O}{\|} \\ H \quad H \end{matrix} > \begin{matrix} \overset{\displaystyle O}{\|} \\ R \quad H \end{matrix} > \begin{matrix} \overset{\displaystyle O}{\|} \\ R \quad R' \end{matrix}$$

甲醛   醛   酮
formaldehyde   aldehyde   ketone

$\longleftarrow$ 亲核反应活性增强

（2）空间效应（steric effect）：羰基碳原子连有基团的体积越大，空间位阻也越大，不利于亲核试剂的进攻。所以酮反应活性比醛低，一般酮比甲基酮低，环酮比同碳数烷基酮活性低。

$$\begin{matrix} \overset{\displaystyle O}{\|} \\ H_3C \quad CH_3 \end{matrix} > \begin{matrix} \overset{\displaystyle O}{\|} \quad CH_3 \\ H_3C \quad CH \\ \qquad CH_3 \end{matrix} > \begin{matrix} \overset{\displaystyle O}{\|} \quad CH_3 \\ H_3C H_2C \quad CH \\ \qquad CH_3 \end{matrix}$$

$\longleftarrow$ 亲核反应活性增强

综合醛、酮的电子效应和空间效应，醛和酮的亲核反应活性：醛大于酮，脂肪醛大于芳香醛。

（二）与醇或水的加成

1. 与醇加成 醛在干燥的氯化氢气体或无水强酸催化剂存在下，能与一分子醇发生加成生成半缩醛（hemiacetal）。半缩醛在酸性或碱性溶液中都不稳定，一般很难分离出来，它可与另一分子醇继续缩合，生成缩醛（acetal）。

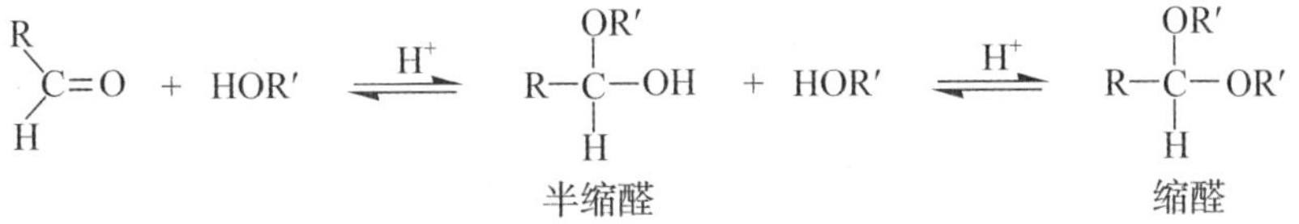

$$R\text{—}C(H)=O + HOR' \underset{}{\overset{H^+}{\rightleftharpoons}} R\text{—}\underset{H}{\overset{OR'}{C}}\text{—OH} + HOR' \underset{}{\overset{H^+}{\rightleftharpoons}} R\text{—}\underset{H}{\overset{OR'}{C}}\text{—OR'}$$

半缩醛 缩醛

反应机理如下：

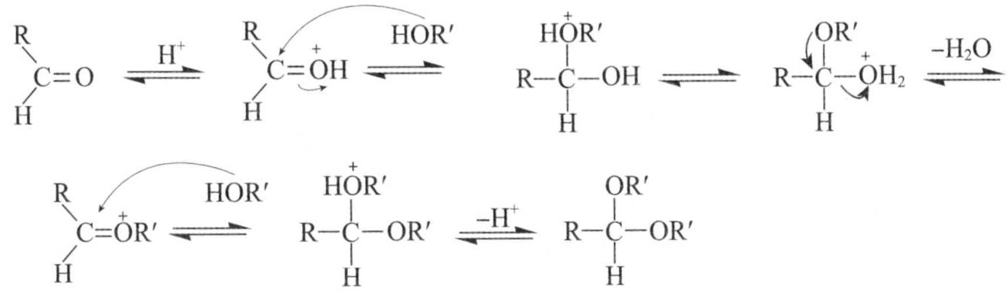

（1）

在酸性条件下，羰基质子化，质子化的羰基增加了羰基碳原子的正电性，使羰基更容易受亲核试剂的进攻。半缩醛在酸催化下失去一分子水，形成中间体（1），然后再与另一分子醇发生亲核加成反应生成缩醛。为了使平衡向生成缩醛的方向移动，必须使用过量的醇或从反应体系中把水蒸出。

如果一个分子中同时含有羟基和醛基，只要二者位置适当，可生成环状半缩醛：

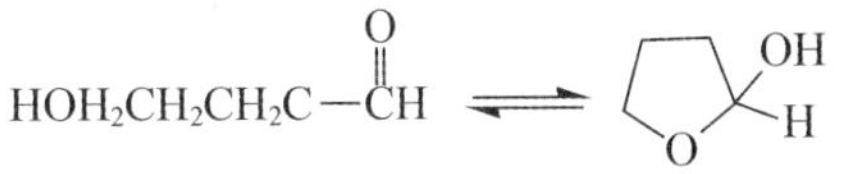

$$HOH_2CH_2CH_2C\text{—CH}(=O) \rightleftharpoons$$

1,2-或1,3-二醇和醛、酮反应可生成环缩醛、酮：

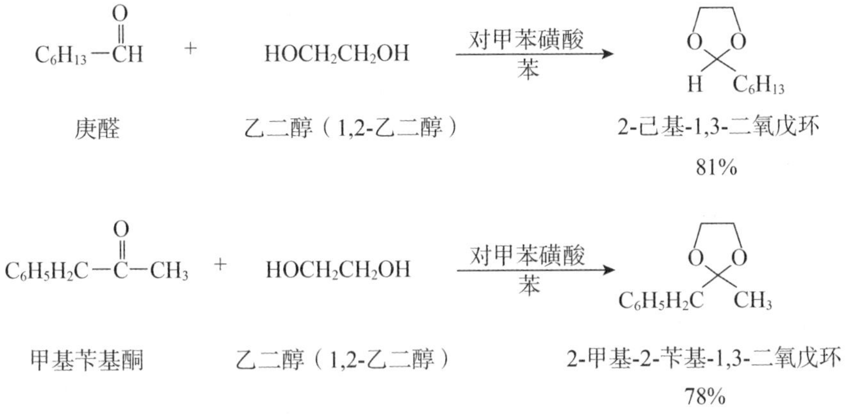

$$C_6H_{13}\text{—CH}(=O) + HOCH_2CH_2OH \xrightarrow[\text{苯}]{\text{对甲苯磺酸}}$$

庚醛 乙二醇（1,2-乙二醇） 2-己基-1,3-二氧戊环
81%

$$C_6H_5CH_2\text{—C}(=O)\text{—CH}_3 + HOCH_2CH_2OH \xrightarrow[\text{苯}]{\text{对甲苯磺酸}}$$

甲基苄基酮 乙二醇（1,2-乙二醇） 2-甲基-2-苄基-1,3-二氧戊环
78%

缩醛化学性质与醚相似，对碱、氧化剂、还原剂都非常稳定，但在稀酸中易水解成原来的醛。利用这一性质在有机合成中常用来保护醛基或酮基。

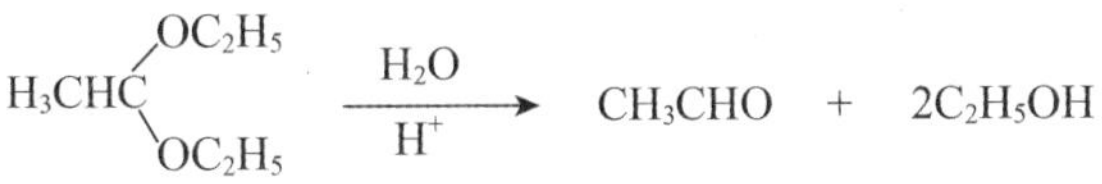

$$H_3CCH(OC_2H_5)(OC_2H_5) \xrightarrow[H^+]{H_2O} CH_3CHO + 2C_2H_5OH$$

酮也能与醇生成半缩酮或缩酮，但反应比较困难。常用原甲酸酯在酸催化下与酮反应制备缩酮。

$$H_3C\text{—}C{=}O \text{(CH}_3) + HC(OC_2H_5)_3 \xrightarrow{H^+} \begin{array}{c} H_3C \quad OC_2H_5 \\ C \\ H_3C \quad OC_2H_5 \end{array} + \begin{array}{c} O \\ \| \\ HCOC_2H_5 \end{array}$$

问题 9-2 下列哪些化合物属于半缩醛？

(a) ![OH...OH 结构]   (b) ![环状OH结构]   (c) H₃C—C(OH)(CH₃)—OCH₃   (d) ![二乙氧基结构]

2. 与水加成　水也可与羰基化合物加成生成二羟基化合物，在这些化合物中两个羟基连在同一碳原子上，称为偕二醇。但由于水是相当弱的亲核试剂，在大多数情况下该可逆反应的平衡远远偏向左边。然而甲醛、乙醛和 α-多卤代醛、酮的偕二醇在水溶液中是稳定的。

$$\begin{array}{c} H \\ C{=}O \\ H \end{array} + H_2O \rightleftharpoons \begin{array}{c} H \quad OH \\ C \\ H \quad OH \end{array}$$

（三）与格氏试剂的加成

除 HCN 外，其他的含碳亲核试剂，如格氏试剂（RMgX）、金属炔化物（RC≡CNa）和有机锂（RLi）等也能与绝大多数醛、酮进行加成。而格氏试剂与醛、酮加成、水解后生成醇是制备醇的重要手段之一。除甲醛生成 1°醇外，其他的醛都生成 2°醇，酮生成 3°醇。需要注意的是，羰基两侧的两个基团和空间位阻都不能太大。例如：

$$\begin{array}{c} R' \\ C{=}O \\ (R'')H \end{array} + R^-Mg^+X \longrightarrow \begin{array}{c} R' \quad R \\ C \\ (R'')H \quad OMgX \end{array} \xrightarrow{H_3O^+} \begin{array}{c} R' \quad R \\ C \\ (R'')H \quad OH \end{array}$$

环己酮 + CH₃CH₂MgBr $\xrightarrow[\text{2. H}_3\text{O}^+]{\text{1. Et}_2\text{O}}$ 1-乙基环己醇（HO, CH₂CH₃）

环己酮　　　　　　　　　　　　　　　　　1-乙基环己醇

74%

（四）与氨衍生物的加成

含氮亲核试剂如伯胺和仲胺（见第十二章）、肼、羟胺等均可与醛、酮的羰基发生亲核加成反应，但加成产物一般不稳定，常常伴随消除反应生成更稳定的亚胺类化合物。如醛、酮与伯胺反应后可继续发生消除反应，失去一分子水，变为含碳氮双键的产物——亚胺（imines），又称席夫碱（Schiff's base）。

$$\begin{array}{c} O \\ \| \\ R\text{—}C\text{—}R' \end{array} + R''\ddot{N}H_2 \xrightarrow{\text{加成}} \begin{array}{c} OH \\ | \\ R\text{—}C\text{—}R' \\ | \\ :NHR'' \end{array} \xrightarrow{\text{消除}} \begin{array}{c} :NR'' \\ \| \\ R\text{—}C\text{—}R' \end{array} + H_2O$$

醛或酮　　　　　　1° 胺　　　　　　　　　　　　N-取代亚胺

反应历程如下：

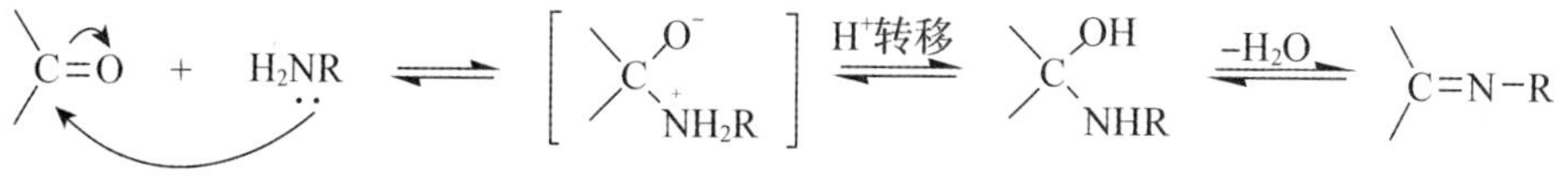

亚胺

由于氨及其衍生物亲核性较弱，为使反应顺利进行，通常需要酸催化反应。但酸性过强，作为亲核试剂的 NH_2R 会与酸成盐（NH_3^+R）而失去亲核性。通常反应体系的 pH 在 4～5 最为有利。

亚胺不稳定，在稀酸中水解可得到原来的羰基化合物及胺，因此也是保护羰基的一种方法。通常脂肪族亚胺更容易分解，芳香族亚胺则相对稳定。例如：

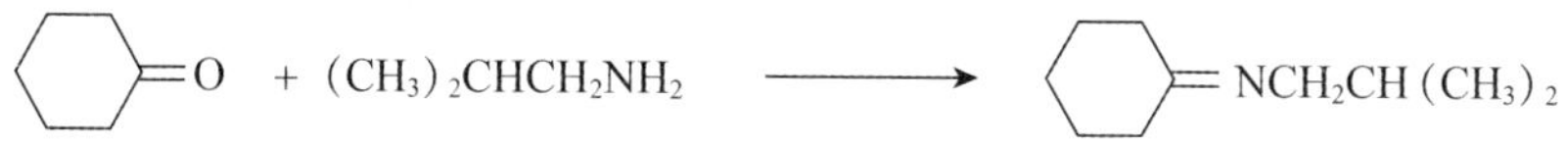

环已酮　　异丁胺　　*N*-异丁基环已亚胺（79%）

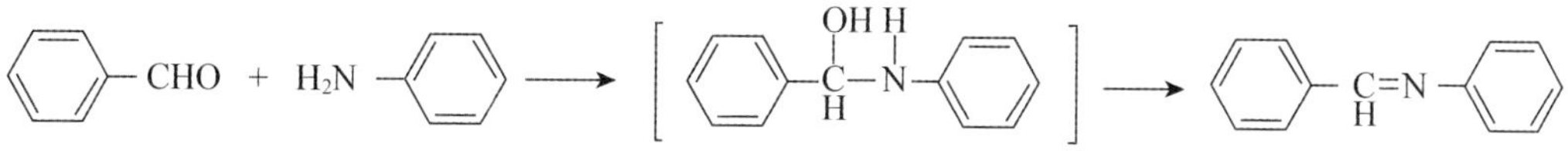

N-苯基苯甲亚胺

芳香取代亚胺多数有一定的熔点和晶型，容易鉴别。而 2,4-二硝基苯肼和醛、酮的缩合产物 2,4-二硝基苯腙多为黄色到红色固体，因此可用于鉴别羰基化合物，被称为羰基试剂。同时，*N*-取代亚胺经酸水解后可得到原料醛或酮，所以羰基试剂也用于醛、酮的分离和精制。常用的氨衍生物及其和醛、酮反应的产物名称和结构式如表 9-2 所示。

表 9-2　常见氨衍生物与醛和酮反应的产物

H_2N-G		产物	
伯胺（primary amine）	$H_2N—R''$	$>C=N—R''$	席夫碱（Schiff's base）
羟胺（hydroxylamine）	$H_2N—OH$	$>C=N—OH$	肟（oxime）
肼（hydrazine）	$H_2N—NH_2$	$>C=N—NH_2$	腙（hydrazone）
苯肼（phenylhydrazine）	$H_2N—NHC_6H_5$	$>C=N—NHC_6H_5$	苯腙（phenylhydrazone）
氨基脲（semicarbazide）	$H_2N—NHCONH_2$	$>C=N—NHCONH_2$	缩氨基脲（semicarbazone）

（五）与亚硫酸氢钠的加成

醛、酮与饱和亚硫酸氢钠溶液（40%）作用，生成稳定的 α-羟基磺酸钠白色沉淀。由于硫原子的亲核性更强，反应不需要催化剂。

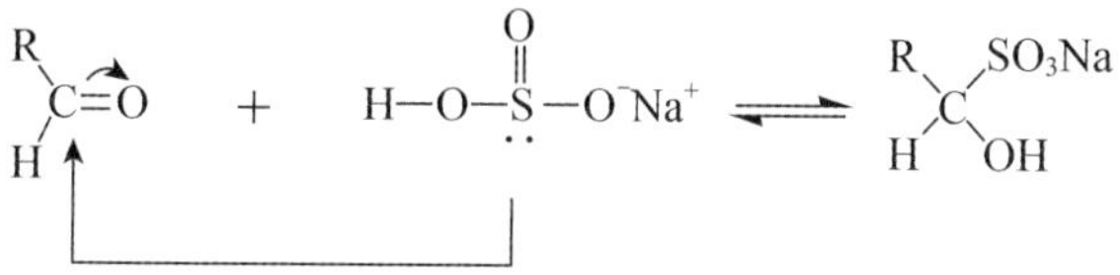

这也是一个可逆反应，产物 α-羟基磺酸钠为白色结晶，不溶于饱和的亚硫酸氢钠溶液中，与酸或碱共热，又可分解为原来的醛或酮。故可利用此反应分离提纯醛、酮。

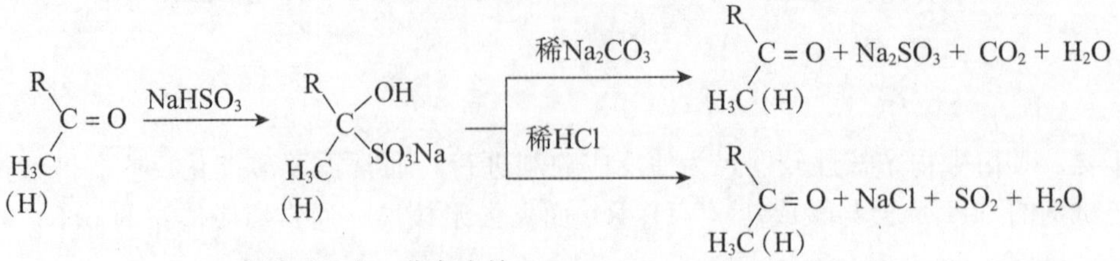

杂质不反应，分离去掉

醛、甲基酮、七元环以下的脂环酮都可与亚硫酸氢钠反应，而空间位阻大的其他酮则不反应。

二、α-氢的反应

(一) α-H 的酸性

在醛、酮、羧酸及其衍生物中，受羰基吸电子诱导效应的影响，α-碳上的氢原子表现出一定的酸性，α-碳原子上的氢原子可以质子的形式离去生成碳负离子，碳负离子再经过共振成为烯醇负离子后得到一个质子形成烯醇式。这种酮式（keto form）和烯醇式（enol form）之间的互变称为烯醇互变异构。理论上，具有 α-氢的羰基化合物都存在酮式和烯醇式两种互变异构体，烯醇化程度与分子结构有关，α-氢酸性越大，亚甲基越活泼，烯醇化程度越高。例如，丙酮在液态时含有 $1.5 \times 10^{-4}\%$ 的烯醇（$pK_a = 20$），而乙酰丙酮则由于其烯醇式可形成分子内氢键以及共轭效应，在己烷中的烯醇含量高达 92%，酸性较丙酮大得多（$pK_a = 9$），与苯酚（$pK_a = 9.98$）相近。

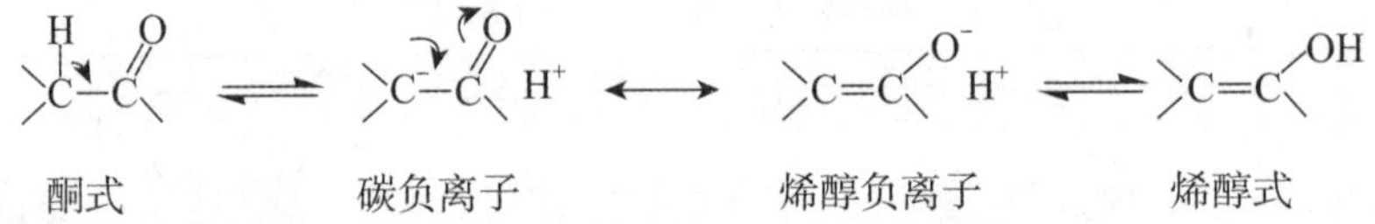

酮式   碳负离子   烯醇负离子   烯醇式

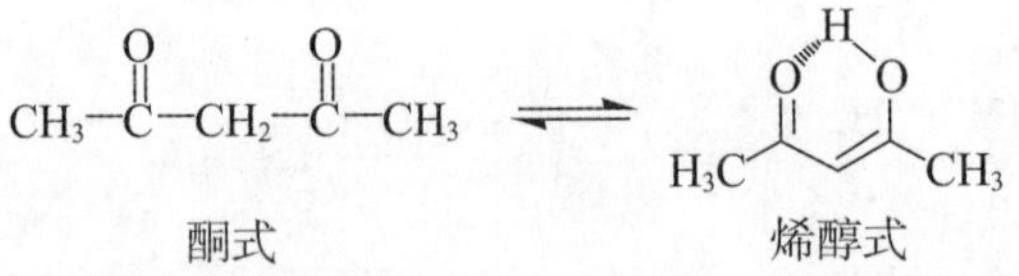

酮式   烯醇式

乙酰丙酮的酮式-烯醇式互变异构

问题 9-3 乙酰丙酮可发生下列哪些反应？说明了什么问题？
(1) 和羟胺反应生成肟   (2) 与苯肼反应生成腙
(3) 与 HCN 加成   (4) 与 $FeCl_3$ 反应
(5) 使溴水褪色

(二) 醛、酮的 α-卤代反应

α-位含有活泼氢的醛和酮在酸或碱催化下可与卤素作用，发生 α-氢的卤代反应（halogenation）。在酸催化下，主要产生单卤代醛或酮。

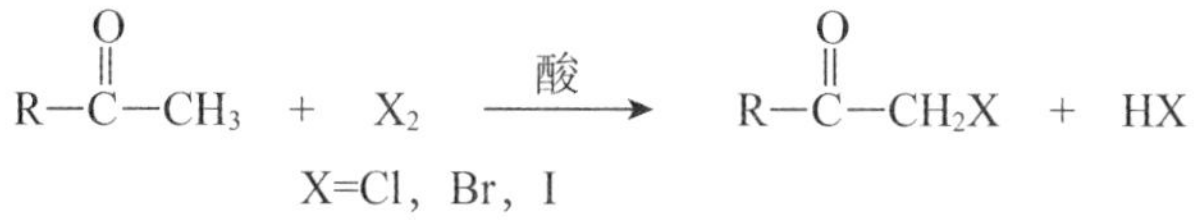

$$R-\overset{\overset{\displaystyle O}{\|}}{C}-CH_3 + X_2 \xrightarrow{\text{酸}} R-\overset{\overset{\displaystyle O}{\|}}{C}-CH_2X + HX$$

$$X=Cl,\ Br,\ I$$

在碱催化下，可生成 α-C 上的氢原子完全被卤代的产物。当 α-碳含有 3 个活泼氢原子的醛或酮（如乙醛、甲基酮等）与卤素的氢氧化钠溶液（如次卤酸钠的碱溶液）反应时，先生成 α-三卤代物，然后在碱性溶液中分解生成三卤甲烷（俗称卤仿）和羧酸盐。甲基酮类化合物、乙醛以及乙醇和异丙醇等能被次卤酸钠氧化成甲基酮、乙醛的醇类化合物，都能发生类似反应，这个反应又称卤仿反应（haloform reaction）。

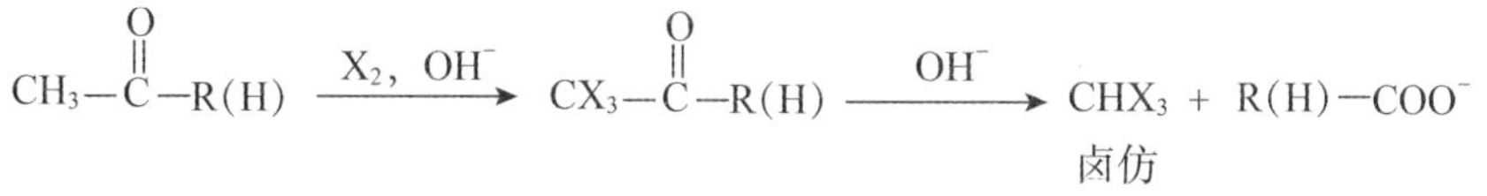

$$CH_3-\overset{\overset{\displaystyle O}{\|}}{C}-R(H) \xrightarrow{X_2,\ OH^-} CX_3-\overset{\overset{\displaystyle O}{\|}}{C}-R(H) \xrightarrow{OH^-} CHX_3 + R(H)-COO^-$$
$$\text{卤仿}$$

如果用碘和氢氧化钠为试剂，则生成碘仿（CHI_3），由于碘仿是不溶于 NaOH 溶液的黄色沉淀物，现象很明显，特称碘仿反应。碘仿反应可以灵敏地鉴定甲基酮类、乙醛、乙醇、异丙醇类化合物。

（三）羟醛缩合反应

在稀碱作用下，含 α-氢的醛的 α-碳可以加成到另一醛分子的羰基上，形成 β-羟基醛，产物兼有羟基和醛基两个官能团，因此此类反应称为羟醛缩合（aldol condensation）反应。反应生成的羟醛中如果还有一个 α-氢，可与 β-碳原子上的羟基失去一分子水形成不饱和醛。

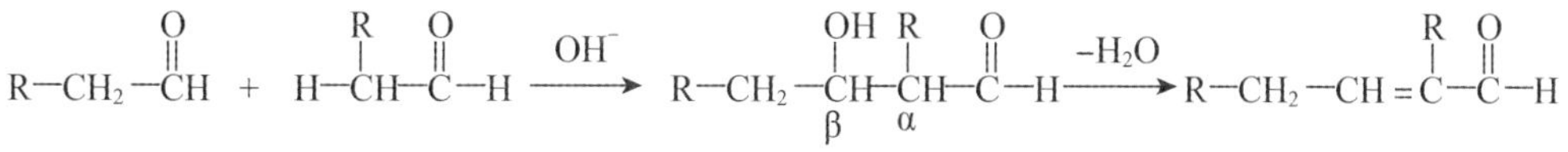

$$\beta\text{-羟基醛}$$

反应机理如下：

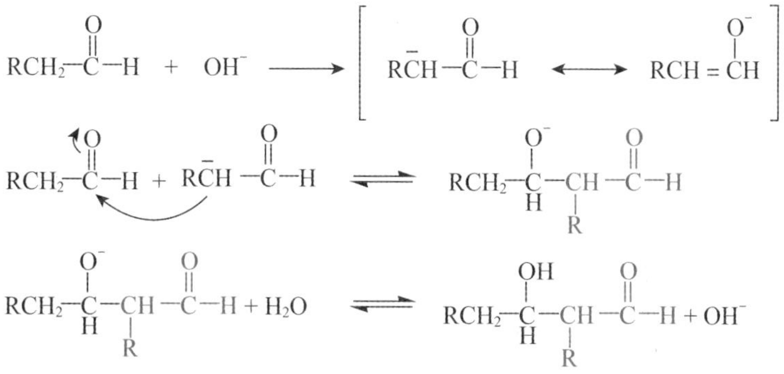

首先，一分子醛被碱夺取 α-活泼氢成为碳负离子，然后与另一分子的醛发生亲核加成。羟醛缩合反应为可逆反应，但平衡有利于形成羟醛。而且在许多情况下，脱水步骤紧接着羟醛缩合步骤自发进行，往往只能分离得到 α,β-不饱和醛。羟醛缩合的结果是延长了碳链，是形成碳碳键、构建碳架的重要方法之一，其产物 α,β-不饱和醛可进一步转化为许多有用的化合物，在有机合成中具有重要意义。

均有两种 α-氢的不同的醛或酮分子之间缩合，生成四种缩合产物，不具有合成意义。但在适当条件下两种不同的醛或酮也可以互相缩合。如不含 α-氢的醛与含有 α-氢的醛可发生交叉羟醛缩合反应：

$$\text{H}_2\text{C}=\text{O} + \text{H}-\text{CH}_2-\text{CHO} \xrightarrow{\text{OH}^-} \underset{\text{OH}}{\text{CH}_2-\text{CH}_2-\text{CHO}} \longrightarrow \text{CH}_2=\text{CH}-\text{CHO}$$
丙烯醛

$$\text{C}_6\text{H}_5\text{CHO} + \text{H}-\text{CH}_2-\text{CHO} \xrightarrow{\text{OH}^-} \underset{\text{OH}}{\text{C}_6\text{H}_5-\text{CH}-\text{CH}_2-\text{CHO}} \longrightarrow \text{C}_6\text{H}_5-\text{CH}=\text{CH}-\text{CHO}$$
肉桂醛

> **问题 9-4** 羟醛缩合反应是可逆的，羟醛缩合产物有时可分解生成醛或酮。请写出下列化合物的水解产物。
>

三、醛、酮的氧化还原反应

（一）还原反应

醛、酮的羰基可发生多种还原反应，不同条件下可还原为醇或烃。

1. 金属氢化物还原　醛、酮可被 $LiAlH_4$、$NaBH_4$ 等金属氢化物还原为醇，例如：

$$\text{H}_3\text{CO}-\text{C}_6\text{H}_4-\text{CHO} \xrightarrow[\text{CH}_3\text{OH}]{\text{NaBH}_4} \text{H}_3\text{CO}-\text{C}_6\text{H}_4-\text{CH}_2\text{OH}$$

对甲氧基苯甲醛　　　　　　　　对甲氧基苄醇（96%）

$$\text{CH}_3\text{CH}=\text{CHCH}_2\text{CH}_2\text{CHO} \xrightarrow[\text{(2) H}_3\text{O}^+]{\text{(1) LiAlH}_4/\text{乙醚}} \text{CH}_3\text{CH}=\text{CHCH}_2\text{CH}_2\text{CH}_2\text{OH}$$

这种还原反应的本质是氢负离子（并非真正的离子，只是带负电的氢）为亲核试剂的羰基亲核加成反应。$LiAlH_4$ 的还原能力比 $NaBH_4$ 强，还原醛、酮羰基的同时，化合物中的腈基（CN）和硝基（NO_2）也会被还原，而这些基团不会被 $NaBH_4$ 还原。$NaBH_4$ 可以在水或醇溶液中使用，而 $LiAlH_4$ 遇水或醇分解，必须在无水溶剂中进行第一步加成反应，然后进行第二步水解。此外，$NaBH_4$ 和 $LiAlH_4$ 都不能将分子中的碳碳双键和三键还原。

2. 催化氢化　醛、酮可在铂、镍等催化剂存在下加氢还原，生成相应的一级或二级醇，而且分子中的碳碳双键和三键、氰基（CN）和硝基（NO_2）等基团都能被还原。例如：

$$\text{R}-\overset{\text{O}}{\underset{}{\text{C}}}-\text{H} \xrightarrow{\text{H}_2/\text{Pt}} \text{RCH}_2\text{OH}$$

$$\text{R}-\overset{\text{O}}{\underset{}{\text{C}}}-\text{R}' \xrightarrow{\text{H}_2/\text{Pt}} \text{R}-\overset{\text{OH}}{\underset{\text{H}}{\text{C}}}-\text{R}'$$

3. 克莱门森还原　醛、酮与锌汞齐和浓盐酸一起回流反应，其羰基可被还原为亚甲基，该反应被称为克莱门森（Clemmensen）还原，其机理尚不完全清楚。例如：

$$\text{C}_6\text{H}_5-\overset{\text{O}}{\underset{}{\text{C}}}-\text{CH}_2\text{CH}_2\text{CH}_3 \xrightarrow[\text{HCl}]{\text{Zn-Hg}} \text{C}_6\text{H}_5\text{CH}_2\text{CH}_2\text{CH}_2\text{CH}_3$$
88%

问题 9-5　下面的醇能从醛或酮还原得到吗？为什么？

（二）氧化反应

醛类羰基上连有氢，易被氧化成羧酸，最常用的氧化剂为铬酸和高锰酸钾，例如：

$$C_6H_5CH_2CHO \xrightarrow{CrO_3,\ H^+} C_6H_5CH_2CO_2H$$

酮的羰基上没有氢，很难被弱氧化剂氧化。实验室中常用一些弱氧化剂来鉴别醛和酮。最常用的有 Fehling 试剂、Benedict 试剂和 Tollens 试剂（表 9-3）。

$$R-CHO + 2[Ag(NH_3)_2]OH \xrightarrow{\ \triangle\ } R-COONH_4 + 2Ag\downarrow + 3NH_3 + H_2O$$

$$R-CHO + Cu^{2+} \xrightarrow{\ \triangle\ } R-COONH_4 + Cu_2O\downarrow$$

上述几种弱氧化剂只氧化醛基，对羟基、双键等都没有作用。另外，芳香醛能与 Tollens 试剂反应，不与 Fehling 及 Benedict 试剂反应。

表 9-3　常见弱氧化剂的组成及与醛、酮的反应

试剂	组成	与化合物是否反应			正反应现象
		脂肪醛	芳香醛	酮	
Fehling 试剂	硫酸铜与酒石酸钾钠的碱性溶液	反应	不反应	不反应	砖红色氧化亚铜沉淀
Benedict 试剂	硫酸铜与柠檬酸钠的碱性溶液	反应	不反应	不反应	砖红色氧化亚铜沉淀
Tollens 试剂	硝酸银的氨溶液	反应	反应	不反应	金属银沉积在试管壁，银镜反应

知识扩展

甲　醛

甲醛（formaldehyde）是一种无色、有强烈刺激气味的气体，易溶于水、醇和醚。甲醛是一种重要的工业原料，广泛用于树脂、表面活性剂、塑料、皮革、橡胶、造纸、染料、纺织、建筑材料、制药等。40％的甲醛（含8％甲醇）水溶液俗称福尔马林，具有防腐杀菌性能，可用来保存生物标本、种子以及临床手术器械和污染物的消毒。福尔马林防腐杀菌的性能是由于甲醛与蛋白质分子上的氨基结合，使蛋白质变性。

甲醛对眼睛、呼吸道及皮肤有强烈刺激性，接触甲醛气体可引起结膜炎、角膜炎、鼻炎、支气管炎等。空气中甲醛含量为 $12\sim24mg\cdot m^{-3}$ 时，对鼻、咽黏膜严重灼伤，导致流泪、咳嗽；$60\sim120mg\cdot m^{-3}$ 时，发生支气管炎、肺部严重损伤。长期接触低浓度甲醛，可引起慢性呼吸道疾病、女性月经紊乱、幼儿体质下降、染色体异常等。甲醛已被世界卫生组织定为致畸和致癌物质。当皮肤接触甲醛时，会引起灼伤，应用大量水冲洗，再用肥皂水或 3％ NH_4HCO_3 溶液洗涤。

甲醛是室内环境污染的主要物质。国家标准规定：居室空气甲醛的最高浓度不能高于 $0.08mg\cdot m^{-3}$。

小 结

　　醛酮化合物有共同的官能团——羰基，羰基属于极性不饱和键，因此，醛酮属于极性化合物。醛酮分子间的作用力主要表现为偶极-偶极作用力，化合物的熔点、沸点较相应分子量的烃、醚高，较存在分子间氢键的醇低。醛酮虽不能形成分子间氢键，但可与水形成分子间氢键，小分子的醛酮可溶于水。

　　醛酮属于极性不饱和化合物，主要发生亲核加成、氧化还原反应，另外，受羰基吸电子诱导效应的影响，醛酮的 α-H 具有弱酸性，可发生酮式-烯醇式互变异构、α-H 卤代、羟醛缩合等反应，具体反应见下表。

反应类型		反应式	适用范围/用途	
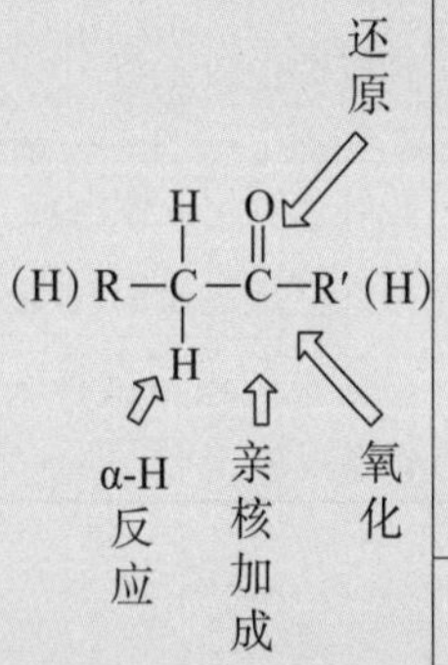 亲核加成	 还原 H O (H) R—C—C—R′(H) H α-H 反应 亲核 加成 氧化	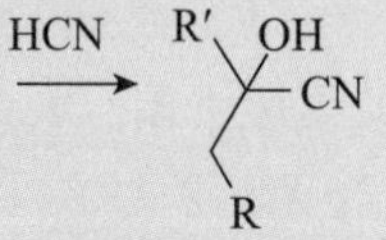 $\xrightarrow{\text{HCN}}$ R′ OH C CN R	适用于醛、脂肪甲基酮、八碳以下环酮，增加碳链，生成双官能团化合物	反应活性： 脂肪醛 ∨ 芳香醛 ∨ 酮
		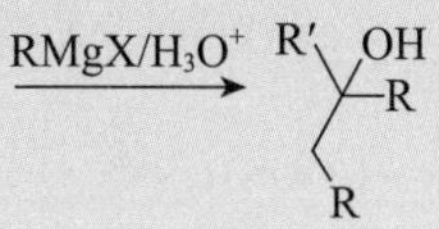 $\xrightarrow{\text{RMgX/H}_3\text{O}^+}$ R′ OH C R R	制备醇	
		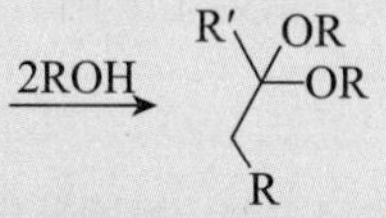 $\xrightarrow{\text{2ROH}}$ R′ OR C OR R	醛基/酮基保护基	
		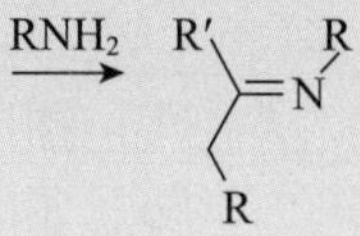 $\xrightarrow{\text{RNH}_2}$ R′ R C=N R	2,4-二硝基苯肼用于醛和酮的鉴定、分离和精制	
		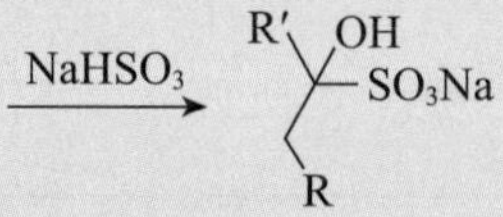 $\xrightarrow{\text{NaHSO}_3}$ R′ OH C SO$_3$Na R	用于分离提纯醛和酮	
α-H 反应		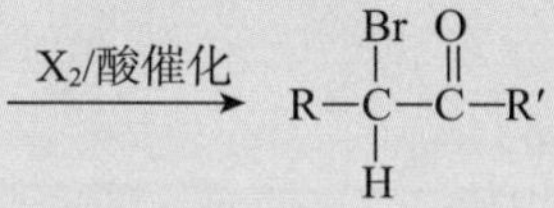 $\xrightarrow{\text{X}_2/\text{酸催化}}$ Br O R—C—C—R′ H		
		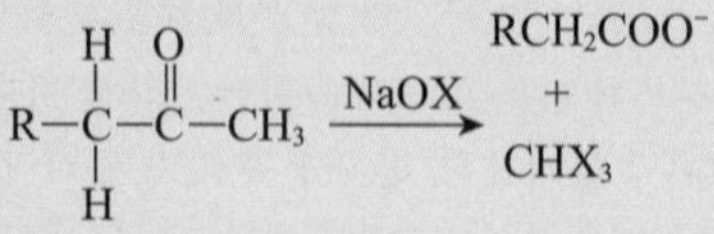 R—C—C—CH$_3$ $\xrightarrow{\text{NaOX}}$ RCH$_2$COO$^-$ + CHX$_3$	碘仿反应用于鉴别甲基酮、乙醛、异丙醇类化合物	
		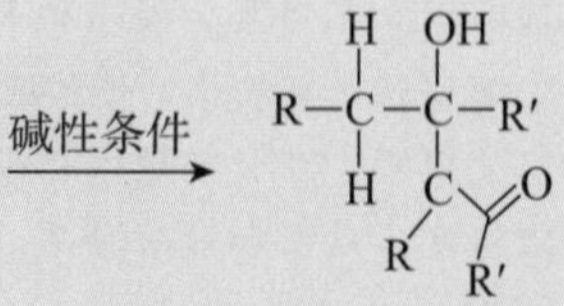 $\xrightarrow{\text{碱性条件}}$ H OH R—C—C—R′ H C=O R R′	延长碳链、构建碳骨架的重要方法之一	

续表

反应类型		反应式	适用范围/用途
还原		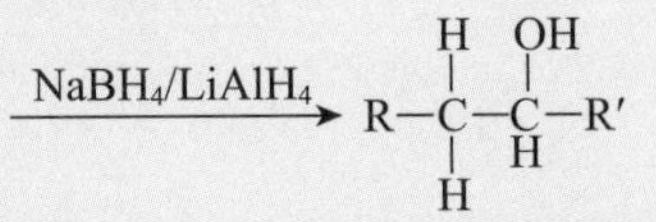 $\xrightarrow{\text{NaBH}_4/\text{LiAlH}_4}$ R—C—C—R' (H, OH, H, H)	NaBH$_4$ 仅还原醛和酮（可含水） LiAlH$_4$ 可还原醛和酮、CN、NO$_2$ （无水操作） 两者均不能还原碳碳双键、三键
		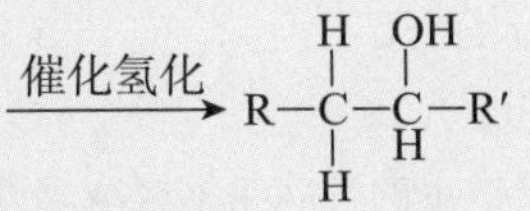 $\xrightarrow{\text{催化氢化}}$ R—C—C—R' (H, OH, H, H)	可还原碳碳双键、三键
		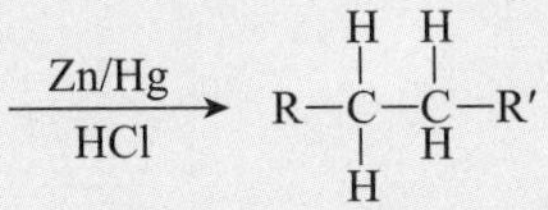 $\xrightarrow[\text{HCl}]{\text{Zn/Hg}}$ R—C—C—R' (H, H, H, H)	克莱门森还原
氧化		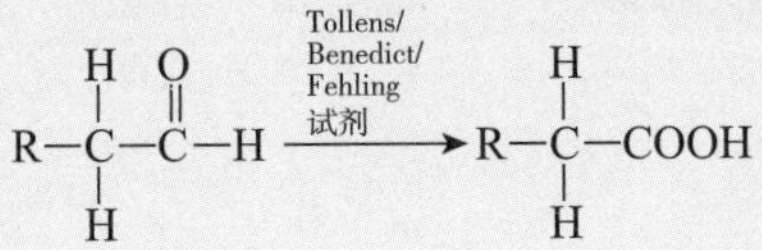 R—C—C—H (H, O) $\xrightarrow[\text{试剂}]{\text{Tollens/Benedict/Fehling}}$ R—C—COOH (H)	区别脂肪醛、芳香醛、酮

习 题

1. 命名下列化合物。

(1) $(CH_3)_3CCHO$

(2)

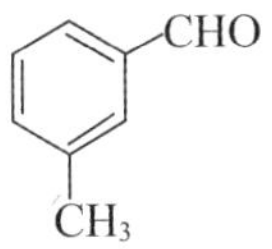

(3) 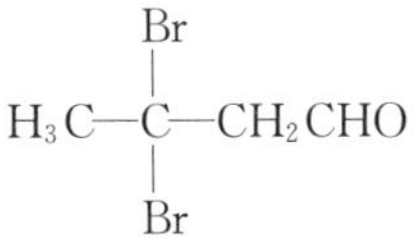 $H_3C-\overset{Br}{\underset{Br}{C}}-CH_2CHO$

(4) 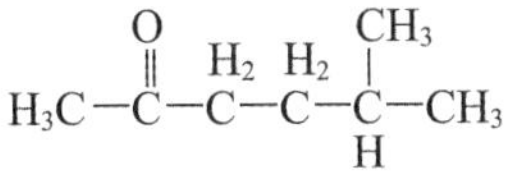 $H_3C-\overset{O}{C}-\overset{H_2}{C}-\overset{H_2}{C}-\overset{CH_3}{\underset{H}{C}}-CH_3$

(5) 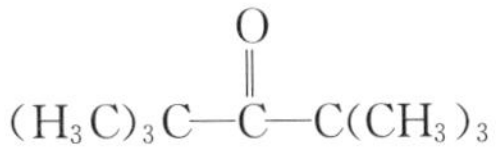 $(H_3C)_3C-\overset{O}{C}-C(CH_3)_3$

(6)

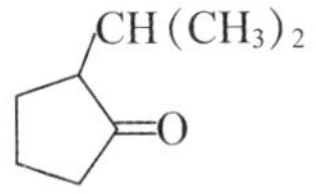

2. 写出下列化合物结构式。
   (1) 4,4-二甲基戊醛
   (2) 4-甲基-2-异丙基己醛
   (3) 2,4-二甲基-3-戊酮
   (4) 间硝基苯乙酮
   (5) 1,1,1-三氯-2-丁酮
   (6) 3-丁烯-2-酮

3. 写出下列试剂分别与丁醛和2-戊酮反应的产物。
   (1) HCN
   (2) 过量 C_2H_5OH，干燥 HCl 催化
   (3) CH_3CH_2MgCl，然后 H_3O^+
   (4) 2,4-二硝基苯肼
   (5) $NaBH_4$
   (6) 稀 NaOH 溶液

4. 写出下列化合物在碱性条件下的羟醛缩合产物。
   (1) 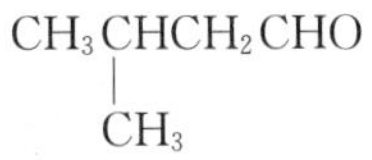 $CH_3\underset{CH_3}{\overset{}{CH}}CH_2CHO$
   (2) 环己酮

   (3) 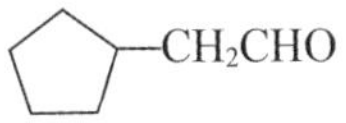 —CH$_2$CHO

5. 下列哪些化合物可以和 Tollens 试剂反应？请写出反应产物。

a. 环戊酮　　　　　　　　　　　　　　　　　　　b. 己醛

c. $H_3CH_2CH_2C-\overset{\displaystyle CHO}{\underset{\displaystyle H}{C}}-CH_2CH_2CH_3$　　　　　　d. C$_6$H$_5$—CHO

e. $H_3CH_2C-\overset{\displaystyle O}{\overset{\|}{C}}-CH_3$

6. 将下列化合物按亲核加成的活性顺序排序。

HCHO　　　　　　　　　　　C$_6$H$_5$COCH$_3$　　　　　　　　CH$_3$COCH$_3$

CH$_3$CHO　　　　　　　　　　C$_6$H$_5$CHO　　　　　　　　　　C$_6$H$_5$COC$_6$H$_5$

7. 分子中同时含有羟基和羰基的化合物通常以更稳定的环状半缩醛或缩醛的形式存在，试写出生成下列环状半缩醛或缩醛的化合物。

(1) 　　　　　　　(2)

8. 请用简便的化学方法鉴别下列各组化合物。

(1) 乙醛、戊醛、3-戊酮　　　　　　　　　(2) 2-戊酮、3-戊酮、2,4-二戊酮

(3) 乙醛、苯甲醛、苯乙酮

9. 完成下列反应。

(1) $C_6H_5-\overset{\displaystyle O}{\overset{\|}{C}}-CH_3 \quad \xrightarrow[\text{HCl}]{\text{NaCN}}$

(2) + HOCH$_2$CH$_2$CH$_2$OH $\xrightarrow[\text{C}_6\text{H}_6,\triangle]{\text{TsOH}}$

(3) $C_6H_5-\overset{\displaystyle O}{\overset{\|}{C}}-CH_3$ + $\xrightarrow[\text{C}_6\text{H}_6,\triangle]{\text{TsOH}}$

(4) CH$_3$CH$_2$CHO $\xrightarrow[\text{2. H}_3\text{O}^+]{\text{1.CH}_3(\text{CH}_2)_3\text{MgBr}}$ $\xrightarrow{\text{H}_2\text{CrO}_4}$

(5) CH$_3$CH$_2$CHO $\xrightarrow{\text{稀碱}}$

(6) $\xrightarrow{\text{Zn-Hg, HCl}}$

10. 紫罗兰酮是双官能团化合物，根据双键位置不同有三种异构体。紫罗兰酮存在于包括玫瑰精油的多种花精油中。如果将 α-紫罗兰酮分别与（1）H$_2$，Pd；（2）NaBH$_4$，接着 H$_3$O$^+$；（3）Br$_2$ 反应，各生成什么产物？

α-紫罗兰酮

11. 化合物 A 分子式为 C$_5$H$_{10}$O，可与 2,4-二硝基苯肼反应生成 2,4-二硝基苯腙，不与 Tollens 试剂反应，没有碘仿反应，可被还原成正戊烷。请推断其结构。

（王　欣）

第十章 羧酸和取代羧酸

羧酸（carboxylic acid）和取代羧酸（substituted carboxylic acid）有共同的官能团——羧基，取代羧酸除了羧基官能团外，在羧酸分子的烃链（芳环）上还连有（包含）其他的官能团。

羧酸和取代羧酸都是酸性化合物，常以游离状态或以盐的形式存在于自然界的各种植物中。羧酸和取代羧酸既是有机合成的重要原料，又是一类与医药卫生关系十分密切的有机化合物，临床使用的药物中很多为羧基或羧酸盐及其衍生物。

第一节 羧 酸

一、羧酸的结构

羧酸的通式为：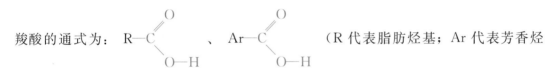（R 代表脂肪烃基；Ar 代表芳香烃基）。羧酸的官能团羧基（carboxyl group）（可写成—COOH、$-CO_2H$）可以看作是羰基和羟基两个官能团结合的产物，它兼有羰基和羟基的性质，又有些特殊性。下面以甲酸为例介绍羧基的结构特征（图 10 - 1）。

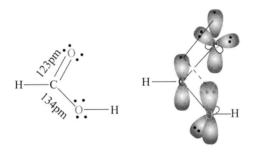

图 10 - 1 甲酸的结构及其轨道示意图

羧基中的碳原子、羰基氧和羟基氧原子都是 sp^2 杂化，羰基碳原子三个杂化轨道分别与两个氧原子、一个氢原子（其他羧酸是碳原子）形成三个 σ 键。碳原子未参与杂化的 p 轨道上的一个电子与羰基氧原子未杂化的 p 轨道上的一个电子形成一个 π 键；羰基氧原子上有两对孤对电子分别位于羰基氧原子的两个 sp^2 杂化轨道上；羟基氧原子未参与杂化的 p 轨道上的一对孤对电子与羰基的 π 键存在 p - π 共轭，使羰基碳原子的电子云密度升高。因此，羰基碳原子与亲核试剂反应的活性较醛、酮低；同时，羟基氧原子的电子云密度降低，使 O—H 键的极性较醇 O—H 键的极性升高，导致羧酸酸性较醇类化合物强。

甲酸失去一个 H^+ 形成甲酸根（$HCOO^-$），$HCOO^-$ 带有一个负电荷，负电荷平均分配在 $HCOO^-$ 的两个氧原子上，C—O 键的键长完全平均化，如图 10 - 2 所示：

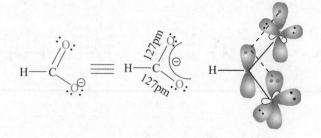

图 10-2　甲酸根的结构及其轨道示意图

二、羧酸的分类和命名

（一）羧酸的分类

根据与羧基连接的烃基种类不同，羧酸可以分为脂肪羧酸、脂环羧酸和芳香羧酸；根据烃基是否饱和，羧酸又可以分为饱和羧酸和不饱和羧酸；根据分子中羧基的数目，羧酸还可以分为一元羧酸、二元羧酸、多元羧酸。例如：

$$CH_3COOH \qquad H_2C=CHCOOH \qquad HOOCCH_2CH_2COOH$$

饱和脂肪一元羧酸　　不饱和脂肪一元羧酸　　饱和脂肪二元羧酸

芳香一元羧酸　　　　　　　饱和脂环一元羧酸

（二）羧酸的命名

羧酸化合物一般采用俗名和系统命名两种方法命名。

1. 羧酸的俗名　羧酸是自然界中发现较早的一类化合物，大多数羧酸根据其来源有一个俗名。例如：甲酸称为蚁酸，它最初是蒸馏蚂蚁时得到的。乙酸俗称醋酸，它是在粮食发酵过程中发现的，是食醋的主要成分；在室温低于 16℃ 时会结成冰状的固体，因此醋酸又称冰醋酸。乙二酸俗名草酸，是因为乙二酸常以盐的形式存在于绝大多数植物中。下面是几个常见羧酸的俗名及英文名称：

$$HCOOH \qquad\qquad CH_3COOH \qquad\qquad\qquad \text{（苯甲酸）—COOH}$$

蚁酸　　　　　　　　　　醋酸　　　　　　　　　　　安息香酸
formic acid　　　　　　　acetic acid　　　　　　　　benzoic acid

$$CH_3(CH_2)_{14}COOH \qquad\qquad \text{—CH=CHCOOH} \qquad CH_3(CH_2)_{16}COOH$$

棕榈酸　　　　　　　　　肉桂酸　　　　　　　　硬脂酸
palmitic acid　　　　　　cinnamic acid　　　　　stearic acid

2. 羧酸的系统命名　脂肪酸的系统命名与醛的命名规则相同，选择含有羧基的最长碳链作主链，按主链上碳原子的数目称为"某酸"；羧酸的编号从羧基碳原子开始，即羧基的编号为 1，依次将主链碳原子编号，羧酸也可用希腊字母进行编号，将与羧基直接相连的碳原子编号为 α，依次为 β、γ、δ 等。

羧酸的英文系统命名：一元羧酸将烃 ane（ene、yne）的最后一个字母 e 换成 oic，后面再加 acid；二元羧酸是在 ane（ene、yne）的后面加 dioic acid。

CH₃CHCH₂COOH
      |
     CH₃

3（β）-甲基丁酸
3（β）-methylbutanoic acid

CH₃CH₂CH₂CHCOOH
           |
          Br

2（α）-溴戊酸
2（α）-bromopentanoic acid

HOOCCH=CHCOOH

丁烯二酸
butenedioic acid

含有脂肪环的羧酸：若脂肪环不与羧基直接相连，将脂肪环作为取代基按脂肪酸系统命名法命名；若脂肪环直接与羧基相连，命名时在脂环烃名称之后加上"羧酸""二羧酸"等。例如：

—CH₂CH₂COOH

3（β）-环己基丙酸
3（β）-cyclohexylpropanoic acid

COOH
CH₃

3-甲基环己烷羧酸
3-methylcyclohexanecarboxylic acid

含有芳环的羧酸：若羧基不直接与芳环相连（脂肪酸），将芳环作为取代基按脂肪酸系统命名法命名；若羧基直接与芳环相连（芳香酸），则将羧基做母体官能团命名为芳（基）甲酸等，按芳香化合物的规则命名。例如：

COOH

苯甲酸
benzoic acid

COOH
NO₂

（m）-硝基苯甲酸
3（m）-nitrobenzoic acid

CH₂COOH

2-萘乙酸
2-naphthylacetic acid

（三）多官能团化合物的命名

多官能团化合物是指在分子中含有两种或两种以上官能团的化合物，该类化合物的命名是

选择一种官能团作为母体官能团命名为某化合物，母体官能团的选择的顺序是：$-\overset{O}{\underset{||}{C}}-OH$，$\diagdown C=O$，$-OH$，$-C\equiv C-$，$\diagup C=C \diagdown$，总是以排在前面的官能团作为母体官能团。例如：

H₂C=CHCHC≡CH
       |
      CH₂CH₃

3-乙基-1-戊烯-4-炔
3-methyl-1-pentene-4-yne

CH₃CHCH₂CHO
   |
  OH

3（β）-羟基丁醛
3（β）-hydroxybutanal

H₂C=CHCH₂CH₂OH

3-丁烯-1-醇
3-butene-l-ol

H₂C=CCH₂CH₂ĊCH₃
    |
   CH₃

5-甲基-5-己烯-2-酮
5-methyl-5-hexene-2-one

CH₃CHCH₂CH₂COOH
   |
  OH

4（γ）-羟基戊酸
4（γ）-hydroxypentanoic acid

CH≡CCHCH₂COOH
     |
    CH₃

3-甲基-4-戊炔酸
3-methyl-4-pentynoic acid

COOH
OH

3（m）-羟基苯甲酸
3(m)-hydroxybenzoic acid

三、羧酸的物理性质

羧酸属于极性化合物，羧酸的官能团羧基由羰基和羟基构成，不仅可以形成分子间氢键，而且羧酸常常以二聚体的形式存在，分子间的作用力较仅有分子间氢键的化合物大得多。因此与分子量相近的醇相比，羧酸的熔点、沸点、密度相对较高。例如：HCOOH 的沸点（100.5℃）比 CH_3CH_2OH 的沸点（78.3℃）高；CH_3COOH 的沸点（118℃）比 $CH_3CH_2CH_2OH$ 的沸点（97.2℃）高。羧酸的分子间氢键和二聚体如下所示：

分子间氢键   二聚体

C1～C9 的直链饱和一元羧酸为液体，高级饱和脂肪酸常温下为蜡状固体；脂肪二元羧酸和芳香羧酸均为结晶固体。

羧基是亲水基团，可以和水形成氢键。C1～C4 的羧酸均能与水混溶，随着非极性碳链原子数的增多，羧酸的水溶性降低，例如 10 个碳原子的癸酸溶解度仅为 0.02g/100ml H_2O。高级一元羧酸易溶于乙醇、乙醚、氯仿等有机溶剂。多数芳香酸在水中的溶解度非常低。

饱和一元羧酸的沸点随着相对分子量的增加而升高。

羧酸的熔点自丁酸开始随碳原子数的增加呈锯齿状上升。含偶数碳原子羧酸的熔点比它相邻两个奇数碳原子羧酸的熔点高。这是因为偶数碳原子羧酸分子比奇数碳原子羧酸分子对称性好，在晶体中排列得更紧密；二元羧酸由于有两个羧基，分子间的作用力更大，熔点较相近分子量的一元羧酸高得多。部分常见羧酸的理化常数如表 10-1 所示。

表 10-1 部分常见羧酸的理化常数

羧酸结构	名称	熔点（℃）	沸点（℃）	溶解度 (g/100ml H_2O)	pK_a（25℃）
HCOOH	甲酸（蚁酸） formic acid	8.4	100.5	∞	3.76
CH_3COOH	乙酸（醋酸） acetic acid	16.1	117.9	∞	4.75
CH_3CH_2COOH	丙酸（初油酸） propanoic acid	−20.8	141	∞	4.86
$CH_3(CH_2)_2COOH$	丁酸（酪酸） butanoic acid	−4.3	163.5	∞	4.81
$CH_3(CH_2)_3COOH$	戊酸（缬草酸） pentanoic acid	−33.8	186	3.7	4.82
$CH_3(CH_2)_4COOH$	己酸（羊油酸） hexanoic acid	−2.0	205	0.96	4.83
HOOCCOOH	乙二酸（草酸） oxalic acid	189.5	分解	8.6	1.23[a] 4.19[b]
$HOOCCH_2COOH$	丙二酸（缩苹果酸） malonic acid	135.6	分解	74.5	2.83[a] 5.69[b]

续表

羧酸结构	名称	熔点（℃）	沸点（℃）	溶解度 （g/100ml H_2O）	pK_a（25℃）
C_6H_5COOH	苯甲酸（安息香酸） benzoic acid	122.4	249.0	0.34	4.17
$p\text{-}CH_3C_6H_5COOH$	对甲基苯甲酸 p-methyl benzoic acid	180.0	275.0	0.03	4.35
$p\text{-}ClC_6H_5COOH$	对氯苯甲酸 p-chlorobenzoic acid	243.0	275.0	0.008	4.03
$p\text{-}BrC_6H_5COOH$	对溴苯甲酸 p-bromobenzoic acid	254.5	分解	0.002	4.18
$p\text{-}NO_2C_6H_5COOH$	对硝基苯甲酸 p-nitrobenzoic acid	241.0	分解	0.03	3.40
$p\text{-}HOC_6H_5COOH$	对羟基苯甲酸 p-hydroxybenzoic acid	214.5	分解	0.5	4.54

注：a 是 pK_{a1}；b 是 pK_{a2}

问题 **10-1**　比较下列化合物沸点的高低，并简要解释原因。

$$CH_3CH_2CH_2COOH$$
A

$$CH_3\overset{\overset{\displaystyle O}{\|}}{C}CH_2CH_2CH_3$$
B

$$CH_3CH_2\underset{\underset{\displaystyle OH}{|}}{C}HCH_2CH_3$$
C

$$CH_3CH_2OCH_2CH_3$$
D

四、羧酸的化学性质

羧酸的化学性质主要是指官能团（—COOH）发生的化学反应。羧基的主要反应有两大类：一是羧基氢质子的酸性及其与碱的反应；二是羰基与亲核试剂的反应。

（一）羧酸的酸性与成盐

1. 羧酸的酸性　羧酸在水中部分解离成 H^+ 和 $RCOO^-$，具有酸性：

$$RCOOH + H_2O \rightleftharpoons RCOO^- + H_3O^+$$

羧酸的酸性比醇（pK_a 15～18）强，一方面是由于羧基中羰基与羟基氧原子的 $p\text{-}\pi$ 共轭效应，使羧基中 O—H 的极性增加，易于断裂解离出 H^+；另一方面也是由于羧酸解离出 H^+ 后，羧酸根负电荷通过 $p\text{-}\pi$ 共轭平均分布在羧酸根两个氧原子上，使羧酸根稳定，很容易生成。

常见一元羧酸的 pK_a 为 3.0～5.0，属于弱酸，但比碳酸酸性（pK_a 6.5）强。

羧酸酸性的强弱主要取决于羧酸解离后羧酸根的稳定性，羧酸根越稳定，越易生成，解离平衡越向右移动，H^+ 的浓度越高，酸性越强。

2. 影响羧酸酸性的因素　脂肪族一元羧酸中甲酸酸性最强，这是因为烃基是弱的给电子基团，羧基 α-碳原子上连的烃基越多，羧酸根越不稳定，相应的羧酸酸性越弱。例如下列羧酸酸性顺序为（括弧中为 pK_a 值）：

$$HCOOH（3.76）>CH_3COOH（4.75）>CH_3CH_2COOH（4.86）$$
$$>（CH_3）_2CHCOOH（4.87）>（CH_3）_3CCOOH（5.05）$$

当羧酸烃链上的氢原子被卤素、羟基、氰基、硝基等吸电子基团取代后，由于这些基团的吸电子诱导效应（$-I$ 效应）使羧酸根负离子更稳定，相应羧酸的酸性增加。基团的吸电子能力越强，相应羧酸的酸性越高。例如：

$$FCH_2COOH>ClCH_2COOH>BrCH_2COOH>ICH_2COOH$$
$$pK_a：\quad 2.57 \qquad 2.86 \qquad\quad 2.94 \qquad\quad 3.18$$
$$CH_3COOH<ClCH_2COOH<Cl_2CHCOOH<Cl_3CCOOH$$
$$pK_a：\quad 4.75 \qquad\quad 2.86 \qquad\quad 1.29 \qquad\quad 0.65$$

$$\underset{\underset{Cl}{|}}{CH_3CH_2CHCOOH} > \underset{\underset{Cl}{|}}{CH_3CHCH_2COOH} > \underset{\underset{Cl}{|}}{CH_2CH_2CH_2COOH} > CH_3CH_2CH_2COOH$$
$$pK_a：\quad 2.86 \qquad\qquad 4.05 \qquad\qquad 4.52 \qquad\qquad 4.81$$

总之，吸电子基团吸电子能力越强、离羧基越近、吸电子基团越多，化合物的酸性越强；反之则酸性越弱。

苯甲酸的酸性比脂肪族一元羧酸（甲酸除外）强。这是由于苯环大 π 键与羧酸根形成共轭体系，使羧酸根负电荷得到分散。取代苯甲酸的酸性大小取决于苯环上取代基的性质及数目，当苯环上连有吸电子基团时，酸性大于苯甲酸，吸电子基团吸电子能力越强、吸电子基团越多，酸性越强；反之则酸性越弱。例如：

$$pK_a：\quad 1.43 \qquad\quad 3.40 \qquad\quad 4.03 \qquad\quad 4.17 \qquad\quad 4.35 \qquad\quad 4.54$$

二元羧酸的酸性与两个羧基的相对距离以及空间的位置有关。二元羧酸有两个解离常数。第一个羧基解离时，受另一个羧基吸电子诱导效应的影响，羧基的酸性较相应碳数的一元羧酸强。两个羧基相距越近，影响越大，酸性越强。例如：

$$HOOCCOOH \qquad HOOCCH_2COOH \qquad CH_3COOH$$
$$pK_a：\quad 1.23 \qquad\qquad 2.83 \qquad\qquad\quad 3.75$$

第二个羧基解离时，第一次解离后的羧酸根负离子对另一个羧基呈给电子诱导效应，因此，二元羧酸的第二个羧基不易解离，第二个羧基的酸性较第一个羧基的酸性小很多。例如，草酸在水中的解离式如下所示：

$$HOOCCOOH + H_2O \rightleftharpoons HOOCCOO^- + H_3O^+，pK_{a1}=1.23$$
$$HOOCCOO^- + H_2O \rightleftharpoons {}^-OOCCOO^- + H_3O^+，pK_{a2}=4.19$$

问题 10-2　试解释顺丁烯二酸的 pK_{a1}（1.83）小于反丁烯二酸 pK_{a1}（3.03），而顺丁烯二酸的 pK_{a2}（6.07）大于反丁烯二酸 pK_{a2}（4.44）的原因。

3. 羧酸的成盐　羧酸具有酸性，与碱（NaOH、$NaHCO_3$和 Na_2CO_3等）反应生成盐和水。羧酸盐属于离子型化合物，分子量不太大的羧酸盐能溶于水。利用此性质可以分离羧酸与其他物质的混合物；同时利用其酸性较碳酸强，与 $NaHCO_3$（Na_2CO_3）反应放出 CO_2的性质，可以鉴别羧酸。

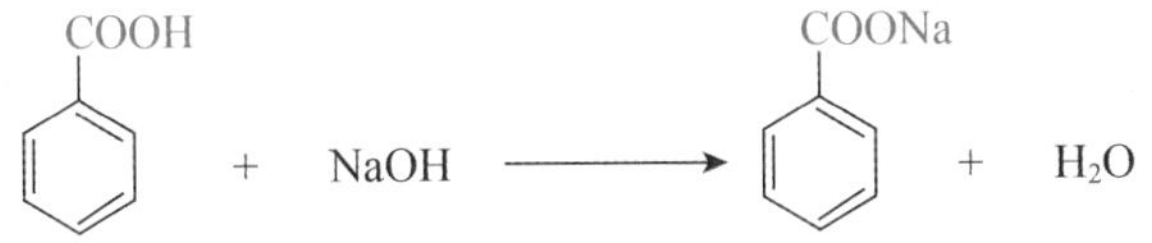

$$R(Ar)COOH + NaHCO_3(Na_2CO_3) \longrightarrow R(Ar)COONa + H_2O + CO_2\uparrow$$

医药工业中常将含有羧基且水溶性差的药物转变成其碱金属的盐（钠盐、钾盐），以增加其水溶性。如含有羧基的青霉素和氨苄青霉素（氨苄西林）水溶性较差，转变成钾盐或钠盐后水溶性增大，便于临床使用。

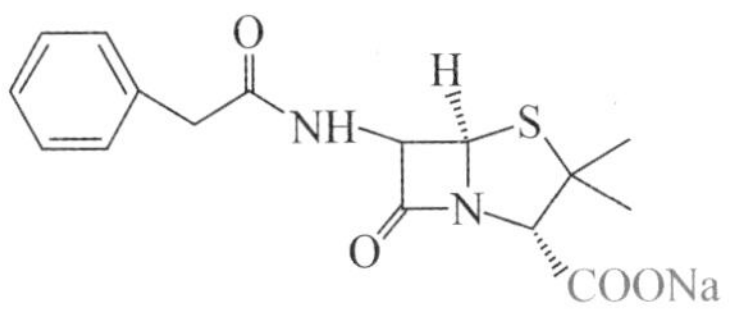

青霉素钠

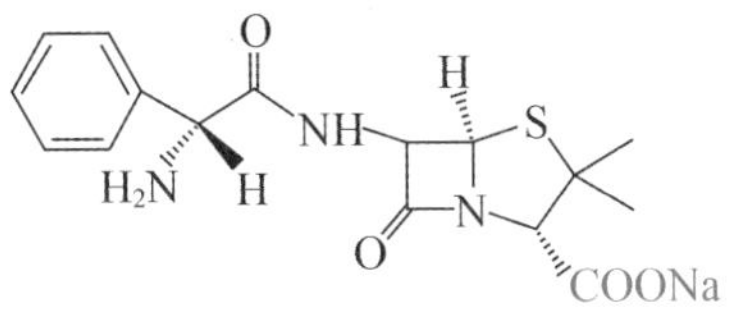

氨苄青霉素钠（氨苄西林钠）

许多羧酸盐在工业、农业、医药行业中被广泛应用，如表面活性剂（硬脂酸钠或硬脂酸钾等）、杀菌剂和防腐剂（琥珀酸钠、苯甲酸钠等）都是羧酸盐。

羧酸盐与强的无机酸作用，又可转化为原来的羧酸。羧酸的这种性质常用于羧酸的纯化或从动植物中提取含羧基的有效成分。

> 问题 10-3　设计一个实验方案，将下列化合物的混合物分离纯化。
>
> 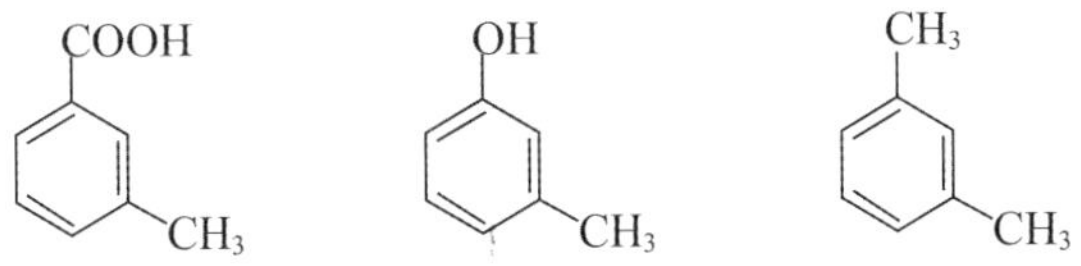

（二）羧酸衍生物的生成

羧酸衍生物是指羧基上的羟基被其他的原子或基团取代后生成的化合物。常见的羧酸衍生物包括酰卤、酸酐、酯和酰胺四类化合物。

1. 酰卤的生成　羧基中的羟基被卤原子取代的产物称为酰卤（acyl halide），主要指酰氯和酰溴化合物，最常见的是酰氯。

羧酸与 PCl_3、PCl_5或 $SOCl_2$（氯化亚砜）等反应生成酰氯：

$$R-\overset{O}{\overset{\|}{C}}-OH + PCl_3 \xrightarrow{回流} R-\overset{O}{\overset{\|}{C}}-Cl + H_3PO_3$$

$$R-\overset{O}{\overset{\|}{C}}-OH + PCl_5 \xrightarrow{回流} R-\overset{O}{\overset{\|}{C}}-Cl + POCl_3 + HCl$$

$$R-\overset{O}{\overset{\|}{C}}-OH + SOCl_2 \xrightarrow{回流} R-\overset{O}{\overset{\|}{C}}-Cl + SO_2 + HCl$$

羧酸与 $SOCl_2$ 反应制备酰氯是有机合成中最常用的反应之一，因为在生成酰氯的同时生成 SO_2 和 HCl 两种气体化合物，随着反应的进行，两种气体从反应体系溢出，过量的 $SOCl_2$（沸点 76℃）易于蒸馏除去，因此能够得到较纯的产物。至于 PCl_3、PCl_5 的选择，要看反应产物与副产物 H_3PO_3（沸点 200℃）和 $POCl_3$（沸点 107℃）是否容易分离，从副产物的沸点看，H_3PO_3 不能蒸馏除去，因此 PCl_3 适合制备沸点较低的酰氯；而 PCl_5 制备酰氯的副产物 $POCl_3$（沸点 107℃）可以蒸馏除去，因此，PCl_5 适合制备沸点较高的酰氯。

2. 酸酐的生成 羧酸（除甲酸外）与脱水剂（如 P_2O_5、乙酰氯、乙酸酐等）一起加热，分子间失水生成酸酐（anhydride）。例如：

$$CH_3COOH + P_2O_5 \xrightarrow{\triangle} CH_3\overset{O}{\overset{||}{C}}O\overset{O}{\overset{||}{C}}CH_3 + H_2O$$

$$RCOOH + CH_3\overset{O}{\overset{||}{C}}O\overset{O}{\overset{||}{C}}CH_3 \xrightarrow{\triangle} RCOCR + CH_3COOH$$

某些二元羧酸不需脱水剂直接加热就可生成酸酐。例如：

邻苯二甲酸   邻苯二甲酸酐

马来酸   马来酸酐

3. 酯的生成 羧酸与醇在酸催化下加热生成酯（ester）和 H_2O 的反应称为酯化反应。酯化反应是可逆反应，需要在强酸（如浓硫酸）催化下加热进行，反应一般较慢。为了提高反应的收率，常常通过加入过量相对价廉的原料（羧酸或醇）或者随着反应的进行将反应产物中的某一成分除去的方法，促使反应向酯化方向进行，从而提高反应的收率。例如：

$$\underset{\text{过量}}{CH_3COOH + CH_3CH_2OH} \xrightarrow[\text{回流}]{H_2SO_4} \underset{60\% \sim 70\%}{CH_3COOCH_2CH_3} + H_2O$$

强酸催化剂的作用是使羧酸羰基的氧原子结合一个质子（H^+），形成质子化的羧酸，增加羧酸羰基碳原子的正电性，利于醇分子（亲核试剂）的进攻。研究表明，大多数酯化反应的限速步骤（慢反应）是醇作为亲核试剂进攻带正电的羰基碳原子，形成四面体中间体。因此参与反应的羧酸和醇分子中烃基的结构对反应速率有显著影响，当羧酸和醇分子中的 α-碳原子附近连有体积较大或数目较多的烃基时，势必阻碍醇对羧酸羰基的亲核进攻，使反应变慢甚至难于发生。结构不同的羧酸和醇在进行酯化反应时，活性由大到小的顺序为：

$$HCOOH > CH_3COOH > RCH_2COOH > R_2CHCOOH > R_3CCOOH$$
$$CH_3OH > CH_3CH_2OH > RCH_2OH > R_2CHOH > R_3COH$$

4. 酰胺的生成 羧酸与氨（或胺）反应生成铵盐，铵盐加热脱水生成酰胺（amide）。酰胺的生成往往是通过胺与酰氯或酸酐反应，而不是羧酸与胺直接反应（见第十一章）。

$$RCOOH + NH_3 \longrightarrow RCOONH_4 \xrightarrow{\triangle} RCONH_2 + H_2O$$

（三）羧酸的还原

羧基的羰基不如醛酮的羰基活性高，羧基不易被还原，但强还原剂（LiAlH$_4$）可将羧酸还原为醇。

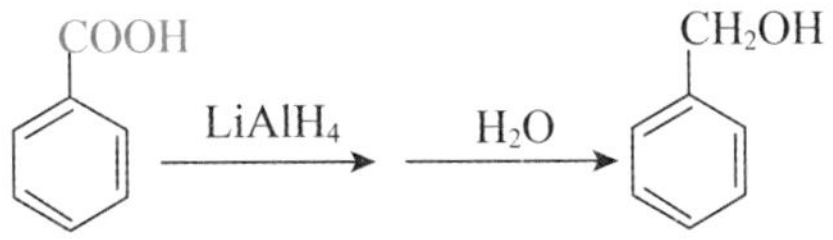

（四）脱羧反应

羧酸失去羧基放出 CO_2 的反应称为脱羧反应（decarboxylation）。一般的脂肪酸对热稳定，通常不发生脱羧反应。在特殊条件下，如羧酸的钠盐与碱石灰（CaO）共热，可以脱去羧基生成少一个碳原子的烃。但羧基的 α-位或 β-位连有吸电子基团（如硝基、卤素、酰基、氰基和不饱和键等）的羧酸容易发生脱羧反应。例如：

$$CCl_3COOH \xrightarrow{50℃} CHCl_3 + CO_2$$

（五）二元羧酸的受热反应

二元羧酸分子中存在两个活泼的羧基官能团，根据两个羧基相对位置的不同，在受热的情况下可以发生脱羧、脱水或同时脱羧和脱水的反应。

乙二酸和丙二酸由于两个羧基的相互作用，加热至其熔点以上容易脱羧生成少1个碳原子的一元羧酸，同时放出 CO_2 气体：

$$HOOCCOOH \xrightarrow{160\sim180℃} HCOOH + CO_2 \uparrow$$

$$HOOCCH_2COOH \xrightarrow{140\sim160℃} CH_3COOH + CO_2 \uparrow$$

丁二酸和戊二酸中两个羧基的相互吸电子效应基本消失，但可以发生分子内脱水反应形成稳定的五元环酐和六元环酐：

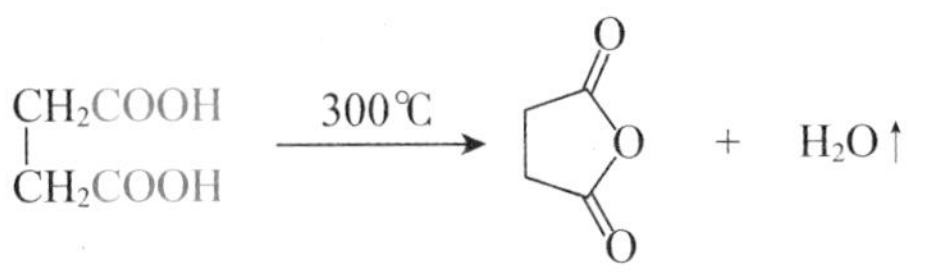

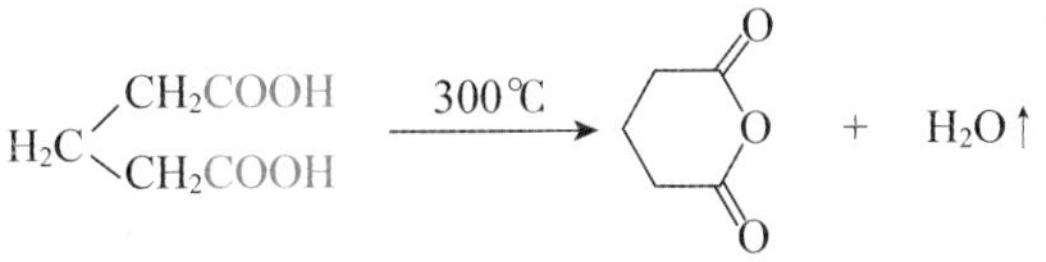

己二酸和庚二酸在受热情况下同时发生脱水和脱羧反应，生成稳定的五、六元环酮。

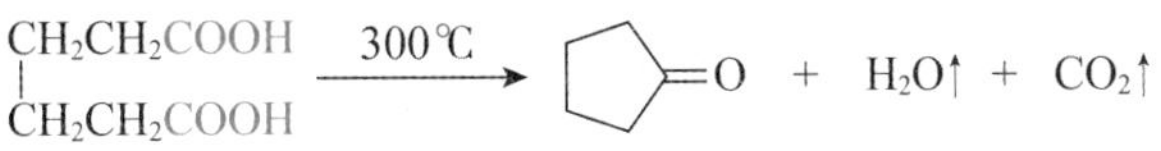

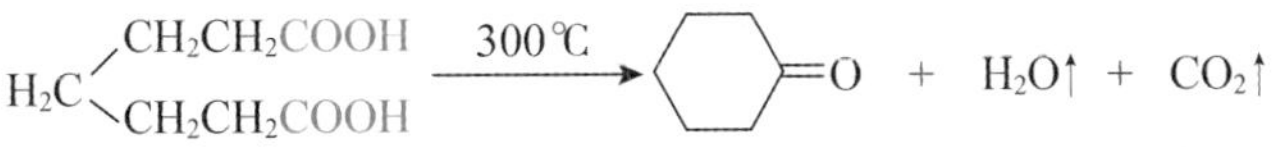

第二节 取代羧酸

羧酸分子中烃基上的氢原子被其他的原子或基团取代后的化合物称为取代羧酸。根据取代的原子或基团的不同，取代羧酸分为卤代羧酸（halogeno acid）、羟基酸（hydroxyl acid）、羰基酸（carbonyl acid）以及氨基酸（amino acid）。卤代酸除了酸性较相应羧酸强外没有特殊性，不做专题介绍，氨基酸将在第十六章介绍，本节主要讨论羟基酸和羰基酸。

一、羟基酸

羟基酸包括醇酸和酚酸，属于多官能团化合物，分子中既有羧基，又有羟基，兼有酸和醇或酚的性质，本节主要讨论醇酸和酚酸各官能团之间相互影响而产生的特殊性质。

$$CH_3CHCOOH \qquad\qquad (benzene ring with COOH and OH)$$
$$\quad\;\; OH$$

醇酸   酚酸

（一）醇酸

脂肪酸分子中烃基上的氢原子被羟基取代所生成的化合物称为醇酸。醇酸在药物生产、食品工业以及日化工业方面有着重要的用途。有些醇酸是药物合成的重要原料；有些醇酸是食品添加剂以及化妆品的重要成分；有些醇酸还参与动植物生命代谢过程，与生命活动息息相关。

1. **醇酸的命名** 醇酸的命名是以羧酸为母体，羟基作为取代基，并用阿拉伯数字或希腊字母 α、β、γ、δ……标示羟基的位置，命名为"羟基某酸"。多数醇酸有俗名。例如：

$$CH_3-CH-COOH \qquad HO-CH-COOH \qquad HO-CH-COOH$$
$$\quad\;\; OH \qquad\qquad\quad CH_2-COOH \qquad\quad HO-CH-COOH$$

α-羟基丙酸（乳酸）   羟基丁二酸（苹果酸）   2,3-二羟基丁二酸（酒石酸）

lactic acid   malic acid   tartaric acid

$$CH_2-COOH \qquad\qquad HO-CH-COOH$$
$$HO-C-COOH \qquad\qquad HC-COOH$$
$$CH_2-COOH \qquad\qquad CH_2-COOH$$

3-羧基-3-羟基戊二酸（柠檬酸、枸橼酸）   3-羧基-2-羟基戊二酸（异柠檬酸）

citric acid   isocitric acid

2. **醇酸的酸性** 羟基连在脂肪烃链上时，只有吸电子诱导效应，因此，羟基酸的酸性大于相应的脂肪酸，羟基离羧基越近，酸性越强。例如：

$$CH_3-CH-COOH > HOCH_2CH_2COOH > CH_3CH_2COOH$$
$$\qquad\;\; OH$$

pK_a: 3.86   4.51   4.86

3. **醇酸的脱水** 醇酸在加热条件下脱水，脱水产物依羟基的位置不同而不同。

α-醇酸受热后，两个醇酸分子间的羟基和羧基交叉脱水，生成稳定的交酯：

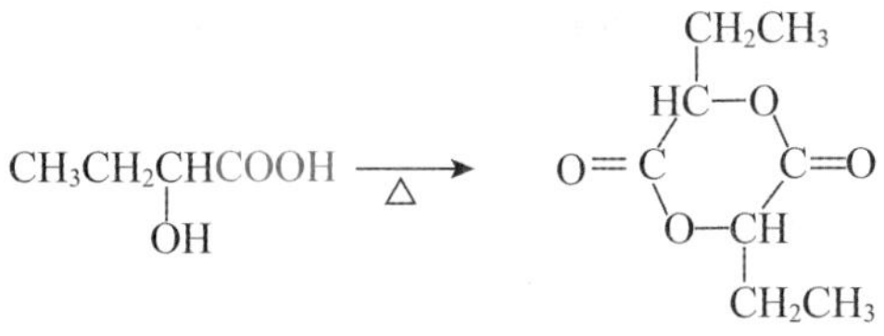

$$CH_3CH_2CHCOOH \xrightarrow{\triangle}$$

α-羟基丁酸　　　　　　　交酯

β-醇酸受热生成 α,β-不饱和羧酸。一方面由于 β-羟基和羧基的影响，α-H 的酸性较强，α-H 容易与 β-羟基脱水；另一方面，生成的 C=C 与羧基的羰基存在 π-π 共轭效应，产物较稳定，容易生成。

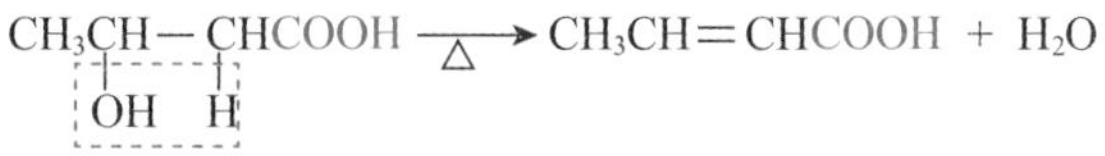

$$CH_3CH-CHCOOH \xrightarrow{\triangle} CH_3CH=CHCOOH + H_2O$$
$$\underset{OH\ \ H}{}$$

β-羟基丁酸　　　　　　2-丁烯酸

γ-羟基酸在室温下就可以脱水生成内酯，因此，室温下 γ-羟基酸没有酸性，是以内酯的形式存在。

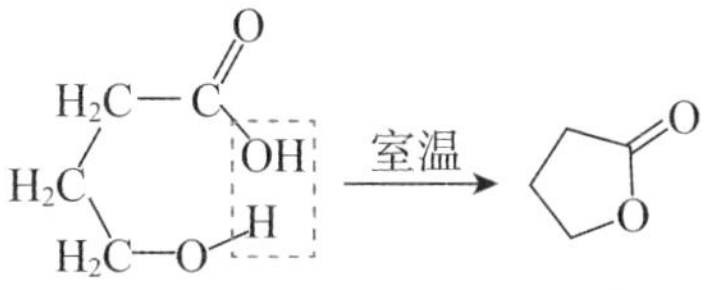

γ-羟基丁酸　　　　　γ-丁内酯

δ-羟基酸加热下生成六元环的 δ-内酯。

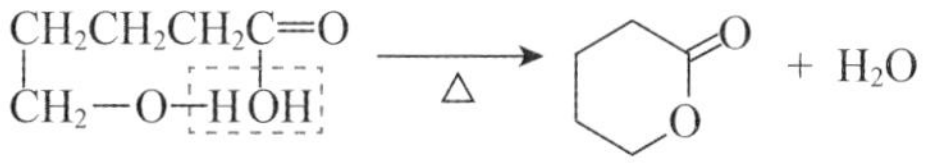

δ-羟基戊酸　　　　　δ-戊内酯

4. 醇酸的氧化　由于受羧基吸电子诱导效应的影响，α-或 β-羟基酸的醇羟基较醇更容易被氧化，在弱氧化剂 Tollens 试剂或稀 HNO₃ 存在下，分别被氧化生成相应的酮酸：

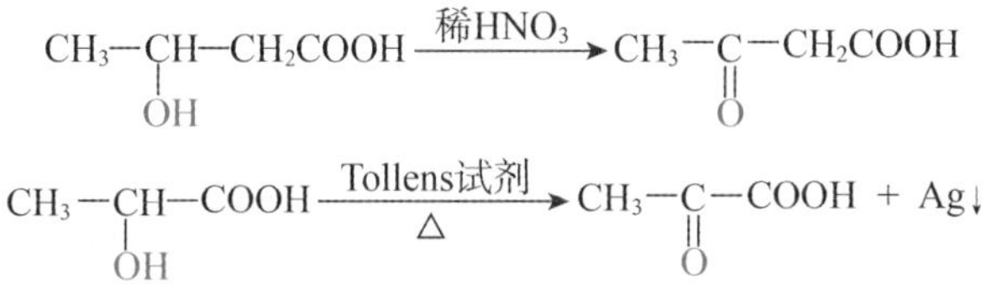

$$CH_3-CH-CH_2COOH \xrightarrow{稀HNO_3} CH_3-C-CH_2COOH$$

$$CH_3-CH-COOH \xrightarrow[\triangle]{Tollens试剂} CH_3-C-COOH + Ag\downarrow$$

（二）酚酸

1. 酚酸的命名　酚酸的命名是以芳香酸作为母体，酚羟基作为取代基。例如：

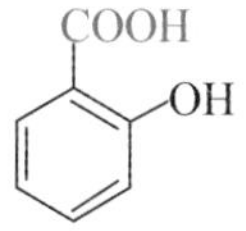

邻（o）-羟基苯甲酸（水杨酸）　间（m）-羟基苯甲酸　对（p）-羟基苯甲酸

salicylic acid　　　　　　　m-hydroxybenzoic acid　　　p-hydroxybenzoic acid

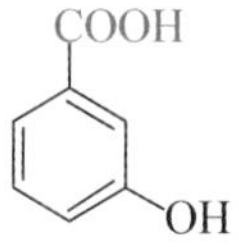

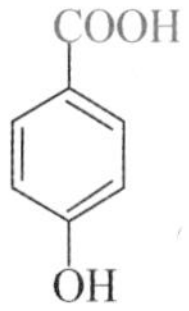

2. 酚酸的脱羧反应　羟基在邻位或对位的酚酸，加热至其熔点以上时，脱去羧基，生成相应的酚，放出 CO_2 气体。例如：

$$\text{（邻羟基苯甲酸）} \xrightarrow{200\sim220℃} \text{（苯酚）} + CO_2\uparrow$$

$$\xrightarrow{200℃} + CO_2\uparrow$$

问题 10-4　试解释下列实验事实。

（1）乳酸酸性大于丙酸；对羟基苯甲酸酸性小于苯甲酸酸性。

（2）室温下 γ-羟基丁酸没有酸性。

二、酮酸

脂肪酸分子中烃基同一个碳上的两个氢原子被一个氧原子取代后产生的化合物称为氧代羧酸（醛酸、酮酸）。由于醛酸实际应用较少，这里只讨论酮酸。

（一）酮酸的命名

酮酸的命名是将羰基位置用阿拉伯数字或希腊字母标示在名称前（丙酮酸不必标示），命名为"某酮酸"；或将羰基称为氧代，以脂肪酸命名；也可命名为"某酰基某酸"。例如：

$$CH_3-\underset{\underset{O}{\|}}{C}-COOH \qquad CH_3-\underset{\underset{O}{\|}}{C}-CH_2COOH \qquad HOOC-\underset{\underset{O}{\|}}{C}-CH_2COOH$$

丙酮酸（pyruvic acid）　　β-丁酮酸（β-butanone acid）　　丁酮二酸（butanone diacid）

2-氧代丙酸　　　　　　3-氧代丁酸　　　　　　　2-氧代丁二酸

乙酰乙酸　　　　　　　草酰乙酸

（二）酮酸的化学性质

酮酸是双官能团化合物，既有羰基又有羧基，既有酮的性质又有酸的性质。例如：羰基可被还原为羟基，可发生亲核加成反应等；羧基可成盐或生成羧酸衍生物。同时，由于羰基和羧基的相互影响，酮酸具有特殊性，下面主要介绍酮酸的特殊性。

1. 酮酸的酸性　由于羰基的吸电子诱导效应比羟基强，酮酸的酸性比相应的醇酸强，α-酮酸的酸性比 β-酮酸强。

$$CH_3\underset{\underset{O}{\|}}{C}COOH > CH_3\underset{\underset{O}{\|}}{C}CH_2COOH > CH_3\underset{\underset{OH}{|}}{C}HCOOH > HOCH_2CH_2COOH > CH_3CH_2COOH$$

pK_a:　2.49　　　　　　3.51　　　　　　　3.86　　　　　　4.51　　　　　　　4.86

2. 酮酸的脱羧　由于受羰基的强吸电子诱导效应的影响，酮酸很容易脱羧，α-酮酸在稀硫酸作用下受热发生脱羧反应，生成少一个碳原子的醛，放出 CO_2 气体。例如：

$$CH_3\overset{\overset{\displaystyle O}{\|}}{C}COOH \xrightarrow[150℃]{稀H_2SO_4} CH_3CHO + CO_2\uparrow$$

β-酮酸较 α-酮酸更易脱羧，不需要酸性条件，直接加热即脱羧生成少一个碳原子的酮，放出 CO_2 气体。通常 β-酮酸只能在低温下保存。

$$CH_3COCH_2COOH \xrightarrow{\triangle} CH_3COCH_3 + CO_2\uparrow$$

β-酮酸易脱羧，一方面是由于 β-酮酸分子中的羰基具有强的吸电子诱导效应，另一方面是由于羰基氧原子与羧基中的氢通过分子内氢键形成一个六元环中间体，当分子受热时，易发生电子转移脱除 CO_2，生成烯醇式结构的产物，然后重排得到酮。

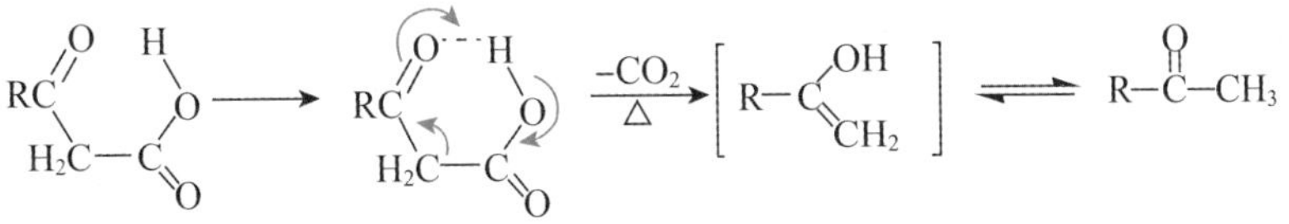

问题 10-5 写出下列反应的产物。

(1) $CH_3\overset{\overset{\displaystyle O}{\|}}{C}CH_2COOH + Br_2 \xrightarrow{CCl_4}$

(2) $CH_3\overset{\overset{\displaystyle O}{\|}}{C}CH_2CH_2CH_2COOH + I_2 \xrightarrow{NaOH}$

知识扩展

酮体与糖尿病

酮体（ketone body）是乙酰乙酸、β-羟基丁酸及丙酮的统称。它是脂肪酸在肝线粒体中氧化分解的产物。

在饥饿或糖代谢异常情况下，脂肪酸在 β-氧化过程中被酶降解形成大量的乙酰辅酶 A，过量的乙酰辅酶 A 进一步在各种酶的作用下氧化、裂解为乙酰乙酸；乙酰乙酸在脱氢酶的催化下还原生成 β-羟基丁酸；乙酰乙酸脱羧生成丙酮，丙酮随肺呼吸排出体外，酮体中的乙酰乙酸、β-羟基丁酸进入血液，成为肌肉组织，尤其是脑细胞能量的重要来源。

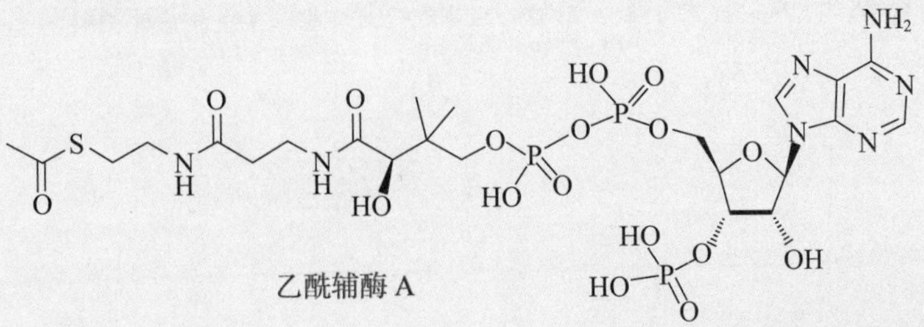

乙酰辅酶 A

健康人体血液中酮体的浓度约为 $10mg\cdot L^{-1}$，当饥饿、禁食或胰岛素不足时酮体的浓度可高达正常健康人体的 500 倍以上。乙酰乙酸和 β-羟基丁酸都是酸性化合物，血液中酮体的浓度过高，将导致酮症酸中毒。酮症酸中毒常会发生在未治疗的 1 型糖尿病和血糖未很好控制的 2 型糖尿病患者中。反过来，通过检测血液中酮体的水平可以作为 1 型糖尿病辅助诊断的手段以及 2 型糖尿病患者血糖控制效果的依据。

小　结

羧酸及取代羧酸共同的官能团羧基（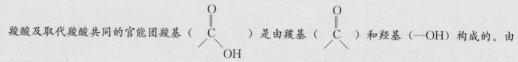）是由羰基（ ）和羟基（—OH）构成的。由于羰基与羟基氧原子之间存在 $p-\pi$ 共轭，使羰基中羰基碳原子电子云的密度较醛、酮羰基高，羰基不能发生醛、酮羰基的亲核加成反应，而是发生亲核取代反应；同时，羰基中羟基氧原子上电子云密度降低，O—H 键的极性增加，羧酸的酸性较醇和酚强。

多数羧酸化合物有俗名；羧酸可采用系统命名法命名，命名规则与醛类命名规则相似；取代羧酸中醇酸的命名是将羟基作为取代基按脂肪酸命名；酚酸的命名将羟基作为取代基以苯甲酸做母体命名；酮酸的命名根据羰基位置编号命名为某酮酸，或羰基称为氧代按系统命名法命名，也可命名为某酰基某酸。

羧酸分子间可形成氢键，且往往以二聚体的形式存在，羧酸的熔点、沸点、密度较相近分子量的烃、醚、醇、醛、酮高。小分子的羧酸常温下为液体，易溶于水。

羧酸是弱酸，饱和一元羧酸除甲酸（pK_a 3.77）外，一般 pK_a 在 4.76～5.0 之间。羧酸的酸性较碳酸（$pK_a=6.5$）强，能与 $NaHCO_3$（Na_2CO_3）反应放出 CO_2 气体，利用这一性质可鉴别羧酸；苯酚（$pK_a=9.89$）的酸性较碳酸弱。利用羧酸、酚类、碳酸的酸性差异可以分离羧酸、酚类以及中性化合物的混合物。当羧酸 R 基团上连有其他的取代基时，羧酸的酸性依取代基的性质不同而变化。当连有吸电子基团（—NO_2、—X、—CN）时，羧酸的酸性增加，吸电子基团吸电子能力越强、吸电子基团越多、离羧基越近，酸性越强；反之酸性越弱。羧酸作为酸性化合物，可与 NaOH、KOH、$NaHCO_3$、Na_2CO_3 成盐，羧酸盐不仅可以改善药物的水溶性，还常常用作食品防腐剂和表面活性剂。

羧酸与相应的化合物反应生成羧酸衍生物，羧酸与 PCl_3、PCl_5、$SOCl_2$ 反应生成酰氯；与脱水剂加热或直接加热生成酸酐；与醇在强酸催化下加热回流生成酯；与胺反应生成羧酸的铵盐，铵盐加热脱水生成酰胺。

羧酸可发生脱羧反应，不同羧酸脱羧的难易不同。一元羧酸的脱羧反应需要特殊条件，如一元羧酸的钠盐在氧化钙存在下加热脱去羧基，放出 CO_2，生成少一个碳原子的烃。但当羧酸的 α-位或 β-位连有强吸电子基团时，羧酸较易发生脱羧反应，如草酸、丙二酸、α-或 β-酮酸等加热可发生脱羧反应，β-酮酸较 α-酮酸更易脱羧。酚酸也较易脱羧，特别是当羧基的邻、对位连有吸电子基团时脱羧反应更容易发生。

醇酸加热可发生脱水反应，醇酸加热脱水的产物随羟基与羧基的相对位置不同而变化，α-羟基酸加热分子间交叉脱水，形成稳定的交酯；β-羟基酸加热，羟基与 α-位的 H 脱水形成 α,β-不饱和酸；γ,δ-羟基酸加热分子内羟基和羧基脱水形成内酯，特别是 γ-羟基酸不需加热，室温下就生成内酯。另外，醇酸的羟基受羧基吸电子诱导效应的影响，相比于醇类化合物更容易被氧化，弱氧化剂稀硝酸可以将 β-醇酸的羟基氧化为羰基，Tollens 试剂可将 α-醇酸的羟基氧化为羰基，生成相应的酮酸。

习 题

1. 命名下列化合物。

(1) CH₃CHCH₂COOH
      |
    CH₂CH₃

(2) $\overset{\text{O}}{\overset{\|}{\text{CH}_3\text{C}}}$CHCOOH
         |
       CH₂CH₃

(3) [苯基-CH₂CH₂COOH 结构]

(4) [间羟基苯甲酸结构 COOH / OH]

(5) [环己基-COOH，带Br 结构]

(6) [环戊基-CH₂COOH 结构]

2. 写出下列化合物的结构式。

(1) δ-羟基己酸

(2) 草酰乙酸

(3) 水杨酸

(4) 3-甲氧基-2-氯戊酸

(5) (R)-乳酸

(6) (E)-3-己烯酸

3. 比较下列各组化合物的酸性大小。

(1) 对硝基苯甲酸，对甲氧基苯甲酸，对甲基苯甲酸，对氰基苯甲酸

(2) 苯甲酸，苯酚，苯磺酸，碳酸

(3) 3-溴丁酸，2-氯丁酸，3-氯丁酸，丁酸

(4) 丙酮酸，乙酰乙酸，乳酸，β-羟基丁酸

(5) 草酸，丙二酸，丁二酸，戊二酸

4. 用适当的试剂鉴别下列各组化合物。

(1) 甲酸，乙酸，乙醛

(2) 苯甲酸，水杨酸，苯酚

(3) α-丁酮酸，β-丁酮酸，β-戊酮酸

(4) 乙酸，异丙醇，丙醇

5. 比较下列化合物沸点的高低，并解释其原因。

丙酸，丁酮，异丁醇，甲乙醚

6. 写出下列反应的主要产物。

(1) [环己酮-COOH，HOOC- 取代环 △ →]

(2) CH₃CHCOOH $\overset{\triangle}{\longrightarrow}$
    |
   OH

(3) [环己烯-COOH，甲基] + CH₃COCCH₃ (O O) $\overset{\triangle}{\longrightarrow}$

(4) [苯-COOH] + CH₃OH $\overset{H^+}{\underset{\triangle}{\longrightarrow}}$

(5) [间羟基苯甲酸 COOH/OH] + NaHCO₃ $\longrightarrow$

(6) [环戊基-COOH] + SOCl₂ $\overset{\triangle}{\longrightarrow}$

7. 设计一个简单的化学实验将下列混合物分离。

[环己醇 OH]   [苯甲酸 COOH]   [苯酚 OH]

8. 解释下列实验事实。

(1) 酸性：CH₃CHCH₂COOH < CH₃CCH₂COOH ， [环己基-COOH] < [苯基-COOH]
         |
       OH
                     O

(2) β-丁酮酸较 α-丁酮酸易脱羧

(3) $CH_3CCH_2COOH \xrightarrow{NaBH_4} CH_3CHCH_2COOH$

$\quad\quad\;\;|\qquad\qquad\qquad\qquad\quad\;\;|$
$\quad\quad\;\;O\qquad\qquad\qquad\qquad\quad\;OH$

9. 化合物 A、B、C 的分子式均为 $C_5H_{10}O_2$。A 无支链，可与 Na_2CO_3 反应放出使石灰水变浑浊的气体；B、C 不能与 Na_2CO_3 反应，将 B、C 分别加入 NaOH 水溶液，B 反应后蒸出的低沸点物可发生碘仿反应，其氧化产物可与 Na_2CO_3 反应放出使石灰水变浑浊的气体；C 不与 NaOH 水溶液反应，但与稀盐酸反应，反应后得到的低沸点物即可与 Tollens 反应，又可使 Br_2/CCl_4 溶液褪色，试推测 A、B、C 的结构。

10. 某 S 构型的化合物 A（$C_4H_8O_3$），A 不与 $NaHCO_3$ 反应，经加热可与 NaOH 反应，反应生成的低沸点物 B 经酸性 $KMnO_4$ 氧化后放出能使石灰水浑浊的气体；反应液酸化后的产物 C 具有旋光性，与 $NaHCO_3$ 反应放出与 B 氧化后相同的气体，试推测 A、B、C 的结构式。

11. 某化合物 A（$C_5H_8O_2$），A 与 Tollens 试剂或 Fehling 试剂反应生成 B（$C_5H_8O_3$），B 与 I_2＋NaOH 发生碘仿反应，酸化后得到 C（$C_4H_6O_4$），C 加热后脱水生成 D（$C_4H_4O_3$），试推断 A、B、C、D 的结构。

12. 某化合物 A（C_8H_{10}），A 不能使 Br_2/CCl_4 溶液褪色，但在强紫外光照射下可与 Br_2 反应生成 B（C_8H_9Br）；B 与 Mg 在无水溶剂中回流，Mg 屑消失后通入 CO_2，反应液酸化后得到 C（$C_9H_{10}O_2$）；B 与 NaCN 反应后得到 D（C_9H_9N），D 在酸性溶液中水解同样得到 C，C 可拆分成两个旋光方向相反、旋光值相同的化合物，试推断 A、B、C、D 的结构。

（李树春）

第十一章　羧酸衍生物

羧酸衍生物（derivatives of carboxylic acid）是指羧酸中羧基的羟基（—OH）被卤素（X）、酰氧基（—OCOR）、烷氧基（—OR）、氨基（—NH₂、—NHR、—NR₂）取代后所形成的化合物，分别称为酰卤、酸酐、酯和酰胺。

酰卤和酸酐是合成其他羰基化合物的常用试剂，而酯和酰胺在自然界中普遍存在。例如：植物果实和鲜花的香气成分、植物油和动物的脂肪、昆虫的性激素等都属于酯类化合物；蛋白质、脲和青霉素类等属于酰胺类化合物。

第一节　羧酸衍生物的结构与命名

酰卤、酸酐、酯和酰胺分子中都含有羰基（C=O），羰基与直接相连的杂原子（X、O、N）组成了 p-π 共轭体系。杂原子不同，导致共轭程度不同，因而表现出来的反应活性也不同。

$$\underset{\text{酰卤}}{R-\overset{\displaystyle O}{\overset{\|}{C}}-X} \qquad \underset{\text{酸酐}}{R-\overset{\displaystyle O}{\overset{\|}{C}}-O-\overset{\displaystyle O}{\overset{\|}{C}}-R} \qquad \underset{\text{酯}}{R-\overset{\displaystyle O}{\overset{\|}{C}}-OR} \qquad \underset{\text{酰胺}}{R-\overset{\displaystyle O}{\overset{\|}{C}}-NH_2}$$

一、酰卤的命名

酰卤（acyl halide）的命名是将相应的羧酸变成"酰卤"。相应的英文名称是将酸的英文名称的后缀 ic acid 换为 yl，后面加卤化物，例如：

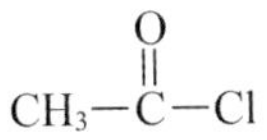

乙酰氯

acetyl chloride

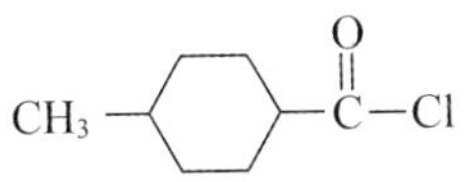

4-甲基环己基甲酰氯

4-methylcyclohexanecarbonyl chloride

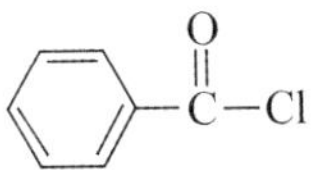

苯甲酰氯

benzoyl chloride

二、酸酐的命名

酸酐（anhydride）指的是两分子羧酸失去一分子水后形成的化合物。由相同羧酸形成的酸酐称为简单酸酐，简单酸酐的名称是在羧酸名称后加"酐"字，即称"某酸酐"；由不同羧酸形成的酸酐称为混合酸酐，混合酸酐命名时将简单的羧酸写在前面，复杂的羧酸写在后面，最后加一个"酐"字。相应的英文名称是将酸的英文名称 acid 换为 anhydride。例如：

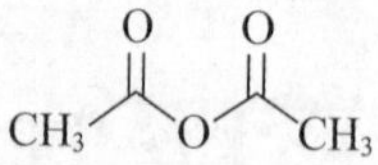

乙酸酐
acetic anhydride

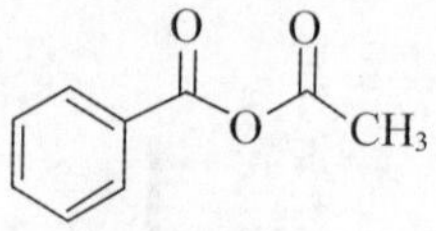

乙酸苯甲酸酐
acetic benzoic anhydride

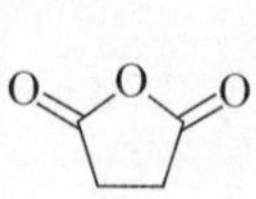

丁二酸酐
succinic anhydride

三、酯的命名

酯（ester）的命名为"某酸某酯"，其中某酯来源于醇，相应的英文名称是将醇烃基的名称写在前面，酸英文名称的后缀 ic acid 换为 ate。内酯（lactone）是指分子内的羧基与羟基形成的环状酯，其命名是将其相应的"酸"字变为"内酯"，并用数字或希腊字母（γ 或 δ）标明原羟基的位置。例如：

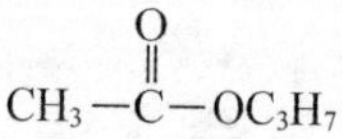

$CH_3-\overset{O}{\overset{\|}{C}}-OC_3H_7$ $CH_3-\overset{O}{\overset{\|}{C}}-OCH_2-\phenyl$

乙酸丙酯
propyl acetate

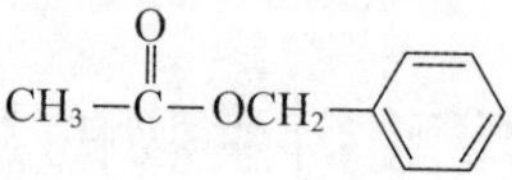

乙酸苄酯
benzyl acetate

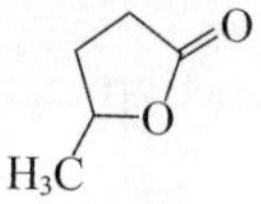

γ-戊内酯
γ-valerolactone

四、酰胺的命名

酰胺（amide）的名称是将相应羧酸的"酸"字去掉，加"酰胺"即可，相应的英文名称是将酸英文名称的后缀 ic acid 换为 amide。环状的酰胺称为内酰胺（lactam）。内酰胺的命名与内酯类似，在"酰胺"前加"内"字，并用数字或希腊字母标明原氨基位置。例如：

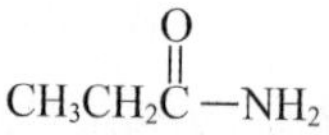

$CH_3CH_2\overset{O}{\overset{\|}{C}}-NH_2$

丙酰胺
propanamide

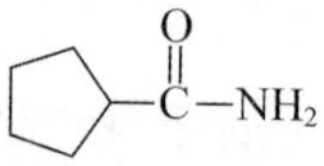

环戊基甲酰胺
cyclopentanecarboxamide

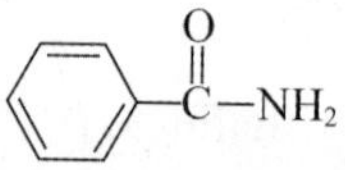

苯甲酰胺
benzamide

若酰胺的氮原子上连有烃基，则需在烃基前加字母"N"，表示烃基连在氮原子上。例如：

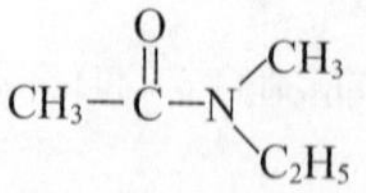

$CH_3-\overset{O}{\overset{\|}{C}}-N\overset{CH_3}{\underset{C_2H_5}{}}$ $CH_3CHCH_2\overset{O}{\overset{\|}{C}}-NHCH_3$

N-甲基–*N*-乙基乙酰胺
N-ethyl-*N*-methylacetamide

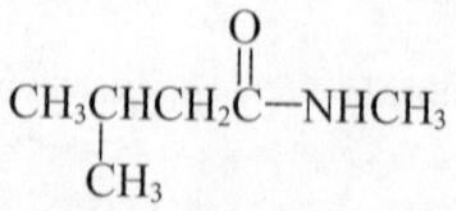

N,3-二甲基丁酰胺
N,3-dimethylbutanamide

问题 11-1　命名下列化合物。

(1) 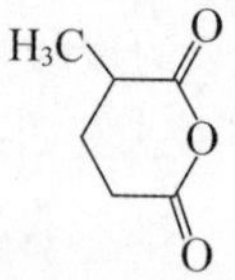　(2) 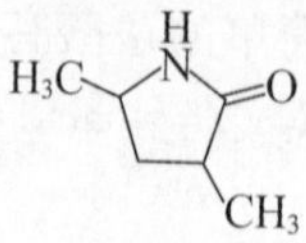　(3)

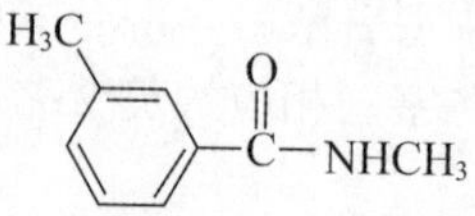

第二节 羧酸衍生物的物理性质

低级酰卤和酸酐有刺激气味。挥发性酯具有令人愉快的气味，可用于制造香料。例如，苹果的香味源于 2-甲基丁酸乙酯。香蕉的香味源自乙酸异戊酯，乙酸、丙酸及丁酸的戊酯等；梨的香味是顺-2-反-4-癸二烯酸的甲酯、乙酯导致的；葡萄的香味是邻氨基苯甲酸甲酯所致；菠萝的香味是丁酸乙酯、己酸乙酯等导致的；桃的香味主要来源于 C6～C12 脂肪酸的内酯；草莓香味来源于 2,2-二甲基丁酸乙酯。

酰卤和酯与分子量相近的直链烷烃有着相近的沸点，类似分子量的酰胺则表现出更高的沸点和熔点，这是因为伯、仲酰胺均能形成分子间氢键。然而，叔酰胺尽管没有 N—H 键，也因分子的强极性吸引作用显示出较高的沸点。

羧酸衍生物易溶于乙醚、氯仿和苯等有机溶剂。乙酸乙酯极性中等，但因沸点低，易除去，常用作反应介质。N,N-二甲基甲酰胺是强极性溶剂，能使溶质离子化，是很好的非质子性溶剂，经常与 H_2O 混合用作混合溶剂。几种羧酸衍生物的物理常数如表 11-1 所示。

表 11-1 几种羧酸衍生物的物理常数

名称	结构式	沸点（℃）	熔点（℃）	密度（$g \cdot cm^{-3}$）
乙酰氯	CH_3COCl	51	−112	1.104
苯甲酰氯	C_6H_5COCl	197	−1	1.212
乙（酸）酐	$(CH_3CO)_2O$	140	−73	1.082
甲酸甲酯	$HCOOCH_3$	32	−99.8	0.974
乙酸乙酯	$CH_3COOCH_2CH_3$	77	−84	0.901
苯甲酸苄酯	$C_6H_5COOCH_2C_6H_5$	324	21	1.114（18℃）
乙酰胺	CH_3CONH_2	221	82	1.159
N,N-二甲基甲酰胺	$HCON(CH_3)_2$	152.8	−61	0.9445

第三节 羧酸衍生物的化学性质

一、亲核取代反应

羧酸衍生物的羰基碳原子带部分正电荷，容易受到亲核试剂的进攻而发生亲核取代反应。羧酸衍生物亲核取代反应通式如下：

$$\overset{\displaystyle O}{\overset{\|}{R-C-L}} + Nu^- \text{（或 HNu）} \longrightarrow \overset{\displaystyle O}{\overset{\|}{R-C-Nu}} + L^- \text{（或 HL）}$$

L 为离去基团（X、OCOR、OR、NH_2、NHR、NR_2）。Nu（HNu）为亲核试剂（OH、OR、NH_3、NH_2R、NHR_2）。

反应通过加成-消除机理进行：第一步，亲核试剂对羰基进行亲核加成反应，形成四面体结构的中间体；第二步，中间体发生消除反应，离去基团离去，形成羰基恢复的取代产物。羧酸衍生物在碱催化下的亲核取代反应可用下列通式表示：

$$R-\overset{\overset{O}{\|}}{C}-L + Nu^- \xrightarrow{\text{加成}} \left[R-\overset{\overset{O^-}{|}}{\underset{L}{C}}-Nu \right] \xrightarrow{\text{消去}} R-\overset{\overset{O}{\|}}{C}-Nu + L^-$$

中间体

　　羧酸衍生物发生亲核取代反应时，酰卤的活性最高，其次是酸酐，再次是酯，最不活泼的是酰胺。较活泼的羧酸衍生物通常可转化成较不活泼的羧酸衍生物。例如，酰卤能转化成酸酐、酯和酰胺；酸酐能转化成酯和酰胺；酯能转化成酰胺。所有的羧酸衍生物均能转化成羧酸或羧酸盐。

$$R-\overset{\overset{O}{\|}}{C}-X \qquad R-\overset{\overset{O}{\|}}{C}-O-\overset{\overset{O}{\|}}{C}-R \qquad R-\overset{\overset{O}{\|}}{C}-OR \qquad R-\overset{\overset{O}{\|}}{C}-NH_2 \qquad R-\overset{\overset{O}{\|}}{C}-O^-$$

　　羧酸衍生物的活性顺序可从羰基与 L 的共轭程度来解释。在酰胺中，羰基的 π 键与氨基 N 的 p 轨道形成了很好的 p-π 共轭，较小电负性的 N 能将其电子更多地离域到羰基碳上，较好地稳定了羰基。而在酯中，虽然羰基也与烷基氧原子形成了 p-π 共轭，但由于氧原子的电负性较大，使得离域到羰基碳上的电子不如酰胺多，故酯显示出比酰胺更强的反应活性。酸酐与酯类似，也是羰基与氧原子形成 p-π 共轭，不同的是氧原子的负电荷被两个羰基所分担，导致酸酐的活性高于酯。酰卤的羰基 π 键与卤素的 p 轨道不能形成有效重叠，共轭程度较低，羰基碳的正电荷不能被有效分散，因而酰卤的反应活性最高。此外，反应活性还取决于羧酸衍生物中离去基团的离去能力。离去基团碱性越强，越不易离去，亲核取代反应的活性就越低。NH_2^- 的碱性最强，其次是 RO^-，再次是 COO^-，最弱的是 X^-，故酰胺、酯、酸酐和酰卤亲核取代反应活性依次增强。

　　羧酸衍生物的亲核取代反应包括水解、醇解和氨解反应，其结果是羧酸衍生物中的酰基取代了水、醇（或酚）、氨（或伯胺、仲胺）中的氢原子，形成羧酸、酯、酰胺等取代产物。

（一）酰卤

　　酰卤是活性最高的羧酸衍生物，很容易通过水解、醇解和氨解反应转化成羧酸或其他羧酸衍生物。

　　1. 水解（hydrolysis）　酰卤与水反应，卤原子被—OH 取代生成羧酸。例如：

$$CH_3\overset{\overset{O}{\|}}{C}Cl + H-OH \longrightarrow CH_3\overset{\overset{O}{\|}}{C}OH + HCl$$

乙酰卤　　　　　　　　　　　　乙酸

乙酰氯的水解反应是一个强烈的放热反应，在空气中会发烟，存放时需注意防潮。

　　2. 醇解（alcoholysis）　酰卤与醇反应，卤原子被—OR 取代生成酯。例如：

$$CH_3-\overset{\overset{O}{\|}}{C}-Cl + CH_3CH_2CH_2CH_2OH \xrightarrow{\text{吡啶}} CH_3-\overset{\overset{O}{\|}}{C}-OCH_2CH_2CH_2CH_3 + HCl$$

丁醇　　　　　　　　　　乙酸丁酯

　　酰卤与醇的反应也是一个强烈放热的反应，故必须控制反应温度，以防温度过高引发醇的脱水反应。对于反应活性较差的芳酰卤、有空间位阻的脂肪酰卤与叔醇反应，常加一些碱性物质例如氢氧化钠、吡啶或三级胺来中和反应产生的副产物卤化氢，以加快反应的进行。例如：

苯甲酰氯　　　叔丁醇　　　　　　苯甲酸叔丁酯

3. 氨解（ammonolysis）　酰卤与氨（或胺）反应生成酰胺。例如：

$$CH_3-\overset{O}{\overset{\|}{C}}-Cl + 2NH_3 \longrightarrow CH_3-\overset{O}{\overset{\|}{C}}-NH_2 + NH_4^+Cl^-$$

乙酰卤　　　　　　　　　乙酰胺

酰卤与氨（或胺）反应迅速，反应中产生的卤化氢可通过加入过量的氨（或胺）除去。为避免消耗过量的原料胺，也常用氢氧化钠、吡啶和三乙胺中和卤化氢。

（二）酸酐

在脱水剂作用下，羧酸分子间脱水可制备简单酸酐。而干燥的羧酸盐与酰氯反应，可制备混合酸酐。例如：

$$CH_3CONa + CH_3CH_2CCl \longrightarrow CH_3COCCH_2CH_3$$

乙酸钠　　　　丙酰氯　　　　　　乙丙酐

酸酐与酰卤相似，均能发生水解、醇解和氨（胺）解反应，但反应活性不如酰卤高。

1. 水解反应　酸酐与水反应，生成羧酸。例如：

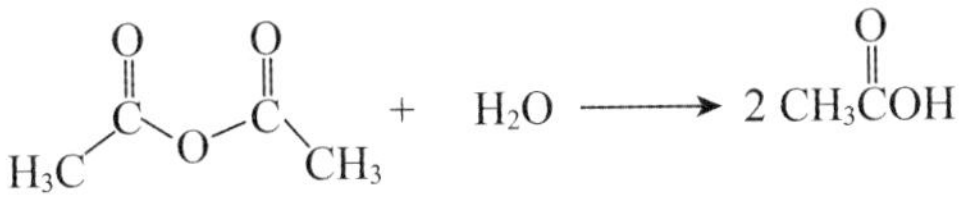

乙酐　　　　　　　　乙酸

2. 醇解反应　酸酐与醇或酚反应，生成酯和羧酸。例如：

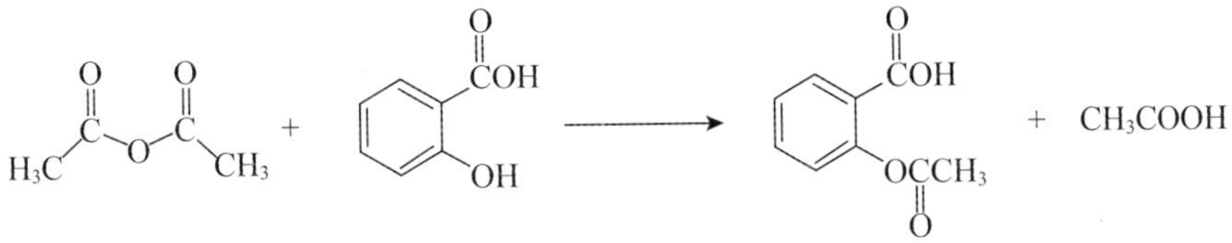

水杨酸　　　　　　　乙酰水杨酸

酰卤和酸酐的醇解均是在醇（或酚）分子中的羟基上引入酰基，故称酰化反应（acylating reaction），提供酰基的化合物称为酰化试剂（acylating agent）。酰卤和酸酐是最常用的酰化试剂。在医药上可利用酰化反应降低某些药物的毒性，同时提高药物的脂溶性，改善药物在人体的吸收，达到提高疗效的目的。

3. 氨解反应　酸酐与氨（或胺）反应，生成酰胺和羧酸盐。例如：

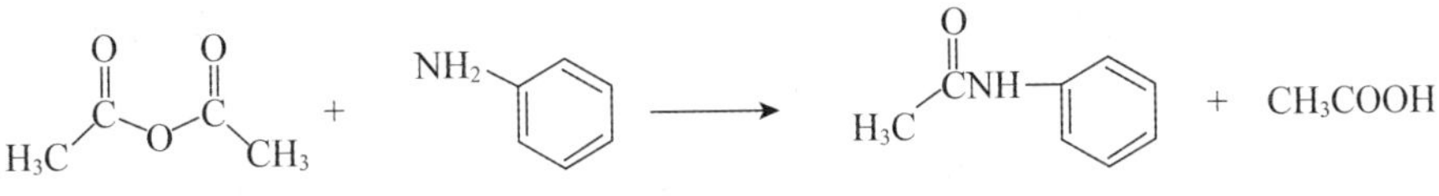

苯胺　　　　　　　　乙酰苯胺

（三）酯

酯可通过羧酸与醇在无机酸催化下发生酯化反应制得，也可以用酰氯、酸酐与醇在碱催化下制得。酯不如酰卤和酸酐活泼，故酯的水解常需要酸和碱的催化，并且在加热的条件下进行。

1. 水解反应   酯在碱性条件下的水解称为皂化反应。对于伯醇和仲醇形成的酯，通常发生酰氧键断裂。例如：

$$CH_3-\overset{O}{\overset{\|}{C}}-OC_3H_7 \ + \ NaOH \ \xrightarrow{\triangle} \ CH_3-\overset{O}{\overset{\|}{C}}-O^-Na^+ \ + \ C_3H_7OH$$

乙酸丙酯 　　　　　　　　　　　　　　乙酸钠 　　　丙醇

酯的碱性水解经历加成和消除两个过程。其反应机理如下：

$$R-\overset{O}{\overset{\|}{C}}-OR' \ + \ OH^- \ \rightleftharpoons \ \left[R-\overset{O^-}{\overset{|}{\underset{OR'}{C}}}-OH \right] \ \rightleftharpoons \ R-\overset{O}{\overset{\|}{C}}-OH \ + \ R'O^- \ \longrightarrow \ R-\overset{O}{\overset{\|}{C}}-O^- \ + \ R'OH$$

酯 　　　　　　　　中间体 　　　　　　羧酸 　　烷氧负离子 　　羧酸阴离子

亲核试剂 OH^- 进攻酯的羰基碳，形成带负电荷的四面体结构的中间体，紧接着烷氧基离去，形成酸性较弱的羧酸和碱性较强的烷氧负离子，两者迅速发生酸碱中和反应使平衡移向生成产物方向，故酯的碱性水解是不可逆的。

酯在碱溶液中的水解反应速率主要取决于四面体中间体的稳定性，凡能分散负电荷的取代基，均可使中间体稳定，即在酯羰基附近连有的吸电子基越多，中间体越稳定，反应越易进行。

酯在酸性条件下的水解是酯化反应的逆反应。加入过量的水有利于平衡向生成酸和醇的方向移动。例如：

$$CH_3\underset{Br}{\overset{}{C}}HCOCH_3 \ + \ H_2O \ \xrightarrow[\triangle]{HCl} \ CH_3\underset{Br}{\overset{}{C}}HCOH \ + \ CH_3OH$$

2-溴丙酸甲酯 　　　　　　　　　　　2-溴丙酸 　　甲醇

其反应机理如下：

$$R-\overset{O}{\overset{\|}{C}}-OR' \ \xrightarrow{H^+} \ R-\overset{+OH}{\overset{\|}{C}}-OR' \ \xrightarrow{H_2O} \ R-\overset{OH}{\underset{\overset{+}{O}H}{\overset{|}{\underset{H}{C}}}}-OR'$$

$$R-\overset{OH}{\underset{OH}{\overset{|}{\underset{}{C}}}}\overset{+}{\underset{H}{O}}R' \ \xrightarrow{-R'OH} \ R-\overset{+OH}{\overset{\|}{C}}-OH \ \xrightarrow{-H^+} \ R-\overset{O}{\overset{\|}{C}}-OH$$

在酯的酸性水解中，第一步是质子化羰基氧，以增加羰基碳的亲电性；第二步是 H_2O 进攻质子化的酯，形成带正电荷的四面体中间体；第三步是质子转移和消除醇分子，再消除质子得到羧酸。

与酯的碱性水解一样，该反应速率也取决于四面体结构中间体的稳定性。R 和 OR' 基团越大，反应速率越慢；R 和 OR' 基团供电子能力增强，有利于中间体稳定而使水解反应速率加快。

2. 氨解反应　氨（胺）比醇具有更强的亲核性，可以与酯发生亲核取代反应（氨解反应），生成酰胺和醇。反应需要在加热的条件下进行。例如：

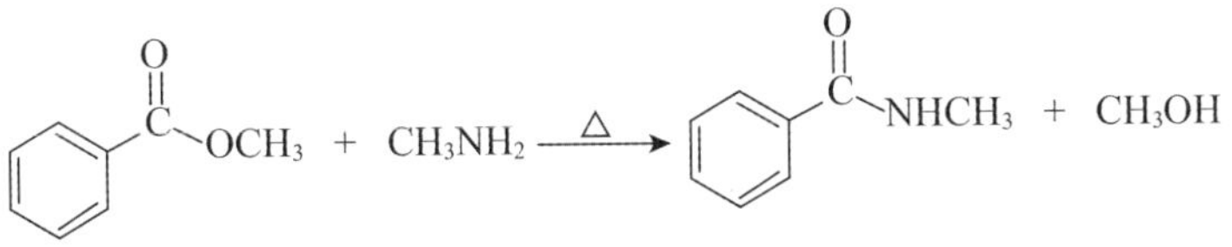

苯甲酸甲酯　　　　　　*N*-甲基苯甲酰胺

（四）酰胺

酰胺一般由酰氯（或酸酐）与氨（或胺）制备得到。酰胺是最稳定的羧酸衍生物，故不能通过亲核取代反应将其转化成其他类型的羧酸衍生物。在酸性和碱性条件下，酰胺可水解成羧酸。不过水解条件比酯要强烈得多，需要比酯更长时间的加热回流，方可水解成羧酸或羧酸盐。

1. 水解反应

酸性水解：

$$CH_3CH_2-\overset{O}{\overset{\|}{C}}-NH_2 + H_2SO_4 \xrightarrow[\triangle]{H_2O} CH_3CH_2-\overset{O}{\overset{\|}{C}}-OH + NH_4^+HSO_4^-$$

丙酰胺　　　　　　丙酸

碱性水解：

$$CH_3-\overset{O}{\overset{\|}{C}}-NH_2 + NaOH \xrightarrow[\triangle]{H_2O} CH_3-\overset{O}{\overset{\|}{C}}-O^-Na^+ + NH_3\uparrow$$

乙酰胺　　　　　　乙酸盐

2. 内酰胺　环状酰胺称为内酰胺，常见的有四元环、五元环和六元环内酰胺。其中四元环的内酰胺（β-内酰胺）环张力较大，具有较高的反应活性，很容易通过开环释放能量。

青霉素 G（一类最早发现的抗生素）以及它的类似物，组成了一大类含有 β-内酰胺环的抗生素。例如，青霉素 G 钠分子结构中含有 β-内酰胺环与含硫五元杂环组成的稠合环。β-内酰胺类抗生素的内酰胺羰基极易与细菌细胞膜上的转肽酶氧结合，使转肽酶失活，从而阻止了细菌细胞壁黏肽的合成，使之不能交联而造成细胞壁的缺损，致使细菌细胞破裂而死亡。青霉素 G 钠使转肽酶失活的示意图如下：

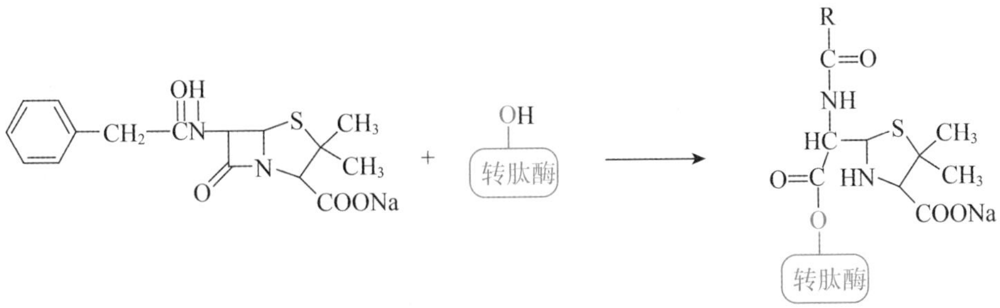

β-内酰胺环遇酸、碱很容易失效，即使在室温条件下其水溶液也容易发生水解。因此在临床上通常使用粉针剂型，注射前临时配制注射液。头孢菌素分子结构中也有 β-内酰胺环，是与含硫六元杂环稠合在一起的，它比青霉素 G 稳定，临床上常使用其片剂。

二、酯缩合反应

酯分子中的 α-H 具有弱酸性，在醇钠作用下形成 α-碳负离子，与另一分子酯发生亲核反应，生成 β-酮酸酯，该反应称为酯缩合反应或 Claisen（克莱森）缩合反应。例如：

$$CH_3COC_2H_5 + CH_3COC_2H_5 \xrightarrow[(2)\ H_3O^+]{(1)\ NaOC_2H_5} CH_3CCH_2COC_2H_5 + C_2H_5OH$$

乙酸乙酯　　　　　　　　　　　　　　　　　乙酰乙酸乙酯

酯缩合反应的机理如下：

$$CH_3COCH_2CH_3 + CH_3CH_2ONa \rightleftharpoons {}^-CH_2COCH_2CH_3 + CH_3CH_2OH$$

$$CH_3COCH_2CH_3 + {}^-CH_2COCH_2CH_3 \rightleftharpoons CH_3\overset{O^-}{C}OCH_2CH_3$$
$$\underset{O}{\overset{|}{CH_2COCH_2CH_3}}$$

$$CH_3\overset{O^-}{\underset{CH_2COCH_2CH_3}{C}}OCH_2CH_3 \rightleftharpoons CH_3CCH_2COCH_2CH_3 + CH_3CH_2O^-$$

$$CH_3CCH_2COCH_2CH_3 + CH_3CH_2O^- \rightleftharpoons CH_3C\overset{-}{C}HCOCH_2CH_3 + CH_3CH_2OH$$

$$CH_3C\overset{-}{C}HCOCH_2CH_3 \xrightarrow{H^+, H_2O} CH_3CCH_2COCH_2CH_3$$

在碱性条件下，酯的 α-碳上失去一个氢质子，形成 α-碳负离子。接着，碳负离子对另一分子酯的羰基进行亲核加成，形成四面体结构的中间体。然后，消去乙氧基负离子，得乙酰乙酸乙酯。乙酰乙酸乙酯在碱性条件下再去质子化使平衡向产物方向移动。最后在酸性溶液中得乙酰乙酸乙酯。

乙酸乙酯的酯缩合反应的产物为 1,3-二羰基化合物，受两个羰基的影响，中间 α-H 的酸性明显高于乙酸乙酯。酸性增强的原因是负电荷可以离域到两个羰基上，形成更稳定的烯醇负离子。

$$CH_3{-}\overset{O^-}{C}{=}CH{-}\overset{O}{C}{-}OC_2H_5 \longleftrightarrow CH_3{-}\overset{O}{C}{-}\overset{-}{C}H{-}\overset{O}{C}{-}OC_2H_5 \longleftrightarrow CH_3{-}\overset{O}{C}{-}CH{=}\overset{O^-}{C}{-}OC_2H_5$$

乙酰乙酸乙酯负离子可以和卤代烷发生烷基化反应，和酰卤发生酰基化反应。烷基化的乙酰乙酸乙酯经碱性水解酸化后生成烷基化的乙酰乙酸，乙酰乙酸即为 β-酮酸，在加热时易发生脱酸反应。利用上述的乙酰乙酸乙酯合成法，可以制备单取代或双取代的丙酮。例如：

$$CH_3CCH_2COCH_2CH_3 \xrightarrow{CH_3CH_2ONa} CH_3C\overset{-}{C}HCOCH_2CH_3 \xrightarrow{RX} CH_3C\underset{R}{C}HCOCH_2CH_3$$

$$\xrightarrow{NaOH/H_2O} \xrightarrow{H^+} CH_3C\underset{R}{C}HCOH \xrightarrow{\triangle} CH_3C\underset{R}{C}H_2 + CO_2\uparrow$$

问题 11-2　如何用乙酰乙酸乙酯合成法制备 2-丁酮?

三、羧酸衍生物的还原

羧酸衍生物能被强还原剂氢化铝锂还原。其中酰卤和酯被还原成醇，酰胺被还原成胺。

酰氯的还原:

$$H_3C-\overset{O}{\underset{}{C}}-Cl \xrightarrow[\text{(2)}\ H_3O^+]{\text{(1)}\ LiAlH_4,\ 乙醚} CH_3-CH_2OH$$

酯的还原:

$$R-\overset{O}{\underset{}{C}}-OR' \xrightarrow[\text{(2)}\ H_3O^+]{\text{(1)}\ LiAlH_4,\ 乙醚} R-CH_2OH\ +\ R'OH$$

酰胺的还原:

$$\text{Ph}-OCH_2-\overset{O}{\underset{}{C}}-NH_2 \xrightarrow[\text{(2)}\ H_3O^+]{\text{(1)}\ LiAlH_4,\ 乙醚} \text{Ph}-OCH_2-CH_2-NH_2$$

四、碳酸衍生物

碳酸是两个羟基共用一个羰基的二元酸。两个羟基被其他基团取代的化合物称为碳酸衍生物 (derivatives of carbonic acid)。尿素就是碳酸分子中的两个羟基被氨基 (—NH₂) 取代的产物，结构式如下:

$$HO-\overset{O}{\underset{}{C}}-OH \qquad H_2N-\overset{O}{\underset{}{C}}-NH_2$$
碳酸 　　　　　尿素

1. 尿素　尿素 (urea) 又称脲，是人类和哺乳动物体内蛋白质代谢的终产物之一，主要存在于尿内，成人每天可排泄 25～30g 脲。脲在常温下为白色晶体，其水溶液在酸、碱或脲酶作用下可以分解成 CO₂ 和 NH₃，具体反应如下所示:

$$NH_2-\overset{O}{\underset{}{C}}-NH_2\ +\ H_2O \xrightarrow{HCl} CO_2\uparrow +\ NH_4Cl$$

$$NH_2-\overset{O}{\underset{}{C}}-NH_2\ +\ H_2O \xrightarrow{NaOH} Na_2CO_3\ +\ NH_3\uparrow$$

$$NH_2-\overset{O}{\underset{}{C}}-NH_2\ +\ H_2O \xrightarrow{脲酶} CO_2\uparrow +\ NH_3\uparrow +\ H_2O$$

2. 缩二脲　将脲缓慢加热至 150～160℃，两分子脲之间脱去一分子氨，形成缩二脲。

$$H_2N-\overset{O}{\underset{}{C}}-NH_2\ +\ H_2N-\overset{O}{\underset{}{C}}-NH_2 \xrightarrow{150\sim160℃} H_2N-\overset{O}{\underset{}{C}}-NH-\overset{O}{\underset{}{C}}-NH_2\ +\ NH_3\uparrow$$
尿素　　　　　　　　　　　　　　　　　　缩二脲

缩二脲难溶于水，但可溶于碱溶液。在缩二脲的碱性溶液中加入少许硫酸铜溶液，溶液显紫红色或紫色，这个反应称为缩二脲反应（biuret reaction）。缩二脲反应能鉴别含两个及两个以上酰胺结构的化合物，故可用缩二脲反应鉴别多肽和蛋白质。

3. 丙二酰脲　将脲与丙二酰氯在碱性条件下反应，生成环状的丙二酰脲。其反应式如下：

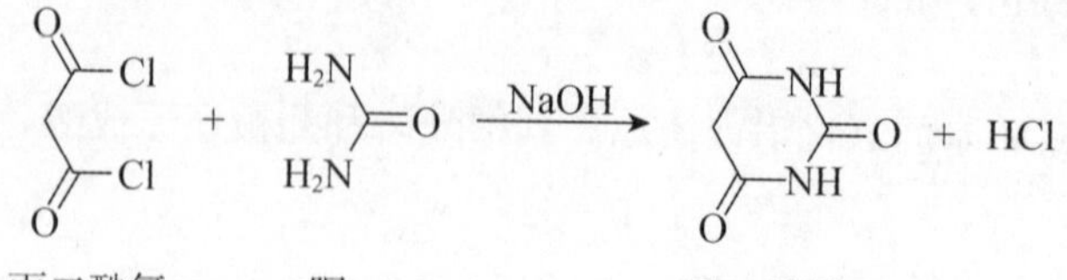

丙二酰氯　　　脲　　　　　　　　丙二酰脲

丙二酰脲（malonyl urea）为无色结晶，微溶于水，能够发生酮式-烯醇式互变异构，其互变平衡如下所示：

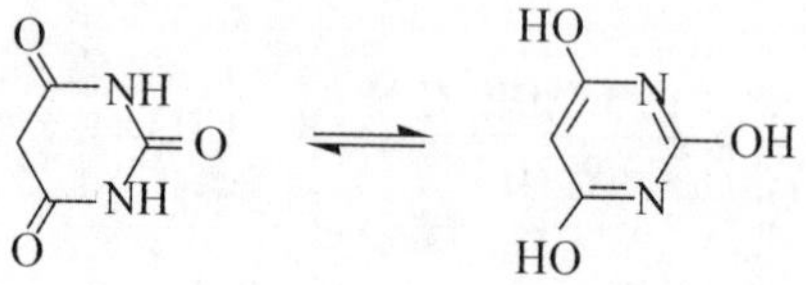

酮式　　　　　　烯醇式

由于其中的烯醇式表现出比乙酸（$pK_a=4.76$）更强的酸性（$pK_a=3.85$），故丙二酰脲又称巴比妥酸（barbituric acid）。巴比妥酸衍生物如苯巴比妥、异戊巴比妥是一类重要的安眠药物，其结构式如下：

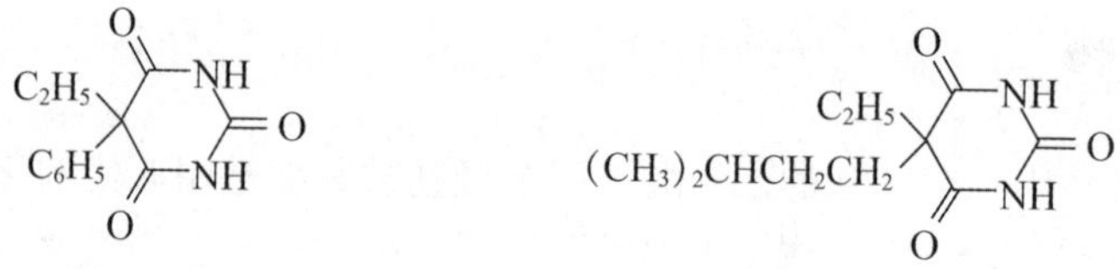

苯巴比妥　　　　　　　　　　　异戊巴比妥

巴比妥类药物有成瘾性，大量服用会危及生命。

知识扩展

阿司匹林

阿司匹林的化学名为乙酰水杨酸，是一种历史悠久的解热镇痛药。弗雷德里克·热拉尔（Gerhardt）在 1853 年用水杨酸与醋酐成功合成了乙酰水杨酸：

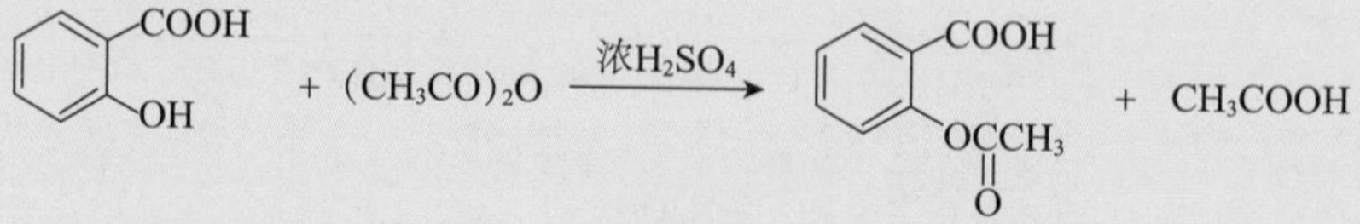

但当时没有引起人们的足够重视。直到 1897 年德国化学家费利克斯·霍夫曼将乙酰水杨酸用于治疗他父亲的风湿性关节炎，获得了良好的治疗效果。1899 年乙酰水杨酸由德国拜耳公司正式注册上市，取名为阿司匹林（Aspirin）。后来，人们又发现它还具有抗血小板聚集的作用，于是人们将阿司匹林及其他水杨酸衍生物与聚乙烯醇、醋酸纤维素等含羟基聚合物进行熔融酯化，使其高分子化，所得产物的抗炎作用和解热镇痛作用比游离的阿司匹林更为长效。目前，阿司匹林这个百年老药不仅仍然是世界上久用不衰的解热镇痛抗炎药，但其作用机理直到 1971 年才被 John Vane 发现。阿司匹林是花生四烯酸环氧合酶（COX）的不可逆抑制剂，通过抑制 COX 从而抑制了由花生四烯酸出发到前列腺素等一系列产物的生成。前列腺素与多种炎症有密切关系，可以说，前列腺素是一类致炎和致热物质。因此，阿司匹林通过阻断前列腺素类物质的生成发挥治疗作用。

小 结

羧酸衍生物包括酰卤、酸酐、酯和酰胺。其结构特点是酰基与卤素、酰氧基、烷氧基和氨基相连。

羧酸衍生物易发生亲核取代反应，反应经历亲核加成与消除两个过程。羧酸衍生物发生亲核取代反应的活性顺序取决于羰基与离去基团的共轭程度。酰卤的活性最高，其次是酸酐，再次是酯，最不活泼的是酰胺。较活泼的羧酸衍生物通常可转化成较不活泼的羧酸衍生物。羧酸衍生物易发生水解、氨解和醇解反应。

在碱性条件下，一分子酯与另一分子酯发生亲核取代反应，消去一分子醇，生成 β-酮酸酯的反应称为酯缩合反应，又称 Claisen（克莱森）缩合反应，利用酯缩合反应可合成 β-酮酸酯，β-酮酸酯水解、脱羧可合成酮类有机化合物。

羧酸衍生物能被强还原剂氢化铝锂还原。其中酰卤和酯被还原成醇，酰胺被还原成胺。

尿素（脲）属于碳酸衍生物，两分子尿素可缩合成缩二脲。在缩二脲的碱性溶液中加入少许硫酸铜溶液，溶液显紫红色或紫色，这个反应称为缩二脲反应。缩二脲反应可用来鉴别多肽和蛋白质。

习 题

1. 命名下列化合物。

(1)

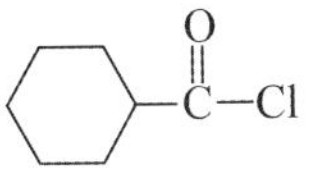

(2) 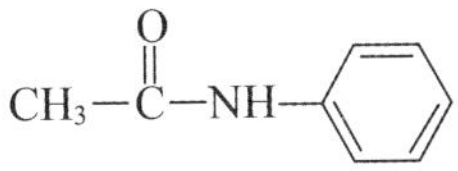 CH_3—$\overset{O}{\overset{\|}{C}}$—NH—

(3)

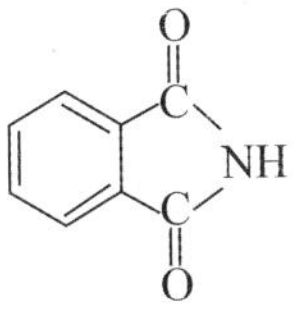

(4)

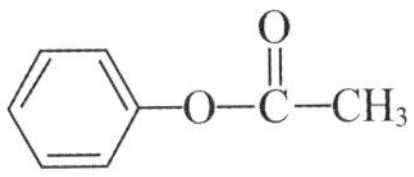

(5)

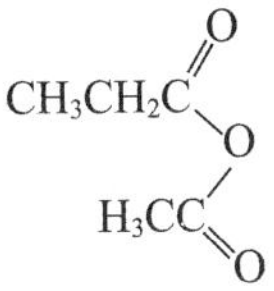

(6)

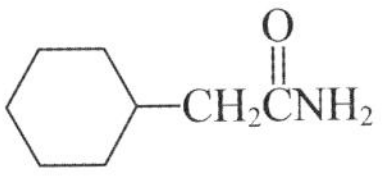

(7)

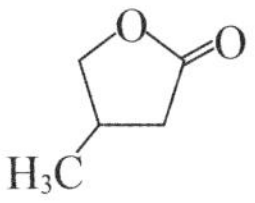

(8)

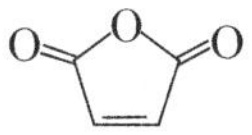

(9)

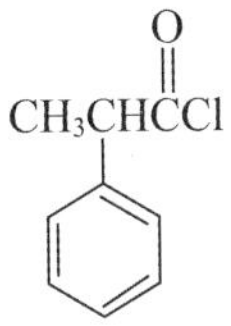

2. 写出下列化合物的结构式。

(1) DMF

(2) N,2-二甲基苯甲酰胺

(3) 2-氯丁酰氯

(4) 邻苯二甲酸酐

(5) 邻苯二甲酸二甲酯

(6) 丙烯酸甲酯

3. 完成下列反应式，写出主要产物。

(1) 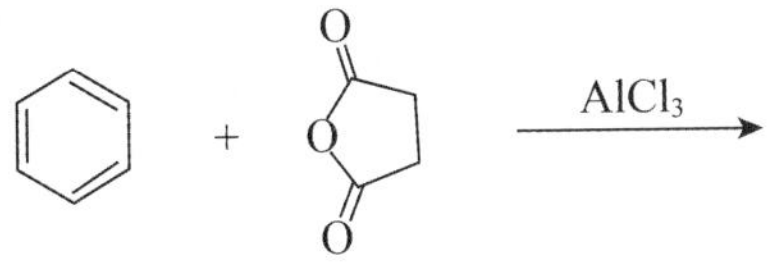 $\xrightarrow{AlCl_3}$

(2) 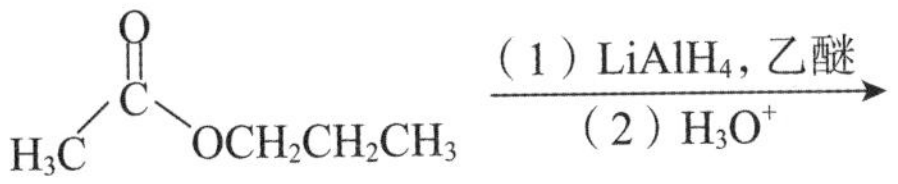 H_3C—$\overset{O}{\overset{\|}{C}}$—$OCH_2CH_2CH_3$ $\xrightarrow[(2)\ H_3O^+]{(1)\ LiAlH_4,\ 乙醚}$

(3)
$$Br-\overset{\overset{\displaystyle O}{\|}}{C}-\langle\ \rangle-Br\ +\ H_2O\ \longrightarrow$$

(4)
$$CH_3\overset{\overset{\displaystyle O}{\|}}{C}-O^{18}-C_2H_5\ +\ H_2O\ \xrightarrow[\triangle]{NaOH}$$

(5)
$$\langle\ \rangle-CH_2\overset{\overset{\displaystyle O}{\|}}{C}OC_2H_5\ \xrightarrow[(2)\ H_3O^+]{(1)\ NaOC_2H_5}$$

(6)
$$H-\overset{\overset{\displaystyle O}{\|}}{C}OC_2H_5\ +\ H_2N-\langle\ \rangle\ \longrightarrow$$

4. 排列下列化合物 α-H 的酸性大小，并解释原因。

A. $CH_3\overset{\overset{\displaystyle O}{\|}}{C}CH_2\overset{\overset{\displaystyle O}{\|}}{C}CH_3$

B. $CH_3\overset{\overset{\displaystyle O}{\|}}{C}CH_2\overset{\overset{\displaystyle O}{\|}}{C}OCH_3$

C. $CH_3\overset{\overset{\displaystyle O}{\|}}{C}CH_2\overset{\overset{\displaystyle O}{\|}}{C}H$

D. $CH_3O\overset{\overset{\displaystyle O}{\|}}{C}CH_2\overset{\overset{\displaystyle O}{\|}}{C}OCH_3$

5. 解释酰胺既表现出酸性又表现出碱性的现象。

6. 按要求排序。

（1）按递减顺序排列下列化合物的氨解活性

A. $\langle\ \rangle-\overset{\overset{\displaystyle O}{\|}}{C}OCH_3$

B. $\langle\ \rangle-\overset{\overset{\displaystyle O}{\|}}{C}\overset{\overset{\displaystyle O}{\|}}{C}-\langle\ \rangle$

C. $\langle\ \rangle-\overset{\overset{\displaystyle O}{\|}}{C}Cl$

D. $\langle\ \rangle-\overset{\overset{\displaystyle O}{\|}}{C}NH_2$

（2）按递减顺序排列下列化合物的水解活性

A. $CH_3O-\langle\ \rangle-\overset{\overset{\displaystyle O}{\|}}{C}OCH_3$

B. $CH_3-\langle\ \rangle-\overset{\overset{\displaystyle O}{\|}}{C}OCH_3$

C. $Cl-\langle\ \rangle-\overset{\overset{\displaystyle O}{\|}}{C}OCH_3$

D. $NO_2-\langle\ \rangle-\overset{\overset{\displaystyle O}{\|}}{C}OCH_3$

7.（1）什么叫缩二脲反应？何种结构的化合物可用缩二脲反应鉴别？（2）丙二酰脲为何具有酸性？

8. 用乙酸乙酯合成下列化合物，其他试剂任选。

（1）$CH_3\overset{\overset{\displaystyle O}{\|}}{C}\overset{\underset{\displaystyle CH_3}{|}}{C}HCH_2CH_3$

（2）$CH_3\overset{\overset{\displaystyle O}{\|}}{C}-\square$

（叶　玲）

第十二章　胺类化合物

在有机化合物中，氮原子和碳原子直接相连的化合物称为含氮有机化合物。含氮有机化合物主要包括胺、酰胺、硝基化合物、重氮化合物、偶氮化合物等。含氮有机化合物广泛存在于生物界，许多都与生物体的生命活动密切相关。如胆碱可以调节人体的脂肪代谢，多巴胺、肾上腺素和去甲肾上腺素是重要的神经递质。有些含氮有机化合物还被用作临床药物，如主治感冒和哮喘的麻黄碱、广谱抗菌药物磺胺类以及副交感神经抑制剂莨菪碱等。本章主要介绍含氮有机化合物中的胺、重氮化合物和偶氮化合物。

第一节　胺的分类与命名

氨分子中的一个或多个氢原子被烃基取代后得到的化合物称为胺（amine）。

一、胺的分类

1. 根据氮原子所连接的烃基种类不同，胺可以分为脂肪胺（aliphaticamine）和芳香胺（arylamine）。例如：

$$CH_3CHCH_2NH_2 \quad (CH_3)$$

脂肪胺 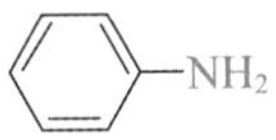　　　　　　　　　芳香胺

2. 根据氮原子所连接的烃基数目不同，胺可以分为伯（1°）、仲（2°）、叔（3°）胺。例如：

$$CH_3CH_2NH_2 \qquad CH_3NHCH_2CH_3 \qquad CH_3NCH_2CH_3 \ (CH_3)$$

伯（1°）胺　　　　　　仲（2°）胺　　　　　　叔（3°）胺

primary amine　　　　secondary amine　　　tertiary amine

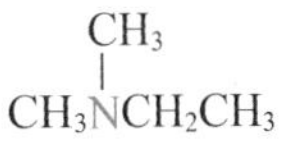

需要注意的是，伯胺、仲胺、叔胺与伯醇、仲醇、叔醇的含义不同，例如：

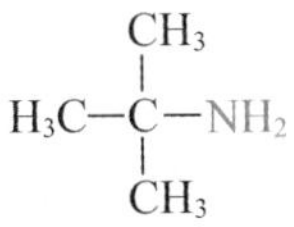

$$H_3C{-}\overset{CH_3}{\underset{CH_3}{C}}{-}NH_2 \qquad H_3C{-}\overset{CH_3}{\underset{CH_3}{C}}{-}OH$$

伯胺 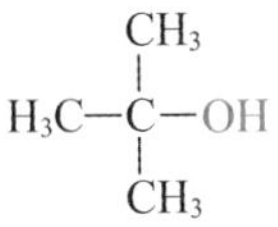　　　　　　　　　　叔醇

3. 根据分子中包含氨基的数目不同，胺可分为一元胺和多元胺，例如：

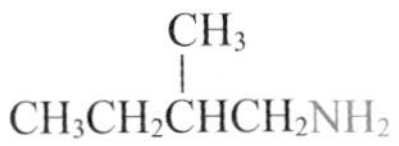

$$CH_3CH_2CHCH_2NH_2 \ (CH_3) \qquad CH_3CH_2CHCH_2NH_2 \ (NH_2)$$

一元胺 　　　　　　　　　二元胺

4. 季铵盐和季铵碱　氮原子与四个烃基连接的产物，分别称为季铵盐和季铵碱。例如：

$$(CH_3)_4N^+Cl^-$$

$$(CH_3)_2\overset{\displaystyle CH_2CH_3}{\underset{\displaystyle CH(CH_3)_2}{N}}OH^-$$

季铵盐　　　　　　　　　　季铵碱

二、胺的命名

（一）普通命名法

胺的普通命名法是命名 N 原子上所连接的烃基名称，在烃基名称的后面加上"胺"字，英文名称是取代基英文名称＋amine，芳香胺则将其视为苯胺的衍生物来命名。例如：

$$CH_3NH_2$$

甲（基）胺
methylamine

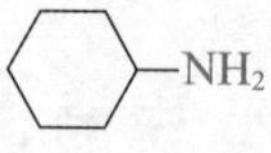

环己（基）胺
cyclohexylamine

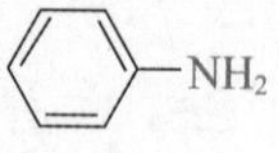

苯（基）胺
aniline

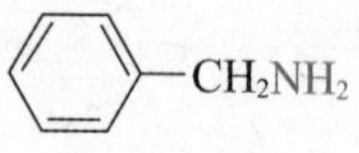

苄（基）胺
benzylamine

若 N 原子上连有多个烃基，则分别按下面两种情况进行命名。

1. N 原子连接的多个烃基相同时，则将相同的烃基个数用中文数字写在烃基名称的前面。例如：

$$CH_3NHCH_3$$

$$CH_3\overset{\displaystyle CH_3}{\underset{}{N}}CH_3$$

二甲（基）胺
dimethylamine

三甲（基）胺
trimethylamine

2. N 原子连接的多个烃基不同时，则将不同基团按次序规则进行排列，较优基团后列出。例如：

$$CH_3NHCH_2CH_3$$

$$CH_3\overset{\displaystyle CH_2CH_3}{\underset{}{N}}CH_2CH_2CH_3$$

$$(CH_3)_2NCH_2CH_3$$

甲（基）乙（基）胺
ethylmethylamine

甲（基）乙（基）丙（基）胺
ethylmethylpropylamine

二甲（基）乙（基）胺
ethyldimethylamine

（二）系统命名法

用系统命名法命名一元胺时，通常选择与氮原子相连接的最长碳链作为主链，根据主链所包含的碳原子数称为"某胺"。例如：

$$CH_3\underset{\displaystyle NH_2}{CH}CH_2CH_3$$

$$CH_3CH_2\underset{\displaystyle NH_2}{CH}CH_2CH_3$$

2-戊胺
2-pentylamine

3-己胺
3-hexylamine

如果主链上连接有取代基，则需要从靠近氨基的一端为主链碳原子进行编号，并将取代基的位次和名称写到母体名称前面。与醇的命名类似。例如：

$$CH_3CHCH_2CH_2CH_2$$
（下标 CH_3，NH_2）

4-甲基-1-戊胺

4-methyl-1-pentylamine

$$CH_3CH_2CHCH_2CHCH_2-NH_2$$
（上标 CH_3，下标 CH_2CH_3）

2-甲基-4-乙基-1-己胺

4-ethyl-2-methyl-1-hexylamine

命名仲胺和叔胺时，选择与氮原子相连的最长碳链作为主链，其他与氮原子连接的烃基作为氮原子上的取代基，用"$N-$"来表示。例如：

$$CH_3CH_2CH_2CH_2CH_2NCH_2CH_3$$
（下标 CH_3）

N-甲基-N-乙基-1-戊胺

N-ethyl-N-methyl-1-pentylamine

$$CH_3CH_2CH_2CH_2NCH_3$$
（下标 CH_3）

N,N-二甲基-1-丁胺

N,N-dimethyl-1-butylamine

遇到比较复杂的胺，则可以将氨基作为取代基，烃作为母体，按照烃的命名原则来进行命名。例如：

$$CH_3CHCHCH_2CHCH_3$$
（上标 NH_2，下标 CH_3，CH_3）

2,5-二甲基-3-氨基己烷

3-amino-2,5-dimethylhexane

$$CH_3CH_2CHCHCH_3$$
（上标 CH_3，下标 $NHCH_3$）

3-甲基-2-甲氨基戊烷

3-methyl-2-methylaminopentane

对于多元胺，需要选择连接尽可能多的氨基的最长碳链作为主链，根据主链所包含的碳原子数及所连接的氨基个数称为某几胺。例如：

$$CH_2CH_2CH_2CH_2CH_2$$
（下标 NH_2，NH_2）

1,5-戊二胺

1,5-pentanediamine

$$H_2NCH_2CHCH_2CH_2NH_2$$
（下标 NH_2）

1,2,4-丁三胺

1,2,4-butanetriamine

季铵类化合物的命名，则参照无机铵盐或碱的命名方法。例如：

$(CH_3)_4N^+Cl^-$　　　　$(CH_3)_4N^+OH^-$　　　　$[(CH_3)_3NCH_2CH_3]^+OH^-$

氯化四甲铵　　　　　　氢氧化四甲铵　　　　　　氢氧化三甲基乙基铵

季铵碱是强碱，其碱性与氢氧化钠、氢氧化钾相当，可吸收空气中的二氧化碳和水，也能与酸发生中和反应。

问题 12-1　命名下列化合物或写出构造式。

(1) $CH_3NHCH(CH_3)_2$

(2) $C_6H_5CH_2^+N(CH_3)_3Br^-$

(3) 环戊烷，上方 CH_3，右侧 $-NHCH_3$，下方 CH_2CH_3

(4) 苯环，上方 Br，左侧 Br，右侧 $-NH_2$，下方 NO_2

(5) N,N-二甲基丙胺

(6) N-异丙基苯胺

(7) 1,4-环己二胺

(8) 2,5-二甲基-1-己胺

第二节　胺的结构

胺分子中的氮原子采用不等性 sp^3 杂化，其中三个杂化轨道分别与氢原子的 1s 轨道或碳原子的杂化轨道形成 σ 键，另外一个杂化轨道被一对未成键电子占据，分子呈棱锥型。如图 12 - 1。

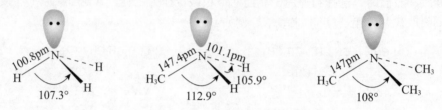

图 12 - 1　氨、甲胺、三甲胺的结构

当氮原子所连接的三个原子或基团不同时，氮原子即成为分子的一个手性中心，分子应该具有手性。但基于此手性中心形成的一对对映体很容易通过一个平面的过渡态而相互转化，如图 12 - 2 所示，因此很难分离出其中的一个对映体。

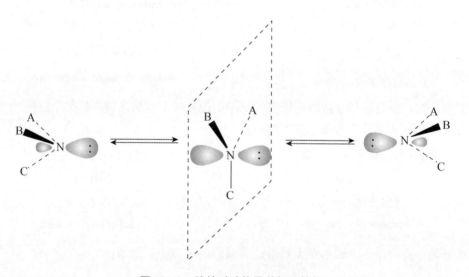

图 12 - 2　胺的对映体及其相互转化

氮原子连接四个不同基团的季铵类手性分子，则很难通过平面过渡态完成对映体之间的相互转化，可以被拆分成单一的对映体，比较稳定。例如：

在苯胺分子中，氨基中的氮原子采用不等性 sp^3 杂化，氮原子用三个 sp^3 杂化轨道分别与苯环的一个碳原子和两个氢原子形成三个 σ 键，其中，两个 N—H 键与苯环并不处于同一个平面内，两个 N—H 键所在平面与苯环平面约有 39.4° 的夹角，如图 12 - 3 所示：

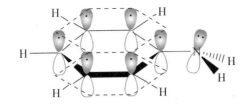

图 12-3　苯胺的结构

由于氮原子的未共用电子对所占据的 sp^3 杂化轨道具有较多的 p 轨道成分，使氮原子由 sp^3 杂化趋向于 sp^2 杂化，虽然不能与苯环有效完整地形成 p-π 共轭体系，但依然与苯环的大 π 键有很大程度的重叠，部分未共用电子仍然可以离域到苯环的大 π 键上，从而使电荷得以在更大体系中被分散，增加了体系的稳定性。

第三节　胺的物理性质

低级脂肪胺为气体或易挥发的液体，如甲胺、乙胺、二甲胺和三甲胺是气体，丙胺为液体，高级胺为固体。低级胺易溶于水，而高级胺不溶于水。伯胺和仲胺因为可以形成分子间氢键，其沸点比相对分子质量相当的烷烃高。叔胺由于氮原子上没有氢原子，分子之间不能形成氢键，故其沸点与相对分子质量相当的烷烃接近。低级胺多具有与氨气类似的气味，有些具有鱼腥味。鱼的腥味主要来自于三甲胺，高级胺没有气味，芳香胺为高沸点的液体或低熔点的固体，具有特殊的气味。一些多元胺和芳香胺具有毒性，可透过人体皮肤渗入体内或由于长期吸入其蒸汽而导致人体中毒，如尸体腐败产生的 1,4-丁二胺（腐胺）和 1,5-戊二胺（尸胺）。有些芳香胺具有致癌作用，如联苯胺、3,4-二甲基苯胺等，处理这些胺时应多加防护。一些常见胺的物理常数见表 12-1。

表 12-1　常见胺的物理常数

名称	结构简式	沸点（℃）	熔点（℃）	水溶性（g/100ml，25℃）
氨	NH_3	−33	−78	∞
甲胺	CH_3NH_2	−6	−95	易溶
二甲胺	$(CH_3)_2NH$	7	−93	易溶
三甲胺	$(CH_3)_3N$	3	−117	易溶
乙胺	$C_2H_5NH_2$	17	−81	易溶
二乙胺	$(C_2H_5)_2NH$	56	−48	易溶
三乙胺	$(C_2H_5)_3N$	89	−114	14
丙胺	$CH_3CH_2CH_2NH_2$	48	−83	易溶
二丙胺	$(CH_3CH_2CH_2)_2NH$	110	−40	易溶
三丙胺	$(CH_3CH_2CH_2)_3N$	156	−93	易溶
苯胺	$C_6H_5NH_2$	184	−6	3.7
N-甲基苯胺	$C_6H_5NHCH_3$	196	−57	微溶
N,N-二甲基苯胺	$C_6H_5N(CH_3)_2$	194	3	微溶
邻甲基苯胺	o-$CH_3C_6H_4NH_2$	200	−28	1.7

续表

名称	结构简式	沸点（℃）	熔点（℃）	水溶性（g/100ml，25℃）
间甲基苯胺	m-CH$_3$C$_6$H$_4$NH$_2$	203	−30	微溶
对甲基苯胺	p-CH$_3$C$_6$H$_4$NH$_2$	200	44	0.7
邻硝基苯胺	o-NO$_2$C$_6$H$_4$NH$_2$	284	71	0.1
间硝基苯胺	m-NO$_2$C$_6$H$_4$NH$_2$	307（分解）	114	0.1
对硝基苯胺	p-NO$_2$C$_6$H$_4$NH$_2$	332	148	0.05

第四节 胺的化学性质

与氨分子一样，胺的氮原子上有未共用电子对，属于路易斯碱，因此胺与氨在化学性质上有很多相似之处，都具有碱性和亲核性。

一、碱性与成盐

由于氮原子的电负性较氧原子的小，所以胺与质子结合的能力比醇和水强，在水溶液中呈现碱性。

$$R-\overset{..}{N}H_2 + H_2O \rightleftharpoons R-NH_3^+ + OH^-$$

不同胺的碱性强弱可用解离常数 K_b 或其对数的负值 pK_b 来表示。

$$K_b = \frac{[RNH_3^+][OH^-]}{[RNH_2]} \qquad pK_b = -\log K_b$$

常见胺的 pK_b 如表 12-2 所示。

表 12-2 常见胺的 pK_b

	甲胺	二甲胺	三甲胺	氨	苯胺	对甲苯胺	对氯苯胺	对硝基苯胺
pK_b	3.38	3.27	4.21	4.76	9.37	8.92	9.85	13.0

从表 12-2 可以看出，多数脂肪胺的碱性比氨稍强，而芳香胺的碱性比氨弱。

胺在水中的碱性强弱，不仅取决于氮原子上电子云密度的大小，还与空间效应及质子化后生成的铵离子的溶剂化程度有关。影响胺的碱性强弱的因素主要有以下几种。

（一）电子效应

对于脂肪胺来说，由于其结构中的烷基具有给电子效应，使胺分子中氮原子上的电子云密度增大，结合质子的能力增强，并可使生成的铵离子的正电荷得以分散而变得更加稳定。因此氮原子上连接的烷基越多，其给电子的诱导效应越强，胺的碱性也越强。

芳香胺则由于氮原子上的未成键电子对与苯环形成了一定程度的 p-π 共轭，氮原子上的电子部分离域到苯环上，使氮原子上的电子云密度有所降低，结合质子的能力降低，碱性也随之减弱。

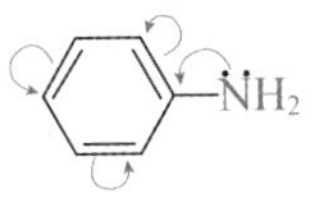

仅考虑烃基的电子效应对胺碱性的影响，胺的碱性强弱规律应该是：

$$叔胺 > 仲胺 > 伯胺 > NH_3 > 芳香胺$$

（二）溶剂化效应

从表 12-2 中可以看出，甲胺、二甲胺和三甲胺在水溶液中的碱性强弱顺序为二甲胺 > 甲胺 > 三甲胺，这是由于胺的碱性强弱不仅取决于电子效应的影响，还受其在水溶液中结合质子后形成的铵正离子的稳定性即溶剂化效应的影响（图 12-4）。氮原子上连氢原子越多的胺，其生成的铵正离子与水形成氢键的概率越大，溶剂化的程度也越大，铵正离子也就越稳定，胺的碱性就愈强。

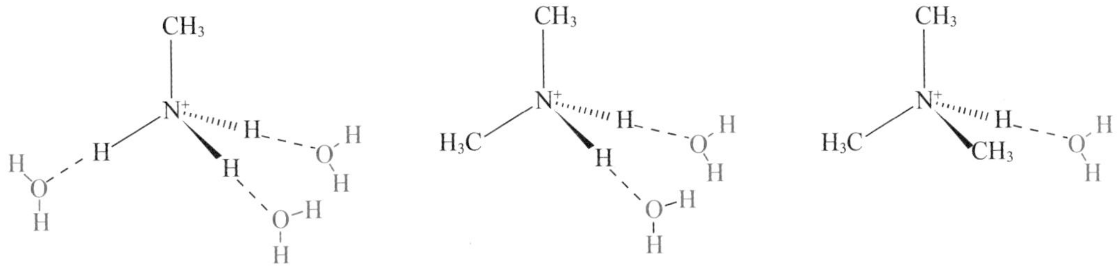

图 12-4　铵离子的溶剂化效应

仅考虑溶剂化效应对胺碱性的影响，胺的碱性强弱顺序为：

$$NH_3 > 伯胺 > 仲胺 > 叔胺 > 芳香胺$$

（三）空间效应

胺分子中氮原子上连接的烃基越多，体积越大，对质子靠近氮原子的空间阻碍就越大，胺的碱性就越弱。同时，体积较大的烃基也会对溶剂化效应产生影响，使铵正离子与水分子形成氢键的难度增大，从而进一步减弱胺的碱性。

仅考虑空间效应的影响，胺的碱性强弱顺序为：

$$NH_3 > 伯胺 > 仲胺 > 叔胺 > 芳香胺$$

由此可以看出，胺的碱性强弱是由电子效应、空间效应和溶剂化效应共同影响的结果。综合上面三种影响因素，胺在水溶液中的碱性最强的是仲胺，其次是伯胺和叔胺，芳香胺碱性最弱。

问题 12-2　按碱性由强到弱排列下列各组化合物。
（1）乙胺，二乙胺，苯胺，二苯胺
（2）氨，甲胺，二甲胺，苯胺，乙酰苯胺
（3）苄胺，对甲基苯胺，间硝基苯胺，对硝基苯胺，2,4-二硝基苯胺

二、烃基化反应

胺分子中的氮原子上有一对未共用电子对，可作为亲核试剂与卤代烷发生亲核取代反应。

氮原子上的氢原子被烃基取代的反应，称为胺的烃基化反应。

如伯胺与卤代烷发生亲核取代，可得到仲胺。

$$R\overset{..}{N}H_2 + R'-X \longrightarrow R-NH + HX$$
$$\qquad\qquad\qquad\qquad\quad |$$
$$\qquad\qquad\qquad\qquad\; R'$$

由于产物仲胺的亲核能力通常强于伯胺，所以反应很难停留在仲胺阶段，会继续反应生成叔胺，叔胺还会继续反应，最终生成季铵盐。

$$R-NH + R'-X \longrightarrow R-\overset{R'}{\underset{R'}{N}} \xrightarrow{R'-X} R-\overset{R'}{\underset{R'}{N^+}}-R'X^-$$

三、酰化反应与磺酰化反应

伯胺和仲胺都能与酰氯或酸酐反应，氮原子上的氢被酰基取代，生成 N-取代或 N,N-二取代酰胺。这种用酰基取代氮原子（或其他原子）上的氢原子从而导入酰基的反应称为酰化反应，用来导入酰基的试剂称为酰化试剂，如酰卤或酸酐。乙酸酐和乙酰氯是最常用的酰化试剂。叔胺分子中氮原子上没有氢原子，故不发生酰化反应。

$$R-NH_2 + R'-\overset{O}{\overset{\|}{C}}-Cl \longrightarrow R'-\overset{O}{\overset{\|}{C}}-NHR + HCl$$

$$R-\overset{R}{\underset{}{N}}H + R'-\overset{O}{\overset{\|}{C}}-Cl \longrightarrow R'-\overset{O}{\overset{\|}{C}}-\overset{}{\underset{R}{N}}R + HCl$$

$$R-\overset{R}{\underset{}{N}}-R + R'-\overset{O}{\overset{\|}{C}}-Cl \longrightarrow 不反应$$

胺的酰化反应在有机合成中的应用主要在以下两方面：一是利用酰基的导入来合成药物，如解热镇痛药物扑热息痛的制备过程如下。

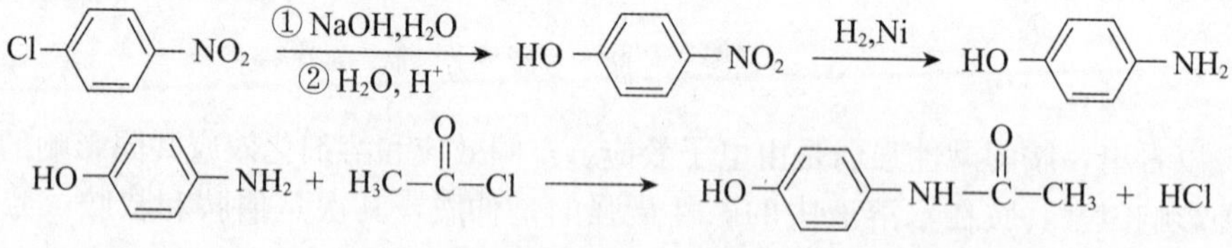

对羟基乙酰苯胺（扑热息痛）

二是通过酰化反应导入酰基从而对氨基进行保护或降低苯环上的氨基在亲电取代反应中对苯环的致活能力。如利用苯胺制备对硝基苯胺时，因硝化试剂中的硝酸是强氧化剂，可将氨基氧化成硝基，需要在硝化之前将氨基保护起来，其过程如下：

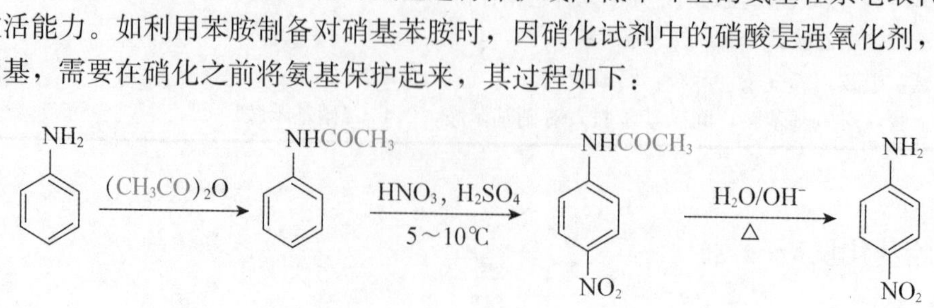

另外，伯胺和仲胺还可以和磺酰化试剂如苯磺酰氯等发生磺酰化反应，生成不溶于水的苯磺酰胺。伯胺与苯磺酰氯反应生成的苯磺酰胺由于 N 原子上保留一个氢原子而具有一定的酸性，可溶于 NaOH 溶液中，而仲胺与苯磺酰氯生成的苯磺酰胺 N 原子上没有氢原子，无酸性，不能溶于 NaOH 溶液中。依此可以鉴别伯、仲和叔胺。

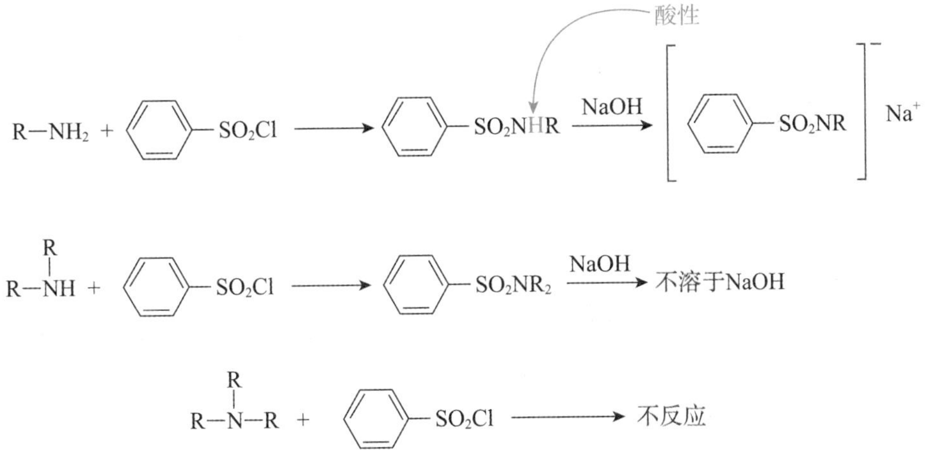

> **问题 12-3** 用甲苯为原料合成苯胺。

四、芳环上的亲电取代反应

芳香胺芳环上的氨基是强的邻对位定位基，对芳环的亲电取代反应具有很强的致活能力，所以芳香胺发生芳环上的亲电取代反应比苯要容易得多，且很容易得到邻、对位多取代产物。

（一）卤化反应

苯胺很容易在水溶液中与 Cl_2 或 Br_2 发生卤化反应，生成 2,4,6-三取代产物。例如：在苯胺水溶液中加入溴水，立刻生成 2,4,6-三溴苯胺的白色沉淀，此反应定量完成，可用于对苯胺的定性和定量鉴定。

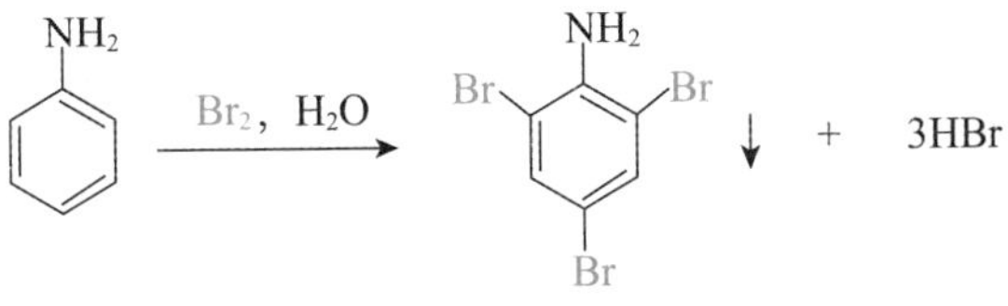

为了能得到单取代的产物，可采用对氨基酰化的方法，降低氨基对芳香环的致活能力，同时由于体积较大的酰胺基具有更大的空间位阻，所以更容易得到对位单取代产物。

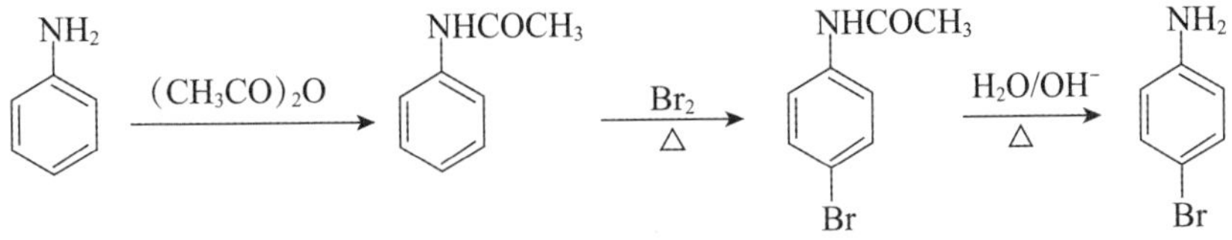

使用非极性或弱极性的溶剂替代极性较强的水，降低溶剂极性对卤素的影响，也可得到单取代产物。例如：

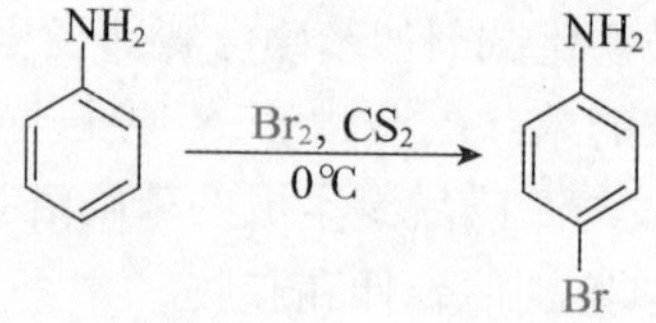

若想得到间位单取代产物，则可以通过将氨基质子化，使其变成间位定位基，再进行卤化，例如：

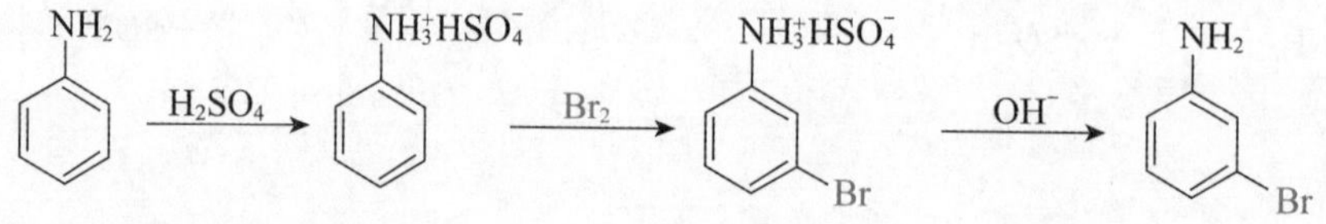

（二）硝化反应

因为 HNO_3 既是强氧化剂又是强酸，其强氧化性会将氨基氧化，强酸性又会将氨基质子化，使氨基的定位效应发生改变，使之变成间位定位基，所以使用 HNO_3 作为硝化试剂对苯胺进行硝化前，必须将氨基保护起来，常用的方法仍然是对其进行酰基化。例如：

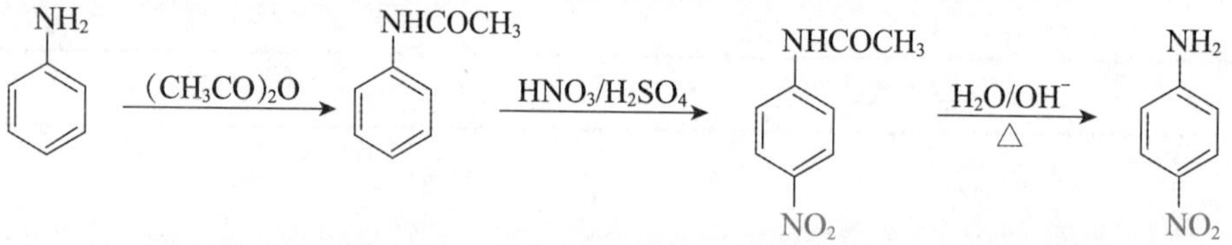

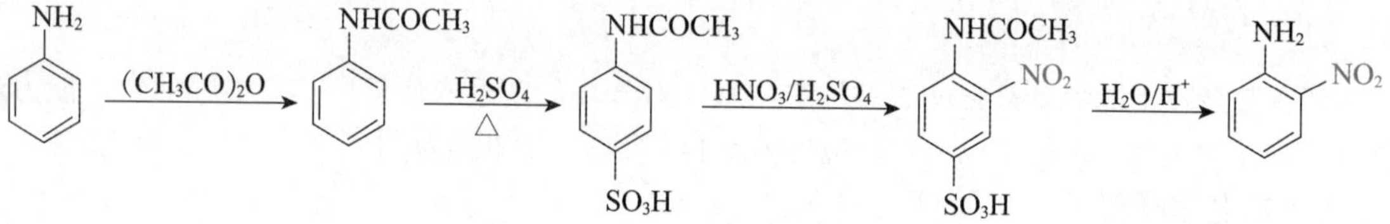

若使用较温和的非质子性硝化试剂，如硝酸和乙酸酐作用后生成的硝乙酐（或称为硝酸乙酰酯）作为酰化试剂，在 20℃ 时反应，则主要得到邻位为主的硝化产物。

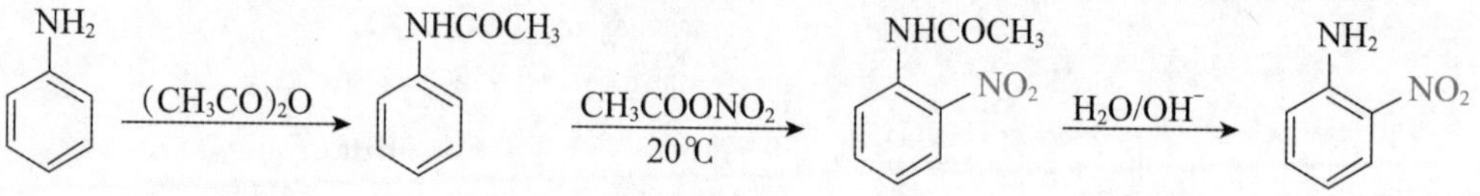

（三）磺化反应

苯胺与浓 H_2SO_4 作用首先生成苯胺硫酸氢盐，加热失水后生成不稳定的苯胺磺酸，然后重排成对氨基苯磺酸。

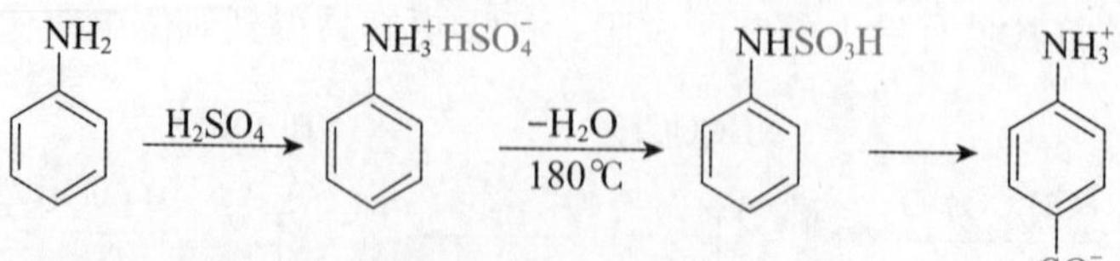

对氨基苯磺酸分子内兼有酸性的磺酸基和碱性的氨基，可以在分子内中和成盐，这种分子内生成的盐称为内盐，属于两性离子，具有低水溶性和高熔点的特性。

问题 12-4 完成下列反应。

(1) 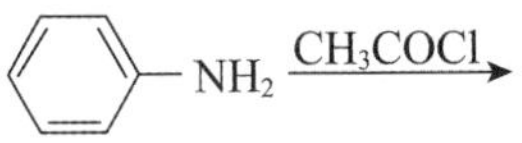 ⟨苯⟩—NH₂ $\xrightarrow{CH_3COCl}$

(2) ⟨苯-CH₃⟩—NH₂ $\xrightarrow[\triangle]{浓H_2SO_4}$

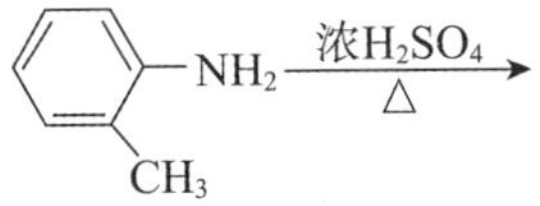

五、与 HNO₂ 反应

伯、仲、叔胺与 HNO₂ 反应，生成的产物和现象依胺的种类不同而有所区别。由于 HNO₂ 不稳定，通常使用 NaNO₂ 加盐酸或硫酸来代替。

（一）伯胺

伯胺与 HNO₂ 发生反应生成重氮盐。脂肪族伯胺与 HNO₂ 生成的重氮盐极不稳定，即使在较低温度下也会立即分解并定量放出氮气，同时生成醇、烯烃和卤代烃等混合物，因产物较复杂，故在合成中没有实际意义。但可利用其定量放出氮气的特点对脂肪伯胺进行定性或定量分析。

$$R-NH_2 \xrightarrow[或 NaNO_2+HCl]{HNO_2} N_2\uparrow + H_2O + ROH$$

芳香伯胺与 HNO₂ 反应生成的重氮盐也不稳定，在常温下同样发生分解，但在较低的温度下，可以稳定存在，得到芳香重氮盐。芳香重氮盐是有机合成中很重要的一类化合物。

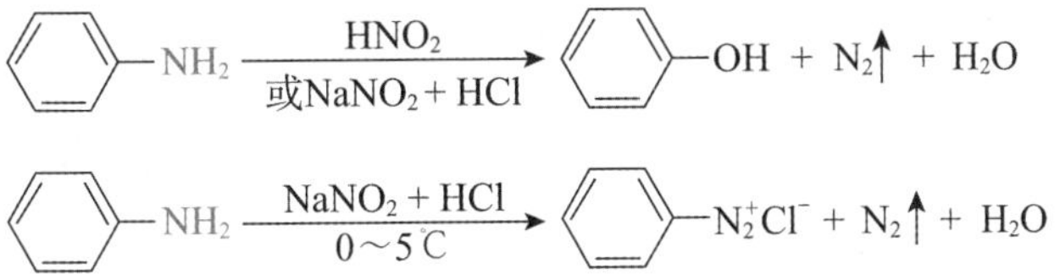

$$⟨苯⟩-NH_2 \xrightarrow[或 NaNO_2+HCl]{HNO_2} ⟨苯⟩-OH + N_2\uparrow + H_2O$$

$$⟨苯⟩-NH_2 \xrightarrow[0\sim5℃]{NaNO_2+HCl} ⟨苯⟩-N_2^+Cl^- + N_2\uparrow + H_2O$$

（二）仲胺

脂肪族仲胺和芳香族仲胺与 HNO₂ 反应，均生成 N-亚硝基胺（简称亚硝胺）。N-亚硝基胺是一类黄色油状液体或固体，与稀盐酸共热水解可得到原来的仲胺，可利用这个性质来对仲胺进行分离和提纯。

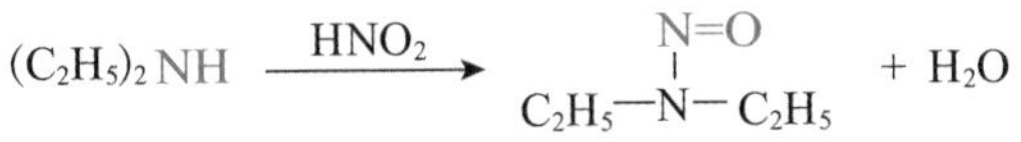

$$(C_2H_5)_2NH \xrightarrow{HNO_2} C_2H_5-\underset{}{N}-C_2H_5(N=O) + H_2O$$

N-亚硝基二乙胺（黄色透明油状物）

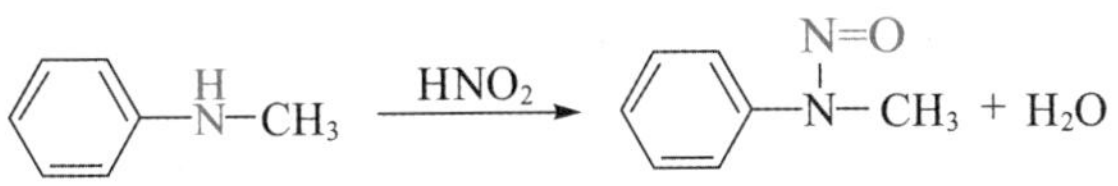

$$⟨苯⟩-\underset{}{N}(H)-CH_3 \xrightarrow{HNO_2} ⟨苯⟩-\underset{}{N}(N=O)-CH_3 + H_2O$$

N-甲基-N-亚硝基苯胺（黄色油状物）

N-亚硝基化合物毒性很大，动物实验证明，N-亚硝基化合物具有强烈的致癌作用，现已被列为化学致癌物。

（三）叔胺

叔胺氮原子上没有可被取代的氢原子，不能像仲胺那样生成亚硝胺。

脂肪叔胺与 HNO₂ 反应生成不稳定的、易溶于水的亚硝酸盐，此亚硝酸盐在碱性条件下水解可得到原来的叔胺。

$$R_3N + HNO_2 \longrightarrow R_3NHNO_2 \xrightarrow{NaOH} R_3N + NaNO_2 + H_2O$$

芳香族叔胺与 HNO_2 则发生芳环上的亲电取代反应——亚硝化反应，生成 C-亚硝基化合物。取代首先发生在对位，生成对亚硝基化合物。若对位被其他基团占据，则发生邻位取代。

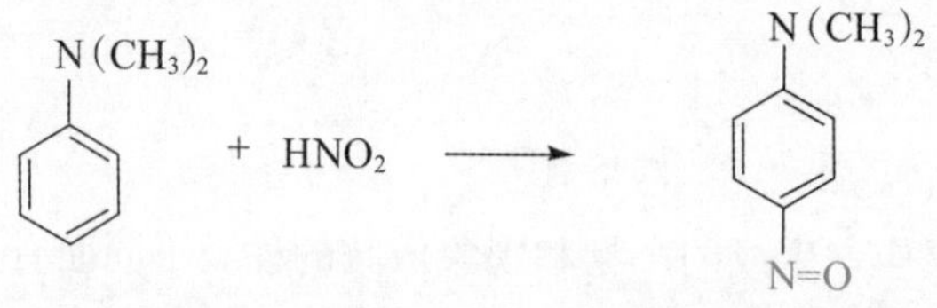

对亚硝基-N,N-二甲（基）苯胺

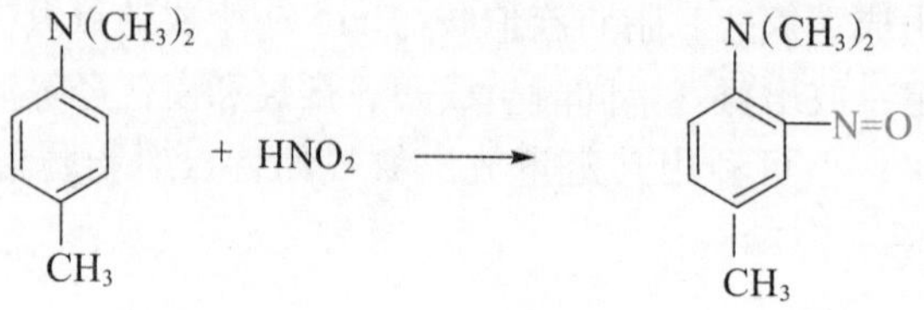

4-甲基-2-亚硝基-N,N-二甲（基）苯胺

上述 C-亚硝基化合物是在酸性条件下生成的，呈橘黄色，用碱中和后变成翠绿色。

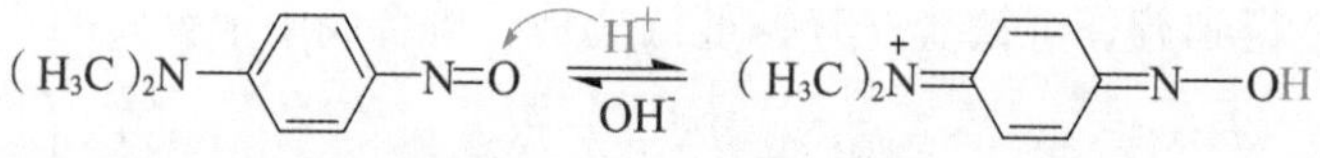

酮式（翠绿色）　　　　　　　烯醇式（橘黄色）

由于各类胺与 HNO_2 反应的现象各异，所以常用 HNO_2 鉴别伯、仲、叔胺。

六、重氮盐的反应及其在有机合成中的应用

芳香伯胺与 HNO_2 在较低温度下（通常为 $0\sim5℃$）作用生成重氮盐的反应，称为重氮化反应。

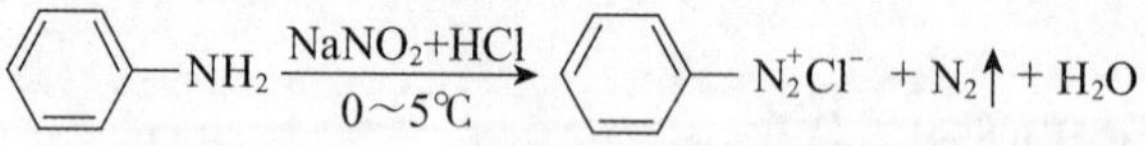

重氮盐是离子型化合物，易溶于水，干燥时很不稳定，受热或震动易爆炸，但在水溶液及低温下比较稳定。芳香族重氮盐之所以能在较低温度下稳定存在，与其结构有关。由于重氮基 $-N\equiv N^+$ 的 π 轨道与苯环的 π 轨道形成了共轭体系，使重氮基上的正电荷在共轭体系中得以分散而使其稳定性有所增加（图 12-5）。

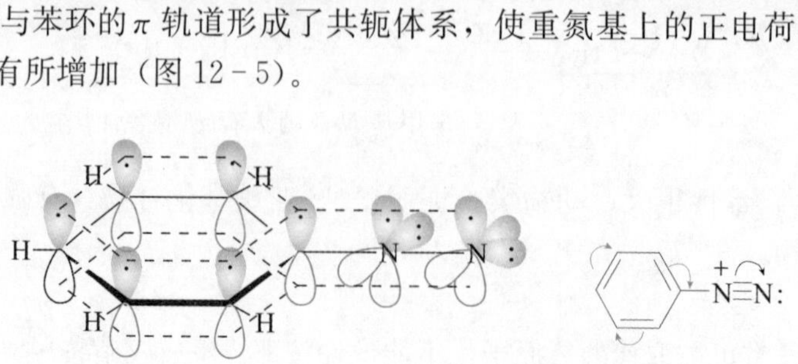

图 12-5　苯重氮基正离子的结构

虽然芳香重氮盐的共轭结构使其稳定性略优于脂肪族重氮盐，但重氮基正离子的强吸电子

诱导仍然使其具有很高的化学活性，可以发生很多反应。其中主要包含两大类：取代反应和偶联反应。

（一）取代反应

重氮盐中的重氮基被其他原子或基团取代并放出氮气的反应，称为取代反应。

1. **重氮基被羟基取代** 芳香族重氮盐在酸性水溶液中加热水解，重氮基被羟基取代，生成酚并放出氮气，这是由芳胺制备酚的常用方法。

2. **重氮基被卤素取代** 芳香族重氮盐与氯化亚铜的浓盐酸溶液或溴化亚铜的浓氢溴酸溶液共热，重氮基可以被氯或溴原子取代，生成氯苯或溴苯，并放出氮气。

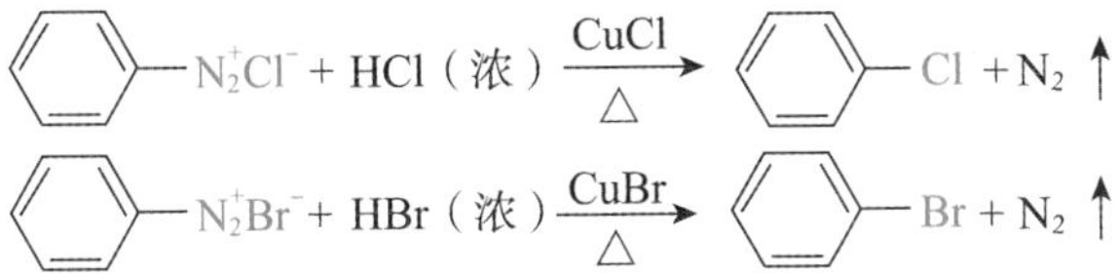

制备溴化物时，可用硫酸氢重氮盐代替氢溴酸重氮盐，其对产物的影响很小且价格相对低廉。但不能使用盐酸重氮盐，因其会同时生成氯化物而使产物复杂化。此外，可使用铜粉替代氯化亚铜和溴化亚铜，也可得到相应的卤化产物。

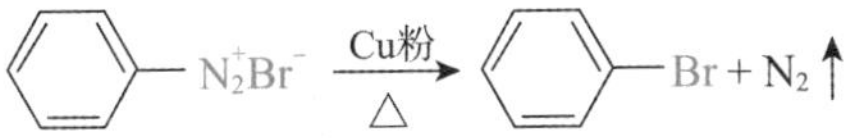

因碘的亲电能力很弱，故在苯环上直接碘化一般难以实现，利用重氮盐中加入碘化钾共热的方法，可以很容易用碘负离子取代重氮基，间接得到碘代产物。

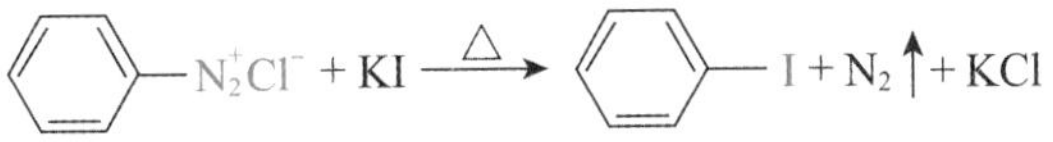

3. **重氮基被氰基取代** 重氮盐与氰化亚铜的氰化钾溶液共热，或用铜粉代替氰化亚铜与氰化钾溶液共热，重氮基可被氰基取代，生成苯腈并放出氮气。

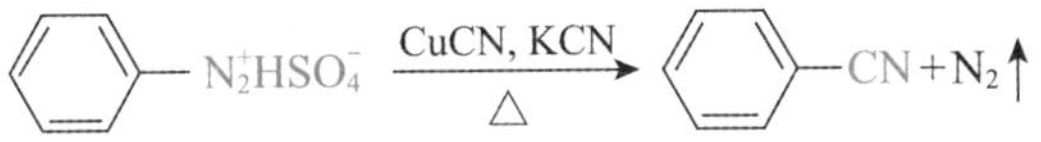

CN^- 是亲核试剂，无法直接引入到苯环上。所以利用重氮盐引入氰基在有机合成中具有很重要的意义，如利用甲苯合成对甲基苯甲酸可使用下面的方法：

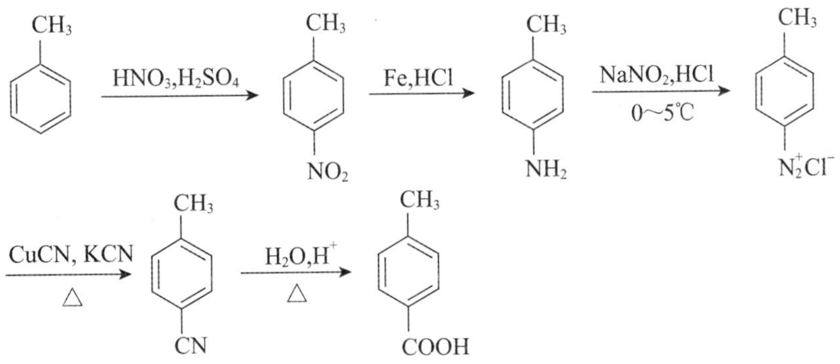

4. **重氮基被氢原子取代**   重氮盐与次磷酸溶液反应，重氮基可以被氢原子取代并放出氮气。

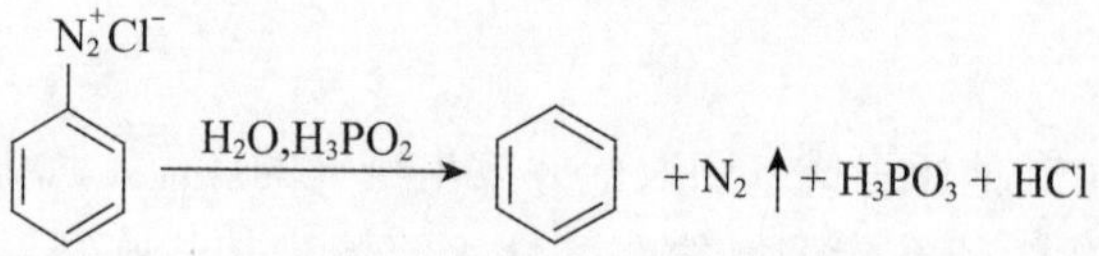

由于重氮基通常由芳香伯胺中的氨基与 HNO_2 反应得到，所以也可利用此反应去掉苯环上的氨基，该反应在有机合成中被广泛应用，通常被称为去氨基反应。

由于氨基是很强的邻对位致活基团，所以通过在苯环上引入氨基，可以很容易得到多取代苯或其他方法难以得到的取代产物。例如，以苯为原料制备 1,3,5-三溴苯：

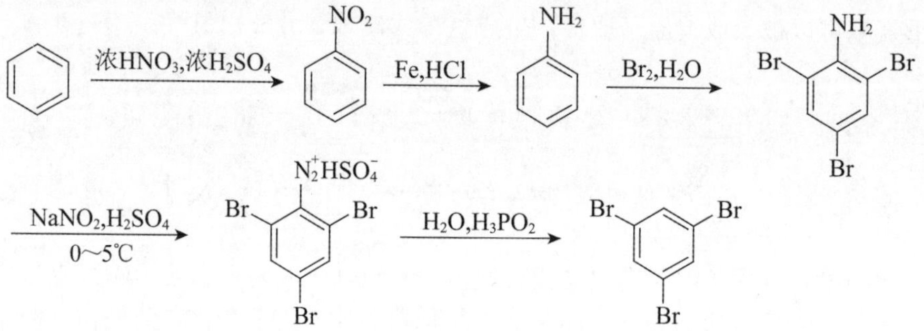

再比如由甲苯制备间硝基甲苯：

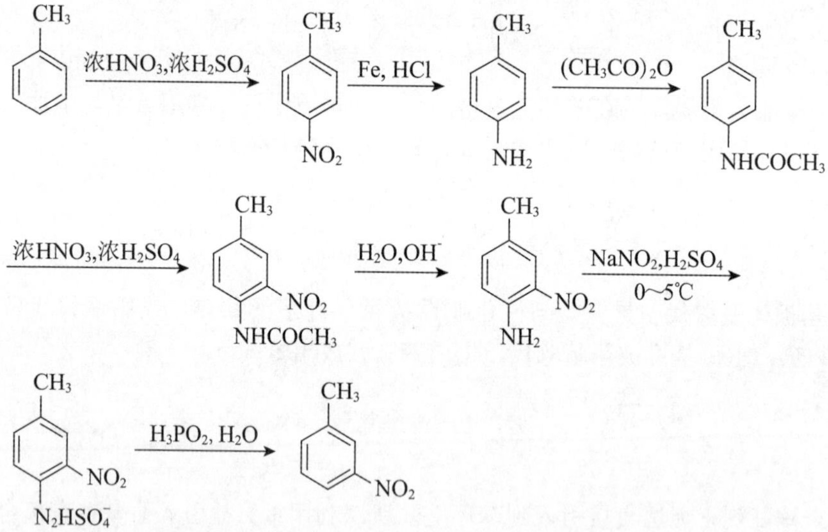

上面反应中，酰化的目的一是为了保护氨基，同时降低氨基对苯环亲电取代的致活能力，避免得到多取代产物；二是利用其致活能力强于甲基，从而将亲电试剂 $\overset{+}{NO_2}$ 引入到酰胺基的邻位，从而得到甲基间位的产物。

问题 12-5   完成下列转化。

(1)

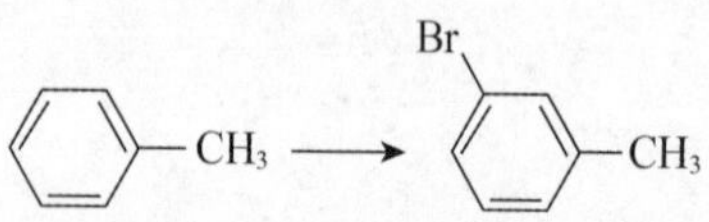

(2)

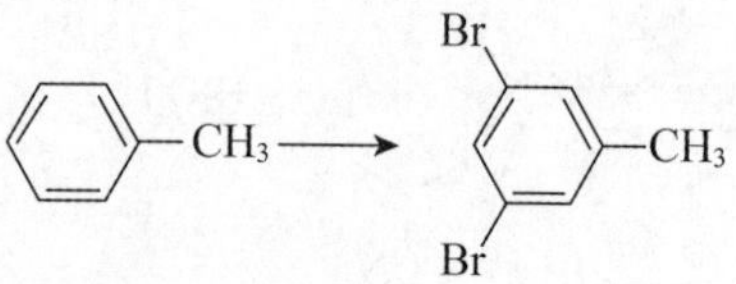

（二）偶联反应

芳香重氮盐在弱酸或弱碱性条件下，与芳胺或酚生成偶氮化合物的反应，称为偶联反应。该反应属于芳环上的亲电取代反应。

由于芳香重氮正离子中存在 $\pi-\pi$ 共轭体系，使重氮基正离子上的正电荷可以离域到苯环上而得以分散，同时芳环较大的空间阻碍也使其亲电能力大大减弱，所以重氮基正离子是一种很弱的亲电试剂，被进攻的芳环上连有强的致活基团（如氨基或羟基）时才能顺利反应。受空间效应的影响，主要得到对位取代产物，只有当对位被其他基团占据时，才进攻其邻位，但绝不会进攻间位。

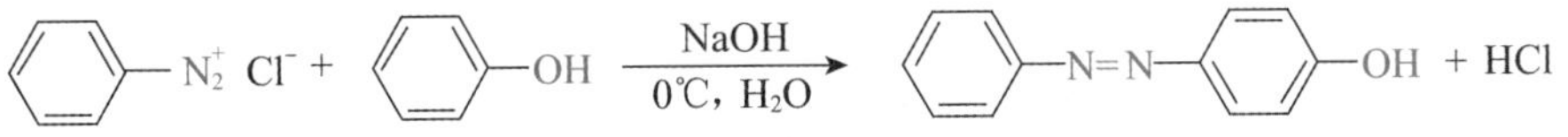

对羟基偶氮苯（橘黄色）

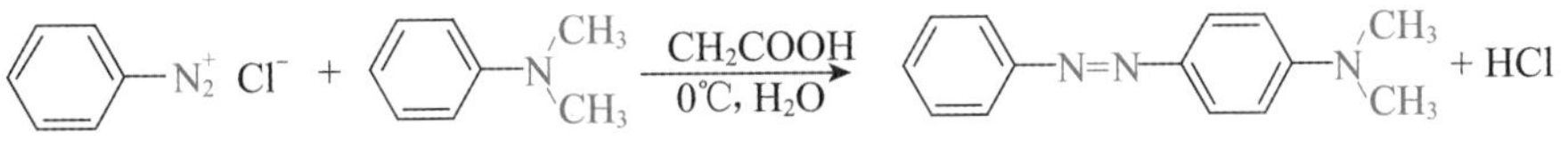

对二甲氨基偶氮苯（黄色）

重氮盐与酚的偶联反应通常在弱碱性（pH＝8～10）条件下进行，弱碱性条件下反应体系中存在酚氧负离子，氧负离子是比羟基更好的亲电致活基团，会使弱亲电试剂重氮基正离子更容易进攻芳环而发生亲电取代反应，即偶联反应。但重氮盐与酚的偶联反应不能在强碱（pH＞10）条件下进行，因为重氮盐在强碱条件下会转变成重氮酸或重氮酸盐，从而失去亲电能力。

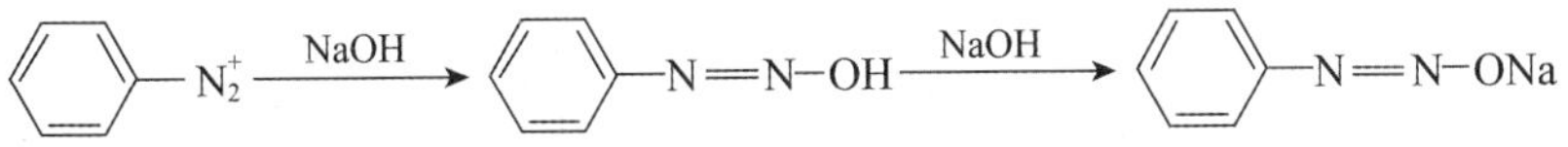

重氮盐与芳胺的偶联反应则通常在弱酸性（pH＝5～7）条件下进行。因弱酸性条件有利于重氮盐的稳定，使其浓度增大，从而利于偶联反应的进行。但反应若在强酸（pH＜5）条件下则很难发生，因强酸条件下芳胺会与酸中和生成铵盐，而铵盐中的铵正离子是芳环亲电取代反应的强致钝基团，其强吸电子作用使芳环很难再被弱亲电试剂重氮基正离子进攻而完成偶联反应。

产物偶氮化合物具有鲜艳的颜色，许多偶氮化合物被用作染料，称为偶氮染料。例如：

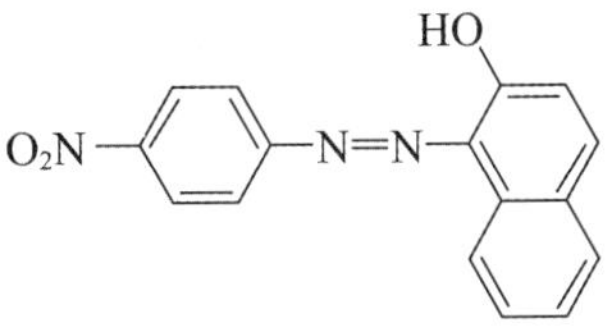

对位红

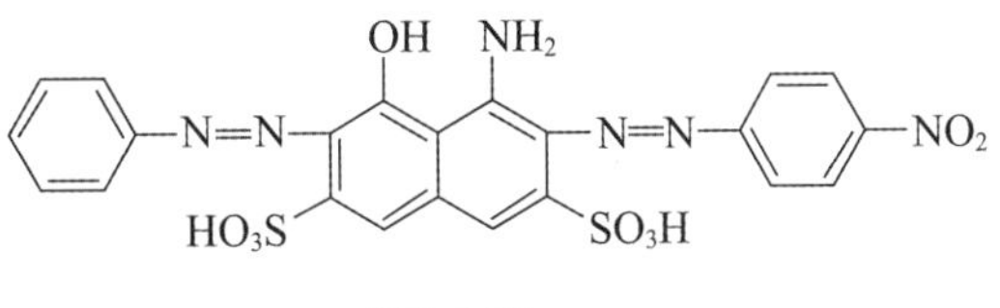

萘酚蓝黑B

在医学中，偶氮染料常用于组织和细菌的染色。有些偶氮化合物的颜色可随溶液的酸碱性的不同而改变，常被用作酸碱指示剂，如甲基橙（4'-二甲氨基偶氮苯-4-磺酸钠）就是一种常用的酸碱指示剂。

甲基橙苯型（黄色）　　　　　　　　　甲基橙醌型（红色）
中性或碱性溶液中　　　　　　　　　　酸性溶液中

知识扩展

生物碱

生物碱是存在于自然界中的一类含氮的碱性有机化合物，对人和动物具有显著的生理活性。很多生物碱是临床药物的重要有效成分；有些生物碱则对人体健康有危害，例如我们熟悉的烟碱、吗啡、可待因和海洛因等。

一、烟碱

烟碱俗名尼古丁，是一种存在于茄属植物的生物碱，也是烟草的重要成分，是一种无色或淡黄色的油状液体，具有旋光性，能溶于水和有机溶剂。

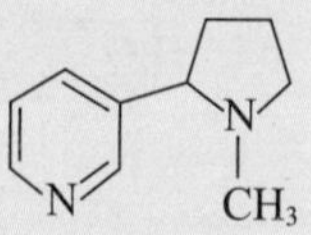

烟碱

尼古丁具有使人上瘾或产生依赖性（最难戒除的毒瘾之一）的特征，致使许多吸烟者无法彻底戒掉烟瘾。尼古丁的重复使用会导致心搏加速、血压升高和食欲减低。大剂量的尼古丁会引起呕吐以及恶心，严重时会致人死亡。

二、吗啡、可待因和海洛因

吗啡来自于罂粟科植物的提取物鸦片中，具有麻醉和强镇痛作用，可作用于中枢神经与平滑肌，改变神经对痛的感受性和反应性，从而达到止痛效果。吗啡还具有抑制呼吸的作用和成瘾性，因此也属于毒品。使用吗啡的患者可能产生恶心、呕吐、便秘、眩晕、输尿管及胆管痉挛等症状。摄入剂量过高时会导致呼吸抑制、血压下降、昏迷、痉挛等现象，因此使用时需格外谨慎。

可待因是由吗啡经甲基化制得的，是一种白色细小的晶体，可溶于沸水和乙醚，易溶于乙醇。可待因与吗啡一样具有镇咳、镇痛和镇静作用，其镇咳作用比吗啡弱得多，但仍强于一般的镇痛药，作用持续时间与吗啡相似，成瘾性也弱于吗啡。

海洛因是吗啡乙酰化的产物，其镇痛作用和毒性远高于吗啡，而且极易成瘾。

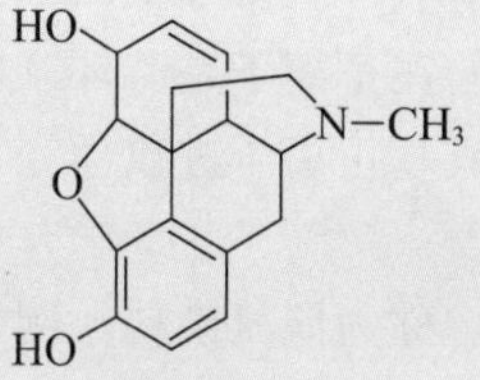

吗啡 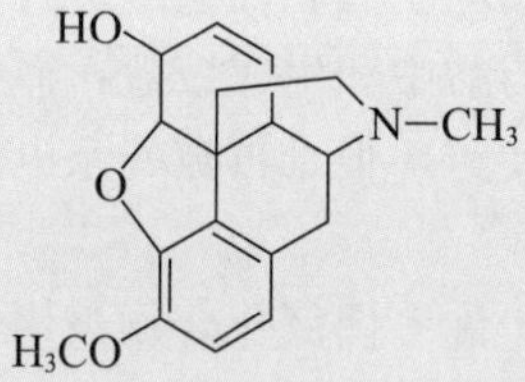　　　　　　　　　可待因 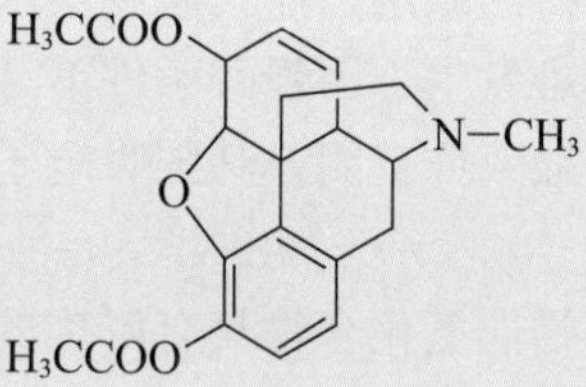　　　　　　　　　海洛因

许多毒品均属于生物碱类的物质，拒绝毒品是每个公民应尽的义务。

小　结

胺可分为脂肪胺和芳香胺，还可根据氮原子上所连接的烃基数目分为伯胺、仲胺和叔胺。

脂肪胺分子中氮原子的 sp^3 不等性杂化轨道与碳原子或氢原子形成 σ 键，分子呈棱锥结构。芳香胺分子中的氨基与苯环趋于共平面，氮上的未共用电子对与苯环在一定程度上形成 p-π 共轭体系。

脂肪胺的系统命名法是选择连接氨基最多的最长碳链作为主链，根据主链包含的碳原子个数称为"某胺"。主链编号从靠近氨基一端开始，依据最低序列原则并结合"次序规则"将取代基的位置编号和名称写在母体名称前。芳香胺则以苯胺为母体，用"N-"表示氮原子上连接的烃基。

　　胺具有碱性，其碱性强弱受电子效应、空间效应和溶剂化效应的影响。综合影响结果是：季铵碱＞脂肪胺＞氨气＞芳香胺。脂肪胺中以仲胺碱性最强。胺可作为亲核试剂与卤代烃发生烃基化反应，氮上的氢原子被烃基取代，伯胺生成仲胺，仲胺生成叔胺，最终生成季铵盐。伯胺和仲胺可与酰化试剂发生反应生成酰胺，叔胺由于氮原子上无氢原子而不能发生该反应。利用胺的酰化反应可以在合成中保护氨基不被氧化或中和，还可利用酰化反应降低氨基对苯环亲电取代反应的致活能力，得到苯环上的单取代产物。伯胺和仲胺还可以和磺酰化试剂反应，伯胺的磺酰化产物因具有酸性，所以可溶于强碱溶液，仲胺的磺酰化产物无酸性，不能溶于强碱溶液，叔胺不能发生磺酰化反应，可利用这个性质对伯、仲、叔胺进行鉴别。伯、仲、叔胺均可与 HNO_2 发生反应，不同类型的胺得到的产物不同。脂肪伯胺与 HNO_2 反应放出氮气，芳香伯胺在较低温度下可与 HNO_2 反应生成重氮盐，高温时则分解放出氮气。脂肪族仲胺和芳香族仲胺与 HNO_2 反应均生成 N-亚硝基胺，N-亚硝基胺是一种黄色油状液体或固体。脂肪族叔胺与 HNO_2 反应生成不稳定的亚硝酸盐，芳香族叔胺与 HNO_2 反应则生成 C-亚硝基化合物，在酸性条件下，C-亚硝基化合物呈橘黄色，在碱性条件下转变为翠绿色。利用胺与 HNO_2 的反应可鉴别伯、仲、叔胺。芳香胺可发生苯环上的亲电取代反应，例如卤代、硝化、磺化等，其反应活性比苯强得多，卤代通常得到多取代产物，硝化和磺化可选择温和的亲电试剂。利用苯胺与溴水反应生成白色沉淀的性质可鉴别苯胺。

　　重氮盐具有很高的反应活性，在适当条件下重氮基可被羟基、卤素、氰基或氢原子取代，在有机合成中具有广泛的应用。重氮盐可作为亲电试剂与芳胺或酚发生反应生成有颜色的偶氮化合物，称为偶联反应。重氮盐与芳胺的偶联反应在弱酸条件下完成；重氮盐与苯酚的偶联反应在弱碱条件下完成。

习　题

1. 命名下列化合物。

(1) $CH_3CH_2\overset{\overset{\displaystyle CH_3}{|}}{N}H(CH_3)_2$

(2) $H_3C-\langle\text{苯环}\rangle-N\overset{CH_3}{\underset{CH_2CH_3}{<}}$

(3) $CH_3\overset{\overset{\displaystyle CH_3}{|}}{C}HCHNHCH_3$ 且 $\underset{CH_3}{|}$

(4) 带 Br、O_2N、NH_2 取代基的苯环

(5) 环己基-$NHCH_3$

(6) 苄基-$CH_2N(C_6H_5)_2$

2. 写出下列化合物的结构式。

(1) 二甲叔丁胺

(2) N-异丙基环己胺

(3) 2-乙氨基戊烷

(4) 苯异丙胺

(5) N-甲基乙二胺

(6) N-甲基-N-乙基苄胺

3. 比较下列化合物的沸点。

(1) $CH_3CH_2CH_2CH_2OH$

(2) $CH_3CH_2CH_2CH_2CH_2NH_2$

(3) $CH_3CH_2CH_2COOH$

(4) $CH_3CH_2OCH_2CH_3$

4. 以苯为原料合成下列化合物。

(1) 苯环-$CH_2CH_2NH_2$

(2) 带 H_2N、CH_3、Br 取代基的苯环

(3) $H_3C-\langle\text{苯环}\rangle-\overset{\overset{\displaystyle NH_2}{|}}{C}HCH_3$

(4) $Cl-\langle\text{苯环}\rangle-NH_2$

(5) $H_3C-\langle\text{苯环}\rangle-COOH$

(6) 苯环-$N=N-\langle\text{苯环}\rangle-OH$

5. 完成下列反应。

(1) H_3C-⟨苯环⟩$-CH_2NH_2 \xrightarrow{HNO_2}$

(2) ⟨苯环, 邻位 CH_2CH_3⟩$-NH_2 \xrightarrow{(CH_3CO)_2O}$

(3) ⟨苯环⟩$-\overset{+}{N}\equiv N \; HSO_4^- \xrightarrow{H_3PO_2/H_2O}$

(4) ⟨吡咯烷, NH⟩ $\xrightarrow{HNO_2}$

(5) ⟨苯环⟩$-NH_2 + HCl \longrightarrow$

(6) $H_3C-\overset{\overset{CH_3}{|}}{N}-CH_3 \; + \; CH_3CH_2Cl \longrightarrow$

(7) H_3C-⟨苯环⟩$-NH_2 \xrightarrow{Br_2/H_2O}$

(8) H_3C-⟨苯环⟩$-\overset{+}{N_2} \; Br^- + HBr(浓) \xrightarrow[\triangle]{CuBr}$

(9) ⟨苯环⟩$-\overset{+}{N}\equiv N \; Cl^- + $ ⟨苯环, H_3C⟩$-NH_2 \xrightarrow[0℃, H_2O]{CH_3COOH}$

(10) ⟨哌啶 NH⟩ $+$ ⟨苯环⟩$-SO_2Cl \longrightarrow$

6. 用化学方法鉴别下列各组化合物。

(1) ⟨环己基⟩$-NH_2$　　　⟨苯环⟩$-NH_2$　　　⟨苯环⟩$-N(CH_3)_2$　　　⟨苯环⟩$-NHCH_3$

(2) ⟨苯环⟩$-OH$　　　⟨苯环⟩$-CH_2OH$　　　⟨苯环⟩$-CH_2NH_2$　　　⟨苯环⟩$-CN$

7. 下面反应通常可停留在一烃基化阶段，试解释其原因。

⟨苯环⟩$-NH_2 \; + \; $⟨苯环⟩$-CH_2Cl \longrightarrow$ ⟨苯环⟩$-NH-CH_2-$⟨苯环⟩

8. 按碱性由大到小的顺序排列下列各组化合物。

(1) ⟨苯环⟩$-NH_2$　　H_3CO-⟨苯环⟩$-NH_2$　　$F-$⟨苯环⟩$-NH_2$　　$NC-$⟨苯环⟩$-NH_2$

(2) ⟨哌啶 NH⟩　　⟨苯环⟩$-NH_2$　　⟨环己基⟩$-NH_2$　　⟨环己基⟩$-\overset{\overset{O}{\|}}{C}-NH_2$

(3) O_2N-⟨苯环, NO₂, NH₂, NO₂⟩　　O_2N-⟨苯环, NO₂, NO₂, N(CH₃)₂⟩　　⟨苯环⟩$-NH_2$

9. 胆碱是一种易溶于水且具有强碱性的化合物，分子式为 $C_5H_{15}O_2N$，可利用环氧乙烷与三甲胺在水存在下制得，试写出胆碱的构造式。

10. 碱性化合物 A 的分子式为 C_7H_9N，A 与乙酸酐作用生成化合物 B（$C_9H_{11}NO$）。A 与亚硝酸钠的盐酸溶液反应生成 C，C 是一种不溶于水和酸的黄色固体物质。试写出化合物 A、B、C 的构造式。

11. 化合物 A 的分子式为 $C_8H_{11}N$，具有弱碱性，A 在较低温度下与亚硝酸钠的盐酸溶液反应生成 B（$C_8H_9N_2Cl$），B 受热放出氮气生成 2,4-二甲苯酚。B 在碱性溶液中与苯酚作用生成一种具有鲜明颜色的化合物 C（$C_{14}H_{14}ON_2$）。试写出化合物 A、B、C 的构造式。

12. 2-（N,N-二乙基氨基）-1-苯丙酮是医治厌食症的药物，可以通过下面路线合成，试写出 A、B、C、D 所代表的中间体或试剂。

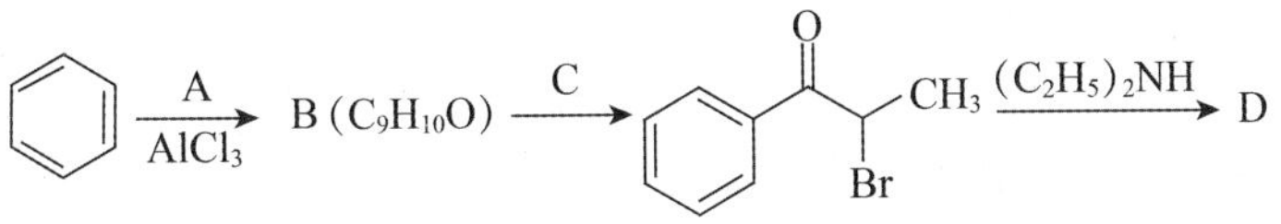

（孙学斌）

第十三章 杂环化合物

在有机化学中，将碳、氢以外的原子统称为杂原子（hetero atom），最常见的杂原子有氮原子、硫原子和氧原子等。环上含有杂原子的有机化合物称为杂环化合物（heterocycle compound）。许多天然产物如叶绿素、血红素、细胞色素、核酸、维生素以及绝大多数生物碱都是杂环化合物，杂环化合物在生物体内具有重要的功能，是有机化合物中数量最多、最重要的一类化合物。目前临床上使用的绝大多数药物都是杂环化合物，此外，杂环化合物还被用作农药、染料、色素等。

第一节 杂环化合物的分类与命名

一、杂环化合物的分类

按照环的数目，杂环化合物可分为单杂环和稠杂环。单杂环又可根据组成环的原子个数分为三元、四元、五元、六元和七元杂环等类型；稠杂环是由苯环（或单杂环）与一个（或多个）单杂环稠合而成的。按照杂环化合物是否具有芳香性分类，杂环化合物可分为脂杂环和芳杂环（具有芳香特征的杂环化合物）。五元、六元杂环在生命体内及药物发现过程中具有重要作用，本章主要讨论常见的具有芳香性的五元和六元杂环化合物。脂杂环化合物的性质和相应的开链化合物性质相似，本章不做介绍。

二、杂环化合物的命名

杂环化合物的命名多采用音译法，即按照杂环的外文名称译音，用带"口"字旁的同音汉字表示，常见杂环化合物母环结构及名称见表 13-1。环上有取代基时，以杂环为母体将杂环上的原子编号，编号规则为：从杂原子开始，使环上取代基的序号较小，顺时针或逆时针将环上原子编号，用阿拉伯数字标示取代基的位置，连同取代基的名称写在杂环母体名称前。对于含一个杂原子的杂环，也可将杂原子旁的碳原子依次用 α、β、γ……表示。

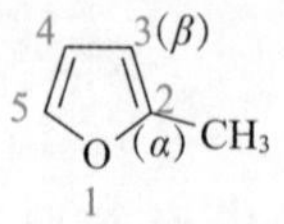

$2(\alpha)$-甲基呋喃 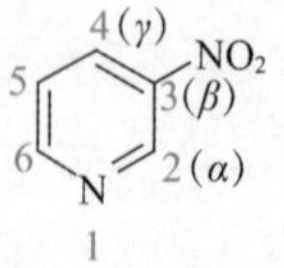 $3(\beta)$-硝基吡啶

表 13－1 常见杂环化合物的母环结构和名称

五元杂环	六元杂环	稠杂环
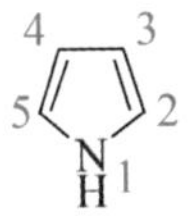 pyrrole 吡咯	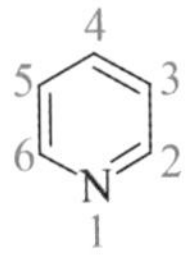 pyridine 吡啶	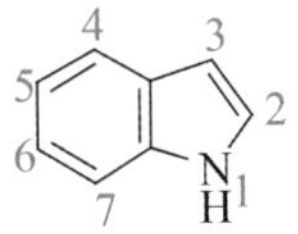 indole 吲哚
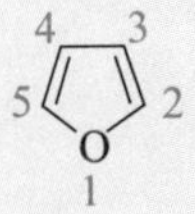 furan 呋喃	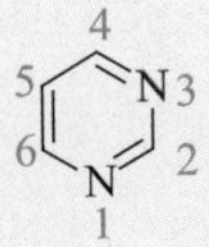 pyrimidine 嘧啶	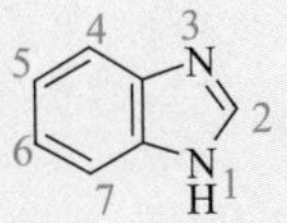 benzimidazole 苯并咪唑
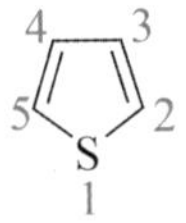 thiophene 噻吩	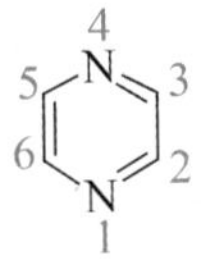 pyrazine 吡嗪	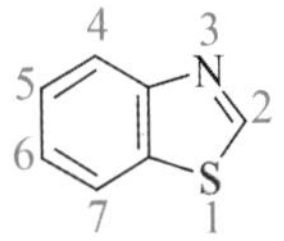 benzothiazole 苯并噻唑
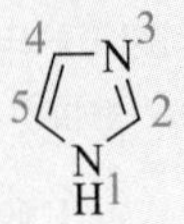 imidazole 咪唑	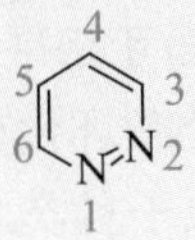 pyridazine 哒嗪	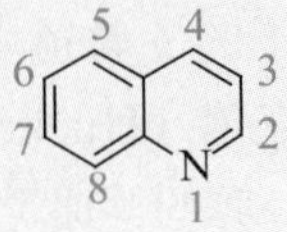 quinoline 喹啉
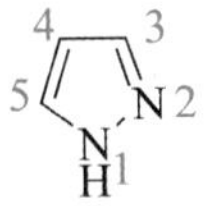 pyrazole 吡唑	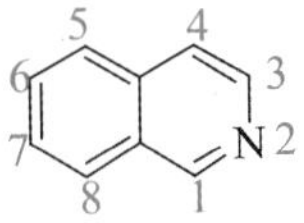	isoquinoline 异喹啉
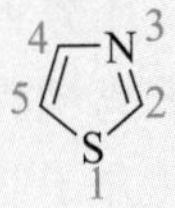 thiazole 噻唑	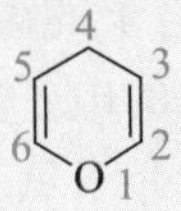 pyran 吡喃	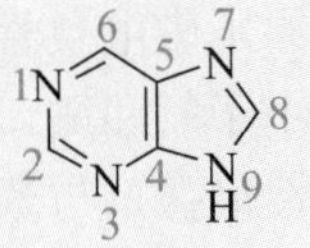 purine 嘌呤

含有两个相同杂原子的杂环化合物的编号从一个杂原子开始，使另一个杂原子的编号较小，顺时针或逆时针将杂环原子编号；有两个不同杂原子的杂环化合物编号依 O、S、N 的顺序依次编号。注意含多个杂原子的杂环化合物只能用阿拉伯数字标示取代基的位置，而不能用希腊字母 α、β、γ……标示取代基的位置。

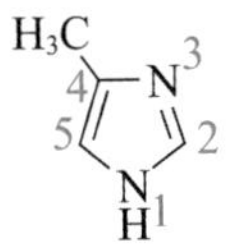

4-甲基咪唑 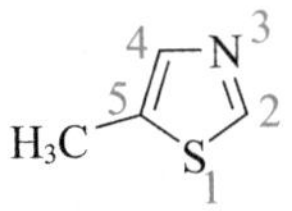　　　　5-甲基噻唑 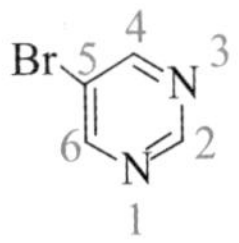　　　　5-溴嘧啶

稠杂环的编号通常从杂原子开始，顺时针或逆时针依次编号（共用碳一般不编号），并尽可能使杂原子的编号最小。例如：

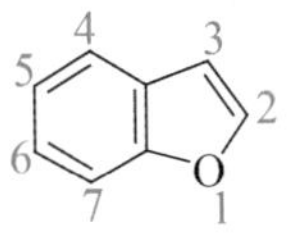

苯并呋喃 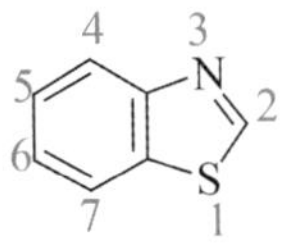　　　　苯并噻唑 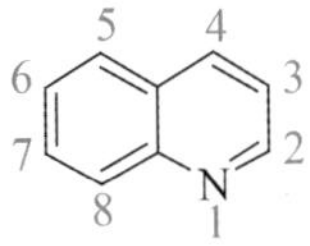　　　　喹啉

少数稠杂环有特殊的编号顺序。例如：

异喹啉   嘌呤

第二节 五元杂环化合物

一、结构特点

常见的含一个杂原子的五元杂环化合物有呋喃、噻吩和吡咯，它们均为无色液体。三个化合物分子中，所有原子均为 sp^2 杂化，所有原子均以 sp^2 杂化轨道与相邻的两个原子的 sp^2 杂化轨道沿键轴方向重叠形成 σ 键，构成一个环状平面化合物。4 个碳原子中未杂化 p 轨道中的 4 个 p 电子与杂原子的 p 轨道中的 2 个 p 电子从侧面互相平行重叠，形成环状闭合的 6π 电子共轭体系，符合休克尔（Hückel）规则，所以这三个杂环化合物均具有芳香性。研究表明，芳香性由大到小为苯＞噻吩＞吡咯＞呋喃。苯的成环原子种类相同，键长完全平均化（6 个碳碳键的键长均为 140pm），其电子离域程度大，π 电子在环上的分布也是完全均匀的。而呋喃、噻吩和吡咯这三个化合物都有杂原子参与成环，由于杂原子和碳之间电负性的差异（电负性：C 2.55；S 2.58；N 3.04；O 3.50），使得其分子键长平均化的程度不如苯，电子离域的程度也比苯小，π 电子在各杂环上的分布也不是很均匀。所以，呋喃、噻吩、吡咯的芳香性都比苯弱。氧是 3 个杂原子中电负性最大的，呋喃环 π 电子的离域程度相对较小，所以其芳香性最差；硫的电负性小于氧和氮，与碳接近，噻吩环上的电子云分布比较均匀，π 电子离域程度较大，因此其芳香性最强，与苯差不多；氮的电负性介于氧和硫之间，吡咯的芳香性介于呋喃和噻吩之间。

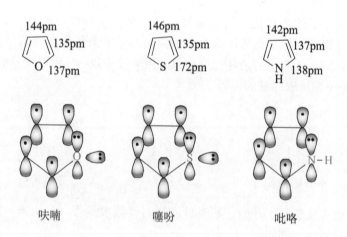

呋喃   噻吩   吡咯

二、化学性质

（一）五元杂环的亲电取代反应

呋喃、噻吩和吡咯都是具有 6π 电子的五元芳香杂环，杂原子的孤对电子使环上的电子云密度升高，因此其环上电子云密度比苯环大，更容易发生亲电取代反应。其亲电取代反应活性依次是：吡咯＞呋喃＞噻吩＞苯。

1. 卤代反应 呋喃、噻吩和吡咯都非常易于发生卤代反应，通常都得到多卤代产物，控制反应条件可得到单取代产物。其氯代、溴代反应可不用催化剂，例如：

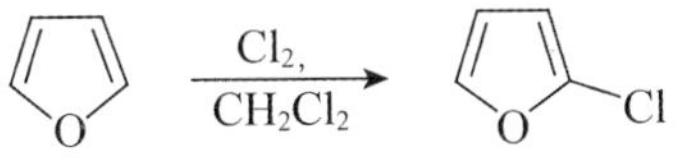

64%

2. 磺化反应　三个化合物中只有噻吩对酸较稳定，可直接用浓硫酸作磺化剂，反应在室温下就可进行：

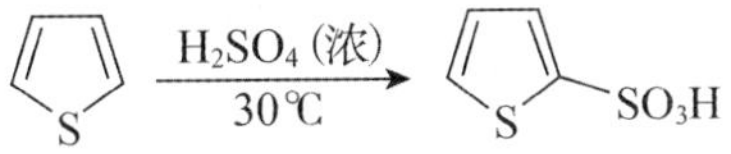

噻吩-2-磺酸（75%）

呋喃、吡咯在强酸性条件下易开环，不能直接用浓硫酸磺化，通常采用吡啶与三氧化硫的加合物作为磺化试剂，例如：

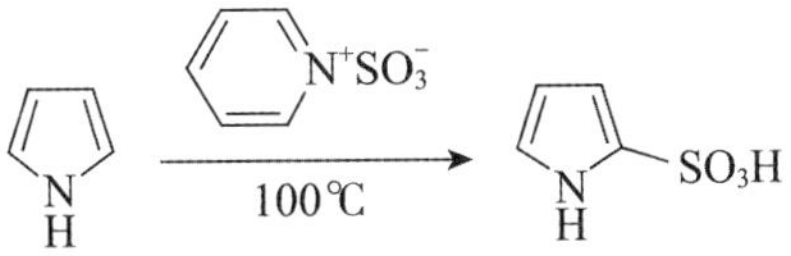

90%

3. 硝化反应　吡咯、呋喃、噻吩不能直接用混酸进行硝化反应，需采用温和的非质子硝化剂——乙酰硝酸酯在低温下进行。

$$HNO_3 + (CH_3CO_2)_2O \longrightarrow CH_3COONO_2 + CH_3COOH$$

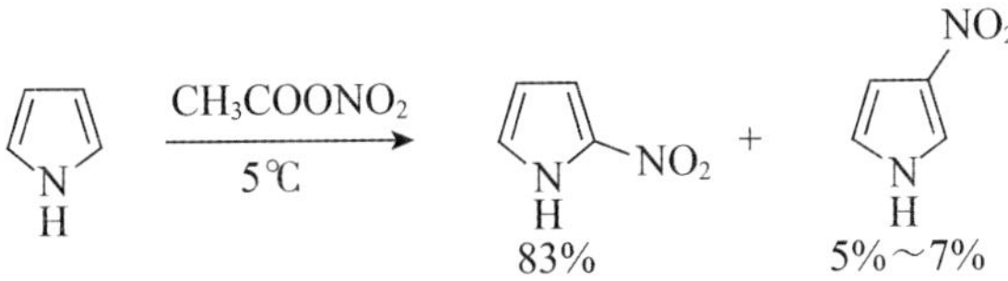

83%　　5%～7%

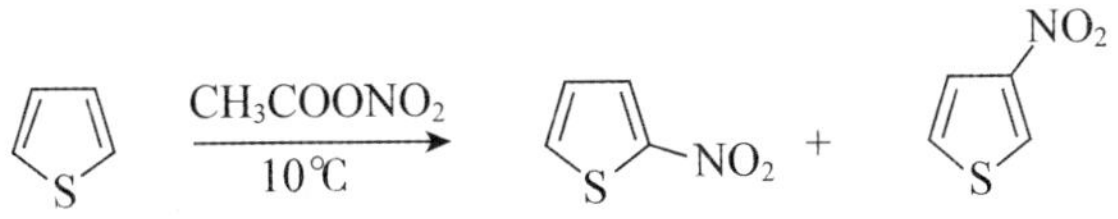

70%　　5%

4. 亲电取代反应的位置　呋喃、噻吩和吡咯的 α-位和 β-位发生亲电取代反应的活性均比苯高，α-位比 β-位活性更高，亲电取代反应以 α-位取代为主。这是因为形成大 π 键的杂原子提供了两个 p 电子，离杂原子近的 α-位的 π 电子云密度较 β-位高，更易受到亲电试剂的进攻。这种现象也可以用共振论加以解释。如吡咯的硝化反应，硝基正离子进攻 β-位得到的碳正离子中间体是两个共振结构（Ⅰ与Ⅱ）的共振杂化体；进攻 α-位得到的碳正离子中间体是三个共振结构（Ⅲ、Ⅳ、Ⅴ）的共振杂化体，即有三个共振式参加共振。参加共振的共振式越多，正电荷的分散程度越大，共振杂化体就越稳定。所以在 α-位反应得到的中间体碳正离子比较稳定，稳定的中间体其过渡态能量低，反应速度快。因此这三种杂环化合物的亲电取代反应均易发生在 α-位。

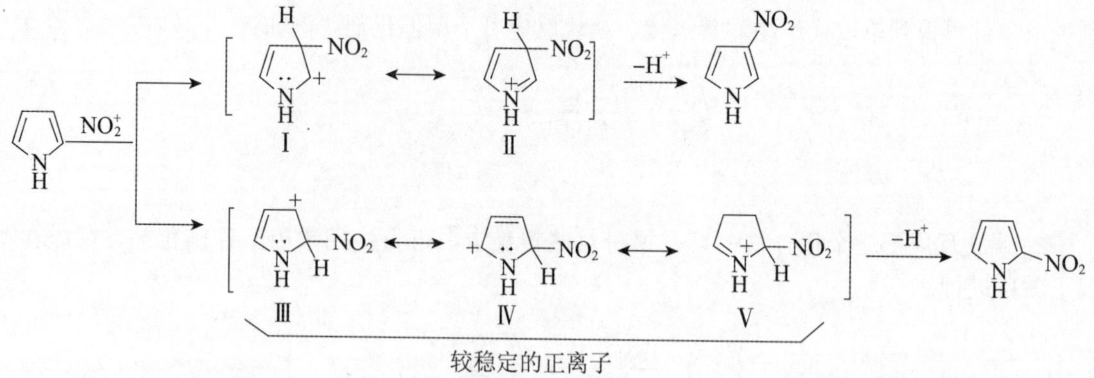

较稳定的正离子

（二）吡咯的弱酸性

吡咯氮原子上的未共用电子对参与构成了环状大 π 键，不能再与质子结合，因此吡咯基本没有碱性（$pK_b = 13.6$）。相反，由于这种共轭效应，使氮原子周围的电子云密度相对减小，N—H 键的极性增加，氮原子上的氢原子可以质子的形式解离，吡咯显弱酸性（$pK_a = 17.5$）。吡咯的酸性比苯酚更弱，能与固体氢氧化钾作用生成盐，即吡咯钾。

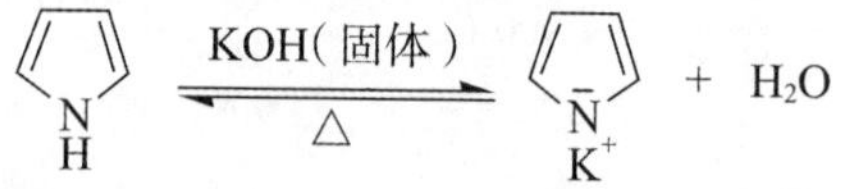

（三）加成反应（催化氢化）

由于五元杂环的芳香性比苯差，所以更容易发生加成等不饱和化合物可以发生的反应。呋喃的加成反应活性最高，吡咯次之。噻吩含硫，易使催化剂中毒而失去活性，所以催化加氢较困难，需使用特殊催化剂。

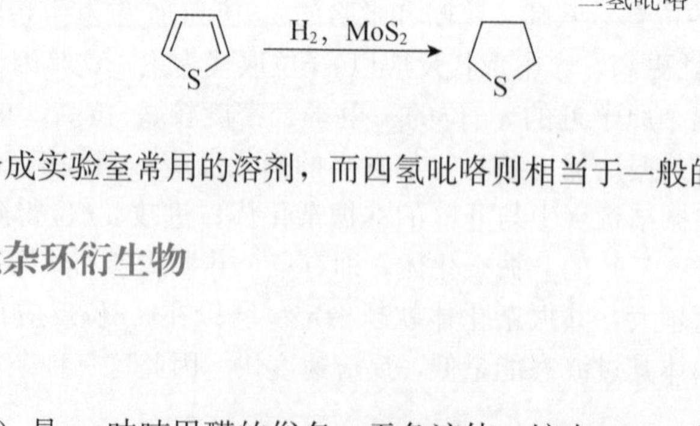

四氢呋喃

四氢吡咯　　二氢吡咯

四氢呋喃是有机合成实验室常用的溶剂，而四氢吡咯则相当于一般的脂肪仲胺。

三、常见的五元杂环衍生物

（一）糠醛

糠醛（CHO）是 α-呋喃甲醛的俗名，无色液体，熔点 −38.7℃，沸点 162℃，折光 n_D^{20} 1.5261，能溶于水，亦能与乙醇、乙醚等有机溶剂混溶。糠醛是优良的溶剂，常用于精炼石油、精制润滑油等，还可用于合成树脂、尼龙及涂料。糠醛的化学性质类似于苯甲醛。

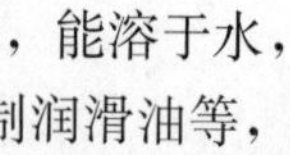

（二）头孢噻吩和头孢噻啶

头孢噻吩（cefalotin，先锋霉素Ⅰ）和头孢噻啶（cefaloridine，先锋霉素Ⅱ）的结构中都含有噻吩环，属于半合成头孢菌素类抗生素。由于噻吩环的引入，增强了其抗菌活性，它们的抗菌效果都优于天然头孢菌素。

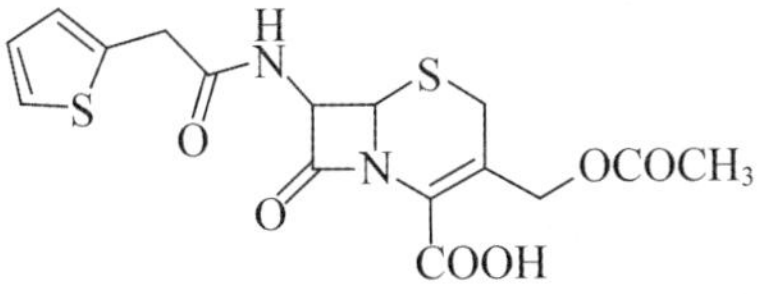

头孢噻吩 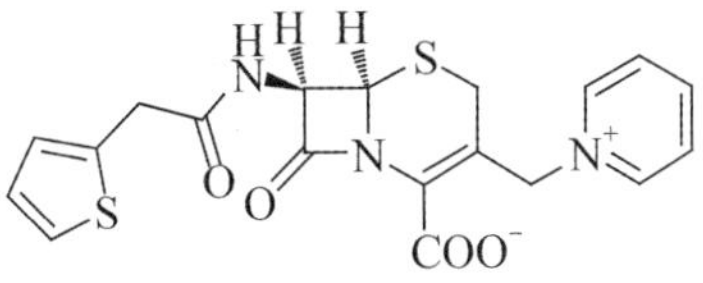　　　　　　　　　　　　头孢噻啶

（三）卟啉类化合物

卟啉是吡咯最重要的衍生物。这类化合物的基本结构卟吩（porphin）环是一个含 18 个 π 电子的大环芳香体系，由 4 个吡咯环的 α-碳原子，通过 4 个次甲基（＝CH—）交替连接而成。其结构式如下：

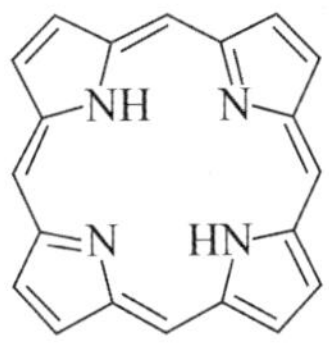

卟吩

卟吩环内的四个氮原子很容易与金属离子络合，形成各种重要的卟啉类化合物，如叶绿素、血红素、细胞色素等。自然界中的卟啉一般是以金属络合物形式存在的，如叶绿素中的金属为 Mg，血红素中的金属为 Fe，维生素 B_{12} 中的金属为 Co。

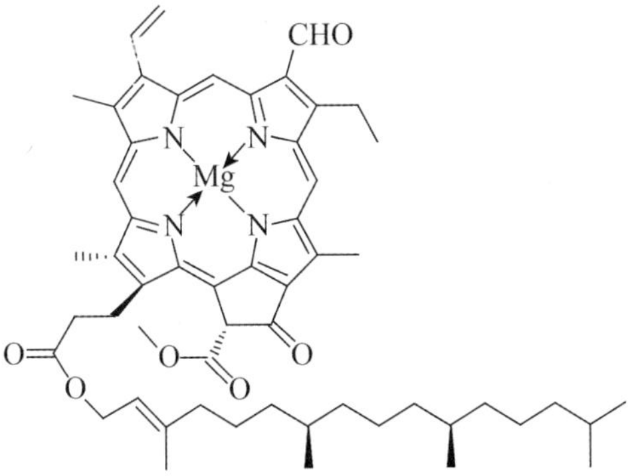

叶绿素b 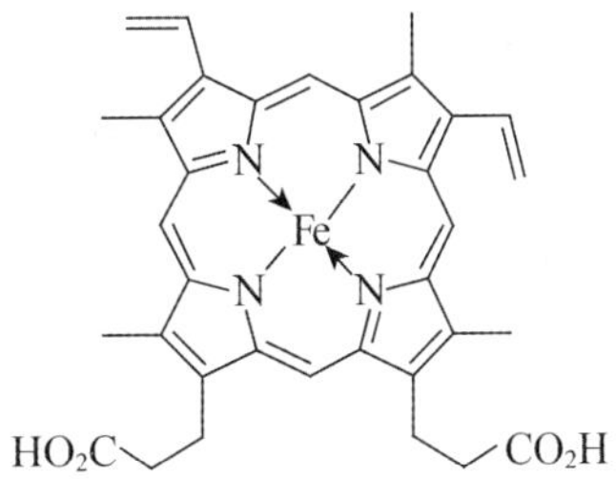　　　　　　　　　　　　血红素

叶绿素是存在于植物茎、叶中的绿色色素，参与绿色植物的光合作用，使太阳能转变为化学能而贮藏在形成的有机化合物中，在植物体内具有很重要的意义。血红素是动物体内与蛋白质结合而成的血红蛋白，是高等动物体内输送氧及二氧化碳的载体，在动物体内有着重要的生理意义。血红素上的 Fe 离子（Ⅱ）有 6 个配位键，4 个与平面卟啉分子的 N 原子配位，另外 2 个与卟啉面垂直，其中之一与蛋白质上的咪唑环的 N 原子配位，另一个处于"开放"状态，与 O_2 配位结合。血红蛋白与氧的结合是可逆的，称为氧合作用。CO 能竞争血红素中"开放"的配位键，且配位能力比 O_2 大 200 倍。因此，CO 中毒时，血红素中的 Fe（Ⅱ）只能与 CO 结合而不能载氧。

（四）咪唑

咪唑为白色固体，熔点 89～91℃，是一个在 1、3 位含有两个氮原子的五元杂环化合物。咪唑的 2 个氮原子都是 sp^2 杂化，但反应活性不同。咪唑 1 位氮的孤对电子参与共轭，这与吡咯相似，氮上的氢原子具有弱酸性；而 3 位氮原子以 1 个 p 电子参与共轭，还有一对孤对电子，具有碱性。咪唑 π 电子数为 6，符合休克尔规则，具有芳香性。

咪唑是一个两性分子，既是一个酸，也是一个碱。它的酸性比羧酸和酚弱，但比醇强；咪唑的碱性（$pK_b = 6.8$）比吡咯（$pK_b = 13.6$）强。

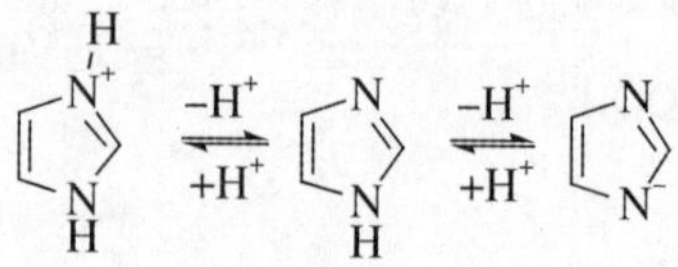

咪唑 1 位氮原子上的氢可以通过互变异构转移到 3 位氮原子上，所以 C-4 位和 C-5 位是相同的。如果有取代基，两个异构体可以区别。如 4-甲基咪唑和 5-甲基咪唑属于互变异构体，但二者难以分离，常用 4（5）-甲基咪唑命名。

5-甲基咪唑　　　　　　4-甲基咪唑

咪唑存在于很多生物相关分子和药物中。如用于治疗消化性溃疡的西咪替丁。

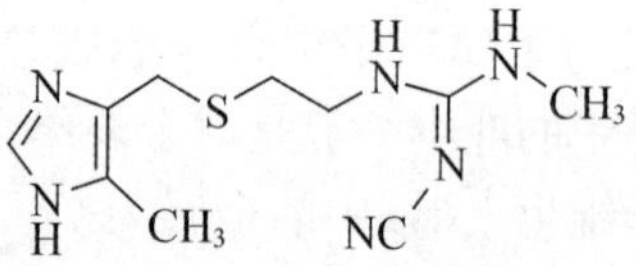

西咪替丁（cimetidine，甲氰咪胍）

问题 13-1　请解释为什么吡咯无碱性。

问题 13-2　为什么 2-吡咯甲醛的亲核反应活性比苯甲醛低？

第三节　六元杂环化合物

一、吡啶的结构和物理性质

吡啶是存在于煤焦油和骨焦油中有恶臭的无色液体，沸点 115℃，密度 $0.98 \mathrm{g \cdot cm^{-3}}$，可与水、乙醇、乙醚等混溶，是一种良好的溶剂和重要的化工原料。吡啶的结构与苯类似，环上的氮原子以 sp^2 杂化轨道成键，一个 p 电子参与共轭，形成具有 6 个 π 电子的闭合的共轭体系，具有芳香性。

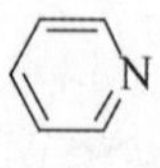

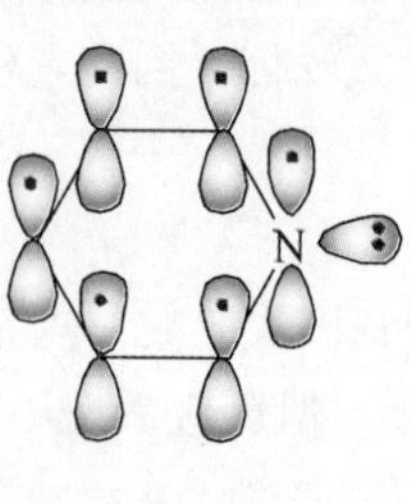

二、吡啶的化学性质

（一）碱性与成盐反应

吡啶氮原子上的孤对电子未参与共轭，因此具有弱碱性（$pK_b=8.80$），其碱性比脂肪胺弱，但比芳胺、吡咯强（吡咯环上氮原子的孤对电子参与共轭），是最广泛使用的有机碱。

常见含氮化合物的碱性：

	CH_3NH_2	NH_3	吡啶	苯胺	吡咯
pK_b	3.36	4.76	8.80	9.42	13.6

吡啶氮原子上有一对孤对电子，不仅可与酸成盐，而且还具有亲核性，可与卤代烃发生亲核取代反应，如与碘甲烷作用可生成季铵盐。

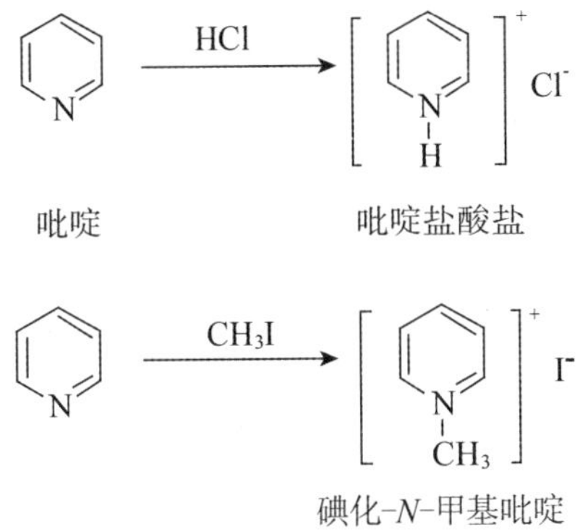

吡啶　　　　　　　　　吡啶盐酸盐

碘化-N-甲基吡啶

（二）亲电取代反应

吡啶具有芳香性，可以发生亲电取代反应，但反应活性比苯低得多，与硝基苯相似，硝化、磺化和卤化反应一般要在强烈条件下才能发生，而且取代反应主要发生在 β-位。例如：

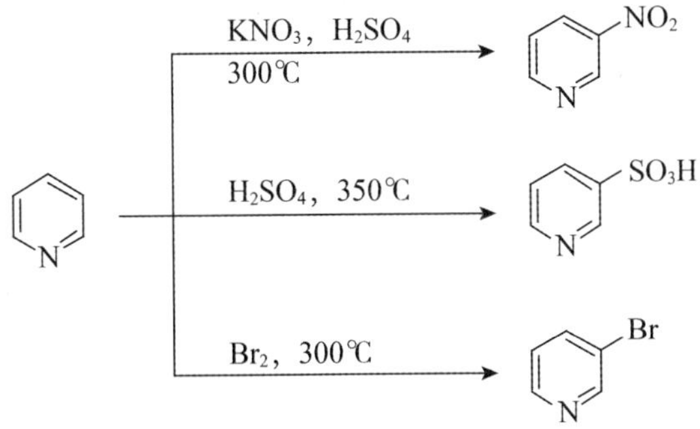

吡啶环上若有活化基团，则反应较容易进行，例如：

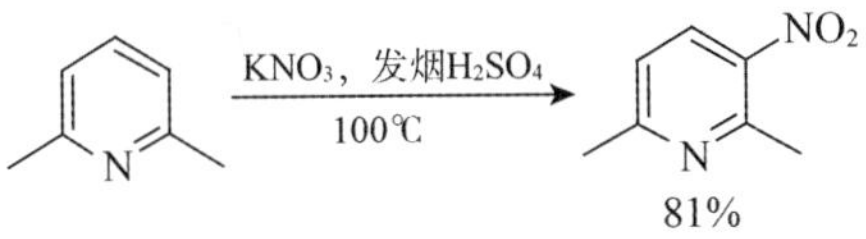

吡啶环不易发生亲电取代反应，一是因为环上氮的吸电子诱导效应与共轭效应，使环上电子云密度降低，导致亲核性下降，这与硝基使苯环的反应活性下降相似；另一方面，由于反应在强的亲电性介质如 Br^+、NO_2^+ 中进行，容易与吡啶形成吡啶盐，这一正电荷也减弱了吡啶的亲电反应性。

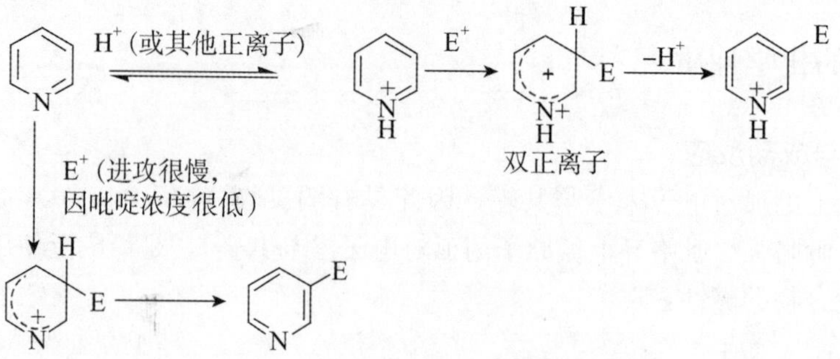

吡啶的亲电取代主要发生在 β-位，也可用共振式来解释。

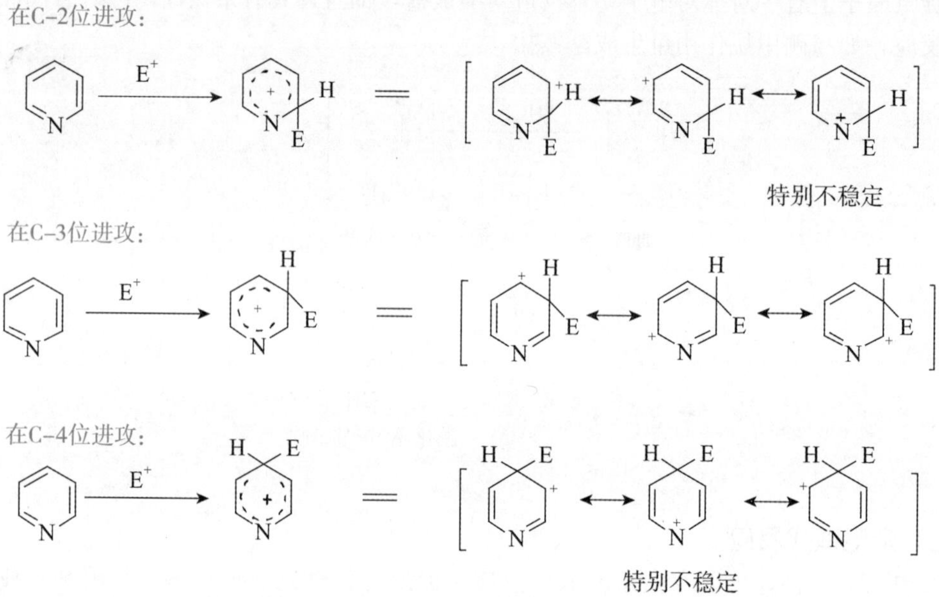

在C-2位进攻：

特别不稳定

在C-3位进攻：

在C-4位进攻：

特别不稳定

若亲电试剂在C-2、C-4位进攻，都有一个正电荷位于氮原子上的共振式，特别不稳定；而在C-3位进攻，没有特别不稳定的共振式，所以正离子中间体相对较稳定。因此反应易在C-3（C-5）位发生。

（三）亲核取代反应

吡啶虽然不易进行亲电取代，但由于氮原子的吸电子作用使环上的电子云密度降低，有利于亲核取代，特别是2和4位上。例如，吡啶与强碱性的氨基钠作用生成2-氨基吡啶：

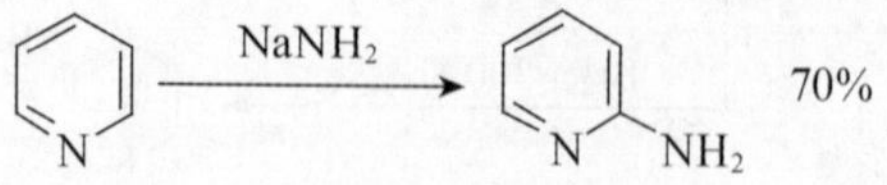

与硝基苯类似，吡啶的2、4、6位上的卤素很容易被亲核试剂取代，例如：

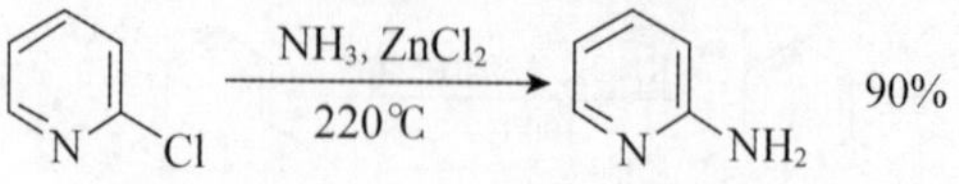

（四）侧链氧化

吡啶环本身不易被氧化，但与苯类似，环上的侧链可以被强氧化剂氧化，烷基吡啶可被氧化成吡啶甲酸。例如：

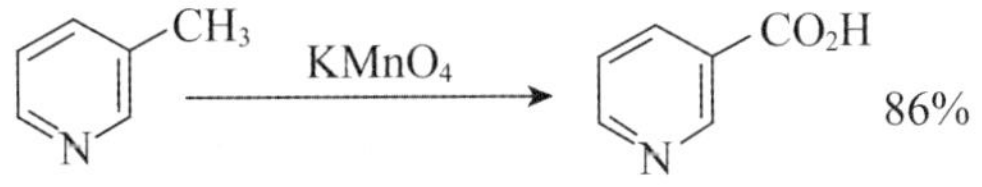

$$\text{（3-甲基吡啶）} \xrightarrow{\text{KMnO}_4} \text{（烟酸，CO}_2\text{H）} \quad 86\%$$

三、吡啶和嘧啶衍生物

吡啶是有机化学中的常用溶剂，能溶解许多有机化合物和部分无机盐；吡啶及其衍生物在自然界分布较广，如烟草中的尼古丁、蓖麻碱、生物碱等，也常见于药物分子中，如维生素 B₆、异烟肼、阿托品、西伐他汀等。尼古丁（Nicotine）和地棘蛙素（epibatidine）是天然存在的神经尼古丁乙酰胆碱受体（nAChRs）拮抗剂，通过对其结构进行改造，科学家们合成了一系列有药理活性的 nAChRs 拮抗剂。

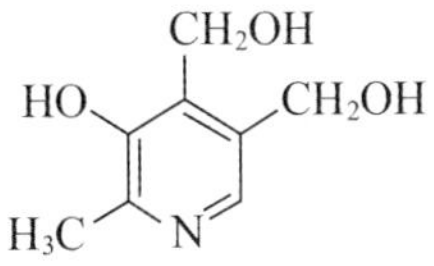

维生素B₆　　　异烟肼（抗结核药） 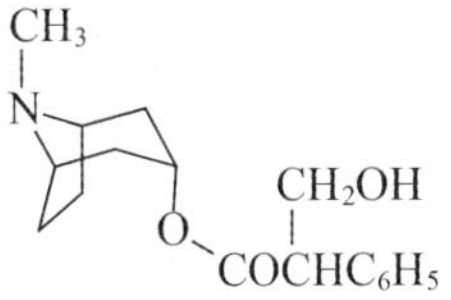　　　颠茄碱，阿托品（止痛药）

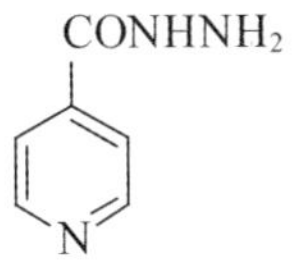

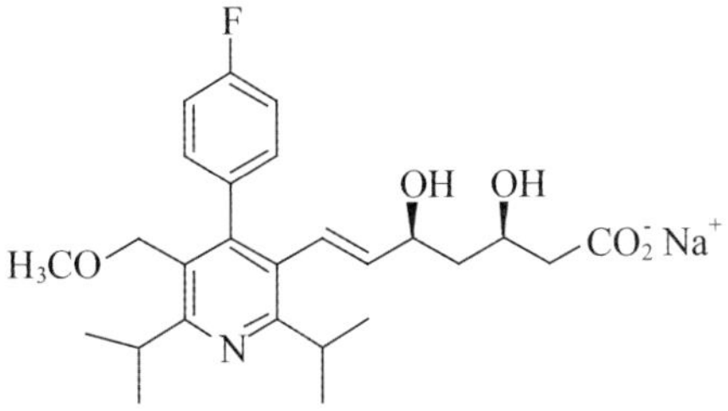

西伐他汀（降血脂药） 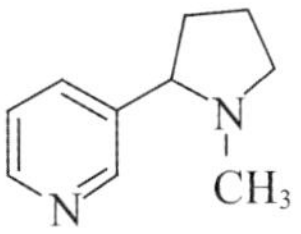　　　烟碱（尼古丁） 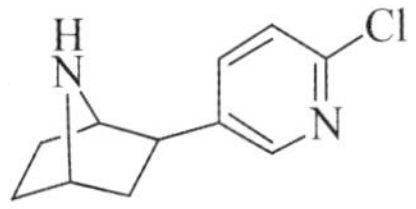　　　地棘蛙素

嘧啶是含有两个氮原子的六元杂环，与吡啶相比嘧啶环上电子云密度更低，亲电取代更难，碱性比吡啶弱。

嘧啶是无色晶体，熔点 22℃，沸点 124℃，易溶于水和醇。嘧啶衍生物广泛存在于自然界，具有重要的生物学功能。例如组成核酸的重要碱基尿嘧啶（uracil）、胞嘧啶（cytosine）和胸腺嘧啶（thymine）都是嘧啶衍生物。

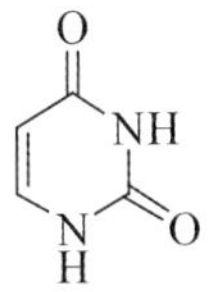

尿嘧啶 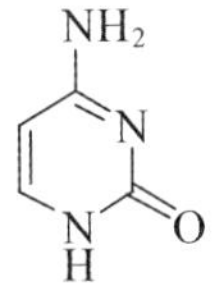　　　胞嘧啶 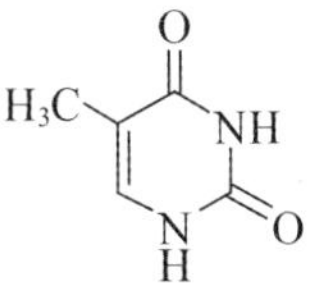　　　胸腺嘧啶

尿嘧啶等是羟基嘧啶的互变异构体，平衡状态下以酮式为主：

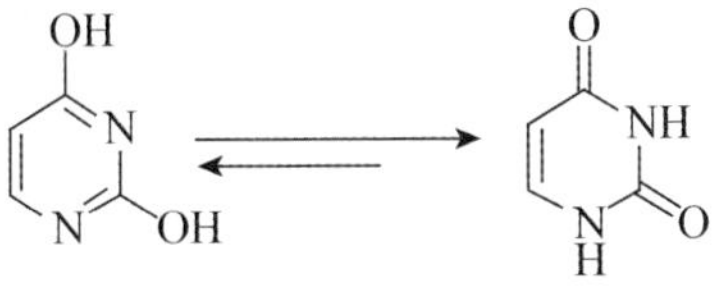

> 问题 13-3　比较并解释吡啶和吡咯发生亲电取代反应时反应活性的差别。

第四节　稠杂环化合物

苯环与杂环稠合或杂环与杂环稠合而成的化合物总称为稠杂环化合物。重要的苯并五元杂环包括吲哚、苯并呋喃、苯并噻吩等，常见的六元稠杂环中，喹啉（苯并吡啶）和喹喔啉（苯并吡嗪）在杂环化学中有重要地位。

一、吲哚

吲哚是由苯环和吡咯环稠合而成的白色固体，熔点 52～54℃，密度 $1.22g \cdot cm^{-3}$，因为氮原子的孤对电子参与形成了芳香环，所以吲哚不具有碱性。

自然情况下，吲哚存在于人类的粪便之中，并且有强烈的粪臭味。低浓度下，吲哚具有类似于花的香味，是许多花香的组成部分，如橘子花。吲哚也被用来制造香水。色氨酸及含色氨酸的蛋白质、生物碱及色素中都包含吲哚结构。很多药物也包含吲哚环，如降血脂药氟伐他汀钠（Fluvastatin Sodium，商品名：来适可，Lescol），治疗中、重度偏头痛的那拉曲坦（Naratriptan）等。

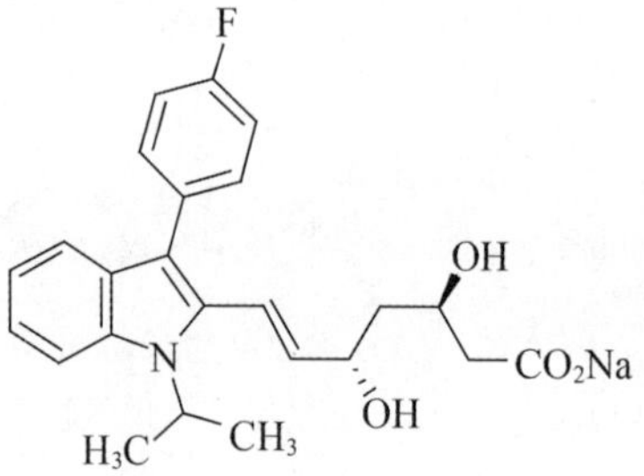

氟伐他汀钠 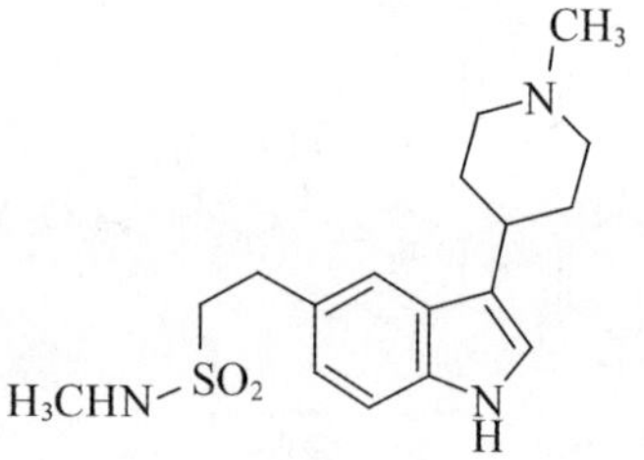   那拉曲坦

二、嘌呤

嘌呤为无色结晶，熔点 216℃，易溶于水。嘌呤本身不是天然物质，但它的羟基、氨基衍生物却存在于动、植物体内。嘌呤衍生物中的腺嘌呤（adenine）和鸟嘌呤（guanine）是生命的遗传物质核酸的组成成分。

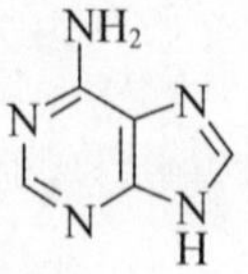

腺嘌呤（A） 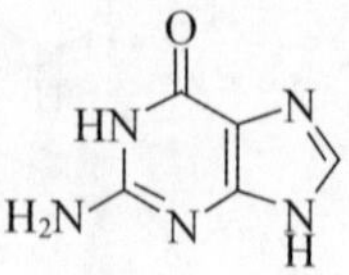   鸟嘌呤（G）

三、喹啉

喹啉最初是从煤焦油中提取出来的无色油状液体，沸点 238.0℃，难溶于水。喹啉的性质与吡啶相似，具有弱碱性。很多天然药物和合成药物中都含有喹啉环，如抗疟药奎宁（Quinine）、治疗高脂血症的匹伐他汀（Pitavastatin，Livalo）等。

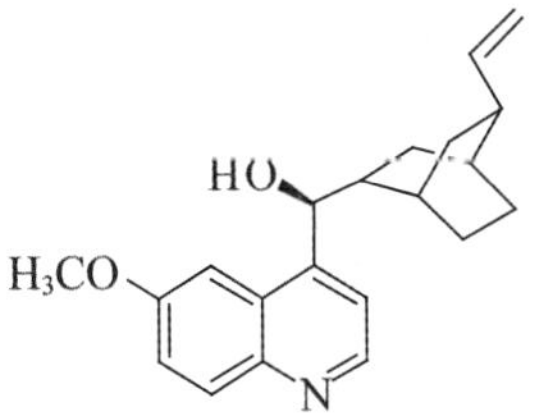

奎宁

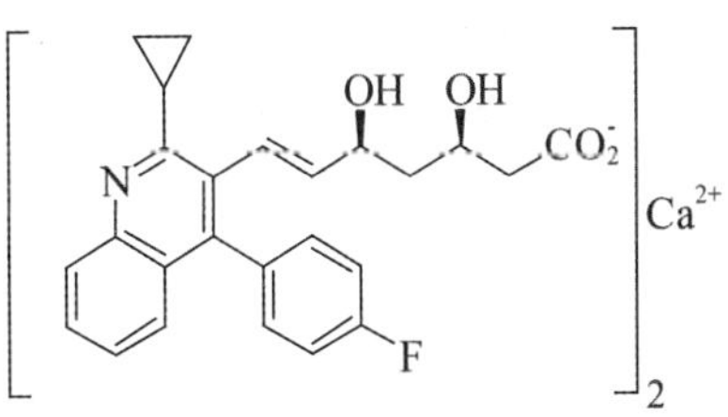

匹伐他汀钙

知识扩展

他汀类药物

在现代药物设计中，杂环化合物是当之无愧的主角，市售绝大多数药物中都包含杂环。这是因为杂环可以通过调控化合物的亲脂性、极性以及分子的氢键结合能来改变药物的药理、药动学、毒理学及物理化学性质。杂环药物具有抗菌、抗炎、镇痛、抗抑郁、抗焦虑、抗氧化以及减肥、降脂、治疗糖尿病、治疗帕金森病、免疫调节抑制等药理活性。其中治疗高胆固醇血症的他汀类的问世和应用是降血脂药的重大突破，被誉为"现代医药史上的奇迹"。

他汀类药物（statins）是羟甲基戊二酰辅酶 A（HMG-CoA）还原酶抑制剂，此类药物通过竞争性抑制内源性胆固醇合成限速酶（HMG-CoA 还原酶），降低人体内胆固醇，是目前已知最强的降低低密度脂蛋白胆固醇的药物，具有确切的防治冠心病和减少死亡的作用。近年来，对他汀类药物的研究领域扩展到治疗骨质疏松症、阿尔茨海默病、肿瘤细胞增殖等领域。

他汀类药物的结构可分为三部分：与酶的底物 HMG-CoA 中 HMG 结构类似的 β,δ-二羟基戊酸结构（A 部分），这是他汀类药物的药效基团；与酶变构后产生的疏水性浅沟相结合的疏水性刚性平面结构（B 部分），可为苯环、萘环、芳杂环或稠杂环等，一般稠合苯环或稠杂环的活性较好；A 与 B 两部分的连接部分（C 部分）一般以乙烯基或乙基为佳。

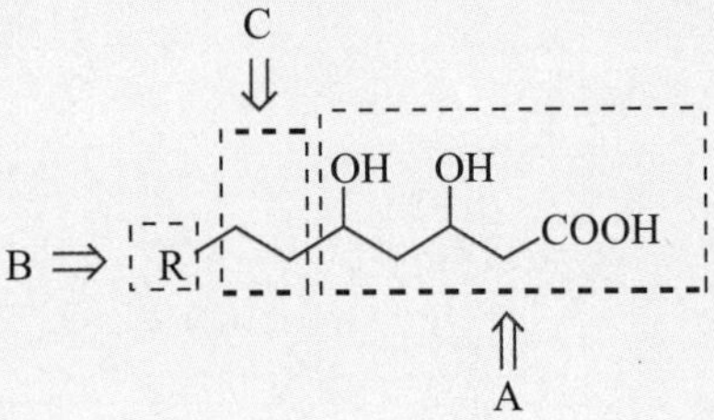

目前常用的他汀类药物有：洛伐他汀（Lovastatin，1987 年上市）、普伐他汀钠（Pravastatin Sodium，1989 年上市）、辛伐他汀（Simvastatin，1988 年上市）、氟伐他汀钠（Fluvastatin Sodium，1994 年上市）、阿托伐他汀钙（Atorvastatin Calcium，1997 年上市）、瑞舒伐他汀钙（Rosuvastatin Calcium，2003 年上市）、匹伐他汀钙（Pitavastatin Calcium，2009 年上市）。最著名的是阿托伐他汀钙（商品名立普妥，Lipitor），立普妥曾经是世界排名第一的畅销药，2009 年全球年销售总额高达 123 亿美元。

小　结

杂环化合物是环上含有杂原子（碳、氢以外的原子）的环状化合物的统称，它是有机化合物中数量最庞大的一类化合物，本章的杂环化合物特指芳香杂环化合物。

杂环化合物母环的中文名称是用"口"字旁杂环化合物英文名称音译的同音字来命名的，杂环化合物衍生物的命名是将母环上的取代基编号，以杂环母环做母体。

五元芳杂环亲电取代反应的活性较苯高，六元芳杂环亲电取代反应的活性较苯低，具体反应见下表。

		卤代反应	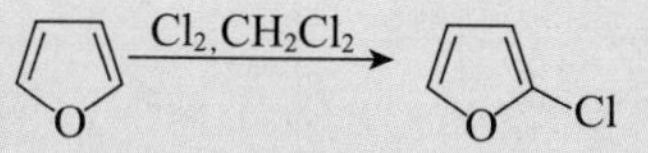 呋喃 $\xrightarrow{\text{Cl}_2,\text{CH}_2\text{Cl}_2}$ 2-氯呋喃	活性：吡咯＞呋喃＞噻吩＞苯（α-取代为主）
五元杂环	亲电取代	磺化反应	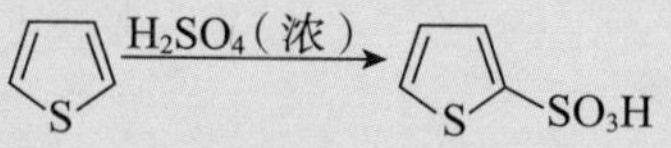 噻吩 $\xrightarrow{\text{H}_2\text{SO}_4（浓）}$ 噻吩-SO$_3$H	
		硝化反应	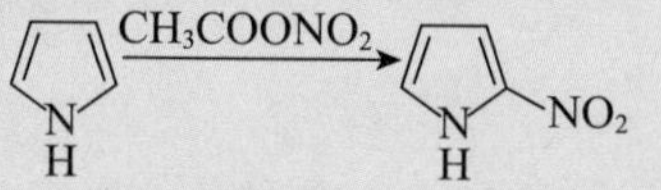 吡咯 $\xrightarrow{\text{CH}_3\text{COONO}_2}$ 2-硝基吡咯	
	加成反应		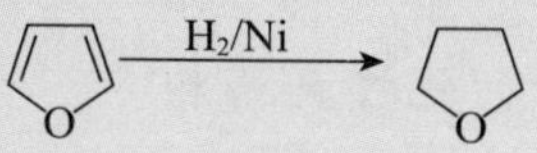 呋喃 $\xrightarrow{\text{H}_2/\text{Ni}}$ 四氢呋喃	活性：呋喃＞吡咯＞噻吩＞苯
吡啶	碱性与成盐		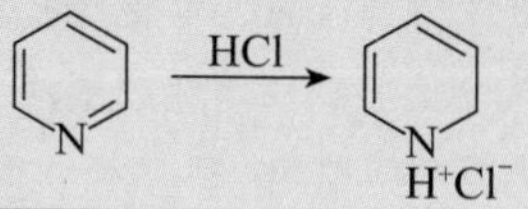 吡啶 $\xrightarrow{\text{HCl}}$ 吡啶 H^+Cl^-	
	亲电取代		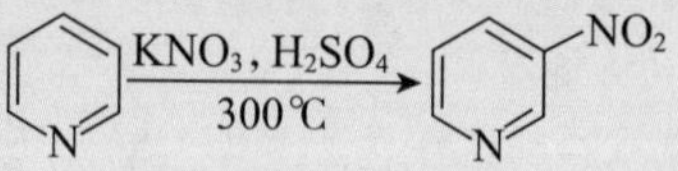 吡啶 $\xrightarrow[300℃]{\text{KNO}_3,\text{H}_2\text{SO}_4}$ 3-硝基吡啶	活性：＜苯（β-取代为主）
	亲核取代		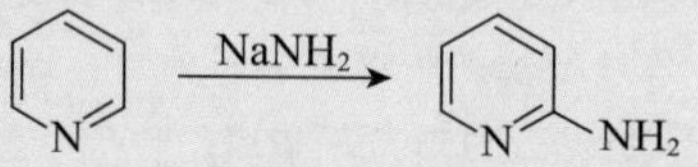 吡啶 $\xrightarrow{\text{NaNH}_2}$ 2-氨基吡啶	
	侧链氧化		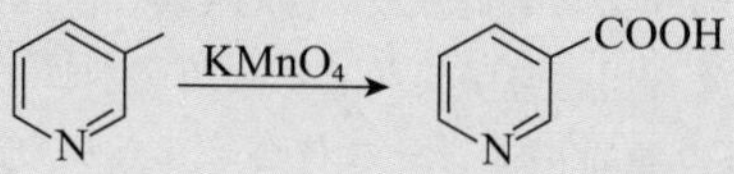 3-甲基吡啶 $\xrightarrow{\text{KMnO}_4}$ 3-吡啶甲酸	

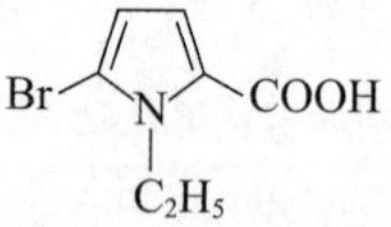

习　题

1. 命名下列化合物。

(1) 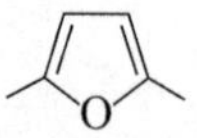 2,5-二甲基呋喃

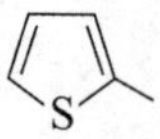

(2) 2-甲基噻吩

(3) 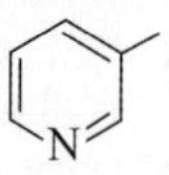 3-甲基吡啶

(4) 5-溴-1-乙基吡咯-2-甲酸

(5) 8-羟基喹啉

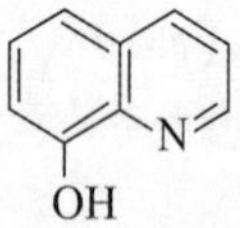

(6) 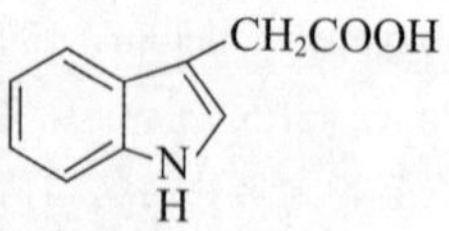 吲哚-3-乙酸

2. 写出下列化合物结构式。

(1) 2-苯甲酰基噻吩

(2) 3-呋喃磺酸

(3) 3-吡啶甲酸

(4) 1,3-噻唑

(5) 1,4-二嗪（吡嗪）

(6) 咪唑

3. 将下列化合物按碱性从强到弱排序。

(1) 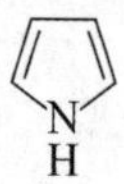 吡咯

(2)  四氢吡咯

(3) 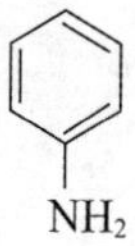 苯胺

(4) 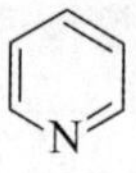 吡啶

4. 比较下列各化合物中不同氮原子的碱性强弱。

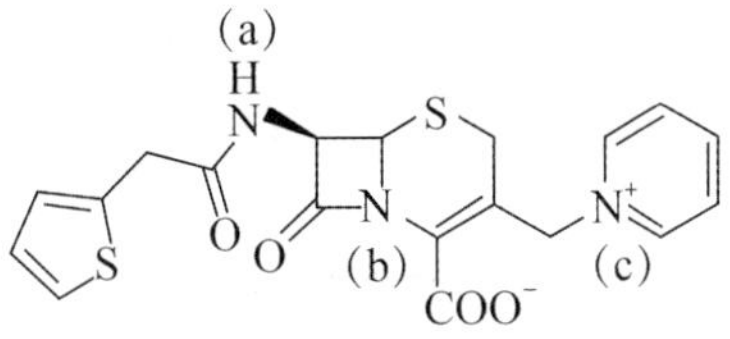

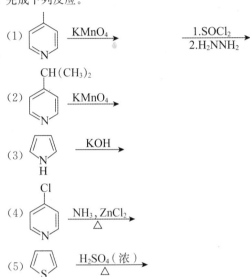

5. 写出吡啶与下列试剂反应的产物。

(1) Br_2，300℃

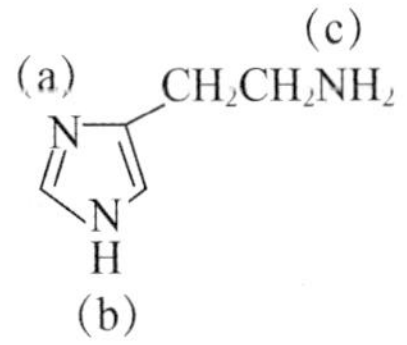

(2) H_2SO_4，350℃

(3) $NaNH_2$，加热，然后水解

(4) 稀 HCl

(5) CH_3I

6. 完成下列反应。

(1) ［4-位取代的吡啶］ $\xrightarrow{KMnO_4}$ $\xrightarrow[2.H_2NNH_2]{1.SOCl_2}$

(2) ［4-位 $CH(CH_3)_2$ 取代的吡啶］ $\xrightarrow{KMnO_4}$

(3) ［吡咯 $\overset{N}{\underset{H}{}}$］ $\xrightarrow{KOH}$

(4) ［4-位 Cl 取代的吡啶］ $\xrightarrow[\triangle]{NH_3,\ ZnCl_2}$

(5) ［噻吩 S］ $\xrightarrow[\triangle]{H_2SO_4（浓）}$

7. 高锰酸钾氧化喹啉（［喹啉结构式］）会形成哪一种二元酸？为什么？

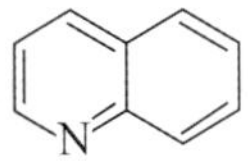

8. 阿昔洛韦（Zovirax，艾赛可威）是葛兰素-史克公司的抗病毒药物，其结构如下：

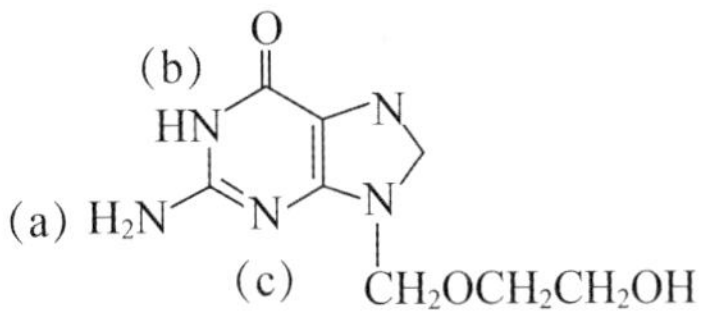

［鸟嘌呤衍生物结构，标注 (a) H_2N、(b) HN、(c) $CH_2OCH_2CH_2OH$］

(1) 其母核是什么？

(2) 请比较所标示三个氮原子的碱性顺序。

9. 由 β-甲基吡啶合成 3-氨基吡啶的反应条件如下，请将反应式补充完全。

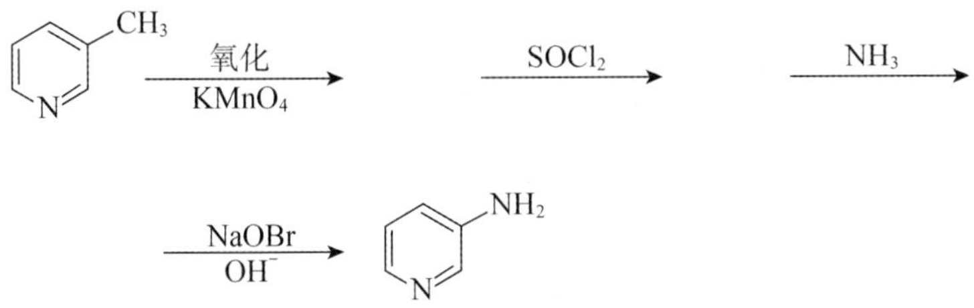

［3-甲基吡啶 CH_3］ $\xrightarrow[KMnO_4]{氧化}$ $\xrightarrow{SOCl_2}$ $\xrightarrow{NH_3}$

$\xrightarrow[OH^-]{NaOBr}$ ［3-氨基吡啶 NH_2］

（王　欣）

第十四章 糖 类

糖类（saccharide）又称碳水化合物（carbohydrate），是多羟基醛（酮）或能水解产生多羟基醛（酮）的化合物。由于早期发现组成糖类分子的碳、氢、氧比例为 $C_n(H_2O)_m$（n 代表碳原子数，m 代表水分子数），其中 H 与 O 的比例与水相同，所以被称作碳水化合物。后来发现有不少糖类化合物不符合此化学通式，因此称糖类化合物为碳水化合物并不确切，只是沿用已久，至今仍在使用。

糖类最主要的生理功能是为机体提供生命活动所需要的能量。从 20 世纪 80 年代开始，糖脂和糖蛋白的研究进展迅速，科学家们不断地从分子水平上揭示糖类的结构与功能的关系以及在生命活动中的作用。从而认识到糖不仅是生物体的结构组分，而且是细胞识别的信号分子，在生命过程中发挥着重要的生理功能。

按照糖类化合物的水解情况，可将其分为四类，即单糖、双糖、寡糖和多糖。单糖（monosaccharide）是不能再被水解成更小分子的糖，如葡萄糖、果糖、核糖等；水解后产生 2 分子单糖者称为双糖（disaccharide），如蔗糖、麦芽糖；水解后产生 3～10 个单糖的称为寡糖（oligosaccharide）或低聚糖；完全水解后产生 10 个以上单糖的称为多糖（polysaccharide），如淀粉、糖原和纤维素等。

第一节 单 糖

单糖可分为醛糖（aldose）和酮糖（ketose）。根据分子中所含碳原子数目又可分为三碳（丙）、四碳（丁）、五碳（戊）和六碳（己）糖。最简单的醛糖是甘油醛（glyceraldehyde），最简单的酮糖是 1,3-二羟基丙酮。生命体中最重要的葡萄糖是己醛糖。在蜂蜜中含量最高的果糖为己酮糖。在生物体内以戊糖和己糖最为常见。有些糖的羟基可被氢原子或氨基取代，它们分别被称为去氧糖和氨基糖。例如 2-去氧核糖、2-氨基葡萄糖。

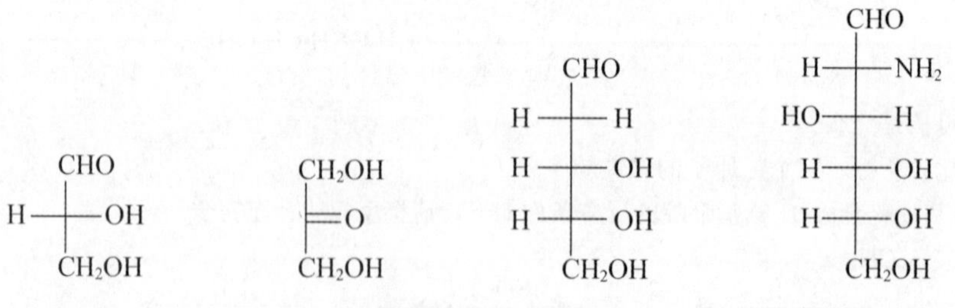

甘油醛　　　1,3-二羟基丙酮　　2-去氧核糖　　2-氨基葡萄糖

一、构型和开链结构

单糖的开链结构通常用 Fischer 投影式表示，其手性碳的立体构型可用 R/S 标记，但目前人们仍习惯用 D/L 构型标记法命名单糖。单糖的 D/L 构型是以甘油醛作为标准，将单糖的结构用 Fischer 投影式书写，竖线表示碳链，羰基具有最小编号；将编号最大的手性碳（即离羰基最远的一个手性碳）的构型与 D-甘油醛相比较，构型相同的为 D-构型糖，反之为 L-构型

糖。例如：

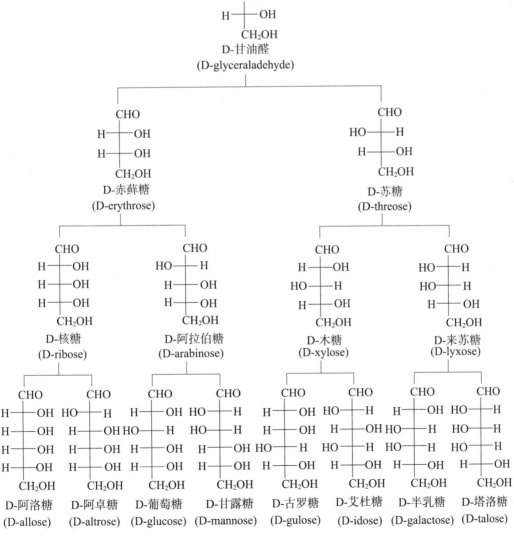

　　绝大多数单糖具有旋光性，含3个手性碳的戊醛糖应有8个对映异构体，含4个手性碳的己醛糖有16个对映异构体。酮糖比相应的醛糖少一个手性碳原子，因此异构体数目也相应减少，如己酮糖（果糖）有8个对映异构体。

　　单糖的名称常根据其来源采用俗名。含有3C～6C的各种D-醛糖（图14-1）多数存在于自然界，如D-葡萄糖广泛存在于生物细胞和体液里，半乳糖存在于乳汁中。D-核糖为核酸的组成部分，广泛存在于细胞中。

图 14-1　D-醛糖系列

> **问题 14-1**　请写出 D-半乳糖、L-半乳糖的开链结构。

在自然界中也发现一些 D-酮糖，一般在 C_2 位上具有酮羰基。例如 D-果糖、D-山梨糖和 D-核酮糖等。

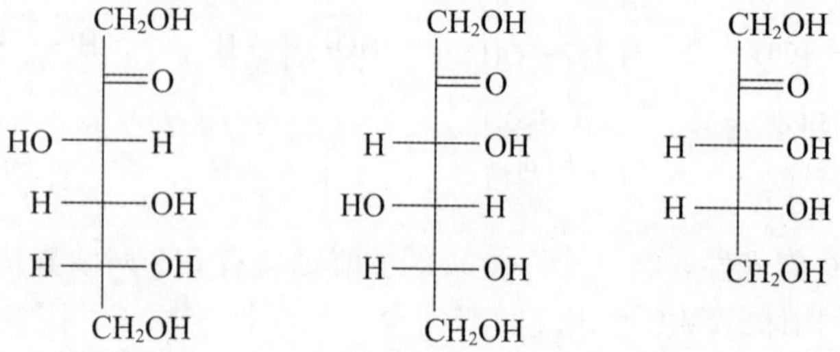

D-果糖　　　　　　D-山梨糖　　　　　　D-核酮糖

二、变旋光现象和环状结构

单糖的开链结构表明分子中都含有羰基，但人们发现这种开链结构与某些实验事实不相符。例如：①一般醛应在干燥 HCl 存在下与两分子甲醇反应生成缩醛，但葡萄糖只与一分子甲醇反应生成稳定化合物；②D-葡萄糖在不同条件下可得两种结晶，从冷乙醇中可得熔点为 146℃、比旋光度为 +112° 的晶体，而从吡啶中可得熔点为 150℃、比旋光度为 +18.7° 的结晶；③将上述两种晶体的葡萄糖分别溶于水后比旋光度都会发生变化，并都在 +52.5° 时保持恒定不变，这种比旋光度发生变化的现象称为变旋光现象（mutarotation）；④固体葡萄糖在红外光谱中不显示羰基的伸缩振动峰。

为了解释上述实验事实，人们从醇与醛形成半缩醛和 δ-羟基醛（酮）的反应得到启发，葡萄糖分子内既有醛基又有羟基，可以发生分子内加成反应生成环状半缩醛。后来的 X 线衍射结果也证实了单糖主要是以环状结构存在的。

葡萄糖通常以五元或六元环形式存在。当以五元环存在时，与杂环呋喃相似，称为呋喃糖（furanose）；当以六元环存在时，与杂环化合物吡喃相似，称为吡喃糖（pyranose）。

葡萄糖分子形成环状半缩醛后，原来非手性的醛基碳原子变成了手性碳原子，因此同一单糖有两种不同的环状半缩醛——α-、β-两种异构体，它们是非对映体，这种仅端基不同的异构体称为端基异构体（anomer）。

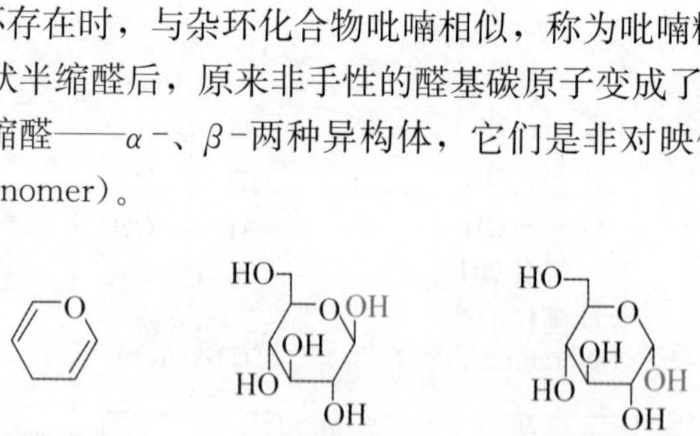

吡喃　　　　　β-D-吡喃葡萄糖　　　　　α-D-吡喃葡萄糖

上述环状结构表示式称为 Haworth（哈武斯）式。半缩醛羟基在环平面上方（总是与 C_6 羟甲基位于同侧）的称为 β-异构体，在环平面下方的称为 α-异构体。D-葡萄糖用乙醇溶液重结晶可得 α-D-葡萄糖，比旋光度为 +112°；用吡啶溶液重结晶可得 β-D-葡萄糖，比旋光度为 +18.7°。当把这两种异构体分别溶于水后，它们可通过开链结构相互转化，最终达到平衡，平衡混合物中 β-异构体占 64%，α-异构体占 36%，开链结构占 0.02%，混合物的比旋光度为 +52.5°。D-葡萄糖发生变旋现象的内在原因，就是这两种端基异构体与开链结构之间处于动态平衡。

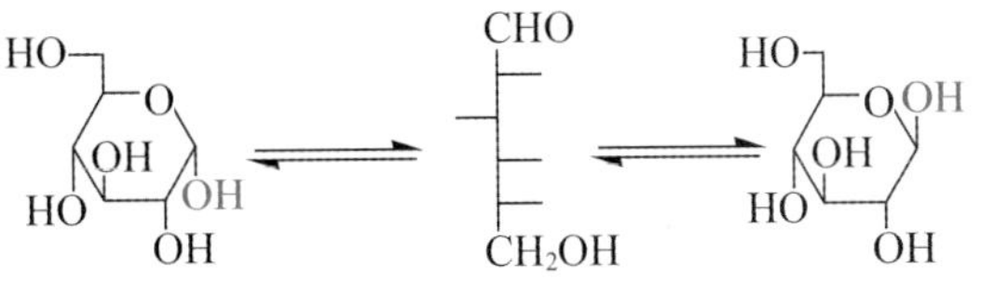

α-D-吡喃葡萄糖 36%　　开链D-葡萄糖 0.02%　　β-D-吡喃葡萄糖 64%

由于开链结构含量极低，因此没有明显的羰基特征光谱。

开链式和 Haworth 式之间是怎样转变的呢？以 D-葡萄糖为例。为了使 C_5 羟基靠近醛基，可使 C_4-C_5 间的单键旋转 120°，此过程没有任何键断裂，因此 C_5 构型没有改变，但产生了有利于成环的羟基取向，使 C_5 羟基有利于向 C_1 羰基进攻，然后 C_5 羟基分别从羰基平面两侧进攻羰基碳，形成半缩醛，得到两个端基异构体——α-D-吡喃葡萄糖和 β-D-吡喃葡萄糖。

β-D-葡萄糖

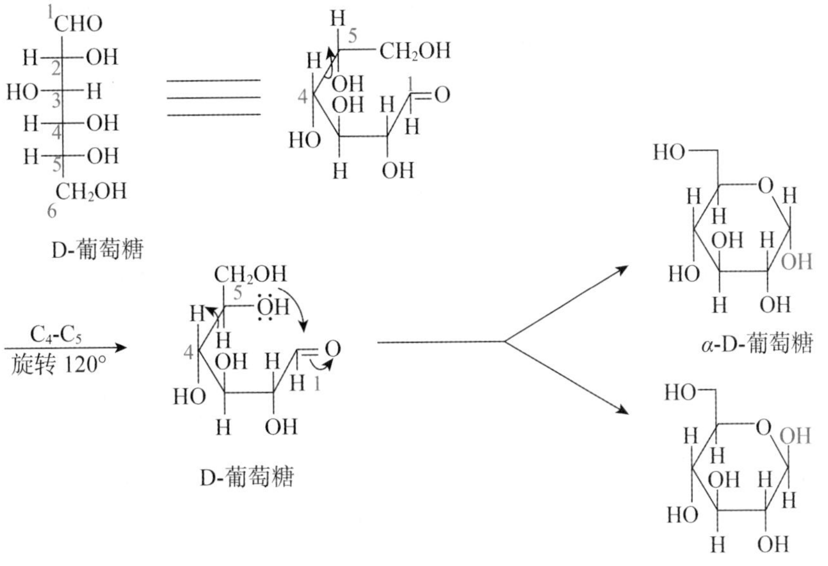

从上述 Fischer 投影式转变为 Haworth 式的过程可以看出，凡在 Fischer 式中处于右侧的羟基应在 Haworth 式环平面的下边，处于左侧的羟基在环平面的上边。—CH_2OH 也在 Haworth 式环平面上边，表示 D-构型。

多数单糖都具有环状结构。例如：D-果糖和 D-核糖多以环状结构存在。

D-果糖　　β-D-呋喃果糖　　D-核糖　　β-D-呋喃核糖

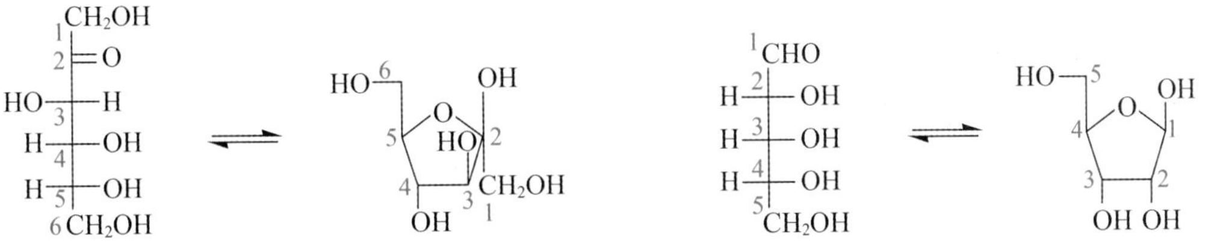

Haworth 式比开链式能更加合理地表达葡萄糖的化学性质，在糖化学中得到了普遍应用。但在 Haworth 式中，将六元环看成平面，原子和基团垂直排布在环的上下方，这并不能完全表示出 D-葡萄糖的立体结构，也不能解释为什么在水溶液中 β-D-葡萄糖含量比 α-D-葡萄糖高。更符合实际情况的是用椅式构象来表示吡喃糖的结构，成环的六个原子不在同一平面上。D-葡萄糖的两种椅式构象式表示如下：

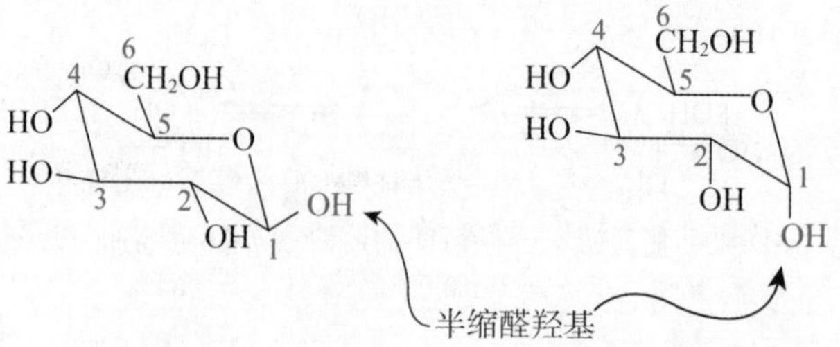

β-D-葡萄糖   α-D-葡萄糖

从构象式中可以看出，β‑D‑葡萄糖分子的取代基全部位于 e 键上（包括半缩醛羟基在内），而 α‑D‑葡萄糖的半缩醛羟基处于 a 键，因此 β‑D‑葡萄糖比 α‑D‑葡萄糖更稳定。这就解释了为什么 D‑葡萄糖在水溶液的动态平衡中，β‑异构体的含量要高于 α‑异构体。

> 问题 14‑2 写出 α‑和 β‑D‑吡喃半乳糖的椅式构象式，并指出在水溶液中哪种构象式更稳定。

三、化学性质

单糖分子中既含有羰基又含有多个羟基，故具有一般醛酮和醇的性质，如醛酮的羰基可发生还原反应，醇羟基可发生酯化反应等。又由于这些官能团处于同一分子内而有相互影响，所以又具有一些特殊性质。

（一）氧化反应

1. 与弱氧化剂的反应 Tollens、Benedict 和 Fehling 试剂等碱性弱氧化剂能将醛基氧化成羧基。单糖溶液中的环状结构与开链结构处于动态平衡，所以醛糖能被银氨络离子（Tollens 试剂）氧化，产生银镜；也能被 Cu^{2+}（Benedict 和 Fehling 试剂）氧化产生 Cu_2O 沉淀（砖红色）。

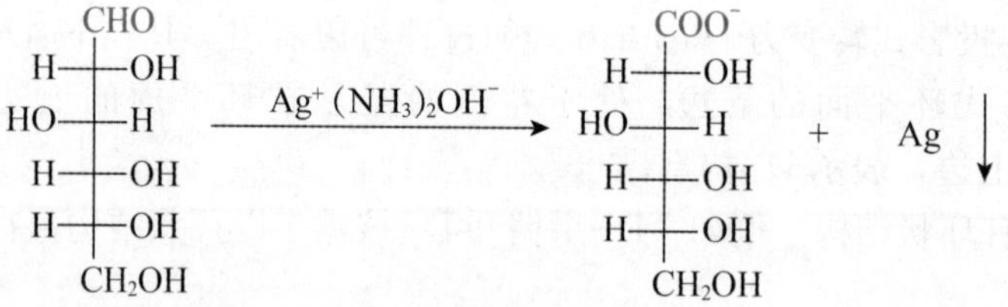

酮糖（例如 D‑果糖）也能被上述弱氧化剂氧化。这是由于 D‑果糖与 D‑葡萄糖和 D‑甘露糖在碱性条件下，可通过形成中间体烯二醇而相互转化。

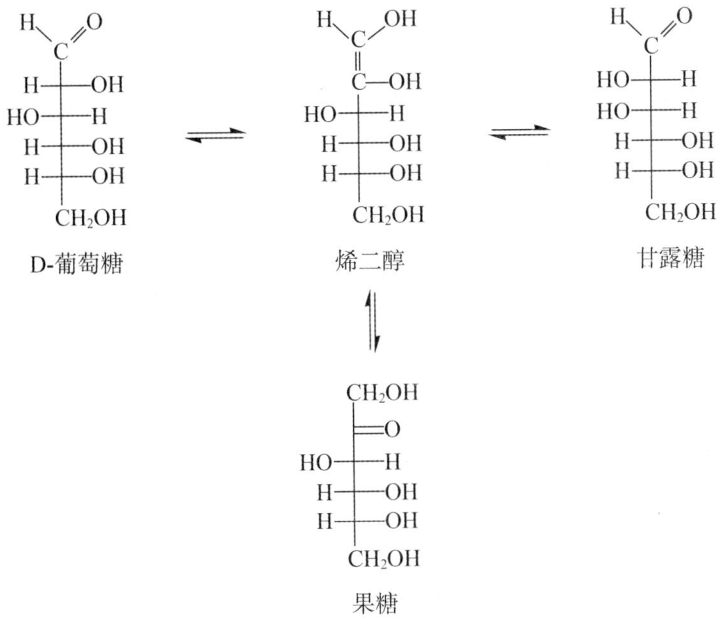

D-葡萄糖　　　　　烯二醇　　　　　甘露糖

果糖

　　α-羟基酮类都具有上述性质。凡是对 Tollens、Benedict 和 Fehling 试剂呈正反应的糖都称为还原糖，呈负反应的则称为非还原糖。单糖都是还原糖。

　　D-葡萄糖和 D-甘露糖在碱性条件下的相互转化称为差向异构化。两者互为差向异构体（epimer）（只有相对应的一个手性碳的构型相反的异构体互为差向异构体）。

> 问题 14-3　D-葡萄糖被 Tollens 试剂氧化，除生成葡萄糖酸外，还有哪些氧化产物？

　　2. 与溴水的反应　溴水可选择性地将醛糖的醛基氧化成羧基。由于在酸性条件下（溴水 pH＝6.00）糖不发生差向异构化，因此溴水不能氧化酮糖。可用溴水鉴别酮糖与醛糖。

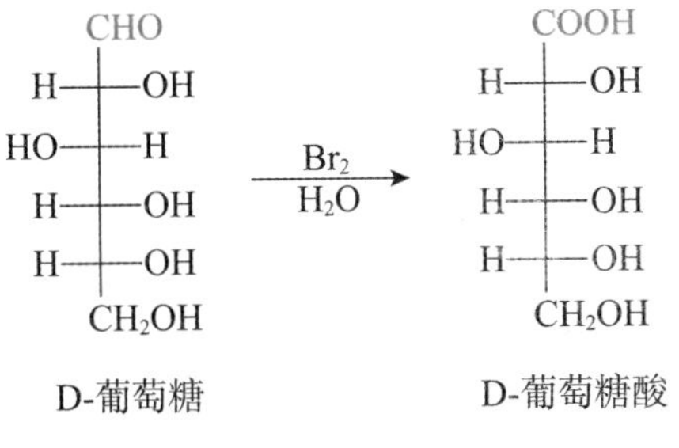

D-葡萄糖　　　　　D-葡萄糖酸

　　3. 与 HNO_3 的反应　硝酸是比溴水强的氧化剂。它不但可以氧化糖的醛基，还可以氧化糖的伯醇羟基，生成二元羧酸，称为糖二酸。例如 D-葡萄糖经硝酸氧化，生成 D-葡萄糖二酸（glucaric acid）。

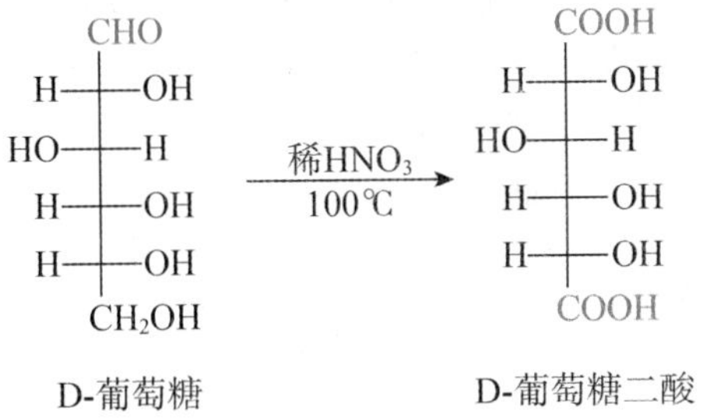

D-葡萄糖　　　　　D-葡萄糖二酸

D-葡萄糖二酸经选择性还原，可得 D-葡萄糖醛酸（glucuronic acid）。D-葡萄糖醛酸广泛存在于动物和植物体内。如在肝中它可与某些醇、酚等有毒物质生成苷，然后排出体外，从而起到解毒作用，在临床上葡萄糖醛酸常用作保肝药。

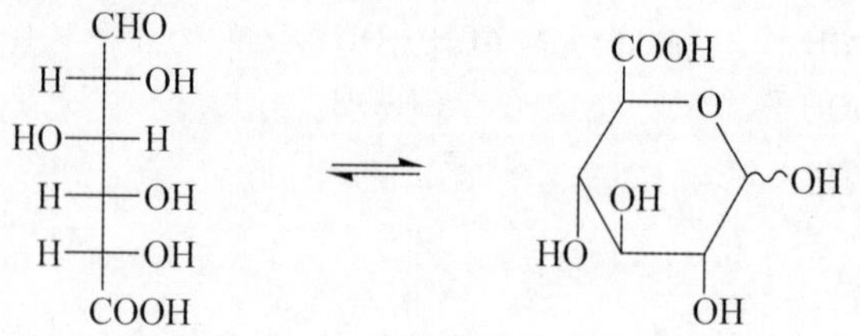

D-葡萄糖醛酸

（二）酸性条件下的脱水反应

在弱酸条件下，含 β-羟基的羰基化合物易发生脱水反应，生成 α,β-不饱和羰基化合物。糖类化合物也具有上述结构特征，在酸性条件下易脱水生成二羰基化合物。

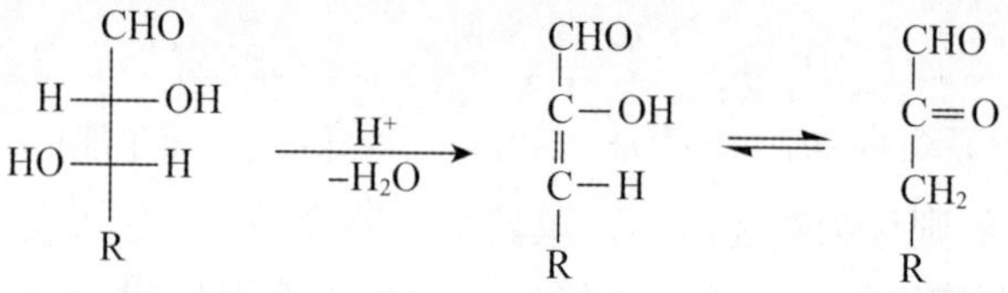

在强酸（如 12% HCl）及加热条件下，戊醛糖可发生分子内脱水反应生成呋喃甲醛，己醛糖则得到 5-羟甲基呋喃甲醛。

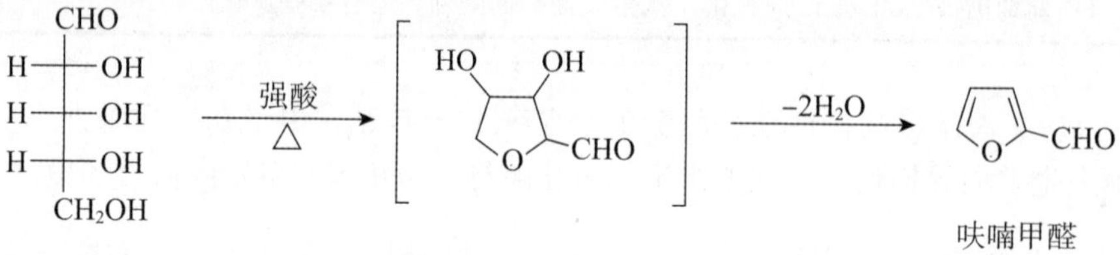

戊醛糖   呋喃甲醛

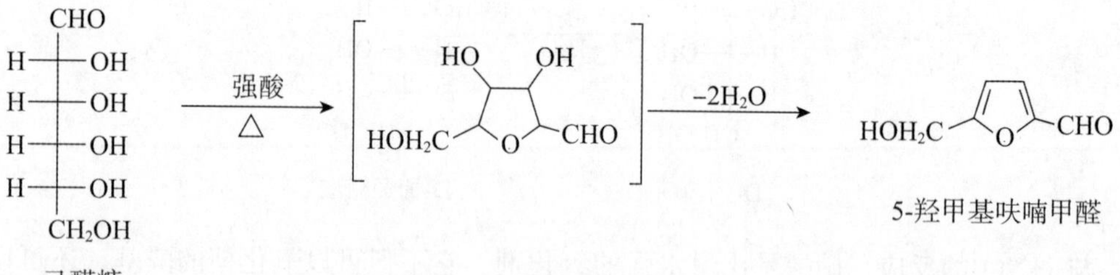

己醛糖   5-羟甲基呋喃甲醛

（三）成苷反应

单糖的半缩醛羟基与含羟基的化合物（如醇、酚等）作用，可脱去一分子水，生成具有缩醛结构的化合物，称为糖苷（glycoside），此反应称为成苷反应。例如：D-葡萄糖（"〰〰OH"表示半缩醛羟基的构型既可以是 α-构型也可以是 β-构型）在干燥 HCl 催化下，与甲醇反应可生成 D-葡萄糖甲苷（或甲基-D-葡萄糖苷）。

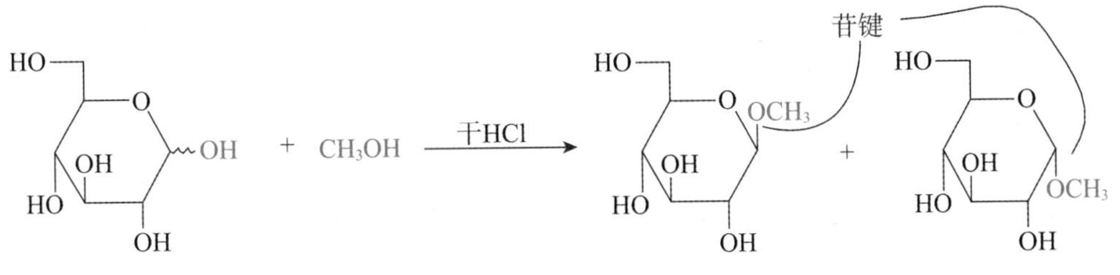

D-葡萄糖　　　　　　甲基β-D-葡萄糖苷　　甲基α-D-葡萄糖苷

糖苷是由糖和非糖两部分组成的，非糖部分称为苷元。上述糖苷是由 D-葡萄糖和甲醇通过氧苷键结合成苷。糖苷分子中无半缩醛羟基，不能通过互变异构转化成开链结构，故无变旋光现象也没有还原性。与其他缩醛一样，糖苷键在碱性条件下稳定，在酸作用下很易水解，生成原来的糖和非糖部分。

此外，酶对糖苷水解有专一性，例如杏仁酶专一性地水解 β-糖苷，而麦芽糖酶只水解 α-糖苷。糖苷广泛分布于自然界中，很多具有生物活性。糖部分的存在可增加糖苷的水溶性，同时当与酶作用时常常是分子识别的部位。

> 问题 14-4　糖苷本身无变旋光现象，但在酸性水溶液中却有变旋光现象，为什么？

第二节　双糖和多糖

双糖和多糖都是单糖分子通过分子间脱水后以苷键连接而成的化合物。本节将以几个代表性的双糖和多糖为例，讨论它们的结构及基本的性质。

一、双糖

双糖由两个单糖构成，其中单糖可以相同，也可以不同。连接两个单糖的苷键有两种：一种是两个单糖分子都以其半缩醛羟基脱水形成的双糖，分子中没有半缩醛羟基，不能通过互变生成开链糖，因此，此二糖没有还原性和变旋光现象，为非还原性双糖；另一种是一个单糖分子的半缩醛羟基与另一单糖分子中的醇型羟基之间脱水形成的双糖，此双糖分子中还有半缩醛羟基，因而有还原性和变旋光现象，为还原性双糖。麦芽糖、纤维二糖、乳糖均为还原糖，蔗糖为非还原糖。

单糖环状结构有 α- 和 β- 两种构型，这两种构型的半缩醛羟基都可参与苷键的形成，因此苷键就有 α-苷键和 β-苷键之分。下面介绍一些有代表性的双糖。

（一）麦芽糖

麦芽糖（maltose）因存在于麦芽中而得名。麦芽中的淀粉酶将淀粉水解生成麦芽糖。此外，淀粉在稀酸中部分水解也可得到麦芽糖。麦芽糖的结晶含一分子结晶水，熔点 103℃（分解），易溶于水，有变旋光现象，比旋光度为 +136°。其结构如下：

（+）-麦芽糖

麦芽糖是由两分子 D-葡萄糖以 α-1,4-糖苷键连接构成的，成苷部分的葡萄糖以吡喃环形式存在。麦芽糖分子结构中还有一个半缩醛羟基，因此，麦芽糖是还原糖。

（二）纤维二糖

纤维二糖（cellobiose）是由纤维素部分水解得到的。化学性质与麦芽糖相似，为还原糖，有变旋光现象，水解后生成两分子 D-（＋）-葡萄糖。与麦芽糖不同的是，纤维二糖不能被 α-葡萄糖苷酶水解，而只能被 β-葡萄糖苷酶水解，因为纤维二糖是以 β-1,4-糖苷键组成的双糖，全名为 4-O-（β-D-吡喃葡萄糖基）-D-吡喃葡萄糖。它的结构如下：

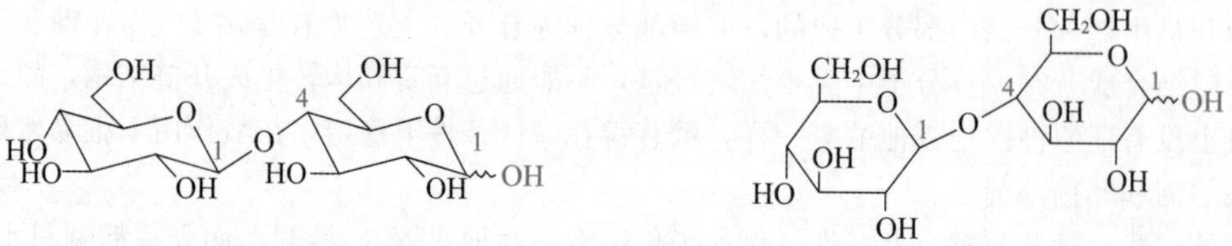

（＋）-纤维二糖

纤维二糖与麦芽糖虽只是苷键的构型不同，但生理上却有很大差别。麦芽糖有甜味，可在人体内分解，被人体消化吸收，而纤维二糖既无甜味，也不能被人体消化吸收。

（三）乳糖

乳糖（lactose）存在于哺乳动物的乳汁中，人乳汁中含量为 $7\%\sim8\%$，牛乳中含量为 $4\%\sim5\%$。工业上可从制取奶酪的副产物（乳清）中获得。

乳糖也是还原糖，有变旋光现象。当用苦杏仁酶水解时，可得等量的 D-半乳糖和 D-葡萄糖，乳糖被溴水氧化后，水解可得到 D-半乳糖和 D-葡萄糖酸，故它是由半乳糖的半缩醛羟基与 D-葡萄糖的醇羟基键合而成的。根据苦杏仁酶专一性地水解 β-糖苷键的特点及它的氧化、甲基化和水解反应得知，葡萄糖的 C_4 羟基参与形成苷键。因此乳糖是 β-1,4-糖苷键的双糖，其名称为 4-O-（β-D-吡喃半乳糖基）-D-吡喃葡萄糖。其结构式为：

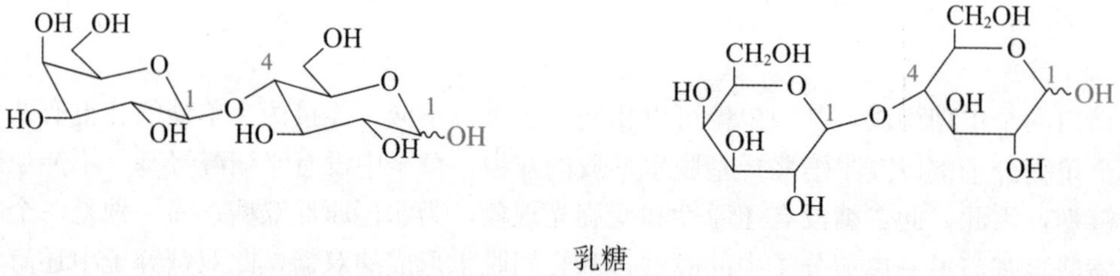

乳糖

乳糖的结晶含一分子结晶水，熔点 202℃，溶于水，比旋光度为 +53.5°。医药上常利用其吸湿性小的特点来作为药物的稀释剂以配制散剂和片剂。

（四）蔗糖

蔗糖（sucrose）是自然界分布最广的双糖，尤其在甘蔗和甜菜中含量最高，故有蔗糖或甜菜糖之称。

蔗糖被稀酸水解，产生等量的 D-葡萄糖和 D-果糖。蔗糖没有还原性，也无变旋光现象，说明结构中已无半缩醛羟基。其苷键由葡萄糖的半缩醛羟基和果糖的半缩酮羟基脱水而成。蔗糖既可被 α-葡萄糖苷酶水解，也可被 β-果糖苷酶水解生成相同产物，可知蔗糖既是 α-D-葡萄糖苷也是 β-D-果糖苷。后经 X 线衍射研究及全合成，确定了蔗糖为 α-D-吡喃葡萄糖基-β-D-呋喃果糖苷，也可称为 β-D-呋喃果糖基-α-D-吡喃葡萄糖苷。其结构如下：

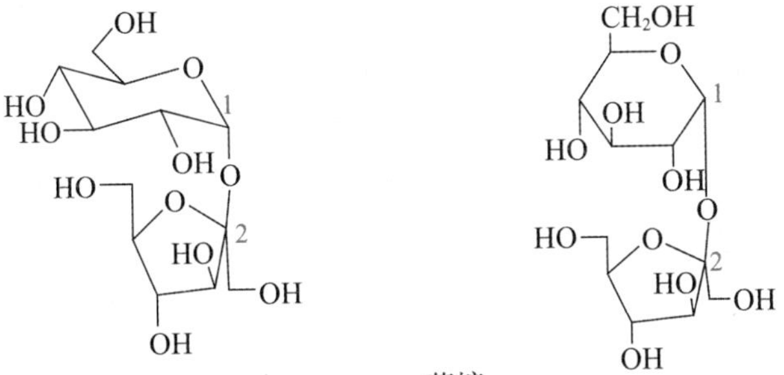

蔗糖

蔗糖是右旋糖，比旋光度为＋66.7°，水解后生成等量的 D-葡萄糖和 D-果糖的混合物，其比旋光度为－19.7°，与水解前的旋光方向相反，因此把蔗糖的水解反应称为转化反应，水解后的混合物称为转化糖（invert sugar）。蜂蜜中大部分是转化糖。蜜蜂体内有一种能催化水解蔗糖的酶，这种酶被称为转化酶（invertase）。

$$蔗糖 \longrightarrow D\text{-葡萄糖} \qquad + \qquad D\text{-果糖}$$

$$[\alpha]_D = +66.7° \qquad\qquad [\alpha]_D = +52.5° \qquad\qquad\qquad [\alpha]_D = +92.4°$$

转化糖
$[\alpha]_D = -19.7°$

二、多糖

多糖是由多个单糖分子以苷键相连形成的高分子化合物，如淀粉、纤维素、糖原等。自然界大多数多糖含有 80～100 个单元的单糖。多糖水解的最终产物是单糖。连接单糖的苷键主要有 α-1,4、β-1,4 和 α-1,6 三种。直链多糖一般以 α-1,4 和 β-1,4-苷键连接，支链多糖的链与链的连接点通常是 α-1,6-苷键。多糖分子中虽然有半缩醛羟基，但因分子量很大，因此没有还原性和变旋光现象。

多糖大多数为无定形粉末，没有甜味，不溶于水。

（一）淀粉

淀粉（starch）是白色无定形粉末，广泛地分布于植物界，是人类获取糖类的主要源泉。它是由直链淀粉（amylose）和支链淀粉（amylopectin）两部分构成的。直链淀粉在淀粉中的含量约为 20%，不易溶于冷水，在热水中有一定溶解度，分子量比支链淀粉小，是由 250～300 个 D-葡萄糖以 α-1,4-苷键连接而成的直链化合物。

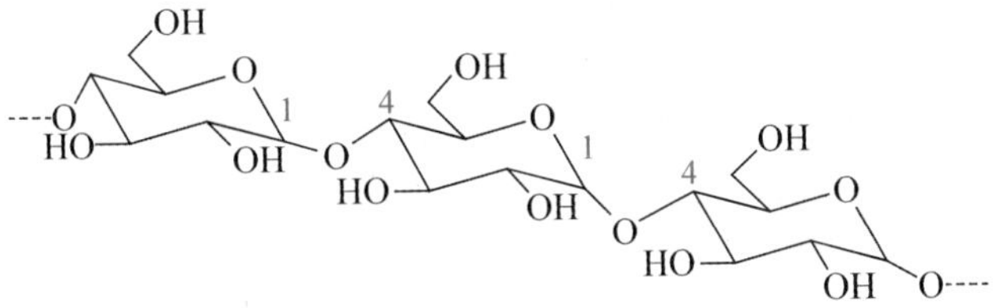

直链淀粉

直链淀粉并不是直线型的，这是因为 α-1,4-苷键的氧原子有一定键角，且单键可自由转动，分子内的羟基间可形成氢键，因此直链淀粉具有规则的螺旋状空间排列。每一圈螺旋有 6 个 α-D-葡萄糖基（图 14-2）。

淀粉遇碘显蓝色，是因为碘离子（I_3^-）钻入螺旋空隙中形成复合物，可用此变色反应定性鉴定淀粉（图 14-2）。

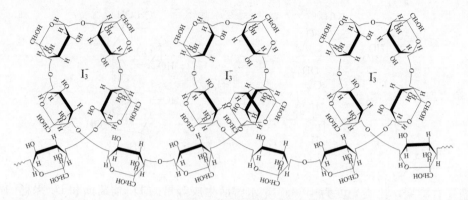

图 14 - 2　淀粉分子与碘作用示意图

支链淀粉在淀粉中的含量约为 80%，不溶于水，与热水作用则膨胀成糊状。一般含有 6000~40000 个 D-葡萄糖。在支链淀粉分子中，主链由 α-1,4-苷键连接，而分支处为 α-1,6-苷键，结构如下：

α-1,6-糖苷键

支链淀粉

在支链淀粉分子的直链上，每隔 20~25 个 D-葡萄糖单元就有一个以 α-1,6-苷键连接的分支，因此其结构比直链淀粉复杂。支链淀粉可与碘生成紫红色的配合物。

淀粉在水解过程中可先生成糊精，后者是分子量比淀粉小的多糖，能溶于水，具有极强的黏性。分子量较大的糊精遇碘显红色，称为红糊精，再水解变成无色的糊精，无色糊精有还原性。淀粉的水解过程大致如下：

淀粉→红糊精→无色糊精→麦芽糖→葡萄糖

（二）糖原

糖原（glycogen）主要存在于动物的肝和肌肉中，肝中糖原的含量达 10%~20%，肌肉中的含量约 4%。其功能与植物淀粉相似，是葡萄糖的贮存形式。当血液中葡萄糖含量低于正常水平时，糖原即可分解为葡萄糖，供给机体能量。

糖原的结构与支链淀粉相似，但分支更密，支链淀粉中每隔 20~25 个葡萄糖残基出现一个 α-1,6-苷键，而糖原只相隔 8~10 个葡萄糖残基就出现一个 α-1,6-苷键（图 14-3）。糖原是无色粉末，易溶于水，遇碘呈紫红色。

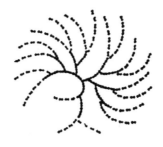

糖原的分支状结构示意图　　　　胶淀粉的分支状结构示意图

图 14-3　糖原与胶淀粉结构示意图

(三) 纤维素

纤维素 (cellulose) 是自然界分布最广的有机物。它是植物细胞壁的主要结构成分。植物干叶中含纤维素为 $10\%\sim20\%$。木材中含纤维素 50%，棉花中含纤维素 90%。

纤维素是由 D-葡萄糖以 β-1,4-糖苷键结合的链状聚合物。在纤维素结构中没有支链，分子链间因氢键的作用而扭成绳索状。

纤维素

纤维素在酸性水溶液中完全水解可得到 D-葡萄糖。如用酶部分水解可产生纤维二糖。纤维素虽然与淀粉一样由 D-葡萄糖组成，但由于是以 β-1,4-糖苷键连接，不能被淀粉酶水解，因此人不能消化纤维素。但它可增强肠的蠕动，因此食入富含纤维素的食品有利于健康。食草动物的消化道中有一些微生物能分泌可以水解 β-1,4-糖苷键的酶，可以消化纤维素。

纤维素无变旋光现象，不易被氧化，但可发生羟基的一般反应。分子中游离的羟基经硝化和乙酰化后，可制成人造丝、火棉胶、电影胶片、硝基漆等。

知识扩展

糖疫苗

肿瘤对人类的生命和健康构成了重大威胁。近年来的研究发现，在肿瘤细胞的表面存在着与正常细胞不同的糖蛋白和糖脂。当肿瘤细胞发生时常伴随细胞表面糖链的异常高表达，并且这些糖链的异常变化与肿瘤恶化、转移等密切相关。它们的作用使体内的正常免疫系统不能有效地监视肿瘤细胞的转移。将细胞表面这些糖抗原进行结构改变，使得体内的免疫系统能及时地"发现"癌细胞，进而攻击并杀死它们，这就是目前糖抗肿瘤疫苗研究的理论基础。

设计糖化合物抗肿瘤疫苗，首先要合成糖化合物（糖抗原），然后将其连接到"免疫刺激物"（immu-nostimulant）上，如 KLH (keyhole limpet hemocyanin) 蛋白、BSA (bovine serum albumin) 蛋白。这些抗原-免疫刺激物复合体被带入原始的 B 细胞，经蛋白酶的分解，重新组装，再以原抗原的方式重新被表达到细胞表面，再由细胞分化而释放出大量抗体，这些抗体可与癌细胞表面的糖化合物抗原结合，阻止癌细胞的生长及转移，使癌细胞死亡。

制备糖疫苗需要有糖化合物抗原，早期的这类抗原是由肿瘤细胞分离得到的，由于难纯化，而且量又少，无法进行临床试验和深入研究，使充满希望的糖疫苗研究进展缓慢。在有机化学家不断努力下，近年来，在合成复杂寡糖及糖缀合物领域取得了突破性进展，可以用合成方法制备高纯度的糖化合物抗原，使深入研究哪些糖化合物是抗原决定基 (epitope) 成为可能。美国有机化学家 S. Danishefsky 从烯糖

(glycal) 开始，经过 30 多步反应巧妙地合成糖化合物疫苗 Globo-H，研究了 Globo-H 与抗体键合的位置。目前 Globo-H 疫苗正在数百位腺癌患者中进行临床试验。

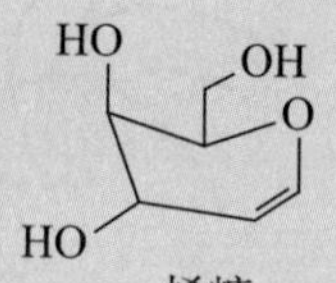

烯糖

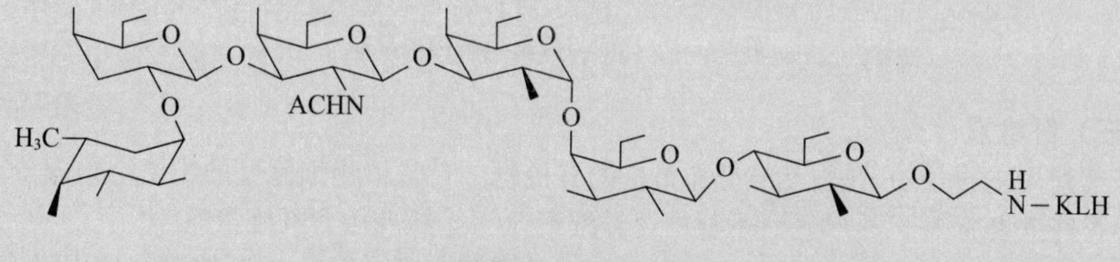

Globo-H

小　结

　　糖类是多羟基醛、多羟基酮或能水解产生多羟基醛、酮的化合物。根据糖类化合物水解情况，可将其分为四类，即单糖、双糖、寡糖和多糖。

　　单糖构型标记仍沿用 D/L 表示法（也可用 R/S 标记），即将糖中离羰基最远的手性碳的构型与 D-甘油醛相比较，构型相同的为 D-构型糖，反之为 L-构型糖。

　　单糖变旋光现象：旋光度在放置过程中会逐渐上升或下降，最终达到恒定值而不再改变的现象。葡萄糖存在两种环状结构，即 α-D-（+）-葡萄糖和 β-D-（+）-葡萄糖，在水溶液中两种环状结构可通过开链结构相互转变，最后达到动态平衡，此时比旋光度为 +52.7°，这就是葡萄糖产生变旋光现象的原因。单糖的环状结构常用哈武斯（Haworth）式或构象式表示。

　　单糖化学性质：①氧化反应：常用的碱性弱氧化剂为 Tollens、Benedict 和 Fehling 试剂，能与该类试剂发生反应的称为还原糖。另一类氧化剂为酸性氧化剂，如 Br_2/H_2O 和 HNO_3。Br_2/H_2O 只能氧化醛糖，可用于醛糖和酮糖的鉴别。HNO_3 是强氧化剂，不但氧化糖的醛基，还可氧化糖的伯醇羟基。②脱水反应：糖类可在强酸条件下（如 12% HCl）脱水生成呋喃甲醛类化合物。③成苷反应：单糖的半缩醛羟基与含羟基化合物脱去一分子水生成的缩醛结构化合物称为糖苷。

　　双糖：由两分子单糖通过糖苷键连接而成。分子中存在半缩醛羟基的为还原双糖，分子中不存在半缩醛羟基的双糖为非还原糖。双糖在酸或酶作用下，能水解成两分子单糖。

　　多糖：由多个单糖分子以苷键相连而成的高分子化合物，如淀粉、纤维素和糖原。多糖无还原性，无变旋光现象，可在酸或酶作用下水解。

习　题

　　1. 写出下列各糖名称。

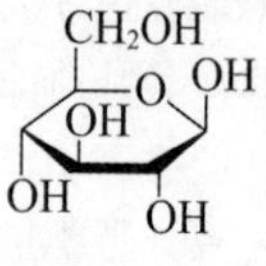

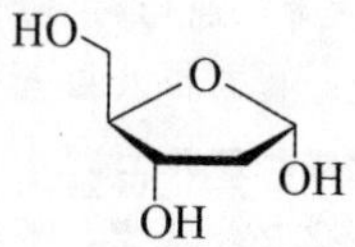

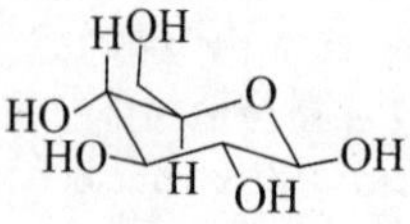

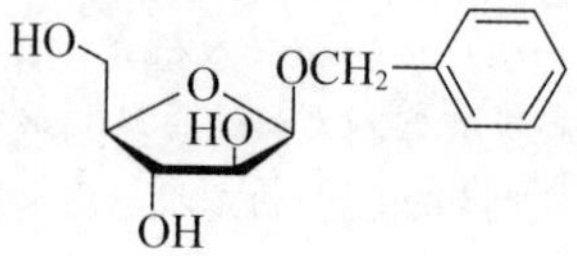

2. 写出下列各糖的稳定构象式。

  (1) β-D-吡喃甘露糖

  (2) β-D-吡喃葡萄糖

  (3) 2-乙酰氨基-α-D-吡喃半乳糖

3. 写出下列各化合物的 Fischer 投影式。

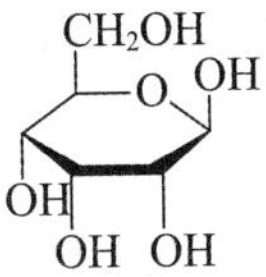

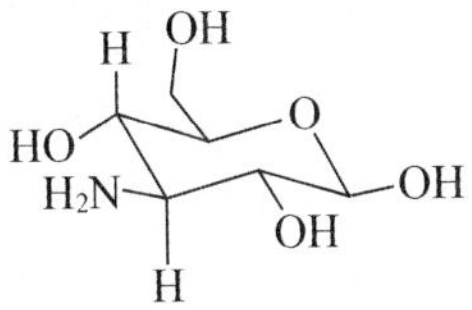

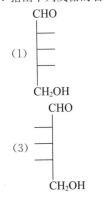

4. 举例解释下列名词。

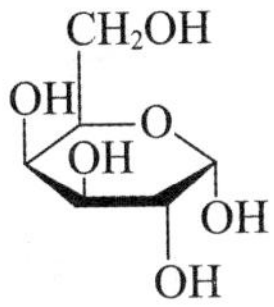

  (1) 差向异构体

  (2) 端基异构体

  (3) 变旋光现象

  (4) 还原糖、非还原糖

  (5) 苷键

5. 用化学方法区别下列各组化合物。

  (1) 葡萄糖和蔗糖

  (2) D-葡萄糖和 D-果糖

  (3) 苯基-D-吡喃葡萄糖苷和 D-葡萄糖

  (4) 蔗糖和淀粉

  (5) 淀粉和纤维素

6. 写出 D-甘露糖与下列试剂的反应产物。

  (1) CH_3OH＋干 HCl

  (2) $Br_2 - H_2O$

  (3) HNO_3

7. 当 D-果糖在碱性条件下较长时间反应时，产生了 D-葡萄糖、D-甘露糖，说明其原因。

8. 指出下列哪些糖是还原糖。

  (1) D-核糖

  (2) D-半乳糖

  (3) 淀粉

  (4) 麦芽糖

  (5) 纤维素

  (6) 苯基-β-D-葡萄糖苷

9. 指出下列戊糖的名称、构型（D 或 L）。哪些互为对映体？哪些互为差向异构体？

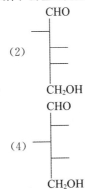

（刘俊义）

第十五章 脂类化合物

脂类（lipid）是指存在于生物体内、难溶于水而易溶于有机溶剂并能被机体利用的一类有机化合物。其种类众多，主要有油脂、磷脂、甾族以及萜类化合物等，这些化合物在化学组成、化学结构和生理功能上都具有很大差异，它们的共同特征是难溶于水，易溶于乙醚、氯仿和苯等有机溶剂，可以用乙醚、氯仿和苯等有机溶剂把它们从细胞和组织中提取出来。

脂类具有重要的生理功能。油脂是动物体生命活动的能量来源，脂肪还有保护脏器和防止热量散失的作用。生命活动不可缺少的脂溶性维生素 A、D、E 和 K 常与脂类共存。脂类与糖、蛋白质等结合成糖脂和脂蛋白，是构成细胞膜的重要成分。类脂中的激素具有调节代谢、控制生长发育的功能。本章重点讨论油脂、磷脂及甾族化合物的结构和性质。

第一节 油 脂

一、油脂的结构、组成和命名

油脂是脂肪和油的统称。通常把在常温下呈固态或半固态的油脂称为脂肪（fat），而呈液态的油脂称为油（oil）。

在化学结构上，油脂可以看作是一分子甘油与三分子高级脂肪酸酯化生成的酯，即三酰甘油（triacylglycerol），医学上又称作甘油三酯（triglyceride）。若三酰甘油中的三个脂肪酸相同，称作单三酰甘油，否则称作混三酰甘油。自然界中存在的混三酰甘油都具有 L-构型，即在 Fischer 投影式中 C_2 上的酯基位于甘油碳链的左侧。单三酰甘油和混三酰甘油的结构分别如下所示：

$$
\begin{array}{l}
\mathrm{CH_2-O-\overset{\displaystyle O}{\overset{\|}{C}}-R} \\
\mathrm{CH-O-\overset{\displaystyle O}{\overset{\|}{C}}-R} \\
\mathrm{CH_2-O-\overset{\displaystyle O}{\overset{\|}{C}}-R}
\end{array}
\qquad
\begin{array}{l}
\mathrm{CH_2-O-\overset{\displaystyle O}{\overset{\|}{C}}-R} \\
\mathrm{R'-\overset{\displaystyle O}{\overset{\|}{C}}-O-\overset{*}{C}H} \\
\mathrm{CH_2-O-\overset{\displaystyle O}{\overset{\|}{C}}-R''}
\end{array}
$$

单三酰甘油 　　　　混三酰甘油

固态脂肪中含饱和脂肪酸较多，液态油中含不饱和脂肪酸较多。此外油脂中还含有少量游离脂肪酸、高级醇、高级烃、维生素和色素等，所以天然油脂是混三酰甘油的复杂混合物。天然油脂水解得到的高级脂肪酸，一般是 12～22 个偶数碳原子的直链饱和脂肪酸和不饱和脂肪酸。在动物脂肪中，饱和脂肪酸含量较多，最常见的是十六碳酸（软脂酸）和十八碳酸（硬脂酸）。不饱和脂肪酸主要有油酸、亚油酸、亚麻酸和花生四烯酸等。人体脂肪中的饱和与不饱和脂肪酸含量比例约为 2∶3，其中油酸、亚油酸分别占 45.9% 和 9.6%。十二碳以下的低级脂肪酸存在于哺乳动物的乳汁中。二十碳五烯酸（EPA）和二十二碳六烯酸（DHA）主要存在于深海鱼油中。油脂中常见的脂肪酸见表 15-1。

表 15 - 1　油脂中常见的重要脂肪酸

俗名	系统名称	结构式	熔点（℃）
月桂酸	十二碳酸	$CH_3(CH_2)_{10}COOH$	44.2
软脂酸	十六碳酸	$CH_3(CH_2)_{14}COOH$	61.3
硬脂酸	十八碳酸	$CH_3(CH_2)_{16}COOH$	69.6
油酸	9-十八碳烯酸	$CH_3(CH_2)_7CH=CH(CH_2)_7COOH$	13.4
亚油酸	9,12-十八碳二烯酸	$CH_3(CH_2)_4(CH=CHCH_2)_2(CH_2)_6COOH$	−5.0
亚麻酸	9,12,15-十八碳三烯酸	$CH_3CH_2(CH=CHCH_2)_3(CH_2)_6COOH$	−49.0
花生四烯酸	5,8,11,14-二十碳四烯酸	$CH_3(CH_2)_4(CH=CHCH_2)_4(CH_2)_2COOH$	−49.5
EPA	5,8,11,14,17-二十碳五烯酸	$CH_3CH_2(CH=CHCH_2)_5(CH_2)_2COOH$	−53.0
DHA	4,7,10,13,16,19-二十二碳六烯酸	$CH_3CH_2(CH=CHCH_2)_6CH_2COOH$	−44.0

脂肪酸的名称一般采用俗名，如软脂酸、油酸、花生四烯酸等。其系统命名法与一元羧酸的系统命名法基本相同。油脂中脂肪酸有三种编码体系，即 Δ 编码体系、ω 编码体系和希腊字母编号体系，见表 15 - 2（以亚油酸为例）。

表 15 - 2　脂肪酸碳原子的三种编码体系

亚油酸	CH_3-CH_2-CH_2-CH_2-CH_2-$CH=CH$-CH_2-$CH=CH$-CH_2-CH_2-CH_2-CH_2-CH_2-CH_2-CH_2-COOH																	
Δ 编码体系	18	17	16	15	14	13	12	11	10	9	8	7	6	5	4	3	2	1
ω 编码体系	1	2	3	4	5	6	7	8	9	10	11	12	13	14	15	16	17	18
希腊字母编号	ω	…	…	…	…	…	…	…	…	…	…	…	…	δ	γ	β	α	

Δ 编码体系中，编号是从脂肪酸羧基端的羧基碳原子开始的；而 ω 编码体系中，编号从脂肪酸甲基端的甲基碳原子开始；希腊字母编号，其规则与羧酸相同，即与羧基相邻的碳原子为 α 碳原子，离羧基最远的甲基碳原子称为 ω 碳原子。例如，亚油酸的 Δ 编码系统名称为 $\Delta^{9,12}$-十八碳二烯酸，简写符号 $18：2\Delta^{9,12}$，表示亚油酸有 18 个碳原子，第 9 位和第 12 位碳原子各有一个双键。亚油酸的 ω 编码的系统名为 $\omega^{6,9}$-十八碳二烯酸，简写符号 $18：2\omega^{6,9}$，表示有 18 个碳原子，自甲基端起第 6 位和第 9 位碳原子各有一个双键。硬脂酸的系统名称是十八碳酸，分子中无双键，故简写符号为 $18：0$。

人体中的不饱和脂肪酸按 ω 编码体系分为 ω-3 族（如亚麻酸）、ω-6 族（如亚油酸）和 ω-9 族（如油酸）。同族内的不饱和脂肪酸能以本族的母体脂肪酸为原料在体内衍生，而不同族的脂肪酸不能在体内相互转化。例如，ω-6 族的亚油酸在体内可以转化为 ω-6 族的花生四烯酸，而 ω-9 族的油酸不能在体内转化成 ω-6 族的花生四烯酸。

ω-6 族的母体化合物亚油酸和 ω-3 族的母体化合物 α-亚麻酸在人体内不能自身合成，只能从食物中获得，故称为必需脂肪酸（essential fatty acid）。虽然人体能自身合成花生四烯酸，但自身合成的数量不能满足人体生理的需求，还需要从食物中供给，所以花生四烯酸也可称为必需脂肪酸。人体从食物中获得这些必需脂肪酸后就能合成同族的其他不饱和脂肪酸，缺少必需脂肪酸将导致细胞膜和线粒体结构异常改变，甚至引起癌变。

单三酰甘油命名时直接称"三某脂酰甘油"；混三酰甘油的命名，根据国际纯粹化学与应用化学联合会及国际生物化学联合会的生物化学命名委员会（IUPAC-IUB）建议，首先要确定其立体专一编号（stereo-specific numbering），书写三酰甘油的费歇尔投影式时，甘油 C_2 上连接的酯基部分一定要放在主碳链的左边，碳原子编号应自上而下且不能颠倒，以确定高级脂肪酸的结合位置。例如：

$$
\begin{array}{c}
\quad\quad\quad\quad\quad\quad\quad O \\
\quad\quad\quad\quad\quad\quad\quad \| \\
\quad\quad\quad^1CH_2-O-C-R_1 \\
O \quad\quad\quad | \\
\| \quad\quad\quad\quad | \\
R_2-C-O-^2C-H \\
\quad\quad\quad\quad\quad | \quad\quad O \\
\quad\quad\quad\quad\quad\quad\quad\quad \| \\
\quad\quad\quad^3CH_2-O-C-R_3
\end{array}
$$

三酰甘油

书写名称时，立体专一编号（常用 Sn 简写表示）写在化合物名称的前面，称为"Sn-某脂酰甘油"。例如：

$$
\begin{array}{c}
\quad\quad\quad\quad\quad\quad\quad\quad O \\
\quad\quad\quad\quad\quad\quad\quad\quad \| \\
\quad\quad\quad\quad CH_2-O-C-(CH_2)_{16}CH_3 \\
O \quad\quad\quad\quad | \\
\| \quad\quad\quad\quad\quad | \\
CH_3(CH_2)_{16}-C-O-C-H \quad\quad O \\
\quad\quad\quad\quad\quad\quad | \quad\quad \| \\
\quad\quad\quad\quad CH_2-O-C-(CH_2)_{16}CH_3
\end{array}
$$

三硬脂酰甘油

$$
\begin{array}{c}
\quad\quad\quad\quad\quad\quad\quad\quad O \\
\quad\quad\quad\quad\quad\quad\quad\quad \| \\
\quad\quad\quad\quad CH_2-O-C-(CH_2)_{16}CH_3 \\
O \quad\quad\quad\quad | \\
\| \quad\quad\quad\quad\quad | \\
CH_3(CH_2)_{14}-C-O-C-H \quad\quad O \\
\quad\quad\quad\quad\quad\quad | \quad\quad \| \\
\quad\quad\quad\quad CH_2-O-C-(CH_2)_7CH=CH(CH_2)_7CH_3
\end{array}
$$

Sn-1-硬脂酰-2-软脂酰-3-油酰甘油

如果是外消旋体，则在化合物名称前注上前缀"race-"（外消旋），若构型不明或未详细说明者，则在化合物名称前注上前缀"X-"。

> **问题 15-1**　一个具有光学活性的甘油酯，水解后得到甘油、软脂酸、硬脂酸，它们的摩尔数之比为 1:1:2，试画出这个甘油酯的结构式，并命名之。

二、油脂的物理性质

油脂是无色、无味的中性化合物。大多数天然油脂，尤其是植物油，由于含有多种类胡萝卜素而呈黄色至红色。多数天然油脂还具有特殊的气味，如芝麻油有香味，而鱼油有腥臭味。三酰甘油密度比水小，不溶于水，易溶于石油醚、氯仿、丙酮、苯和乙醚及热的乙醇。

油脂熔点的高低取决于所含不饱和脂肪酸的数量，含有不饱和脂肪酸多的油脂有较高的流动性和较低的熔点。这是因为油脂中不饱和脂肪酸的碳碳双键大多数是顺式构型（图 15-1），这种构型使脂肪酸的碳链弯曲，分子间作用力减小，熔点降低。油脂是混三酰甘油的混合物，无固定的熔点，植物油中含有大量的不饱和脂肪酸，因此常温下呈液态；牛、羊等动物脂肪中含饱和脂肪酸较多，常温下呈固态。

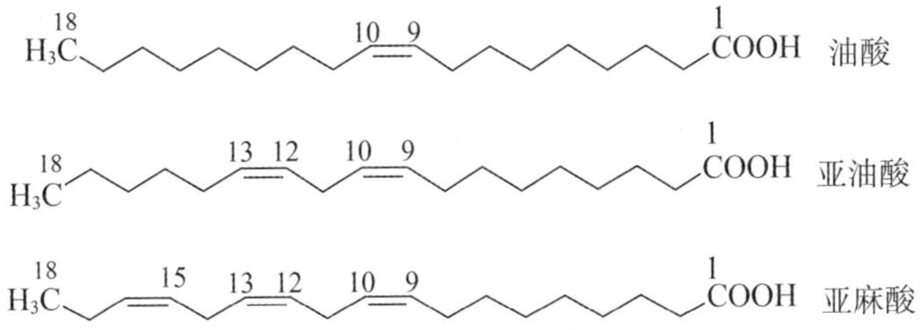

$$H_3\overset{18}{C}\!\!-\!\!-\!\!-\!\!-\!\!\overset{10}{=}\!\overset{9}{=}\!\!-\!\!-\!\!-\!\!-\!\!\overset{1}{COOH}\quad\text{油酸}$$

$$H_3\overset{18}{C}\!\!-\!\!-\!\!\overset{13}{=}\!\overset{12}{=}\!\!-\!\!\overset{10}{=}\!\overset{9}{=}\!\!-\!\!-\!\!-\!\!-\!\!\overset{1}{COOH}\quad\text{亚油酸}$$

$$H_3\overset{18}{C}\!\!-\!\!\overset{15}{=}\!\!-\!\!\overset{13}{=}\!\overset{12}{=}\!\!-\!\!\overset{10}{=}\!\overset{9}{=}\!\!-\!\!-\!\!-\!\!-\!\!\overset{1}{COOH}\quad\text{亚麻酸}$$

图 15-1　不饱和脂肪酸中伸展的碳链

三、油脂的化学性质

(一) 水解

三酰甘油在酸、碱或酶的作用下，可以水解生成 1 分子甘油和 3 分子脂肪酸。油脂在碱性条件下水解，得到高级脂肪酸的钠盐或钾盐，这种盐是肥皂的主要成分，故油脂在碱性溶液中的水解又称皂化（saponification）。

$$
\begin{array}{l}
CH_2\!-\!O\!-\!\overset{O}{\overset{\|}{C}}\!-\!R\\[2pt]
CH\!-\!O\!-\!\overset{O}{\overset{\|}{C}}\!-\!R' \quad + \quad 3NaOH \longrightarrow \quad
\begin{array}{l}CH_2\!-\!OH\\ CH\!-\!OH\\ CH_2\!-\!OH\end{array}
\quad + \quad
\begin{array}{l}RCOONa\\ R'COONa\\ R''COONa\end{array}\\[2pt]
CH_2\!-\!O\!-\!\overset{O}{\overset{\|}{C}}\!-\!R''
\end{array}
$$

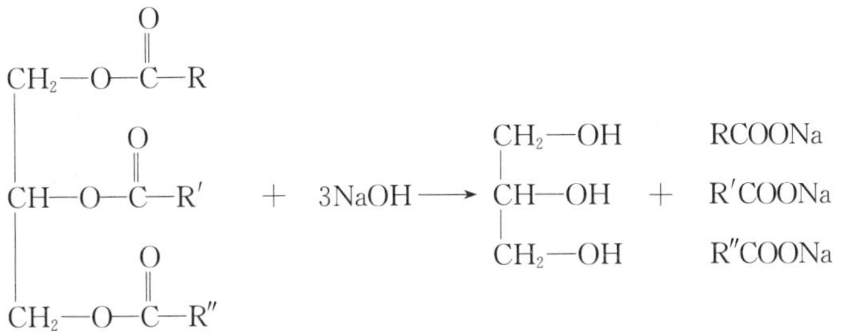

肥皂

1g 油脂完全皂化所需 KOH 的毫克数称为皂化值（saponification number）。根据皂化值的大小，可以判断油脂中三酰甘油的平均分子量。皂化值越大，油脂中三酰甘油的平均相对分子质量越小。皂化值是衡量油脂质量的指标之一，并可反映油脂皂化时所需碱的用量。常见油脂的皂化值见表 15-3。

高级脂肪酸盐的一端为亲水的羧酸根离子，另一端是疏水的非极性链状烃基。因此高级脂肪酸盐具有乳化作用，是一种表面活性剂，可降低水的表面张力，并可将衣物上的油污分散成细小的乳浊液，使其随水漂洗而去。

表 15-3　常见油脂中脂肪酸的含量（%）和皂化值、碘值

油脂名称	棕榈酸	硬脂酸	油酸	亚油酸	皂化值	碘值
牛油	24~32	14~32	35~48	2~4	190~200	30~48
猪油	28~30	12~18	41~48	3~8	195~208	46~70
花生油	6~9	2~6	50~57	13~26	185~195	83~105
大豆油	6~10	2~4	21~29	50~59	189~194	127~138
棉子油	19~24	1~2	23~32	40~48	191~196	103~115

注：100g 油脂所能吸收碘的克数称为碘值（iodine number）

(二) 加成

含有不饱和脂肪酸的三酰甘油，其分子中的碳碳双键可以与氢、卤素等进行加成反应。

1. 加氢　油脂中不饱和脂肪酸的碳碳双键可催化加氢，转化成饱和脂肪酸含量较多的油

脂。氢化可使液态的植物油变成半固态或固态的氢化植物油，所以油脂的氢化又称油脂的硬化。油脂的硬化不仅提高了熔点，改变了风味，同时也便于储存和运输。

2. 加碘　油脂的不饱和程度可用碘值来衡量。100g 油脂所能吸收碘的克数称为碘值（iodine number）。碘值与油脂的不饱和程度成正比，碘值越大，说明三酰甘油中所含的双键数目越多，油脂的不饱和程度也越大。

（三）酸败

油脂在空气中放置过久会发生变质，产生难闻的气味，这种现象称为酸败（rancidity）。发生酸败的原因是在空气中的氧、水分和微生物的作用下，油脂中不饱和脂肪酸的双键被氧化生成过氧化物，这些过氧化物再经过分解等作用生成有臭味的小分子醛、酮和羧酸等化合物。

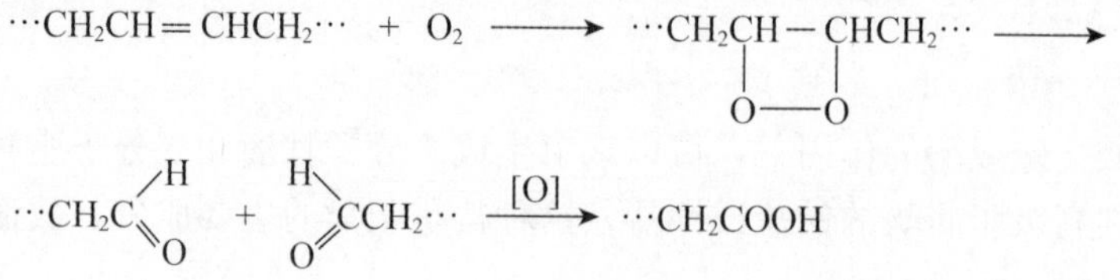

$$\cdots CH_2CH=CHCH_2\cdots \; + \; O_2 \longrightarrow \; \cdots CH_2\underset{\displaystyle O\!-\!O}{CH-CHCH_2}\cdots \longrightarrow$$

$$\cdots CH_2\underset{\displaystyle O}{\overset{\displaystyle H}{C}} \; + \; \underset{\displaystyle O}{CCH_2}\cdots \xrightarrow{[O]} \; \cdots CH_2COOH$$

油脂中的饱和脂肪酸在相同条件下，虽不发生类似不饱和脂肪酸的双键氧化断裂反应，但在微生物的作用下，可水解成甘油和高级脂肪酸，后者在酶或微生物的作用下发生 β-氧化，生成 β-酮酸，β-酮酸进一步分解成酮和羧酸。高级脂肪酸的 β-氧化包括脱氢、水化、再脱氢和降解四个连续反应：

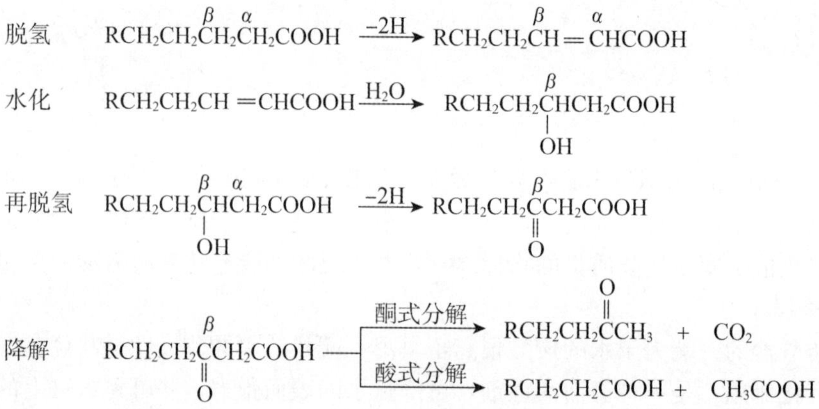

脱氢　$RCH_2CH_2\overset{\beta}{C}H_2\overset{\alpha}{C}H_2COOH \xrightarrow{-2H} RCH_2CH_2\overset{\beta}{C}H=\overset{\alpha}{C}HCOOH$

水化　$RCH_2CH_2CH=CHCOOH \xrightarrow{H_2O} RCH_2CH_2\underset{\displaystyle OH}{\overset{\beta}{C}HCH_2COOH}$

再脱氢　$RCH_2CH_2\underset{\displaystyle OH}{\overset{\beta}{\underset{}{C}}H}\overset{\alpha}{C}HCH_2COOH \xrightarrow{-2H} RCH_2CH_2\underset{\displaystyle O}{\overset{\beta}{C}}CH_2COOH$

降解　$RCH_2CH_2\underset{\displaystyle O}{\overset{\beta}{C}}CH_2COOH$
酮式分解 → $RCH_2CH_2\underset{\displaystyle O}{\overset{\displaystyle O}{C}}CH_3 \; + \; CO_2$
酸式分解 → $RCH_2CH_2COOH \; + \; CH_3COOH$

光、热或潮气可加速油脂的酸败过程。油脂的酸败程度可用酸值来衡量。中和 1g 油脂中的游离脂肪酸所需 KOH 的毫克数称为油脂的酸值（acid number）。酸值越大，酸败的程度越严重，通常酸值大于 6 的油脂不能食用。

药典对药用油脂的皂化值、碘值和酸值都有严格的规定。例如，对花生油碘值要求 84～100，皂化值要求 185～195。酸败的油脂有毒性和刺激性，不宜食用。

第二节　磷　脂

磷脂（phospholipid）是一类含磷的复合脂类化合物，广泛存在于动物的肝、脑、脊髓、神经组织和植物的种子中，是细胞原生质的必要成分。在细胞内磷脂与蛋白质结合形成脂蛋白，构成细胞的各种膜，如细胞膜、核膜、线粒体膜等。磷脂的结构和性质与生物膜的功能关系密切。磷脂可分为甘油磷脂和鞘磷脂。

一、甘油磷脂

甘油磷脂（glycerophosphatide）是由高级脂肪酸、甘油、磷酸和醇基四部分组成的，也可以看作是磷脂酸的衍生物。磷脂酸（phosphatidic acid）的结构式如下：

$$
\begin{array}{l}
\quad\quad\quad\alpha\ \mathrm{CH_2-O-\overset{O}{\overset{\|}{C}}-R_1}\\
\mathrm{R_2-\overset{O}{\overset{\|}{C}}-O-\overset{\beta}{CH}}\\
\quad\quad\quad\alpha'\ \mathrm{CH_2-O-\overset{O}{\overset{\|}{P}}-OH}\\
\quad\quad\quad\quad\quad\quad\quad\ \mathrm{OH}
\end{array}
$$

R_1 和 R_2 为脂肪酸的烃基链，最常见的脂肪酸是软脂酸、硬脂酸和油酸。通常 α-位（C_1）连接饱和脂肪酸，β-位（C_2）连接不饱和脂肪酸。磷脂酸结构中 C_2 是一个手性碳原子，可形成一对对映体。从自然界中得到的磷脂酸都属于 L-构型。

甘油磷脂中常见的醇基有胆碱、胆胺（乙醇胺）和丝氨酸。它们的醇羟基与磷脂酸分子中的磷酸基以磷酯键结合构成甘油磷脂。甘油磷脂的结构通式如下所示：

$$
\begin{array}{l}
\quad\quad\quad\mathrm{CH_2-O-\overset{O}{\overset{\|}{C}}-R_1}\\
\mathrm{R_2-\overset{O}{\overset{\|}{C}}-O-CH}\\
\quad\quad\quad\mathrm{CH_2-O-\overset{O}{\overset{\|}{P}}-O-G}\\
\quad\quad\quad\quad\quad\quad\quad\ \mathrm{OH}
\end{array}
$$

$G = -CH_2CH_2\overset{+}{N}(CH_3)_3OH^-$　　为α-卵磷脂（磷脂酰胆碱）

$G = -CH_2CH_2NH_2$　　为α-脑磷脂（磷脂酰乙醇胺）

$G = -CH_2\underset{\overset{|}{{}^+NH_3}}{CH}COO^-$　　为磷脂酰丝氨酸

甘油磷脂中磷酸残基上未酯化的羟基还具有酸性，如有碱性基团存在，则可以形成内盐，所以甘油磷脂通常以偶极离子形式存在。

甘油磷脂中的两个长烃基链为非极性的疏水部分，其余部位为极性的亲水部分，所以甘油磷脂具有乳化作用。最重要的甘油磷脂是卵磷脂和脑磷脂。

（一）卵磷脂

磷脂酰胆碱俗名卵磷脂（lecithin），它是由磷脂酸与胆碱的羟基酯化的产物。磷脂酰胆碱的结构式如下：

$$
\begin{array}{l}
\quad\quad\quad\mathrm{CH_2-O-\overset{O}{\overset{\|}{C}}-R'}\\
\mathrm{R''-\overset{O}{\overset{\|}{C}}-O-CH}\\
\quad\quad\quad\mathrm{CH_2-O-\overset{O}{\overset{\|}{P}}-OCH_2CH_2\overset{+}{N}(CH_3)_3}\\
\quad\quad\quad\quad\quad\quad\quad\ \mathrm{O^-}
\end{array}
$$

在卵磷脂中，胆碱磷酸酰基可连在甘油基的 α-或 β-位上，故有 α-和 β-两种异构体，自然界存在的卵磷脂为 α-卵磷脂。卵磷脂中的饱和脂肪酸通常是硬脂酸和软脂酸，不饱和脂肪酸为油酸、亚油酸、亚麻酸和花生四烯酸等。

卵磷脂存在于脑组织、卵黄和大豆中，卵黄中的含量最为丰富。新鲜的卵磷脂是白色蜡状物质，在空气中易被氧化成黄色或棕色，不溶于水及丙酮，溶于乙醇、乙醚及氯仿中。

（二）脑磷脂

磷脂酰乙醇胺俗名脑磷脂（cephalin），它是由磷脂酸与乙醇胺（或称胆胺）的羟基酯化生成的产物。磷脂酰乙醇胺结构式如下：

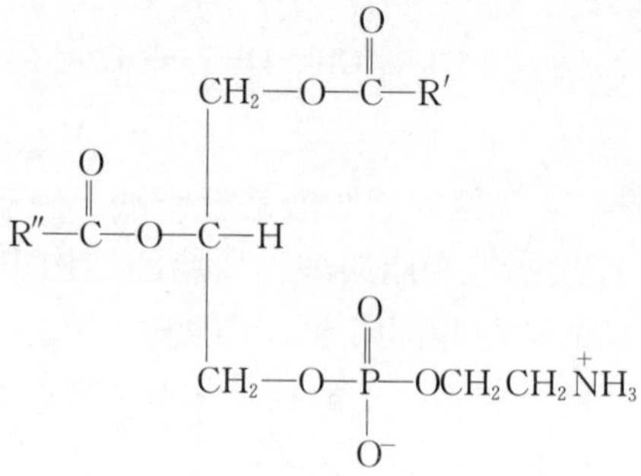

$$
\begin{array}{l}
\quad\quad\quad\quad\quad\overset{\displaystyle O}{\overset{\|}{}} \\
CH_2-O-C-R' \\
\overset{\displaystyle O}{\overset{\|}{}} \\
R''-C-O-C-H \\
\quad\quad\quad\quad\overset{\displaystyle O}{\overset{\|}{}} \\
CH_2-O-\overset{}{P}-OCH_2CH_2\overset{+}{N}H_3 \\
\quad\quad\quad\quad\overset{}{O^-}
\end{array}
$$

自然界中的脑磷脂为 α-脑磷脂，完全水解生成甘油、脂肪酸、磷酸和乙醇胺。

脑磷脂存在于脑、神经组织和大豆中，通常与卵磷脂共存。脑磷脂与血液的凝固有关，血小板内能促使血液凝固的凝血酶就是由脑磷脂与蛋白质所组成的。脑磷脂在空气中易被氧化成棕黑色。脑磷脂能溶于乙醚，不溶于丙酮，难溶于冷乙醇，利用这一溶解性质，可将卵磷脂与脑磷脂分离。

二、鞘磷脂（神经磷脂）

鞘磷脂（sphingomyelin）是由神经酰胺的羟基与磷酸胆碱（或磷酸乙醇胺）酯化而形成的化合物。鞘磷脂的主链为神经酰胺，它是由鞘氨醇的氨基与脂肪酸通过酰胺键结合形成的。鞘氨醇、神经酰胺、鞘磷脂的结构及形成如图 15-2 所示。

鞘磷脂是白色晶体，不溶于丙酮、乙醚而溶于热乙醇。其化学性质比卵磷脂和脑磷脂稳定，不易被氧化。天然鞘磷脂分子中鞘氨醇残基中的碳碳双键以反式构型存在。在不同组织器官中存在的鞘磷脂的脂肪酸种类有所不同，神经组织中以硬脂酸、二十四碳酸和15-二十四碳烯酸（神经酸）为主，脾和肺组织中则以软脂酸、二十四碳酸为主。鞘磷脂也具有乳化性质，是细胞膜的主要成分。

问题 15-2   如何将卵磷脂、脑磷脂及神经磷脂分离？

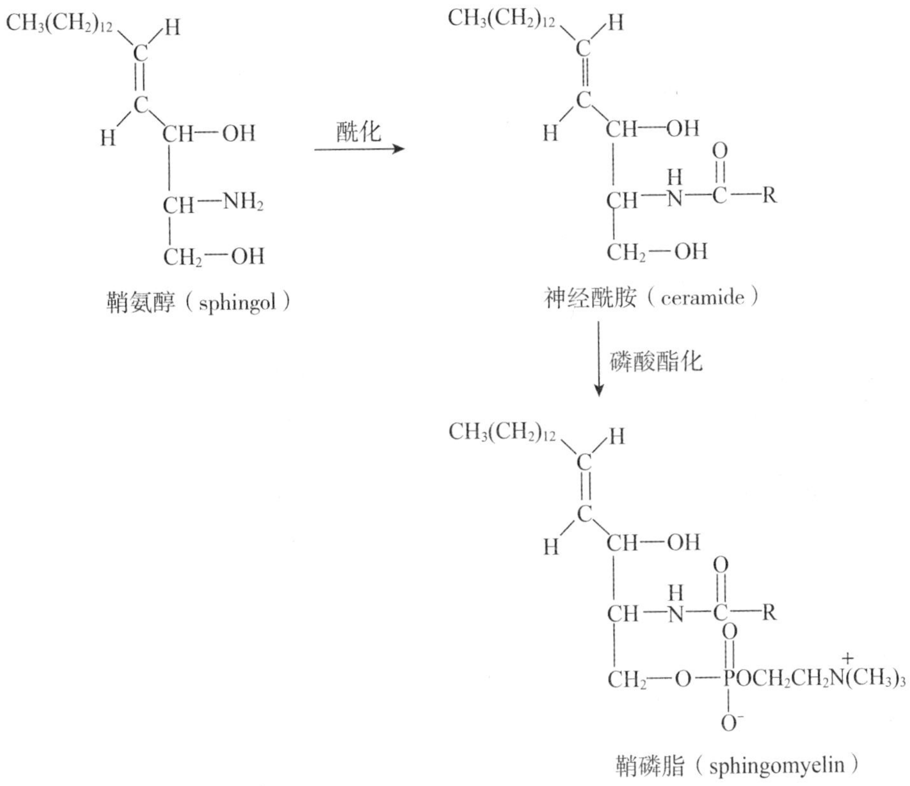

图 15-2 鞘磷脂形成示意图

第三节 甾族化合物和激素

一、甾族化合物的基本结构和命名

甾族化合物（steroid）是广泛存在于动植物体内的物质。甾族化合物分子中都含有一个由环戊烷并多氢菲构成的四环碳骨架，四个环分别用 A、B、C、D 表示，环上的碳原子有固定的编号顺序。

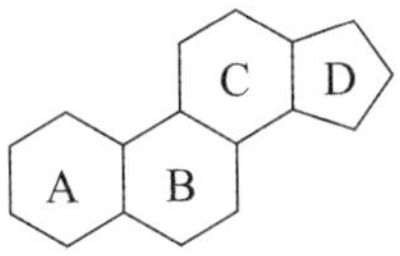

环戊烷并多氢菲 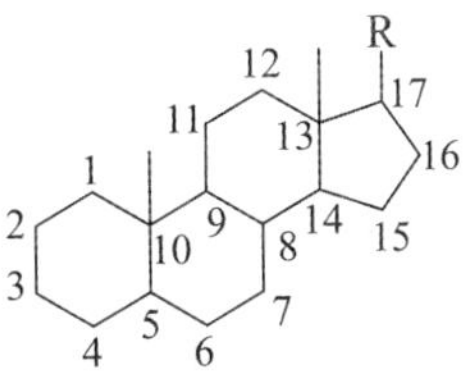   甾族化合物的基本结构

在母核环上，一般在 C_{10} 和 C_{13} 上各连有一个甲基，称为角甲基。在 C_{17} 上连有一个不同碳原子数的碳链。母核上还可以连有羟基、羧基、双键等官能团，其数量和位置各异，构成了各种不同类型的甾族化合物。

甾族化合物的命名，常采用俗名，如胆固醇、黄体酮、睾酮等。

甾族化合物骨架中环与环之间的稠合方式和十氢萘相似。十氢萘有两种顺反异构体，从构象的稳定性分析，反十氢萘比顺十氢萘稳定。

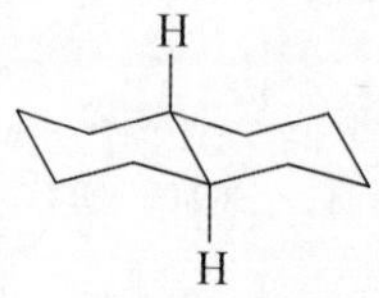

反式（ee稠合） 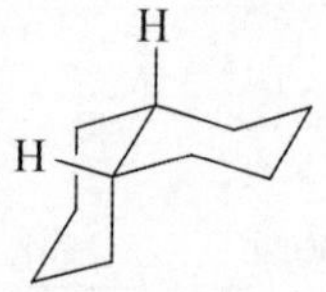　　　　　　顺式（ae稠合）

　　甾族化合物分子中的 A、B、C、D 环之间的稠合可以有顺、反两种方式，其基本骨架中有 7 个手性碳原子（C_5、C_8、C_9、C_{10}、C_{13}、C_{14}、C_{17}），理论上应该有 2^7 个旋光异构体，但由于多个环稠合在一起，相互制约，碳环骨架刚性增大，使异构体的数目大为减少。天然甾族化合物中 B 环和 C 环之间总是反式稠合（以 B/C 反表示），相当于反十氢萘的构型；C 环和 D 环之间也几乎都是反式稠合（以 C/D 反表示）；只有 A 环和 B 环之间有些是反式稠合，有些是顺式稠合。当 A 环和 B 环之间是顺式稠合，即 C_5 上的 H 和 C_{10} 上的角甲基在环平面同侧时，用实线连接 H，称为 β-构型；反之当 A 环和 B 环之间是反式稠合，即 C_5 上的 H 和 C_{10} 上的角甲基在环平面异侧时，用虚线连接 H，称为 α-构型。

　　根据 C_5-H 构型的不同，甾族化合物可分为 5β 系和 5α 系两大类。C_5-H 与角甲基在环平面同侧称为 5β 系甾族化合物（A、B 环顺式稠合）；若 C_5-H 与角甲基在环平面异侧，称为 5α 系甾族化合物（A、B 环反式稠合）。例如：

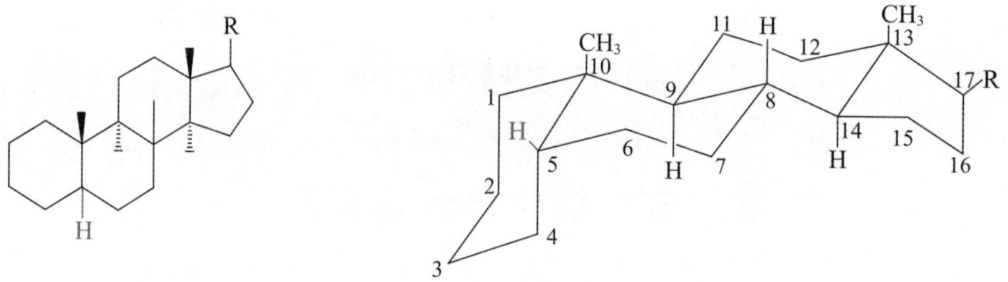

5β 系甾族化合物
A/B顺（ea稠合），B/C反（ee稠合），C/D反（ee稠合）

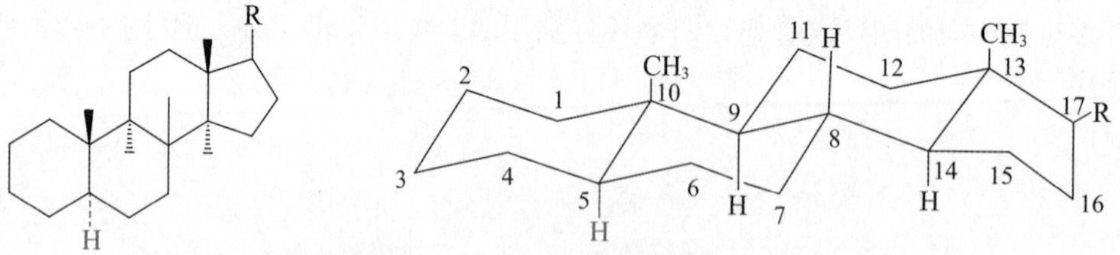

5α 系甾族化合物
A/B反（ee稠合），B/C反（ee稠合），C/D反（ee稠合）

二、甾醇

　　甾醇（sterols）常以游离状态或以苷的形式广泛存在于动物和植物体内。甾醇可依照来源分为动物甾醇及植物甾醇两大类。天然的甾醇在 C_3 上连有一个羟基，并且绝大多数都是 β-构型（羟基与角甲基处于同侧）。甾醇又称为固醇。

（一）胆固醇

　　胆固醇（cholesterol）又称胆甾醇，是一种动物甾醇，最初是在胆结石中发现的一种固体醇，所以称为胆固醇。在胆固醇分子结构中，C_3 上有一个 β-羟基，C_5 与 C_6 之间有一个碳碳双键，C_{17} 连有 8 个碳原子的烷基侧链。

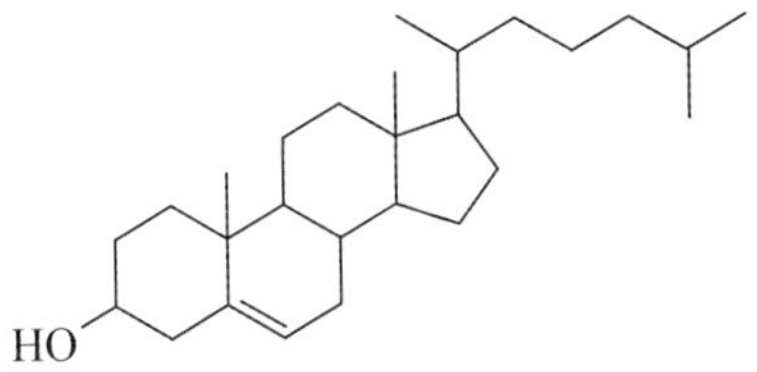

胆固醇

胆固醇为无色或微黄色的结晶，熔点 148℃，难溶于水，易溶于有机溶剂。当用 $HCCl_3$ 溶解并加入乙酐和浓 H_2SO_4 后，体系颜色由浅红变为深蓝，最后转为绿色。临床上常用此反应做血清中胆固醇的含量测定。

胆固醇存在于人和动物的血液、脊髓及脑中。正常人血液中含胆固醇 $2.82 \sim 5.95 mmol \cdot L^{-1}$。如果人体内的胆固醇代谢发生障碍或从饮食中摄取胆固醇过多，胆固醇就会从血液中沉淀析出，引起结石或血管硬化。

（二）7-脱氢胆固醇与麦角甾醇

7-脱氢胆固醇结构与胆固醇所不同的是 $C_7 \sim C_8$ 之间也为双键，它存在于人体皮肤中，经紫外线照射，B 环打开，转变为维生素 D_3。

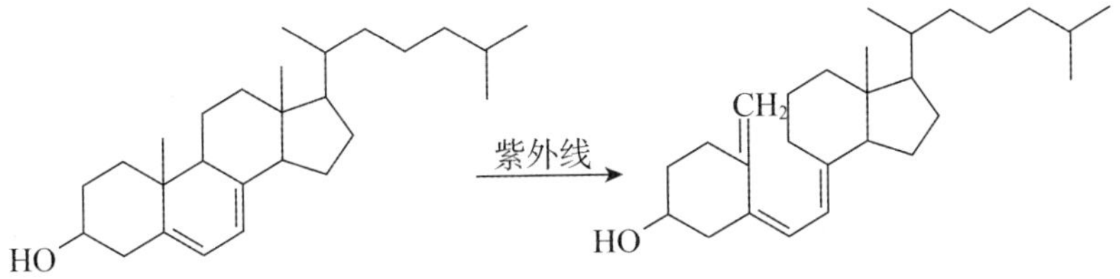

7-脱氢胆固醇　　　　　　　　　维生素 D_3

麦角甾醇是一种植物甾醇，存在于酵母和某些植物中，其结构与 7-脱氢胆固醇相似，在 C_{17} 所连的烃基上多了一个双键和一个甲基，在紫外线照射下，B 环打开，生成维生素 D_2。

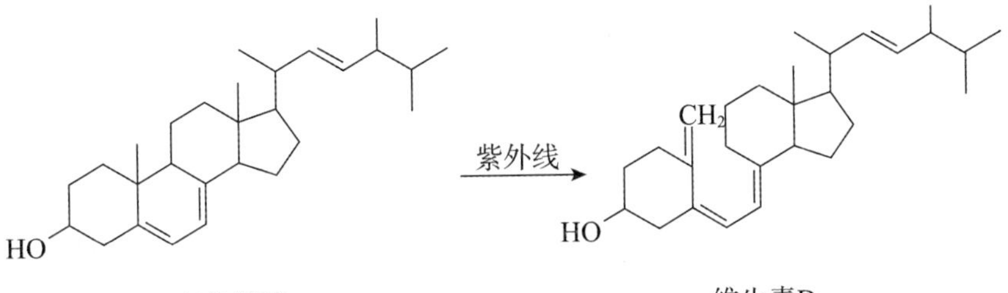

麦角甾醇　　　　　　　　　　维生素 D_2

维生素 D_2、D_3 都属于 D 族维生素，是脂溶性维生素，具有抗佝偻病作用。为了防止儿童患佝偻病、软骨病，应经常晒太阳，食用含维生素 D 的食品，如鱼肝油、牛奶及蛋黄等。

三、胆甾酸

胆酸、脱氧胆酸、鹅脱氧胆酸和石胆酸等存在于动物胆汁中，总称胆甾酸。胆甾酸在人体内可以胆固醇为原料直接生物合成。至今发现的胆甾酸已有 100 多种，人体内最重要的是胆酸和脱氧胆酸。

胆酸的结构特点：母核无双键，C_3、C_7、C_{12} 上连有 α-羟基（羟基与角甲基处于异侧），C_{17} 上连有 5 个碳原子的羧酸。

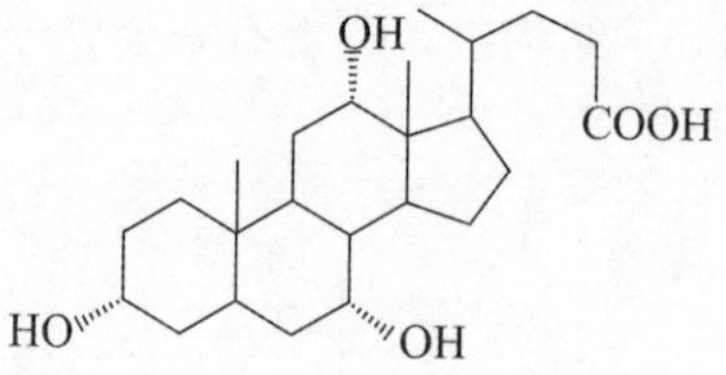

胆酸

胆汁中的胆酸常与甘氨酸（H_2NCH_2COOH）和牛磺酸（$H_2NCH_2CH_2SO_3H$）结合成甘氨胆酸和牛磺胆酸，这些结合胆酸总称胆汁酸（bile acid），其结构式如下所示：

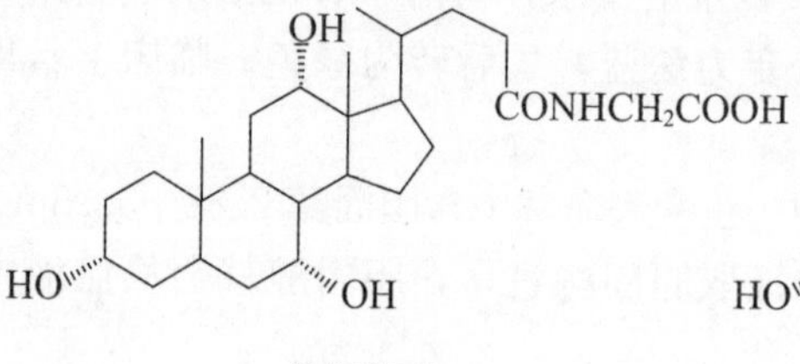

甘氨胆酸 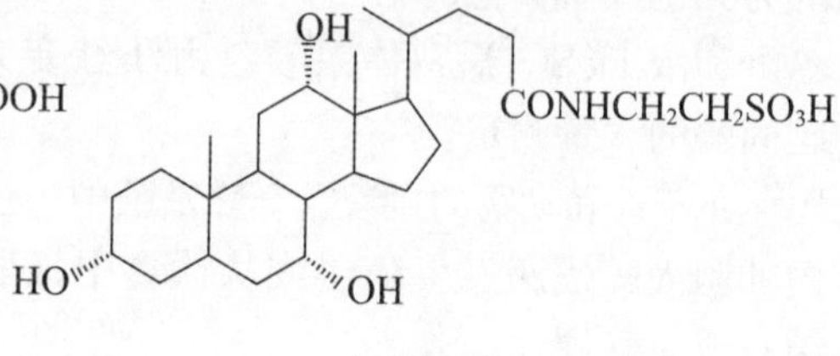   牛磺胆酸

胆汁酸在碱性胆汁中常以钠盐或钾盐的形式存在，称为胆汁酸盐，具有乳化性质。它能使油脂在肠中乳化，易于水解、消化和吸收。

四、甾体激素

激素（hormone）是由内分泌腺及具有内分泌功能的一些组织所产生的，能极大影响人体的生长、发育、生殖及代谢等重要生理过程，是调节各种物质代谢或生理功能的微量化学信号分子。已发现的人和动物激素有几十种，按化学结构可分为两大类：一类是含氮激素，包括胺、氨基酸、多肽和蛋白质等；另一类是甾体激素，根据来源又分为肾上腺皮质激素和性激素。

（一）肾上腺皮质激素

肾上腺皮质激素（adrenal cortical hormone）是产生于肾上腺皮质部分的一类激素。现已提取出 70 多种固醇类激素，其中 9 种能分泌入血液，其余为合成肾上腺皮质激素的前体及中间代谢产物，大都有较强的生理活性，对体内水、电解质、糖和蛋白质的代谢具有重要作用。肾上腺皮质激素可分为糖皮质激素和盐皮质激素两大类。

1. 糖皮质激素   糖皮质激素能抑制糖的氧化，促使蛋白质转化为糖，调节糖、蛋白质和脂类代谢，可升高血糖含量，并有利尿作用。大剂量糖皮质激素还有减轻炎症及抗过敏反应的作用，如皮质酮、皮质醇和可的松等。实验证明，当 C_{17} 上连有 α-OH、C_{11} 上连有 β-OH 时对糖代谢有增强作用。

2. 盐皮质激素   盐皮质激素能促进体内 Na^+ 的保留和 K^+ 的排出，调节水、电解质代谢，影响组织中电解质的转运和水的分布。盐皮质激素结构的特点是 C_{11} 上连有 β-羟基，C_{17} 上连有羰基，这类激素能增强储钠作用，如醛固酮。

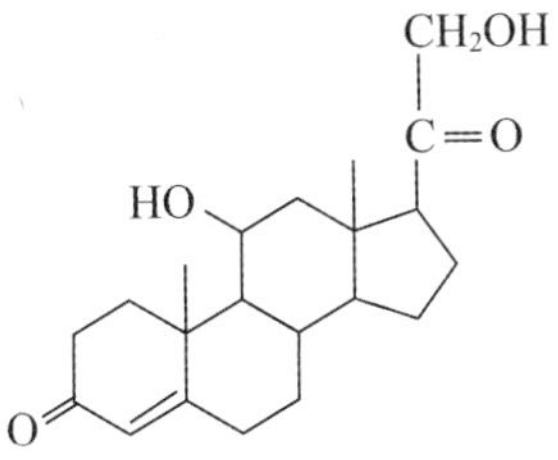

皮质酮 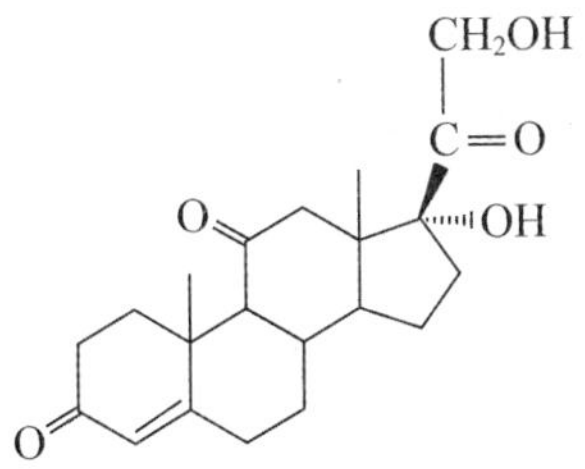　　　　　　　　　　可的松

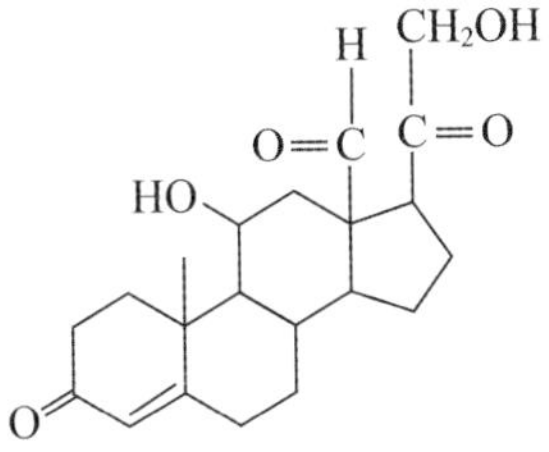

醛固酮 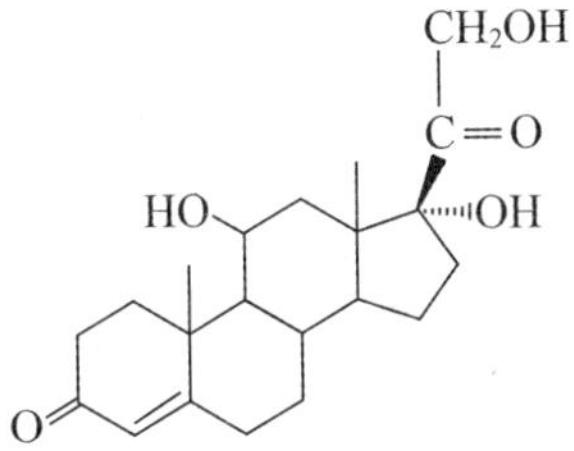　　　　　　　　　　氢化可的松

肾上腺皮质激素对风湿性关节炎、过敏性疾病和皮肤病等有较好的疗效。

（二）性激素

性激素（sex hormone）是由高等动物性腺（睾丸、卵巢和黄体）分泌，具有促进动物生长发育、决定和维持性特征等生理功能的甾体激素。分为雄性激素和雌性激素两大类，对生育和第二性征（如声音、体态）的发育起着重要作用。

1. 雄性激素　雄性激素是含 19 个碳的类固醇类化合物，C_{17} 上无侧链，有一个 β-羟基或羰基，重要的雄性激素有睾酮、雄酮和雄烯二酮。其中睾酮是生物活性最大的雄性激素，其结构特点是：C_3 为一酮基，$C_4 \sim C_5$ 为一双键，C_{17} 上无侧链，有一个 β-羟基，从构效关系分析，C_{17} 上的 β-羟基是生物活性所必需的基团，若该羟基为 α-构型则无生物活性。

2. 雌性激素　雌性激素主要由卵巢分泌，分为两类。由成熟卵泡产生的称为雌激素，具有维持雌性第二性征和促进雌性生殖器官发育的作用，如 β-雌二醇。另一类是由卵泡排卵后卵巢组织形成的黄体中分泌的，称为黄体激素或孕激素，具有抑制排卵、保证受精卵着床、维持妊娠、保胎作用，如黄体酮等。黄体酮的结构特点与睾酮相似，不同之处是 C_{17} 上连有 β-乙酰基，黄体酮又称孕二酮。

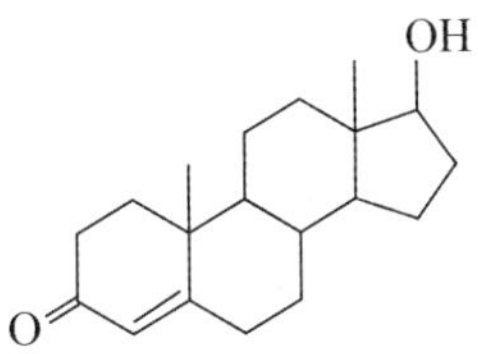

睾丸酮 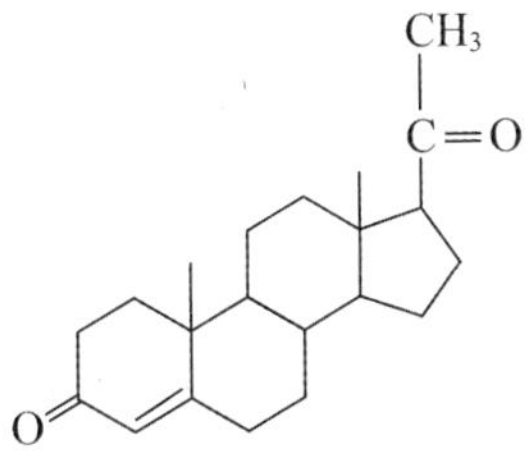　　　　　　黄体酮 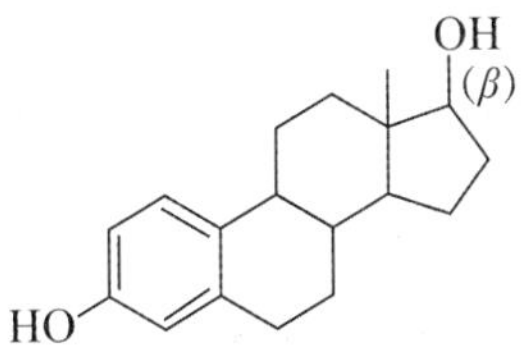　　　　　　β-雌二醇

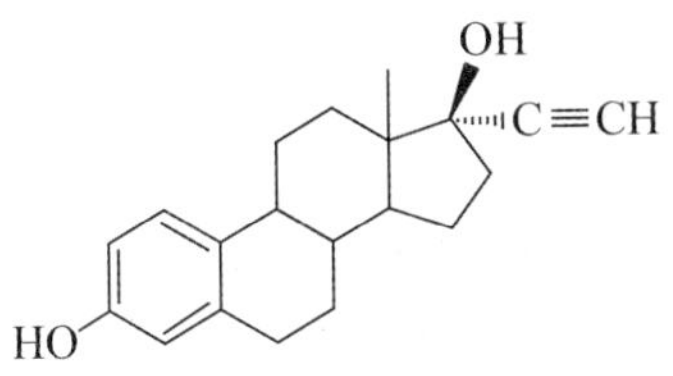

炔雌醇 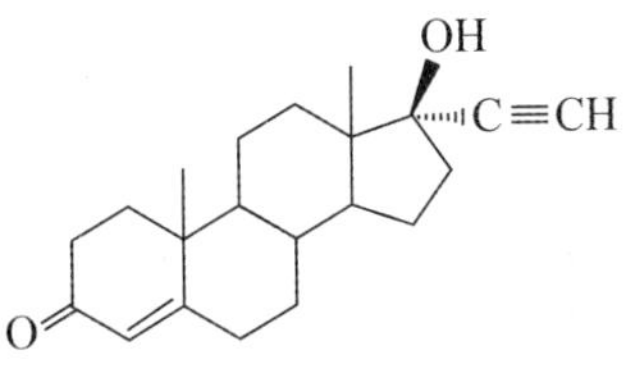　　　　　　　　　炔诺酮

β-雌二醇在临床中的主要用途是治疗绝经症状、骨质疏松和生育控制。人工合成的炔雌醇活性比 β-雌二醇高 7～8 倍，可用作口服避孕药。以黄体酮分子为母体，进行结构修饰，在

黄体酮分子中 17α-位引入羟基和炔烃基，可形成一种性能优良的女用口服避孕药——炔诺酮，能抑制未孕妇女的排卵，在计划生育中有重要作用。

问题 15-3   下列哪种甾族化合物的结构中 A、B 环是顺式稠合的？

A. 胆酸   B. 胆甾醇   C. 黄体酮   D. 皮质酮   E. 睾酮

知识扩展

反式脂肪酸

不饱和脂肪酸根据双键上所连接氢的位置可分为顺式脂肪酸和反式脂肪酸（trans fatty acids，TFA），两种脂肪酸虽然化学性质基本相同，但由于它们的立体结构不同，二者的生物学作用相差甚远。

根据来源，TFA 分为天然和人造两种。反刍动物肠腔中存在的丁酸弧菌属菌群可与饲料中所含的部分不饱和脂肪酸发生酶促生物氢化反应生成 TFA，所生成的 TFA 可结合于机体组织或分泌到乳汁中，使反刍动物脂肪及其乳脂中含有 TFA。牛奶中反式脂肪酸占脂肪酸总量的 4.2%～9%。

人造 TFA 主要来自三个方面。一是来自经过部分氢化的植物油，不饱和脂肪酸氢化时产生的反式脂肪酸占 8%～70%。二是植物油脂在精炼过程中会产生反式脂肪酸。研究表明，在高温脱臭过程中，多不饱和脂肪酸双键发生顺反异构化，高温脱臭后的油脂 TFA 含量增加了 1%～4%。三是产自食用油的烹饪过程中，研究证明高温将导致食用油生成 TFA，加热温度过高和时间过长是 TFA 形成的主要原因，一些反复煎炸食物的食用油，其油温更是远远高出油的发烟温度，油中所含的 TFA 也是越积越多。

研究表明，TFA 摄入过多会对人体健康造成损害。主要表现在：①导致心血管疾病和血栓的形成。反式脂肪酸会增加人体血液的黏稠度和凝聚力，容易导致血栓的形成。②促进动脉硬化。研究发现，在降低血胆固醇方面，反式脂肪酸没有顺式脂肪酸有效。③导致大脑功能的衰退。大量摄取反式脂肪酸与饱和脂肪酸的人，不仅加速心脏的动脉硬化，还促使大脑的动脉硬化，容易造成认知功能的衰退，甚至增加罹患阿尔兹海默病的机会。④反式脂肪酸会减少雄性激素的分泌，对精子的活跃性产生负面影响，可能会影响生育。

虽然摄入过多的反式脂肪酸对人体健康不利，但并不是所有的反式脂肪酸对人体的健康都有害。共轭亚油酸就是一种有益的反式脂肪酸，它具有一定的抗肿瘤作用。实际上，人们不必过分担心反式脂肪酸的危害，调查结果显示，北京、广州等大城市居民日常饮食中反式脂肪酸的摄入比仅为 0.34%，远低于世界卫生组织建议的 1% 限值。

小   结

天然油脂是各种混三酰甘油的混合物。油脂是一分子甘油与三分子高级脂肪酸酯化生成的酯，根据组成三酰甘油中的三个脂肪酸是否相同，分为单三酰甘油和混三酰甘油。自然界存在的混三酰甘油都是 L-构型。单三酰甘油命名时直接称"三某脂酰甘油"；混三酰甘油的命名，需确定其立体专一编号，并将立体专一编号（常用简写 Sn 表示）写在化合物名称的前面。

天然油脂水解得到的高级脂肪酸，一般是含 12～22 个偶数碳原子的直链饱和脂肪酸和不饱和脂肪酸。脂肪酸的名称一般采用俗名，其系统命名法与一元羧酸的系统命名法基本相同。油脂中脂肪酸有三种编码体系，即 Δ 编码体系、ω 编码体系和希腊字母编号体系。

亚油酸、α-亚麻酸和花生四烯酸在人体内不能自身合成或合成量很少，称为必需脂肪酸。

油脂在酸、碱或酶的作用下，可水解生成 1 分子甘油和 3 分子脂肪酸。油脂的碱性水解称为皂化，1g 油脂完全皂化时所需 KOH 的毫克数称为皂化值。皂化值越大，油脂中三酰甘油的平均相对分子质量越小。油脂中不饱和脂肪酸的碳碳双键可与氢、碘发生加成反应。油脂的不饱和程度可用碘值来衡量，碘值与油脂不饱和程度成正比，碘值越大，三酰甘油中所含的双键数越多，油脂的不饱和程度也越大。

　　油脂在空气中放置过久会变质，发生酸败。油脂的酸败程度可用酸值来表示，酸值越大，酸败的程度越严重。

　　甘油磷脂是由高级脂肪酸、甘油、磷酸和醇基四部分组成的，也可看作是磷脂酸的衍生物。从自然界中得到的磷脂酸都属于 L-构型。

　　卵磷脂是由磷脂酸与胆碱的羟基酯化的产物。自然界存在的卵磷脂为 α-卵磷脂。新鲜的卵磷脂是白色蜡状物质，在空气中易被氧化成黄色或棕色。卵磷脂不溶于水及丙酮，易溶于乙醇、乙醚及氯仿中。

　　脑磷脂是由磷脂酸与乙醇胺（或称胆胺）的羟基酯化生成的产物。脑磷脂在空气中也易被氧化成棕黑色。脑磷脂能溶于乙醚，不溶于丙酮，难溶于冷乙醇，利用溶解性的差别可将卵磷脂与脑磷脂分离。甾族化合物分子中都含有一个由环戊烷并多氢菲构成的四环碳骨架，甾族化合物常采用俗名，如胆固醇、黄体酮、睾酮等。

　　已发现的人和动物激素有几十种，可分为两大类，即含氮激素和甾族激素；根据来源又分为肾上腺皮质激素和性激素。

习　题

1. 写出下列化合物的结构式。

　　(1) 胆固醇　　　　　　　　　　　　(2) 磷脂酰胆碱

　　(3) $18:1\Delta^9$　　　　　　　　　　　(4) $18:3\omega^{3,6,9}$

　　(5) Sn-甘油-1-硬脂酸-2-亚油酸-3-磷酸酯　　(6) 胆酸

2. 命名下列化合物。

(1)
```
    H2C—OH
HO—CH      O
    CH2—O—P—OH
           OH
```

(2)
```
              O
         H2C—O—C—(CH2)14CH3
     O
H3C(H2C)10—C—O—CH      O
         CH2—O—C—(CH2)7CH=CH(CH2)7CH3
```

3. 为什么说磷脂酰乙醇胺、磷脂酰胆碱等磷脂具有偶极离子结构？

4. 解释下列名词。

　　(1) 皂化值　　　　　　　　　　　　(2) 碘值

　　(3) 酸值

5. 什么叫必需脂肪酸？常见的必需脂肪酸有哪些？

6. 指出卵磷脂和脑磷脂结构上的主要区别。如何将两者分离？

7. 选择题

　　(1) 下列脂肪酸中属于不饱和脂肪酸的是

　　　　A. 硬脂酸　　　　　　　　　　B. 油酸

　　　　C. 软脂酸　　　　　　　　　　D. 亚油酸

　　(2) 下列脂肪酸中属于必需脂肪酸的是

　　　　A. 月桂酸　　　　　　　　　　B. 油酸

　　　　C. 软脂酸　　　　　　　　　　D. 亚麻酸

　　(3) 根据下列脂肪酸的皂化值，平均相对分子质量最大的是

　　　　A. 189～194　　　　　　　　　B. 190～200

　　　　C. 176～187　　　　　　　　　D. 195～208

（4）根据下列脂肪酸的碘值，不饱和程度最大的是

　　A. 31～47　　　　　　　　　　　　B. 120～136

　　C. 193～198　　　　　　　　　　　D. 81～90

（5）油脂中不饱和脂肪酸含量越高则熔点越低的主要原因是

　　A. 平均相对分子质量较大　　　　　B. 分子中双键是顺式结构

　　C. 分子中双键是反式结构　　　　　D. 平均相对分子质量较小

（6）甘油磷脂和鞘磷脂水解时生成的共同产物为

　　A. 甘油　　　　　　　　　　　　　B. 磷酸

　　C. 鞘氨醇　　　　　　　　　　　　D. 脂肪酸

（7）卵磷脂和脑磷脂水解时生成的共同产物为

　　A. 甘油　　　　　　　　　　　　　B. 磷酸

　　C. 胆碱　　　　　　　　　　　　　D. 乙醇胺

（8）甘油磷脂和鞘磷脂能在生物细胞膜中起重要作用主要是由于

　　A. 都含有磷酸　　　　　　　　　　B. 都含有脂肪酸

　　C. 都具有乳化性质　　　　　　　　D. 都不溶于丙酮

（9）黄体酮和睾酮结构的不同点是哪个碳原子所连基团不同

　　A. C_3　　　　　　　　　　　　　B. C_7

　　C. C_{11}　　　　　　　　　　　　D. C_{17}

（10）下列化合物中能经紫外线照射形成抗佝偻病维生素的是

　　A. 胆固醇　　　　　　　　　　　　B. 7-脱氢胆固醇

　　C. 胆酸　　　　　　　　　　　　　D. 黄体酮

（王学东）

第十六章 氨基酸、多肽、蛋白质

蛋白质是由氨基酸按一定顺序结合形成肽链，再由多肽链按照其特定方式结合而成的高分子化合物。蛋白质是生物体内非常重要的生物大分子，它是一切生物体的主要组成成分。在生命活动中，蛋白质起着各种生命功能执行者的作用，没有蛋白质就没有生命。

第一节 氨 基 酸

氨基酸（amino acid）是一类分子中含有氨基和羧基的有机化合物。自然界存在的氨基酸有 500 多种，但构成蛋白质的氨基酸主要有 20 种，这 20 种氨基酸也被称为蛋白质氨基酸。

一、氨基酸的结构、分类和命名

（一）氨基酸的结构

除脯氨酸（α-亚氨基酸）外，组成蛋白质的氨基酸均为 α-氨基酸，即氨基连接在羧酸的 α-碳原子上，其结构通式为：

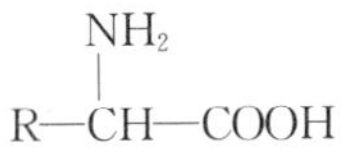

$$\underset{\underset{\displaystyle R-CH-COOH}{|}}{NH_2}$$

R 代表不同的侧链基团，不同氨基酸的区别就在于 R 基团的不同。

除甘氨酸外，组成蛋白质的其他氨基酸分子的 α-碳原子均为手性碳原子，均具有旋光性。氨基酸的构型习惯上采用 D/L 标记法：在 Fischer 投影式中，—NH$_2$ 位置与 L-甘油醛手性碳原子上—OH 的位置相同者称为 L-型，相反者为 D-型。组成蛋白质的手性氨基酸的相对构型均为 L-型。

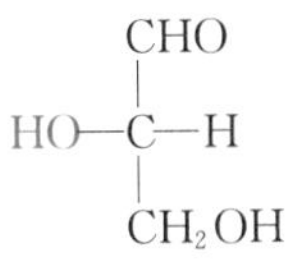

L-甘油醛 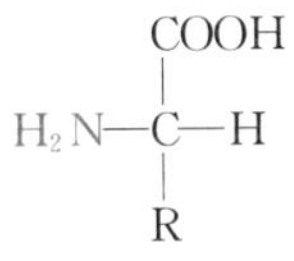   L-氨基酸

若采用 R/S 标记法，除半胱氨酸为 R 构型外，其余皆为 S 构型。

（二）氨基酸的分类

根据氨基和羧基的相对位置的不同，氨基酸分为 α-氨基酸、β-氨基酸、γ-氨基酸等；根据 α-氨基酸通式中 R 基团的结构，α-氨基酸可分为脂肪族氨基酸、芳香族氨基酸和杂环氨基酸；根据 R 基团的极性，α-氨基酸可分为非极性氨基酸和极性氨基酸；根据氨基和羧基的数目，α-氨基酸还可分为中性氨基酸、酸性氨基酸和碱性氨基酸，中性氨基酸分子中氨基数目和羧基数目相等，酸性氨基酸分子中氨基数目少于羧基数目，碱性氨基酸分子中碱性基团（氨基、胍基和咪唑基）数目多于羧基数目。

氨基酸可分为必需氨基酸（essential amino acids）和非必需氨基酸。必需氨基酸是指人体不能合成或合成数量不能满足人体的需要，必须从食物中获得的氨基酸。必需氨基酸共有 8

种，分别为赖氨酸、色氨酸、苯丙氨酸、甲硫氨酸、苏氨酸、异亮氨酸、亮氨酸与缬氨酸（表16-1标有*）；非必需氨基酸指人体自己能由简单的前体合成，不需要从食物中获得的氨基酸，包括甘氨酸、丙氨酸等。

（三）氨基酸的命名

氨基酸名称通常根据其来源或性质等采用俗名，如丝氨酸因源于蚕丝而得名。氨基酸的系统命名法与其他取代羧酸的命名相同，即把氨基当作取代基，以羧酸做母体，称为"氨基某酸"。氨基的位置习惯上用希腊字母 α、β、γ 等表示。常见的 20 种蛋白质氨基酸的名称、中文缩写、三字母、单字母、结构式及等电点见表 16-1。

表 16-1 常见的 20 种蛋白质氨基酸

中文名称 英文名称	中文简写	三字母	单字母	结构式 （偶极离子）	等电点
中性氨基酸					
甘氨酸 Glycine	甘	Gly	G	CH_2-COO^- 下 NH_3^+	5.97
丙氨酸 Alanine	丙	Ala	A	$H_3C-CH-COO^-$ 下 NH_3^+	6.00
缬氨酸* Valine	缬	Val	V	H_3C,H_3C 的 $CH-CH-COO^-$ 下 NH_3^+	5.96
亮氨酸* Leucine	亮	Leu	L	H_3C,H_3C 的 $CH-CH_2-CH-COO^-$ 下 NH_3^+	5.98
异亮氨酸* Isoleucine	异亮	Ile	I	$H_3C-H_2C-CH-CH-COO^-$ 下 $CH_3\ NH_3^+$	6.02
苯丙氨酸* Phenylalanine	苯	Phe	F	$\text{苯环}-H_2C-CH-COO^-$ 下 NH_3^+	5.48
脯氨酸 Proline	脯	Pro	P	吡咯烷环 $-COO^-$，N^+，$H\ H$	6.30
甲硫氨酸* Methionine	甲硫	Met	M	$H_3C-S-H_2C-CH_2-CH-COO^-$ 下 NH_3^+	5.74
丝氨酸 Serine	丝	Ser	S	$HO-CH_2-CH-COO^-$ 下 NH_3^+	5.68
谷氨酰胺 Glutamine	谷酰	Gln	Q	$H_2N-C-H_2C-CH_2-CH-COO^-$ 下 $O,\ NH_3^+$	5.65
苏氨酸* Threonine	苏	Thr	T	$H_3C-CH-CH-COO^-$ 下 $OH\ NH_3^+$	5.60
半胱氨酸 Cysteine	半胱	Cys	C	$HS-CH_2-CH-COO^-$ 下 NH_3^+	5.07

续表

中文名称 英文名称	中文 简写	三字母	单字母	结构式 （偶极离子）	等电点
天冬酰胺 Asparagine	天酰	Asn	N	$H_2N-\overset{\underset{\|}{O}}{C}-CH_2-\overset{\underset{\|}{NH_3^+}}{CH}-COO^-$	5.41
酪氨酸 Tyrosine	酪	Tyr	Y	$HO-\underset{}{\bigcirc}-H_2C-\overset{\underset{\|}{NH_3^+}}{CH}-COO^-$	5.66
色氨酸* Tryptophan	色	Trp	W	$CH_2-\overset{\underset{\|}{NH_3^+}}{CH}-COO^-$	5.89
酸性氨基酸					
天冬氨酸 Aspartic acid	天	Asp	D	$HOOC-CH_2-\overset{\underset{\|}{NH_3^+}}{CH}-COO^-$	2.77
谷氨酸 Glutamic acid	谷	Glu	E	$HOOC-CH_2-CH_2-\overset{\underset{\|}{NH_3^+}}{CH}-COO^-$	3.22
碱性氨基酸					
赖氨酸* Lysine	赖	Lys	K	$H_3N^+-H_2CH_2CH_2CH_2C-\overset{\underset{\|}{NH_2}}{CH}-COO^-$	9.74
精氨酸 Arginine	精	Arg	R	$H_2N-\overset{\underset{\|}{NH_2^+}}{C}-HNH_2CH_2CH_2C-\overset{\underset{\|}{NH_2}}{CH}-COO^-$	10.76
组氨酸 Histidine	组	His	H	$CH_2-\overset{\underset{\|}{NH_3^+}}{CH}-COO^-$	7.59

二、氨基酸的性质

（一）氨基酸的酸碱两性及等电点

既带有正电荷又带有负电荷的离子称为两性离子（zwitterion）或偶极离子。氨基酸分子内既有碱性的羧基负离子又有酸性的铵盐正离子，因此氨基酸分子是偶极离子。

$$R-\overset{\underset{\|}{NH_2}}{\underset{\|}{C}}H\ \rightleftharpoons\ R-\overset{\underset{\|}{NH_3^+}}{\underset{\|}{C}}H$$

（左为COOH，右为COO⁻）

氨基酸偶极离子具有两性，既可以与酸反应，又可以与碱反应。在酸性溶液中，分子的—COO⁻可接受质子，氨基酸主要以阳离子形式存在；而在碱性溶液中分子的—NH₃⁺ 给出质子，氨基酸主要以阴离子形式存在。偶极离子加酸和加碱时引起的变化，可用下式表示：

$$\underset{\substack{\text{阳离子}\\ \text{pH}<\text{PI}}}{\underset{\overset{|}{NH_3^+}}{R-\overset{COOH}{\underset{|}{C}}-H}} \underset{H^+}{\overset{OH^-}{\rightleftharpoons}} \underset{\substack{\text{偶极离子}\\ \text{pH}=\text{PI}}}{\underset{\overset{|}{NH_3^+}}{R-\overset{COO^-}{\underset{|}{C}}-H}} \underset{H^+}{\overset{OH^-}{\rightleftharpoons}} \underset{\substack{\text{阴离子}\\ \text{pH}>\text{pI}}}{\underset{\overset{|}{NH_2}}{R-\overset{COO^-}{\underset{|}{C}}-H}}$$

在电场作用下，带电物质向其电荷相反电极移动的现象称为电泳（electrophoresis）。当改变溶液的 pH，使氨基酸所带正负电荷量相等，即以偶极离子形式存在时，它在电场中既不向负极移动，也不向正极移动，此时溶液的 pH 称为该氨基酸的等电点（isoelectric point，pI）。当溶液的 pH 大于氨基酸的 pI 时，氨基酸主要以负离子形式存在，在电场中移向正极；当溶液的 pH 小于氨基酸的 pI 时，氨基酸主要以正离子形式存在，在电场中移向负极。

不同的氨基酸具有不同的等电点，对于中性氨基酸，由于羧基电离度略大于铵盐，其水溶液中的—COO⁻ 离子略多于—NH₃⁺ 离子，则需要加入适当的酸才能抑制—COO⁻ 离子的过量，所以中性氨基酸的等电点都小于 7.0，通常在 5.0～6.5；对于酸性氨基酸，由于—COO⁻ 离子较多，则需要加入较多的酸才能抑制—COO⁻ 离子的过量，因此酸性氨基酸的等电点明显小于 7，通常在 3.0 左右；对于碱性氨基酸，由于—NH₃⁺ 离子较多，则需要加入碱才能中和—NH₃⁺ 过量的离子，因此碱性氨基酸的等电点都大于 7.0，通常在 7.6～10.8。

等电点是氨基酸的特征常数。由于各种氨基酸等电点不同，在同一 pH 的溶液中，可利用各种氨基酸所带净电荷及它们在电场中移动状况不同的特点，通过电泳法分离氨基酸混合物。此外，在等电点时，氨基酸的溶解度最小，所以也可以通过调节溶液 pH 达到等电点的方法来分离氨基酸混合物。

> **问题 16-1**　为什么天冬氨酸的偶极离子形式是 $HOOC-H_2C-\underset{\overset{|}{NH_3^+}}{CH}-COO^-$，而不是 $^-OOC-H_2C-\underset{\overset{|}{NH_3^+}}{CH}-COOH$？

> **问题 16-2**　如何分离 Gly、Glu 与 Arg 三种氨基酸混合物？

（二）氨基酸的反应

氨基酸分子中含有氨基和羧基，因此具有羧酸与胺类化合物的双重性质。此外，氨基和羧基相互影响还可以导致氨基酸具有某些特殊性。

1. 与亚硝酸反应　α-氨基酸与 HNO_2 反应，放出氮气，同时生成羟基酸：

$$R-\underset{\overset{|}{NH_3^+}}{CH}-COO^- + HNO_2 \longrightarrow R-\underset{\overset{|}{OH}}{CH}COOH + N_2\uparrow + H_2O$$

根据该反应放出氮气的体积，可定量分析氨基酸。

2. 脱羧反应　α-氨基酸与 $Ba(OH)_2$ 混合加热或在体内脱羧酶催化下，可以发生脱羧反应，生成少一个碳的胺，例如：

$$\underset{\text{组氨酸}}{\underset{\overset{|}{NH_3^+}}{\overset{CH_2CHCOO^-}{\diagup}}} \xrightarrow[\text{或脱羧酶}]{Ba(OH)_2\ \triangle} \underset{\text{组胺}}{\overset{CH_2CH_2NH_2}{\diagup}} + CO_2\uparrow$$

3. 与茚三酮的显色反应　α-氨基酸与茚三酮水溶液共热，生成蓝紫色物质：

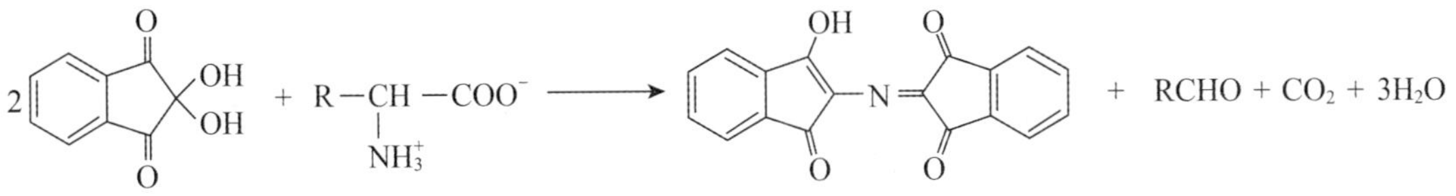

$$2 \text{（茚三酮）} + R-CH(NH_3^+)-COO^- \longrightarrow \text{（蓝紫色产物）} + RCHO + CO_2 + 3H_2O$$

该反应非常灵敏，常用于氨基酸的定性及定量分析。

第二节　多　肽

由氨基酸的氨基与羧基脱水缩合而形成的化合物称为肽（peptide）。两分子氨基酸脱水缩合而形成的肽称为二肽；十个以内氨基酸分子脱水缩合而形成的肽称为寡肽；十个以上氨基酸分子脱水缩合而形成的肽称为多肽。肽一般用下列通式表示：

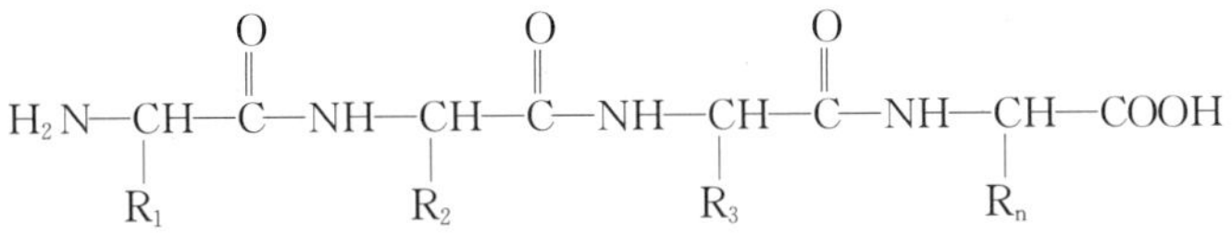

$$H_2N-CH(R_1)-\overset{O}{C}-NH-CH(R_2)-\overset{O}{C}-NH-CH(R_3)-\overset{O}{C}-NH-CH(R_n)-COOH$$

肽分子中的氨基酸因脱水缩合而基团不完整，故肽分子中的氨基酸称为氨基酸残基。肽链上含有氨基的一端称为氨基末端或 N-端，而含有羧基的一端称为羧基末端或 C-端。

一、多肽的结构与同分异构

（一）多肽的结构

肽分子中的酰胺键称为肽键。由于肽键中氮原子与羰基之间存在 $p-\pi$ 共轭，并且肽键中 C—N 键长（132pm）介于 C＝N 双键键长（127pm）与 C—N 单键键长（147pm）之间，因而肽键中 C—N 键具有部分双键特性，不能自由旋转。

肽键与两个相邻 α-碳原子（以 C_α 表示）组成的 6 个原子的基团（—C_α—CO—NH—C_α—）称为肽单元。肽单元的 6 个原子共处在同一平面上，这个平面称为肽键平面，如图 16-1 所示。

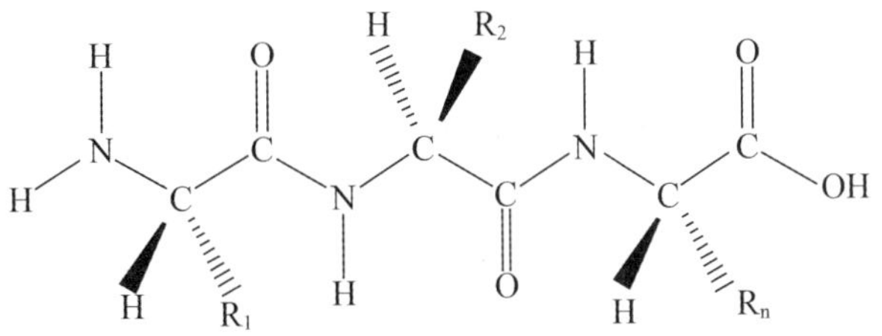

图 16-1　肽键平面

（二）多肽的同分异构

由于肽键中 C—N 键不能自由旋转，导致肽分子出现顺反异构现象。通常肽单元中的两个 C_α 原子处于反式构型，如图 16-2 所示。

虽然肽键中 C—N 键不能自由旋转，但与肽键中氮和碳原子相连接的两个基团可自由旋转，因此相邻肽键平面可围绕 C_α 原子旋转，从而导致肽分子在空间呈现不同的构象。

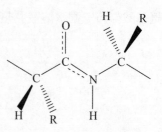

图 16-2　肽键的反式构型

二、多肽的命名

肽的命名通常以 C-端的氨基酸作为母体，其他氨基酸残基从 N-端开始依次称为"某氨酰"，置于母体名称前面。肽的结构也常用氨基酸残基的英文缩写表示。例如：

丙氨酰甘氨酸　　　　　　　　　　甘氨酰丙氨酸
Ala-Gly　　　　　　　　　　　　Gly-Ala

> 问题 16-3　由 Gly、Ala 与 Leu 形成的三肽可能有几种？分别用三字母缩写方式表示其结构。

三、多肽的性质

由于肽分子中含有氨基与羧基，因此肽的某些性质与氨基酸类似，如肽以偶极离子形式存在；与亚硝酸反应；发生脱羧及显色反应等。此外，肽的性质与氨基酸又有差异，如三肽及三肽以上的肽能发生缩二脲反应，而氨基酸不能发生该反应。缩二脲反应常用于多肽和蛋白质的定性和定量分析。

第三节　蛋　白　质

蛋白质（protein）是由多肽链按照其特定方式结合而成的高分子化合物。蛋白质与多肽之间没有严格的界限，一般将相对分子质量超过 10kD 的多肽称为蛋白质。蛋白质的组成元素包括碳、氢、氧、氮、硫，有些蛋白质还含有磷、碘、锰、铁、锌等。

一、蛋白质的结构

蛋白质分子中的肽链具有复杂的三维空间结构。这种结构不仅决定蛋白质的理化性质，而且也决定其生物学功能。蛋白质的结构常分为一级结构、二级结构、三级结构和四级结构。蛋白质的一级结构称为初级结构，蛋白质的二级、三级、四级结构统称为蛋白质的高级结构。蛋白质一级结构是蛋白质高级结构的基础。

（一）一级结构

蛋白质的一级结构是指肽链中氨基酸残基相互连接的顺序。如人胰岛素的一级结构由 A、

B 两条肽链组成，其中 A 链由 21 个氨基酸残基组成，B 链由 30 个氨基酸残基组成，A、B 链之间通过两个二硫键连接，A 链内存在一个二硫键。人胰岛素的一级结构如图 16-3 所示：

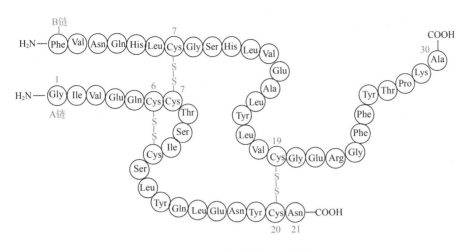

图 16-3　人胰岛素的一级结构

（二）二级结构

蛋白质的二级结构是指多肽链中各肽键平面通过 C_α 原子的旋转而形成的不同构象。蛋白质的二级结构只涉及肽链主链原子的相对空间位置，而不涉及氨基酸残基侧链的构象。维系蛋白质二级结构的作用力主要是肽键平面上的 C=O 与另一肽键平面上的 N—H 形成的氢键。蛋白质二级结构的主要形式是 α 螺旋与 β 折叠（图 16-4）。

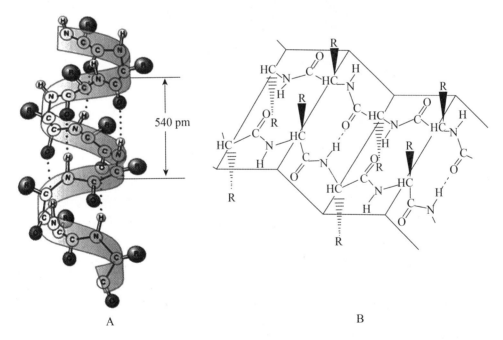

图 16-4　蛋白质的二级结构
A. α 螺旋；B. β 折叠

α 螺旋构象是由肽键平面盘旋而形成的螺旋构象。α 螺旋具有如下特征：多肽链中各肽键平面通过 C_α 原子的旋转，围绕同一中心轴以螺旋方式伸展，螺旋走向为顺时针方向（右手螺旋），每隔 3.6 个氨基酸残基构成一个螺旋圈，螺距为 540pm，每个残基沿轴上升 150pm；第 i 个氨基酸残基的 C=O 与第 $i+4$ 个氨基酸残基的 N—H 形成的氢键维系着 α 螺旋构象的稳定，氢键的方向与中心轴大致平行。纤维蛋白、血红蛋白、角蛋白等分子中都存在 α 螺旋构象。

β 折叠是由肽键平面折叠而形成的锯齿状构象。β 折叠具有如下特征：肽链中各肽键平面通过 C_α 原子的旋转，依次折叠成锯齿状，氨基酸残基的侧链基团分别从上下交替垂直于折叠面；相邻两条肽链间走向可平行（两条链均为 N-端→C-端），也可反平行（一条是 N-端→C-端，而另一条是 C-端→N-端），反平行的 β 折叠构象比平行的稳定；肽链间或肽链内的氢键维系着 β 折叠构象的稳定。丝心蛋白的二级结构就是典型的 β 折叠。

（三）三级结构

在二级结构基础上，蛋白质分子进一步盘旋折叠，形成特定的三维空间结构，称为蛋白质的三级结构。维系蛋白质三级结构的作用力主要来自氨基酸侧链之间的氢键、二硫键、离子键、疏水作用和范德华力。

肌红蛋白是具有三级结构的蛋白质（图 16-5）。它是由一条含有 153 个氨基酸残基的多肽链和一个辅基血红素构成，其中多肽主链上有 8 个 α 螺旋区。

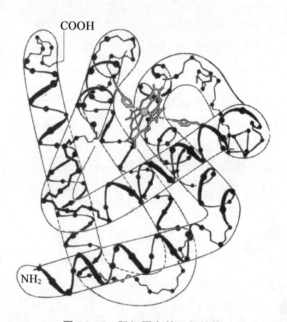

图 16-5 肌红蛋白的三级结构

（四）四级结构

由多条具有三级结构的多肽链聚合而形成的特定构象称为蛋白质的四级结构，其中每一个具有三级结构的多肽链称为亚基。维系蛋白质四级结构的作用力主要来自亚基之间的非共价键。

血红蛋白是具有四级结构的蛋白质（图 16-6）。它是由两个 α-亚基和两个 β-亚基聚合而成的四聚体，且每个亚基都结合一个血红素辅基。其中 α-亚基上有 141 个氨基酸残基，β-亚基上有 146 个氨基酸残基。

二、蛋白质的分类

蛋白质种类繁多，根据其形状可分为球状蛋白质（如胰岛素）和纤维蛋白质（如胶原蛋白）；根据其化学组成又可分成仅由氨基酸组成的简单蛋白质（如谷蛋白）和由简单蛋白质与非蛋白部分结合而成的缀合蛋白质（如脂蛋白）；根据其功能可分为活性蛋白质（如酶）及非活性蛋白质（如角蛋白）。

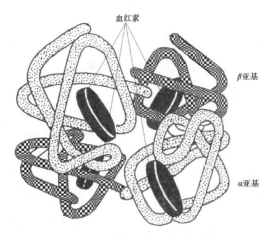

图 16-6 血红蛋白的四级结构

三、蛋白质的性质

(一) 蛋白质胶体性质

蛋白质是高分子化合物，其分子直径一般在 $1\sim100\text{nm}$，具有胶体的特性，如产生丁达尔效应、布朗运动以及不能透过半透膜。蛋白质能够形成稳定的胶体，主要有两方面的原因。一是蛋白质分子表面的亲水基团能与水分子发生水化作用，在蛋白质分子表面形成水化膜，使蛋白质粒子不易聚沉；二是在非等电点 pH 的溶液中，蛋白质粒子表面会带有同性电荷，分子之间产生静电斥力，导致蛋白质粒子不易聚沉。

(二) 蛋白质两性和等电点

由于蛋白质中含有氨基与羧基，因此蛋白质与氨基酸一样，也是两性物质，也存在等电点。不同蛋白质的等电点不相同，在同一 pH 的溶液中，可利用各种蛋白质所带净电荷及它们在电场中移动状况不同的特点，通过电泳法分离蛋白质混合物。此外，在等电点时，蛋白质的溶解度最小，所以也可通过调节溶液 pH 达到等电点来分离蛋白质混合物。

(三) 蛋白质沉淀及变性

在溶液中蛋白质以固体析出的现象称为蛋白质沉淀。使蛋白质沉淀的方法主要有盐析、有机溶剂沉淀法、重金属盐沉淀法、强酸强碱沉淀法、紫外线照射等。

由于物理或化学因素的影响，蛋白质理化性质的改变及生理活性的丧失称为蛋白质的变性。引起蛋白质变性的物理因素有加热、高压、超声波、紫外线照射等，化学因素有有机溶剂、重金属离子、强酸、强碱等。

蛋白质的变性分为可逆变性和不可逆变性。可逆变性是指去除变性因素后蛋白质可恢复原有构象和生物活性。不可逆变性是指去除变性因素后蛋白质不能恢复原有构象和生物活性。

蛋白质变性的实质是蛋白质分子的非共价键和二硫键被破坏，导致其空间构象发生改变，而一级结构并不变化。

蛋白质的变性在实际应用上具有重要意义。如通常采用加热、紫外线照射、酒精等杀菌消毒，就是使细菌等病原微生物的蛋白质变性失活，达到杀菌消毒的目的。

(四) 蛋白质的显色反应

蛋白质可以与许多化学试剂发生颜色反应。例如，蛋白质与水合茚三酮反应呈现蓝紫色；与碱性硫酸铜反应呈现紫色（缩二脲反应）；与硝酸汞的硝酸溶液反应呈现红色（米勒反应）。此外，含有苯丙氨酸、酪氨酸和色氨酸残基的蛋白质与浓硝酸反应呈现黄色（蛋白黄反应）。

知识扩展

G 蛋白偶联受体

G 蛋白偶联受体（G-protein coupled receptor，GPCR）为单一肽链形成 7 个 α 螺旋来回穿透细胞膜，N-端在细胞外，C-端在细胞内，是细胞整合膜蛋白。它可以与激素、神经递质、气体等小分子物质发生相互作用。在细胞信号转导中发挥着重要的作用。人类重大疾病的发生往往都与 GPCR 有关，因此决定了其可以作为很好的药物靶标。目前世界医药市场上有 1/3 的小分子药物是 G 蛋白偶联受体的激活剂或拮抗剂，比如缩瞳药物——激活剂卡巴胆碱，抗高血压药物——拮抗剂氯沙坦。

卡巴胆碱   氯沙坦

小　结

氨基酸是一类分子中含有氨基和羧基的有机化合物。构成蛋白质的氨基酸主要有 20 种。α-氨基酸的结构通式为：$R—CH—COOH$，上接 NH_2。氨基酸的构型常采用 D/L 标记法。根据氨基酸的结构、性质与营养价值，氨基酸具有不同的分类方法。氨基酸名称通常根据其来源或性质等采用俗名。氨基酸分子是偶极离子，具有酸碱两性。组成和结构不同的氨基酸具有不同的等电点。由于氨基酸分子中含有氨基和羧基，因此具有羧酸与胺类化合物的性质（与亚硝酸反应、脱羧反应等）。此外，氨基和羧基相互影响还可导致氨基酸具有某些特殊反应（与茚三酮的显色反应等）。

由氨基酸的氨基与羧基脱水缩合而形成的化合物称为肽。十个以上氨基酸分子脱水缩合而形成的肽称为多肽。肽分子中的氨基酸称为氨基酸残基，肽链上含有氨基的一端称为氨基末端或 N-端，而含有羧基的一端称为羧基末端或 C-端。肽分子中的酰胺键称为肽键，肽键中 C—N 键具有部分双键特性，不能自由旋转，导致肽分子出现顺反异构现象。

肽键与两个相邻 $C_α$ 原子组成的同一平面上 6 个原子的基团（$—C_α—CO—NH—C_α—$）称为肽单元，通常肽单元中的两个 $C_α$ 原子处于反式构型。肽的命名通常以 C-端的氨基酸作为母体，其他氨基酸残基从 N-端开始依次称为"某氨酰"，置于母体名称前面。肽分子结构也可用英文缩写表示。肽的化学性质与氨基酸既类似（以偶极离子形式存在，与亚硝酸反应，发生脱羧反应及显色反应等），又有差异（三肽及三肽以上的肽能发生缩二脲反应，而氨基酸不能发生该反应）。

蛋白质是由多肽链按照其特定方式结合而成的高分子化合物。蛋白质的组成元素包括碳、氢、氧、氮、硫，有些蛋白质还含有磷、碘、锰、铁、锌等。蛋白质的结构常分为一级结构、二级结构、三级结构和四级结构。根据蛋白质的形状、化学组成和功能，蛋白质具有不同的分类方法。蛋白质具有胶体的特性（丁达尔效应、布朗运动、不能透过半透膜）。蛋白质是两性物质，不同蛋白质的等电点不相同。某些物理或化学因素可导致蛋白质沉淀及变形。此外，蛋白质可与许多化学试剂发生颜色反应（与茚三酮的显色反应、缩二脲反应、米勒反应、蛋白黄反应等）。

习　题

1. 命名下列化合物。

　　(1) Ser-Met

　　(2) Pro-Thr

　　(3) H₂N—CH—C(=O)—NH—CH₂—COOH，侧链 CH₂—CH(CH₃)₂

$$H_2N-\overset{\displaystyle CH}{\underset{\displaystyle CH_2}{|}}-\overset{O}{\overset{||}{C}}-NH-CH_2-COOH$$

　　(4) H₂N—CH—C(=O)—NH—CH—COOH，侧链 CH₂COOH 和 CH₂SH

2. 写出下列化合物的结构式。

　　(1) 丙氨酸

　　(2) 苯丙氨酸

　　(3) 丙氨酰苯丙氨酸

　　(4) 苯丙氨酰丙氨酸

3. 判断对错。

　　(1) 等电点为 7 的氨基酸为中性氨基酸。

　　(2) 当溶液的 pH 大于氨基酸的 pI 时，氨基酸主要以负离子形式存在。

　　(3) 肽键中 C—N 键能自由旋转。

　　(4) 肽的命名通常以 N-端的氨基酸作为母体，其他氨基酸残基从 C 端开始依次称为"某氨酰"。

　　(5) 蛋白质变性的实质是一级结构的变化。

　　(6) 蛋白质与多肽均能发生缩二脲反应。

4. 填空题

　　(1) 采用 D/L 标记法，组成蛋白质的手性氨基酸的相对构型均为_____，若采用 R/S 标记法，除半胱氨酸为_____构型外，其余皆为_____构型。

　　(2) 根据氨基和羧基的数目，α-氨基酸分为_____、_____和_____三大类。

　　(3) 肽分子中的氨基酸称为_____。肽链上含有氨基一端称为_____，而含有羧基的一端称为_____。

　　(4) 由于物理或化学因素的影响，蛋白质理化性质的改变及生理活性的丧失称为_____。

　　(5) 根据化学组成，蛋白质分为_____与_____。

　　(6) 维系蛋白质一级结构的化学键是_____。

5. 选择题

　　(1) 氨基酸分子中均含有的两种官能团是

　　　　A. 羧基和羟基　　　　　　　　　　B. 氨基和羟基

　　　　C. 氨基和羧基　　　　　　　　　　D. 羟基与巯基

　　(2) 赖氨酸在蒸馏水中带正电荷，它的等电点可能是

　　　　A. 3.65　　　　　　　　　　　　　B. 9.74

　　　　C. 7.00　　　　　　　　　　　　　D. 5.89

　　(3) 在 pH＝6.00 的缓冲溶液中，下列氨基酸在电场中向正极泳动的是

　　　　A. 天冬氨酸（pI＝2.77）　　　　　B. 丙氨酸（pI＝6.00）

　　　　C. 精氨酸（pI＝10.76）　　　　　D. 组氨酸（pI＝7.59）

　　(4) 下列化合物能发生缩二脲反应的是

　　　　A. 甘油　　　　　　　　　　　　　B. 乙醇

　　　　C. 球蛋白　　　　　　　　　　　　D. 丝氨酸

　　(5) 蛋白质分子中的 α 螺旋与 β 折叠均属于

　　　　A. 一级结构　　　　　　　　　　　B. 二级结构

　　　　C. 三级结构　　　　　　　　　　　D. 四级结构

　　(6) 有关蛋白质一级结构叙述正确的是

　　　　A. 蛋白质的一级结构是指肽链中氨基酸残基相互连接的顺序

　　　　B. 蛋白质的一级结构是指肽链主链原子的相对空间位置

    C. 蛋白质的一级结构是指氨基酸残基侧链的构象

    D. 蛋白质的一级结构是指多肽链聚合而形成特定的构象

6. 推断结构。

(1) 二肽 A 与亚硝酸反应后再水解，生成丙氨酸与羟基乙酸。请写出这个二肽 A 的结构式。

(2) 化合物 A 的分子式为 $C_3H_7O_2N$。A 具有旋光性，与氢氧化钠或盐酸溶液反应生成盐，与醇反应生成酯，与茚三酮水溶液共热生成蓝紫色物质。请写出 A 的结构式。

（夏春辉）

第十七章　核　酸

1869 年，瑞士科学家 Miescher 从脓细胞的细胞核中分离得到一种含氮和磷的物质，称为"核质"（nuclein），因其来源于细胞核且有酸性，20 多年后更名为核酸。

核酸（nucleic acid）是重要的生物信息大分子，是生命遗传的物质基础，故称为"遗传大分子"。核酸广泛存在于所有生物体内，常与蛋白质结合形成核蛋白。它控制生物体的生长、发育、代谢、繁殖、遗传和变异等生命活动现象。本章主要讨论核酸的化学组成和分子结构，为更深入地学习核酸奠定基础。

第一节　核酸的分类和化学组成

一、核酸的分类

核酸中含有戊糖结构，按照戊糖的不同，核酸分为脱氧核糖核酸（deoxyribonucleic acid，DNA）和核糖核酸（ribonucleic acid，RNA）两大类。

DNA 主要存在于细胞核的染色体中，在线粒体和叶绿体内少量存在，是生物遗传的主要物质基础，是遗传信息的载体。约 90% 的 RNA 存在于细胞质中，其中微粒体含量最多，线粒体内较少。RNA 在体内承担遗传信息的表达，即直接参与和控制蛋白质的合成。RNA 的分子量比 DNA 的小一些。根据合成蛋白质时所起作用的不同，将 RNA 又分为以下三类：

核糖体 RNA（ribosomal RNA），即 rRNA，又称核蛋白体 RNA，rRNA 和蛋白质一起组成核糖体，是细胞内合成蛋白质的场所。

信使 RNA（messenger RNA），即 mRNA，是合成蛋白质的模板。在合成蛋白质时，mRNA 控制氨基酸的排列顺序，其承载的信息是从 DNA 转录得到的。

转运 RNA（transfer RNA），即 tRNA，它在合成蛋白质时将所需氨基酸运送到核糖体。

二、核酸的化学组成

核酸主要由 C、H、O、N、P 等元素组成，其中 P 含量较为恒定（9%～10%），可通过检测样品中 P 的含量进行核酸的定量分析。

核酸在细胞内主要以核蛋白的形式存在，核蛋白水解生成蛋白质和核酸。将核酸初级水解生成核苷酸，核苷酸进一步水解得到核苷（nucleoside）和磷酸，核苷再水解则生成戊糖和碱基。

$$核酸 \xrightarrow{水解} 核苷酸 \xrightarrow{水解} \begin{cases} 磷酸 \\ 核苷 \xrightarrow{水解} \begin{cases} 戊糖（核糖、脱氧核糖） \\ 碱基（嘌呤碱、嘧啶碱） \end{cases} \end{cases}$$

两类核酸的最终水解产物见表 17-1。

表 17−1　两类核酸的最终水解产物

水解产物	DNA	RNA
酸	磷酸	磷酸
戊糖	D−2−脱氧核糖	D−核糖
嘌呤碱	腺嘌呤、鸟嘌呤	腺嘌呤、鸟嘌呤
嘧啶碱	胞嘧啶、胸腺嘧啶	胞嘧啶、尿嘧啶

　　DNA 和 RNA 中所含的相同成分包括磷酸、腺嘌呤、鸟嘌呤和胞嘧啶。两者不同之处在于，DNA 中的糖为脱氧核糖，嘧啶碱有胸腺嘧啶；RNA 中的糖为核糖，嘧啶碱有尿嘧啶。

　　核酸中存在的两类碱基结构如下：

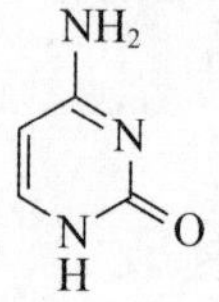

4-氨基-2-氧嘧啶	2,4-二氧嘧啶	5-甲基-2,4-二氧嘧啶
（胞嘧啶）	（尿嘧啶）	（胸腺嘧啶）
(cytosine，C)	(uracil，U)	(thymine，T)

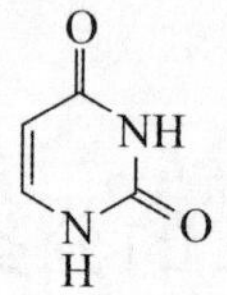

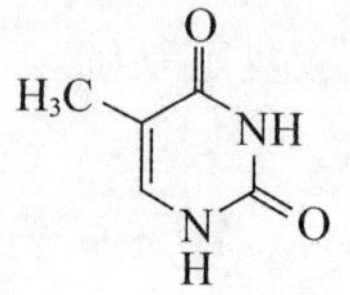

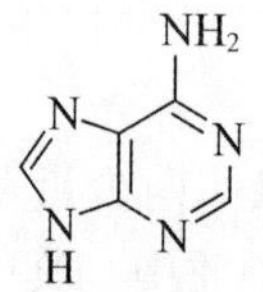

6-氨基嘌呤
（腺嘌呤）
(adenine，A)

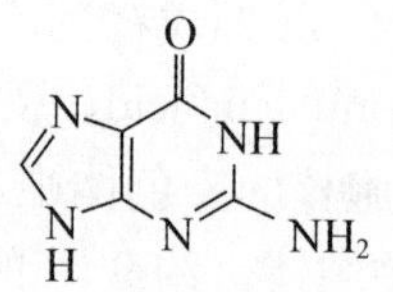

2-氨基-6-氧嘌呤
（鸟嘌呤）
(guanine，G)

　　两类碱基均存在酮式-烯醇式互变异构。例如：

鸟嘌呤　　　烯醇式　　　　　　酮式

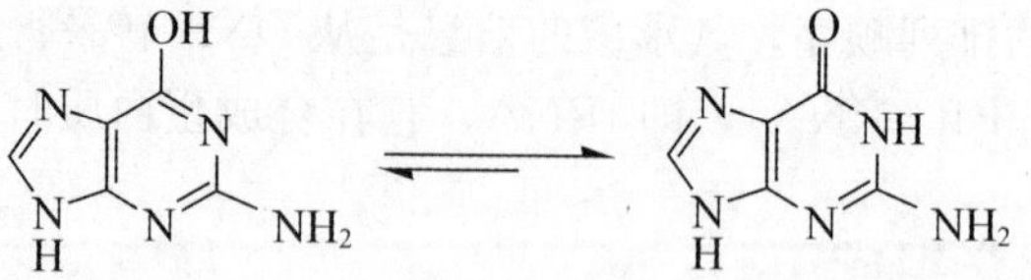

胞嘧啶　　　烯醇式　　　　　　酮式

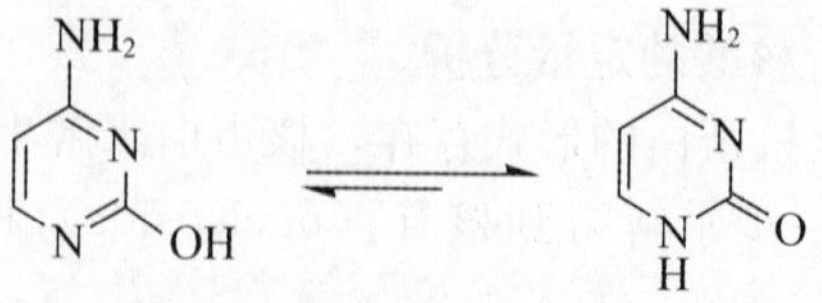

　　在生理条件（弱酸性和中性）下，碱基主要以酮式结构存在。

　　核酸中的戊糖分别是 D−2−脱氧核糖和 D−核糖，均为 β−构型，它们的结构如下：

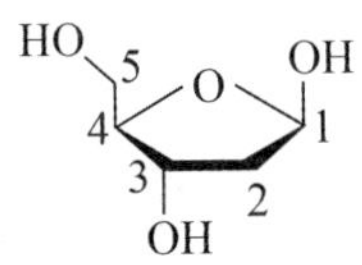

β-D-2-脱氧核糖
（*β*-D-2-deoxyribose）

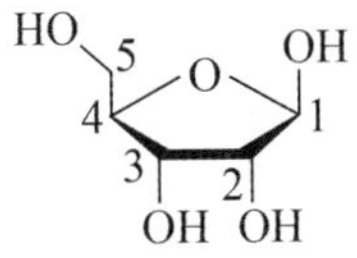

β-D-核糖
（*β*-D-ribose）

第二节 核苷和核苷酸

一、核苷

核苷是 *β*-戊糖与碱基脱水生成的苷。嘧啶碱以 1 位氮原子上的氢原子与 *β*-戊糖脱水成苷，而嘌呤碱以 9 位氮原子上的氢原子与 *β*-戊糖脱水成苷，它们是 *β*-氮苷化合物。为避免戊糖与碱基中原子编号混淆，规定戊糖环用带撇的数字编号。

核糖生成的苷称为核苷，脱氧核糖生成的苷称为脱氧核苷。核苷的命名是在苷字前面加上碱基的名称。如核糖与腺嘌呤生成的苷称为腺嘌呤核苷，简称腺苷；脱氧核糖与胞嘧啶生成的苷称为胞嘧啶脱氧核苷，简称脱氧胞苷。

在 RNA 中常见的四种核苷的结构及名称如下：

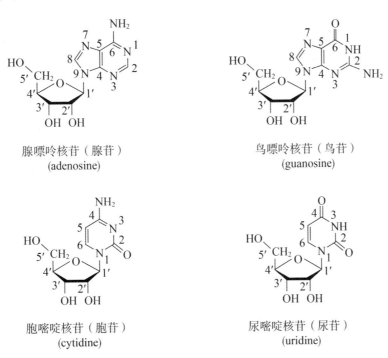

腺嘌呤核苷（腺苷）
(adenosine)

鸟嘌呤核苷（鸟苷）
(guanosine)

胞嘧啶核苷（胞苷）
(cytidine)

尿嘧啶核苷（尿苷）
(uridine)

在 DNA 中常见的四种脱氧核苷结构和名称如下：

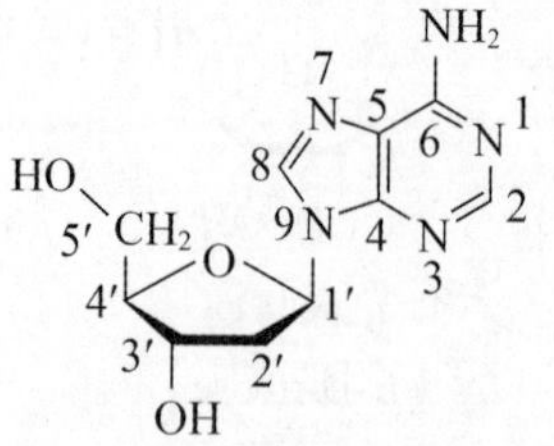

腺嘌呤脱氧核苷（脱氧腺苷）
（deoxyadenosine）

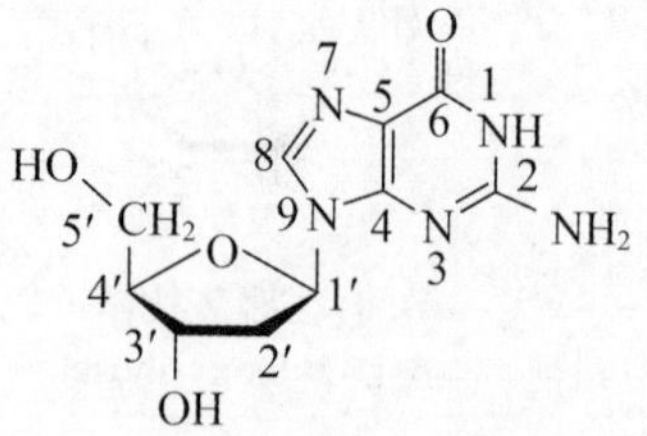

鸟嘌呤脱氧核苷（脱氧鸟苷）
（deoxyguanosine）

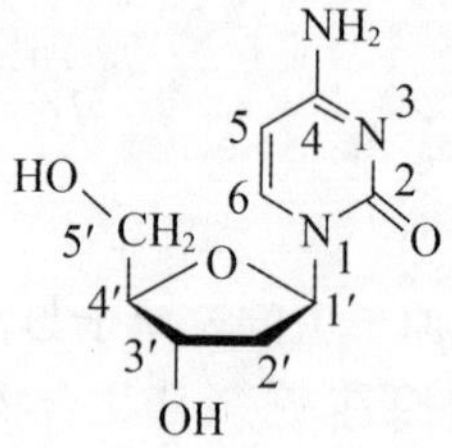

胞嘧啶脱氧核苷（脱氧胞苷）
(deoxycytidine)

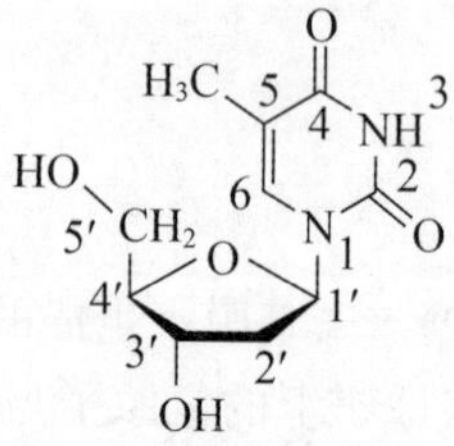

胸腺嘧啶脱氧核苷（脱氧胸苷）
(deoxythymidine)

氮苷与氧苷一样，对碱较稳定，在强酸溶液中能水解成相应的戊糖和碱基。

二、核苷酸

核苷酸（nucleotide）是核苷和磷酸生成的酯，也称单核苷酸，是组成核酸的基本单位。一般是核苷分子中的 $3'$ 位或 $5'$ 位的羟基与磷酸酯化生成核苷酸，生物体内游离的核苷酸主要是 $5'$-核苷酸。

组成 RNA 的核苷酸有腺苷酸、鸟苷酸、胞苷酸和尿苷酸；组成 DNA 的核苷酸有脱氧腺苷酸、脱氧鸟苷酸、脱氧胞苷酸和脱氧胸腺苷酸。

核苷酸的命名方法是：磷酸成酯的位次＋核苷的名称＋酸。例如，RNA 中的腺苷酸应称作 $5'$-腺嘌呤核苷酸或腺嘌呤核苷-$5'$-磷酸，生物化学中又称为腺苷一磷酸（adenosine monophosphate，AMP）。同理，胞苷酸的名称为 $5'$-胞嘧啶核苷酸或胞嘧啶核苷-$5'$-磷酸，亦可称为胞苷一磷酸（cytidine monophosphate，CMP）。结构式如下：

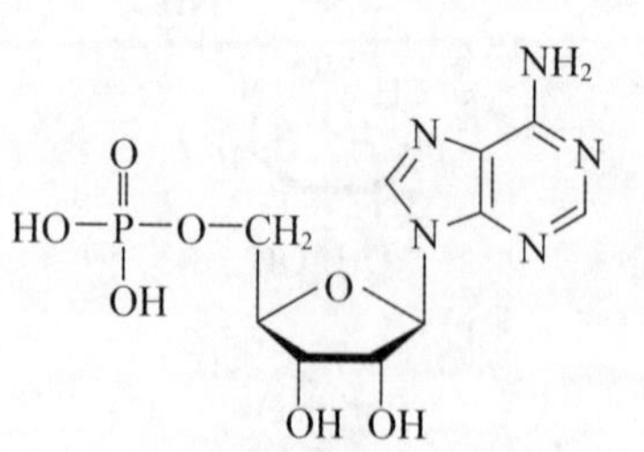

腺苷酸

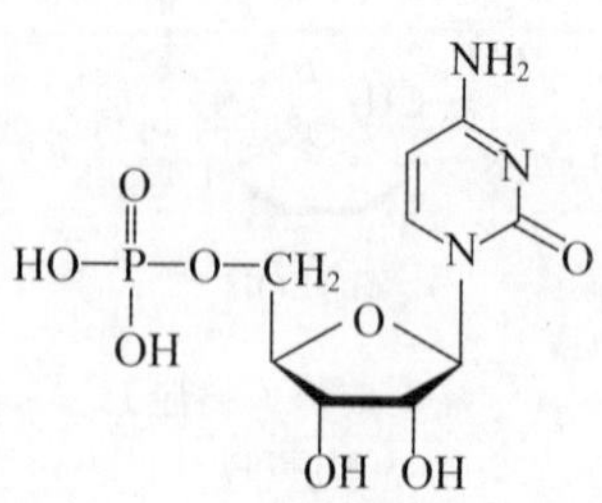

胞苷酸

> 问题 17-1　试写出脱氧胞苷酸和鸟苷酸的结构式。

在生物体内还有一些以游离态或衍生物形式存在的核苷酸。例如，腺苷酸（AMP）在体内能进一步磷酸化生成腺苷二磷酸（ADP）或腺苷三磷酸（ATP），其结构式分别如下：

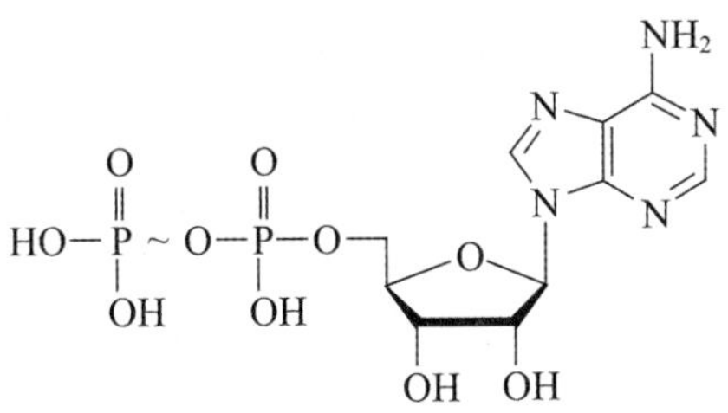

腺苷二磷酸（ADP） 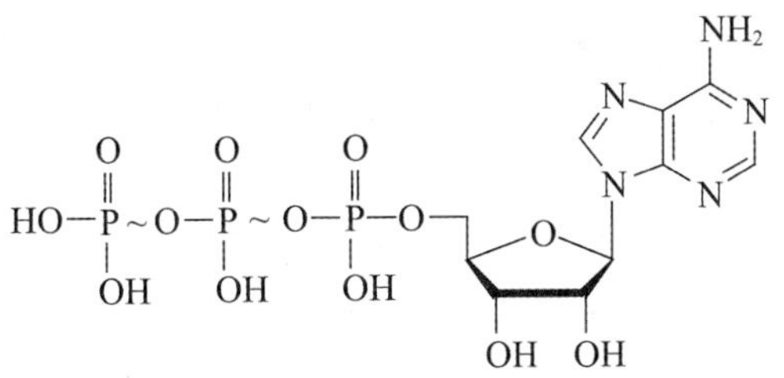　　　　　　　　腺苷三磷酸（ATP）

在 ADP 和 ATP 分子中，磷酸与磷酸之间的磷酸酐键具有较高的能量，称为高能磷酸键，用"～"表示，水解时释放大量的能量。这类化合物称为高能磷酸化合物，是生物体内能量的贮存、转移和利用的主要形式。

第三节　核　酸

一、核酸的一级结构

核酸是由核苷酸之间脱水生成的长链大分子，即一个核苷酸 3′-羟基与另一个核苷酸 5′-磷酸基脱水形成 3′,5′-磷酸二酯键连接而成。长链的骨架是由磷酸残基和戊糖残基交替排列组成，碱基可以看成是长链上戊糖苷的配基。长链的两端分别称为 5′-末端和 3′-末端。

DNA 和 RNA 中部分核苷酸链结构可用简式表示如下：

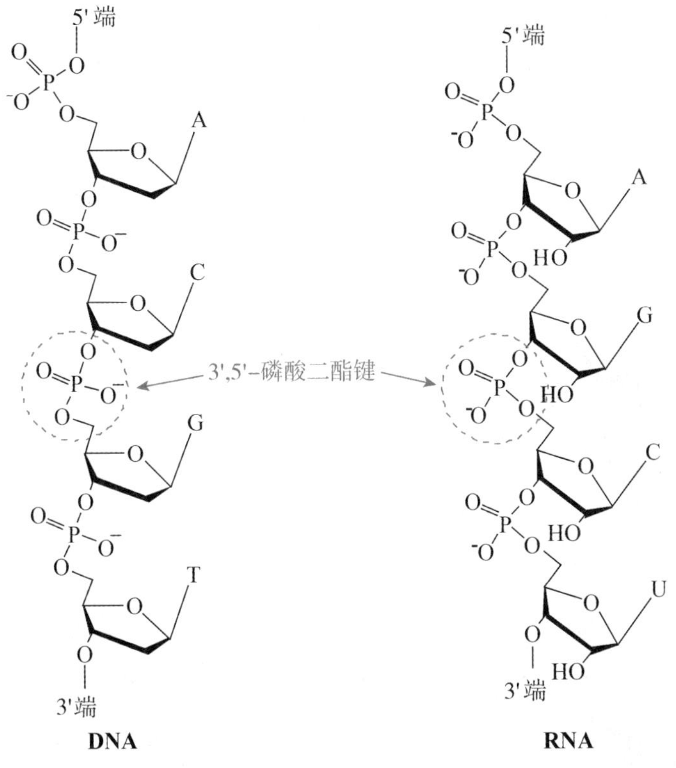

DNA　　　　　　　　　　　**RNA**

核酸的一级结构是指核酸分子中核苷酸排列的顺序，又称为核苷酸序列。由于不同核苷酸间的差别主要是碱基不同，故也称碱基序列。

核酸结构的上述表示方法较为直观，结构关系一目了然，但书写麻烦。文献中常用字符式表示法：糖残基和磷酸二酯键均省略不写，用小写字母 p 代表磷酸残基，用字母符号代表碱基，一般 5′-端在左侧，3′-端在右侧。只用碱基的字母符号表示更为方便。如上面 DNA 和 RNA 的片段可表示为：

DNA   5′pApCpGpT‑OH 3′或 5′ACGT 3′

RNA   5′pApGpCpU‑OH 3′或 5′AGCU 3′

> **问题 17‑2**　DNA 中连接脱氧核糖的是什么样的化学键？连接脱氧核糖和碱基的是什么样的化学键？是什么构型？

二、DNA 的双螺旋结构

1944 年艾弗里的肺炎双球菌的转化实验证明了 DNA 是遗传物质。因此 DNA 是怎样贮存和传递遗传信息的、具有怎样的结构等一系列问题引起很多科学家的兴趣。1953 年，美国遗传学家 E. S. Waston 和英国科学家 Crick 在前人研究的基础上提出了 DNA 双螺旋（double helix）结构模型，从分子水平上揭示了生物遗传的奥秘，奠定了分子生物学的基础，人们从此开始从分子角度来研究生命科学。

Waston 和 Crick 设想的 DNA 分子模型是：两条走向相反的聚核苷酸链沿着一个共同的轴心盘旋成右手双螺旋结构（图 17‑1A）。在双螺旋结构中，由亲水的脱氧核糖和磷酸组成的长链位于双螺旋的外侧，垂直于螺旋轴的碱基位于双螺旋的内侧，一条链上的碱基均与另一条链上的碱基通过氢键结合成对，将两条链"粘"在一起。

为了两条长链之间的距离相等，一条链上的嘌呤碱必须与另一条链的嘧啶碱相匹配，即碱基 A 与 T 相配对（其间形成 2 个氢键），G 与 C 相配对（其间形成 3 个氢键）（图 17‑1B）。这种碱基之间配对的规律，称为碱基互补或碱基配对规律。若两个碱基均为嘌呤碱，则体积太大，螺旋间无法容纳；两者均为嘧啶碱时，由于两链之间距离太远而难以形成氢键，皆不利于双螺旋的形成。相邻碱基对平面间距离为 340 pm，双螺旋每旋转一圈包含 10 个核苷酸，其螺距为 3400 pm，螺旋直径为 2000 pm。维系双螺旋结构纵向稳定是靠疏水碱基间的堆积力，横向稳定是靠碱基对间的氢键。

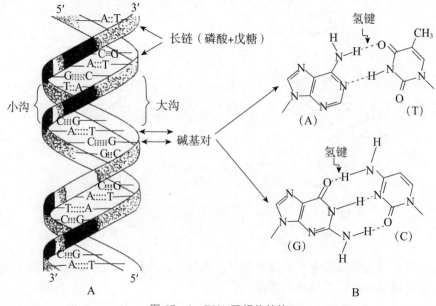

图 17‑1　DNA 双螺旋结构

由碱基配对规律可知，当一条多核苷酸链的碱基序列确定后，另一条核苷酸链的碱基序列也就随之明确。这种互补关系对 DNA 复制和信息的传递具有极其重要的意义。遗传学上所说的"基因"（gene）其实就是碱基序列。

RNA 的二级结构的规律性不如 DNA。大多数 RNA 的分子是由一条弯曲的多核苷酸链构成的，其中有 40%～70% 弯曲回折的链段可以形成短小的、与 DNA 相似的双螺旋结构区，在双螺旋结构区，A 与 U、G 与 C 配对，不能配对的碱基则形成突环（loop）。

> **问题 17-3**　已知一海洋生物的 DNA 含有的鸟嘌呤占总质量的 15%，胸腺嘧啶占碱基总质量的 12%，试问其中的另外两种碱基的含量是多少。

三、核酸的理化性质

1. 物理性质　DNA 为白色纤维状固体，RNA 为白色粉末，它们都微溶于水，可溶于 2-甲氧基乙醇、稀碱，但不溶于乙醇、乙醚和氯仿等一般有机溶剂。核酸是核苷酸的多聚物，DNA 的相对分子质量在 $10^6 \sim 10^9$，而 RNA 的相对分子质量在 $10^4 \sim 10^6$。有的 DNA 长度可达几厘米，溶液的黏度极高。RNA 溶液的黏度小得多。DNA 多为线性分子，分子形状极不对称，具有旋光性，多为右旋。核酸分子中的碱基具有共轭结构，它们对 260 nm 左右的紫外线有较强的吸收。

2. 酸碱性　核酸分子既含有磷酸基，也含有嘧啶、嘌呤等碱性基团，是两性化合物，它的酸性大于碱性。核酸能与碱性蛋白质结合，生成核蛋白；能与一些金属离子结合成盐；也易与一些碱性染料结合而呈现出各种颜色，可用于镜下观察细胞中核酸的微观结构。由于核酸是两性化合物，所以有特定的等电点 pI。DNA 的 pI 为 4.0～4.5，RNA 的 pI 为 2.0～2.5。因此在不同 pH 的溶液中，核酸可带有不等量的电荷，这一性质可用于核酸的电泳分离。

3. 核酸的水解　核酸在酸、碱或酶的作用下可以水解，其水解程度随水解条件的不同而异。核酸的水解过程就是破坏核酸中磷酯键和糖苷键的过程。酸性水解的难易顺序是：磷酯键＞糖苷键；嘧啶碱糖苷键＞嘌呤碱糖苷键。DNA 在碱性溶液中较稳定，而 RNA 中的磷酯键易水解。酶催化水解比较温和，且选择性地切断某些键。

4. 变性、复性和杂交　在加热、辐射、酸、碱或有机溶剂等作用下，核酸分子中双螺旋结构松解成无规则线团结构的现象，称为核酸的变性（denaturation）。原因是维持双螺旋结构稳定性的氢键和碱基间堆积力受到破坏，而磷酸二酯键不变，即核酸的一级结构不被破坏。DNA 变性后在 260 nm 处紫外吸收增加、黏度降低、比旋光度下降，生物活性将部分或全部丧失。而 RNA 本身只有局部的螺旋区，所以变性引起的性质变化不如 DNA 明显。若条件适宜，变性的 DNA 可恢复全部或部分双螺旋结构，这种现象称为 DNA 的复性（renaturation）。在复性的过程中，若有不同来源的 DNA 单链或 RNA 分子存在，只要两种单链分子之间存在着一定程度的碱基配对关系，就可以在不同的分子间重新形成双螺旋结构，这个过程称为核酸分子的杂交（hybridization）。核酸的杂交技术可以广泛地应用于核酸的结构和功能的研究、遗传性疾病的诊断、肿瘤病因学以及优良农作物的培育等研究。

知识扩展

人类基因组计划

　　人类基因组计划（human genome project，HGP）是由美国科学家于1985年率先提出、1990年正式启动的。美国、英国、法国、德国、日本和中国科学家共同参与了这一价值达30亿美元的计划，旨在为人体细胞中24条染色体（x、y染色体和22条常染色体）30多亿个碱基对精确测序，发现所有人类基因并搞清其在染色体上的位置，破译人类全部遗传信息，使人类第一次在分子水平上全面认识自我，与曼哈顿原子弹计划和阿波罗计划并称为三大科学计划。截止到2005年，人类基因组计划的基因组测序工作基本完成。其中，2001年人类基因组工作草图的发表被认为是HGP成功的里程碑。HGP可以使人类从分子水平上解码生命、了解生命的起源、了解生命体生长发育的规律、认识种属之间和个体之间存在差异的起因、认识疾病产生的机理以及长寿与衰老等生命现象，为疾病的诊治提供科学依据。

小　结

　　核酸是生命遗传的物质基础，控制生物体的生长、发育、代谢、繁殖、遗传和变异等生命活动现象。核酸分为核糖核酸（RNA）和脱氧核糖核酸（DNA）两大类。RNA又分为三类：核糖体RNA（rRNA）、信使RNA（mRNA）和转运RNA（tRNA）。核酸主要由C、H、O、N、P等元素组成。核酸的组成如下：

$$核酸 \xrightarrow{水解} 核苷酸 \xrightarrow{水解} \begin{cases} 磷酸 \\ 核苷 \xrightarrow{水解} \begin{cases} 戊糖（核糖、脱氧核糖）\\ 碱基（嘌呤碱、嘧啶碱）\end{cases} \end{cases}$$

　　DNA和RNA中所含相同的成分有磷酸、腺嘌呤、鸟嘌呤和胞嘧啶。两者不同之处在于，DNA中的糖为脱氧核糖，嘧啶碱有胸腺嘧啶；RNA中的糖为核糖，嘧啶碱有尿嘧啶。

　　核苷是β-型戊糖与碱基脱水生成的β-型氮苷，对碱较稳定，在强酸溶液中能水解成相应的戊糖和碱基。核苷的命名是在苷前面加上碱基的名称。

　　核苷酸是核苷和磷酸生成的酯，也称单核苷酸，是组成核酸的基本单位。一般是核苷分子中的3′位或5′位的羟基与磷酸酯化生成核苷酸。核苷酸的命名方法是：磷酸成酯的位次＋核苷的名称＋酸。

　　核酸是由核苷酸之间脱水生成的长链大分子，即一个核苷酸3′-羟基与另一个核苷酸5′-磷酸基脱水形成3′,5′-磷酸二酯键连接而成。核酸的一级结构是指核酸分子中核苷酸排列的顺序，又称为核苷酸序列，由于不同核苷酸间的差别主要是碱基不同，故也称碱基序列。

　　DNA双螺旋结构模型：两条聚核苷酸链沿着一个共同轴心以反平行盘旋成右手双螺旋结构，一条链上的碱基均与另一条链上的碱基通过氢键结合，将两条链"粘"在一起。为了两条长链之间的距离相等，碱基A与T、G与C是严格配对的。这种碱基之间配对的规律，称为碱基互补或碱基配对规律。相邻碱基对平面间距离为340 pm，螺距为3400 pm，螺旋直径为2000 pm。维系双螺旋结构纵向稳定是靠疏水碱基间的堆积力，横向稳定是靠碱基对间的氢键。

　　RNA分子一般是一条弯曲的多核苷酸单链，其中有40%～70%按A与U、G与C配对，形成短小的双螺旋结构区。不能配对的碱基则形成突环。

　　核酸分子是两性化合物（酸性大于碱性），DNA的等电点pI为4.0～4.5，RNA的等电点pI为2.0～2.5。加热、辐射、酸、碱或有机溶剂等的作用会使核酸分子变性，原因是维持双螺旋结构稳定性的氢键和碱基间堆积力受到破坏，而磷酸二酯键不变。若条件适宜，变性的DNA可恢复全部或部分双螺旋结构，这种现象称为DNA的复性。

习　题

1. 选择题

(1) 关于核酸以下叙述正确的是

    A. DNA 为白色纤维状固体，RNA 为白色粉末   B. 核酸都溶于有机溶剂

    C. 核酸为两性电解质   D. 核酸对酸稳定

(2) 在 DNA 中，A 与 T 间存在

    A. 一个氢键   B. 一个酯键

    C. 两个氢键   D. 两个肽键

(3) 关于 DNA 二级结构的叙述不正确的是

    A. 两条多核苷酸链走向不同   B. 碱基朝向分子外部

    C. 两条多核苷酸链相互平行   D. 链状骨架由脱氧核糖与磷酸构成

(4) 关于 RNA 二级结构的不正确叙述是

    A. 所有碱基都严格配对   B. 很多部位以双股多核苷酸链的形式存在

    C. 有的区域可以形成突环   D. 互补规律是 A—U、G—C

(5) 下列说法不正确的是

    A. 核糖存在于 RNA 中

    B. 尿嘧啶存在于 DNA 中，而胸腺嘧啶存在于 RNA 中

    C. DNA 为双链，RNA 为单链

    D. 脱氧核糖存在于 DNA 中

2. 填空题

(1) 无论是 DNA 还是 RNA 都是由许许多多_____组成，通过_____连接而成的。

(2) DNA 能形成双螺旋的横向作用力是_____，纵向作用力是_____。

(3) 因为核酸分子中含有_____和_____，所以对_____波长的光有强烈吸收。

(4) DNA 变性后，刚性_____，黏度_____，紫外吸收值_____。

(5) Watson-Crick 提出的 B-DNA 双螺旋结构的螺距为_____，相邻两层碱基之间的距离是_____，直径是_____。

3. 写出 DNA 和 RNA 水解最终产物的结构式和名称。二者在化学组成上有何不同？

4. 写出下列化合物的结构式。

    (1) 胞苷   (2) 2′-脱氧腺苷

    (3) 胞苷-5′-磷酸   (4) 脱氧鸟苷-3′-磷酸

    (5) 碱基序列为鸟-胞-腺的三聚核苷酸

5. 维系 DNA 二级结构的稳定因素是什么？

6. 从化学结构上分析，核酸的变性是发生了哪些变化？

7. DNA 和 RNA 为什么容易与碱性蛋白质结合？

8. 在任何来源的 DNA 中，嘌呤脱氧核苷酸与嘧啶脱氧核苷酸的物质的量总是相等的。而且腺嘌呤与胸腺嘧啶物质的量总是相等的；鸟嘌呤与胞嘧啶物质的量总是相等的。试解释这些事实。

9. 一段单链 DNA 分子中碱基序列为 TCAGAGTC，能与之形成双螺旋结构的另一条链的碱基顺序应该是什么？

（王　宁）

第十八章 波谱学基础

确定有机化合物的结构是有机化学的重要内容。波谱学方法是随着物理学、数学和计算机等技术的发展而建立并日臻完善的一类分析方法，它在对有机化合物结构鉴定方面发挥着独特的作用。和传统的化学方法相比，波谱学方法具有快速、准确、需样量少等诸多优点。本章介绍有机化学中最常用的紫外光谱、红外光谱、核磁共振氢谱及质谱。

第一节 吸收光谱的基本原理

光作为一种电磁辐射（或称电磁波）具有波粒二象性，其波长 λ、频率 ν 和光速 C 之间的相互关系为：

$$\nu = C/\lambda \tag{18-1}$$

电磁波的能量（E）与频率和波长之间的关系符合下列表达式：

$$E = h\nu = hc/\lambda \tag{18-2}$$

式中 h 是普朗克常数。由式（18-1）和（18-2）可知：电磁波的频率与波长成反比；频率越高（或波长越短），电磁波的能量越大。按照波长递增的顺序，电磁波可以分为 X-射线、紫外线、可见光、红外线、微波及无线电波等几个区域。

当电磁波作用于化合物分子时，分子获得能量，导致分子能级发生某些变化，如将价电子激发到较高能级、增加原子间价键的振动及转动或引起原子核的自旋跃迁等。使分子发生不同能级的变化需要不同的、量子化的能量，记录由能级跃迁所产生的辐射能强度随波长（或相应单位）的变化所得到的图谱称为吸收光谱（absorption spectrum）。电磁波的不同区域及其对应的光谱分类如表 18-1 所示。

表 18-1 电磁波的不同区域及其对应的光谱

电磁波	波长	分子能级变化	光谱
远紫外线	$100\sim200$nm	σ 电子跃迁	真空紫外光谱
近紫外线	$200\sim400$nm	n 电子及 π 电子跃迁	近紫外光谱
可见光	$400\sim800$nm	n 电子及 π 电子跃迁	可见光谱
红外线	$2.5\sim25\mu m$	分子振动及转动	红外光谱
无线电波	$50\mu m\sim30m$	核自旋	核磁共振波谱

紫外光谱法、红外光谱法及核磁共振光谱法均属于光谱分析法，为吸收光谱。质谱是分子离子和碎片离子依其质核比（m/z）大小排列所形成的质量谱。质谱并不属吸收光谱，但由于它在有机化合物未知结构分析中的重要地位，且经常与紫外、红外、核磁等光谱法配合应用，因此常把质谱法与紫外光谱、红外光谱、核磁共振光谱一起介绍。

第二节 紫外光谱

一、紫外吸收光谱的产生

紫外-可见吸收光谱（ultraviolet-visible absorption spectra，UV）是指分子吸收紫外-可见光区的电磁波而产生的吸收光谱，简称紫外光谱。在波长 100～200nm 的远紫外区域，空气中的 O_2 和 CO_2 可以产生吸收，该区域的检测只能在真空条件下进行，由于操作困难目前尚未得到广泛应用。常用的紫外光谱仪包括紫外光和可见光两部分，检测波长在 200～800nm，分子中某些价电子吸收这一波长范围内的电磁波后，由低能级跃迁到高能级产生紫外及可见吸收光谱。

二、价电子跃迁类型

分子中的价电子包括成键的 σ 电子、π 电子和处于非键轨道中的 n 电子。当分子接受电磁波辐射时，其价电子有可能发生如图 18-1 所示的跃迁。

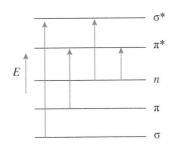

图 18-1　电子跃迁能量示意图

$\sigma \rightarrow \sigma^*$ 跃迁是指分子中处于 σ 成键轨道上的价电子吸收能量后跃迁到 σ^* 反键轨道上。由于分子中 σ 键较为牢固，所以跃迁需要较大能量，吸收峰出现在远紫外区，例如饱和烃类化合物吸收峰一般都小于 150nm，在 200～400nm 范围内没有吸收。

$\pi \rightarrow \pi^*$ 跃迁是指处于 π 成键轨道上的价电子跃迁到 π^* 反键轨道上。孤立的 $\pi \rightarrow \pi^*$ 跃迁吸收峰的波长一般约为 200nm，当分子中存在共轭双键时，π 电子由于发生离域而更容易被激发，使跃迁所需能量减少，因此吸收波长变大。例如，乙烯的 $\pi \rightarrow \pi^*$ 跃迁吸收峰出现在 165nm，而 1,3-丁二烯的最大吸收峰出现在 217nm，二者均为强吸收。

$n \rightarrow \sigma^*$ 跃迁是指含有—OH、—NH_2、—X、—S 等基团的化合物分子中的非键孤对电子吸收能量后跃迁至 σ^* 反键轨道上。该跃迁产生的吸收波长一般在 200nm 左右。

$n \rightarrow \pi^*$ 跃迁是指含有杂原子的不饱和基团（如 C=O 及 C=S 等）的化合物，其非键轨道中的价电子跃迁到 π^* 反键轨道上。这类跃迁吸收峰大都出现在 200～400nm，但吸收强度相对较弱。

问题 18-1　指出下列化合物哪些可以作为 200～400nm 的紫外光谱检测的溶剂。为什么？

乙醇，己烷，苯，环己酮，乙醚

三、朗伯-比尔定律

如果以吸光物质溶液的吸光度（A）为纵坐标，以入射光的波长（λ）为横坐标作图，可以得到该吸光物质的紫外吸收光谱。吸光物质溶液的吸光度与该吸光物质溶液的浓度（c）、液层的厚度（d）及吸光物质的摩尔吸收系数（κ）之间的关系符合朗伯-比尔（Lambert-Beer）定律：

$$A = \kappa c d \tag{18-3}$$

通常将吸收带上最大值对应的波长作为该谱带的最大吸收波长（λ_{max}），用摩尔吸收系数代表该谱带的吸收强度。紫外吸收光谱的形状取决于分子中价电子的分布及结合情况，即取决于分子的结构。

四、紫外光谱与化合物结构的关系

（一）生色团与助色团

分子中能吸收紫外光及可见光的基团被称为生色团（chromophore）。有机化合物分子中典型的生色团包括：羰基、羧基、酯基、硝基、偶氮基以及芳香体系等，这些生色团的共同结构特征是体系中含有 π 电子。

有些原子或基团本身不产生紫外吸收，但当它们与生色团相连时，可使原生色团所产生的吸收峰向长波方向移动，并使吸收强度加大，这样的原子或基团被称为助色团（auxochrome）。常见的助色团包括卤原子、羟基、氨基、巯基等。助色团的结构特点是体系中含有 n 电子。例如，苯 $\lambda_{max} = 255$nm（$\kappa = 230$）；当苯环上连有氨基时，苯胺 $\lambda_{max} = 280$nm（$\kappa = 430$）。

（二）红移与蓝移

红移（red shift）是指受取代基或溶剂的影响，吸收峰向长波方向移动。蓝移（blue shift）则指在上述条件下吸收峰向短波方向移动。例如，和苯相比，由于羟基的引入，使苯酚的吸收产生了红移。

（三）四种吸收带

吸收带是指跃迁类型相同的吸收峰。由于不同结构的化合物对应不同类型的电子跃迁，因此在解析光谱时可以通过吸收带来推断化合物的分子结构。通常可以将紫外吸收光谱中的吸收带分为以下四种类型。

1. R带　由 $n \rightarrow \pi^*$ 跃迁引起，是含杂原子的不饱和基团（如羰基、硝基、偶氮基等）的特征吸收带，吸收峰的波长一般在270nm以上，吸收强度较弱。

2. K带　由 $\pi \rightarrow \pi^*$ 跃迁引起，具有共轭双键结构的化合物呈现此特征吸收带。K带的特点是吸收强度较高，随着共轭双键的增多，最大吸收波长红移，吸收强度也随之加大。

3. B带　由苯的 $\pi \rightarrow \pi^*$ 跃迁引起，在230～270nm范围出现精细结构的吸收带，中心在255nm。B带的精细结构常用来识别芳香族化合物。

4. E带　也是芳香族化合物的特征吸收带，可以看作由苯环结构中三个乙烯的环状共轭系统的跃迁所产生，分为 E_1 带和 E_2 带，波长大约分别位于180nm和200nm处，均为强吸收。

图18-2为苯在异辛烷溶液中的紫外吸收光谱图。

由紫外光谱的特点可以看出，紫外光谱主要是通过考察未共用电子对及 π 电子的跃迁来判断分子中是否存在共轭体系。由于具有相同共轭结构的分子能得到非常相似的谱图，紫外光谱只能推测分子的骨架，不能单纯根据紫外吸收光谱图相似而判断分子结构相同。此外测定时所

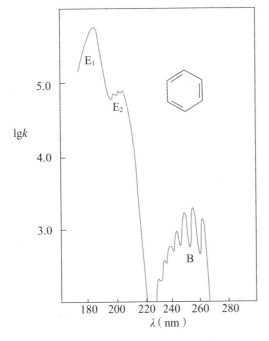

图 18-2　苯的紫外吸收光谱

选择的溶剂也会影响吸收峰的位置和强度。对于在紫外及可见光区域有吸收的化合物，可利用朗伯-比尔定律进行定量分析。

第三节　红外光谱

一、红外光谱的产生

红外光谱（infrared spectrum，IR）是由于物质分子吸收红外线辐射的能量引起分子振动能级和转动能级的改变而产生的，因此红外吸收光谱又称分子振动-转动光谱。组成分子的原子通过化学键彼此相连，化学键的键长和键角不是固定不变的，原子在不停地振动，同时整个分子也在不停地转动。分子发生振动能级跃迁所需要的能量大于转动能级跃迁所需要的能量，所以发生振动能级跃迁的同时必然伴随转动能级的跃迁。当用连续波长的红外光照射物质分子时，如果某一波长的辐射恰好能与某一化学键的振动能级差相吻合，分子就会吸收红外光而产生吸收峰。以红外光的波长（λ）或波数（ν）为横坐标，用透射比（transmittance，T）为纵坐标做图，则得到红外吸收光谱，横坐标和纵坐标的数值分别表示吸收峰的位置和吸收强度。

二、红外光谱的分区

红外光谱图可分为官能团区和指纹区两个区域。

波数 $4000 \sim 1300\mathrm{cm}^{-1}$ 区域的吸收峰是由 X—H（X 为 O、N、C 原子等）单键的伸缩振动以及各种双键和三键的伸缩振动所产生的。该区域内吸收峰比较稀疏，相对清晰简单，是鉴定化学键或官能团的最有价值的区域，称为官能团区。

波数 $1300 \sim 400\mathrm{cm}^{-1}$ 区域的吸收峰较密而且比较复杂，分子结构的细微变化就会引起吸收峰的位置和强度的明显改变，不同化合物的谱图如同人的指纹一样各具特点，因此将该区称为指纹区。指纹区为准确判断化合物的分子结构提供重要信息。

三、分子的振动

可以将通过共价键相连的原子想象成用弹簧连接的小球，这些小球在不停地振动，它们的振动频率取决于原子的质量以及共价键的强度。多原子分子的振动可以分为伸缩振动（ν）和弯曲振动（δ）两种类型。伸缩振动是指原子沿键轴方向的运动，此时键长改变，键角不变。伸缩振动又分为对称伸缩振动（ν_s）和不对称伸缩振动（ν_{as}）。弯曲振动又称变角运动，可以分为面内弯曲振动（$\delta_{i.p}$）和面外弯曲振动（$\delta_{o.o.p}$）；面内弯曲振动又分为剪式振动（δ_s）和平面摇摆振动（ρ）；面外弯曲振动又分为非平面摇摆振动（ω）和扭曲振动（τ）。图 18-3 为上述各种分子振动形式示意图。

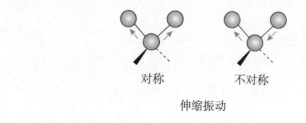

对称　　　不对称

伸缩振动

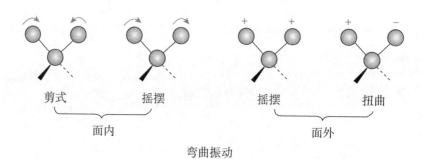

剪式　　　摇摆　　　　　摇摆　　　扭曲

面内　　　　　　　　面外

弯曲振动

图 18-3　分子振动形式示意图

"+"表示垂直于纸面向内运动；"—"表示垂直于纸面向外运动

随着化合物分子中原子数目的增多，其振动方式迅速增加，其红外光谱图也趋于复杂。

四、化学键的特征吸收峰

分子中各种化学键或基团在红外光谱的特定区域有吸收峰，这种吸收峰称为该化学键或基团的特征吸收峰。特征吸收峰的位置取决于各种化学键的振动频率，而振动频率与原子的质量和化学键的性质密切相关。一般说来，组成化学键的原子质量越小、键能越高、键长越短，产生振动所需要的能量越大，吸收峰所对应的波数就越大。特征吸收峰的强度则主要取决于分子吸收红外光后的振动过程中偶极矩变化的大小，一般说来，由电负性相差较大的原子构成的化学键在振动时引起的偶极矩变化较大，吸收峰相对较强。通常把吸收强度分为下列几种情况：强吸收、中等吸收、弱吸收、不定等。常见化合物及其化学键的特征吸收波数和强度如表 18-2 所示。

表 18－2 常见化合物的红外特征吸收波数及强度

类别	化学键	波数（cm^{-1}）	吸收强度
烷烃	C—H (ν)	2960～2850	强
烯烃	C＝C (ν)	1680～1620	不定
	C＝C—H (ν)	3100～3010	中
	C＝C—H (δ)	1000～800	强
炔烃	C≡C (ν)	2200～2100	不定
	C≡C—H (ν)	3310～3300	较强
芳烃	C—H (ν)	3110～3010	中
	C—H (δ)	900～690	中，强
	C＝C (ν)	1500，1600	中，强
醇、酚	O—H (ν)	3650～3610（自由）	不定
		3500～3000（缔合）	强
羧酸	O—H (ν)	3000～2500（缔合）	强
胺	O—H (ν)	3550～3100	强
醛，酮，羧酸，酯	C＝O (ν)	1750～1700	强
醇，羧酸，酯	C—O (ν)	1315～1000	中，强
酸酐	C＝O (ν)	1825～1815	强
酰卤	C＝O (ν)	1815～1785	强
酰胺	C＝O (ν)	1680～1630	强

在 3800～2500cm^{-1} 区域内，主要是氢与氧、氮、碳等原子形成的单键的伸缩振动所引起的吸收峰，其中—OH、—NH 吸收峰通常出现在 3000cm^{-1} 以上，为强吸收。氢原子所连接的碳原子的杂化形式不同，C—H 键吸收峰的位置也有所不同，由表 18－2 可见，从烷烃、烯烃至炔烃波数依次增高。绝大多数有机化合物都包含与 sp^3 杂化碳原子相连的氢原子，因此在绝大多数有机化合物的红外吸收谱图中都能发现 2900cm^{-1} 附近有吸收峰。

2500～2000cm^{-1} 范围内是三键和累积双键的伸缩振动区，主要包括 C≡C、C≡N 等三键的伸缩振动和 C＝C＝C、C＝C＝O 等累积双键的不对称伸缩振动。

2000～1500cm^{-1} 在红外吸收谱图中是一个很重要的区域，C＝C、C＝O、C＝N、N＝O 的吸收均出现在此区域。其中羰基吸收峰是红外光谱中最重要、最易识别的吸收峰，它强度大且很少与其他吸收峰相互重叠，几乎独占 1700cm^{-1} 左右的区域。不同化合物中的羰基吸收峰位置有所不同，波数由高到低依次为：酰卤（1800 cm^{-1}）、酯（1735 cm^{-1}）、醛（1725 cm^{-1}）、酮（1715 cm^{-1}）、羧酸（1710 cm^{-1}）、酰胺（1680 cm^{-1}）。

1500～650cm^{-1} 范围内主要提供 C—H 的弯曲振动信息。甲基在 1380cm^{-1} 和 1460cm^{-1} 同时产生吸收，分别对应甲基的对称弯曲振动和反对称弯曲振动。当 1380cm^{-1} 处的吸收峰发生分叉时，表示两个甲基连在同一碳原子上。亚甲基仅在 1470cm^{-1} 左右有吸收。芳香族化合物的 C—H 弯曲振动吸收位置对判断芳环的取代类型具有重要意义。

不同化合物中的相同官能团其吸收峰的位置大致相同，所以红外光谱的最重要应用是确定有机化合物中的官能团。同时由于每个化合物都各有其独特的红外吸收光谱，因此可以通过鉴定两张谱图是否完全重叠来判断二者是否为同一化合物。

问题 18-2   指出下列官能团在红外光谱中的特征频率位置。

(1) —OH   (2) —NH₂   (3) —COOH   (4) C=O

问题 18-3   下列几对化合物中哪些适合用红外光谱进行鉴定？为什么？

(1) [环戊酮结构] 和 [环戊二烯结构]   (2) [苯-COCH₃结构] 和 [苯-OCH₃结构]

(3) CH₃CH₂OH 和 CH₃CH₂CH₂OH   (4) CH₃CH₂C≡N 和 CH₃CH₂NH₂

五、红外谱图解析

己烷、1-辛烯和 1-辛炔的红外吸收光谱分别如图 18-4、图 18-5 和图 18-6 所示。

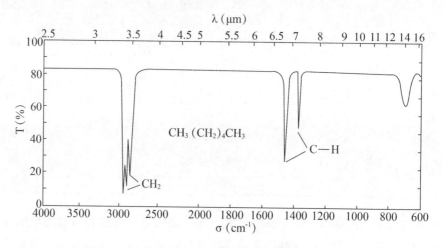

图 18-4   己烷的红外吸收光谱

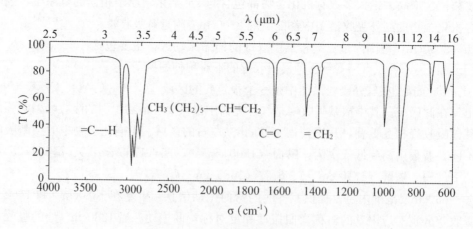

图 18-5   1-辛烯的红外吸收光谱

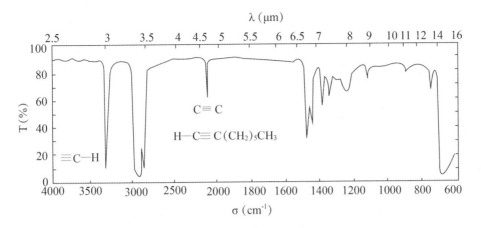

图 18-6 1-辛炔的红外吸收光谱

对比己烷、1-辛烯、1-辛炔的红外吸收光谱图，能发现烷氢、烯氢、炔氢三种 C—H 伸缩振动吸收峰波数依次升高，同时图 18-5、图 18-6 和图 18-4 相比增加了碳碳双键和碳碳三键振动引起的吸收峰。

甲苯、苯胺和苯甲酰胺的红外吸收光谱分别如图 18-7、图 18-8 和图 18-9 所示。三种化合物的红外谱图中均能找到芳环的特征吸收峰，包括 Ar—H 伸缩振动（$3100\sim3000cm^{-1}$）、Ar—H 弯曲振动（$880\sim680cm^{-1}$）以及芳环骨架振动（$1600\sim1500cm^{-1}$）吸收峰。

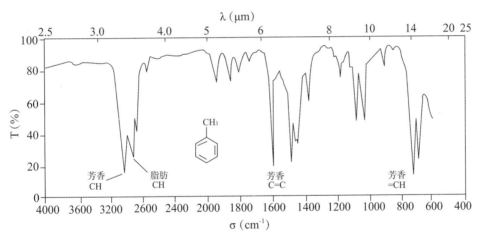

图 18-7 甲苯的红外吸收光谱

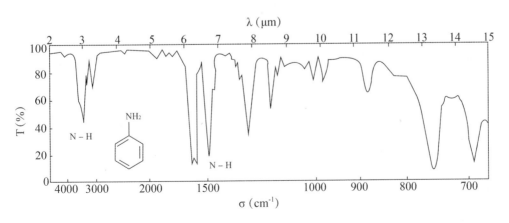

图 18-8 苯胺的红外吸收光谱

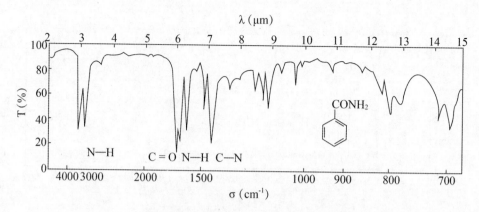

图 18 - 9　苯甲酰胺的红外吸收光谱

2-丁醇、丁醛和己酸的红外吸收光谱分别如图 18 - 10、图 18 - 11 和图 18 - 12 所示。

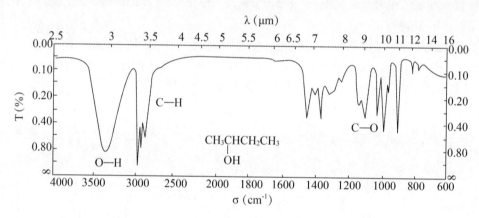

图 18 - 10　2 - 丁醇的红外吸收光谱

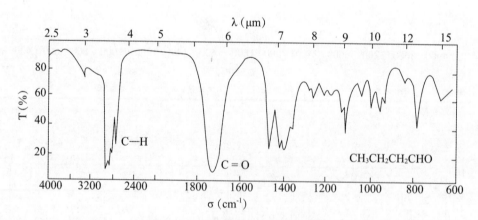

图 18 - 11　丁醛的红外吸收光谱

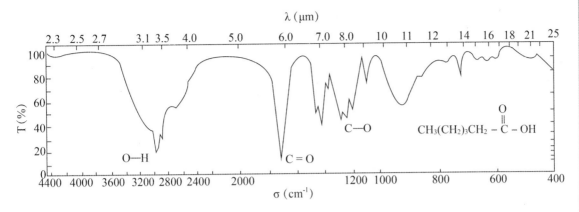

图 18 - 12　己酸的红外吸收光谱

2-丁醇和己酸的红外谱图中可见，出现在较高波数处的 O—H 吸收峰，由于该吸收峰受氢键缔合作用的影响较大，而且羧酸分子形成氢键的能力大于醇分子，所以己酸的红外谱图中羟基峰波数变小，峰形变宽。相比之下，图 18 - 8 苯胺和图 18 - 9 苯甲酰胺的谱图中 N—H 吸收峰较少受氢键的影响，峰形较尖。图 18 - 9、图 18 - 11 和图 18 - 12 中均出现明显的羰基吸收峰，虽然波数值有所不同，但都非常容易识别。

解析红外谱图是一项精细而复杂的工作。通常是从观察特征吸收峰入手并参考相关峰，首先确定化合物的类别，进而考察指纹区，最后与标准谱图进行比较。有时某些吸收峰可能由于和其他峰相互重叠而被掩盖，有些官能团的吸收峰由于氢键等因素的影响而发生位移，此外有时还需要考虑样品溶剂的影响。

第四节　^1H 核磁共振谱

在强磁场的诱导下，一些原子核能产生核自旋能级裂分，当用一定频率的无线电波照射这类物质分子时，便能引起分子中原子核自旋能级的跃迁，这种原子核在磁场中吸收一定频率的无线电波而发生自旋能级跃迁的现象称为核磁共振（nuclear magnetic resonance，NMR）。碳和氢是构成有机化合物最基本的元素，因此研究最广泛的是 ^1H 和 ^{13}C 的核磁共振谱，本章只介绍氢核磁共振谱。

一、^1H 核磁共振谱的产生

氢核同电子一样存在自旋运动，自旋量子数分别为 +1/2 和 -1/2，因此在外加磁场中自旋磁矩有两种取向，如图 18 - 13 所示。其中一种与外磁场同向，能量较低（图 18 - 13A）；另一种与外磁场反向，能量较高（图 18 - 13B）。

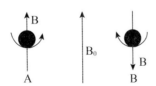

图 18 - 13　氢核在外加磁场中的两种状态

两种状态的能量差 ΔE 与外加磁场强度 B_0 的关系为：

$$\Delta E = 2\mu B_0 \tag{18-4}$$

式中 μ 是核磁矩，其数值与自旋核本身有关。

用电磁波照射存在于一定强度磁场中的氢核，当辐射能恰好等于 ΔE，即 $h\nu = 2\mu B_0$（ν 为电磁波频率，h 为普朗克常数）时，氢核吸收能量从低能态跃迁到高能态，氢核自旋反转，发生核磁共振。核磁共振吸收可被核磁共振仪检测，信号经放大后生成核磁共振谱图。从核磁共振发生的条件可以看出，可通过两种方式使氢核发生共振吸收：固定磁场强度，改变照射频率；或固定照射频率，改变磁场强度。前者称为扫频，后者称为扫场，目前常用的核磁共振仪多采用后者。

二、屏蔽效应和去屏蔽效应

如果只考虑氢核磁共振所需要的磁场强度与电磁波辐射频率的关系，则在一定频率的电磁波辐射下，所有质子都会在同一磁场强度下产生信号；或在相同的磁场强度中，所有质子在同一照射频率下产生信号。显然这样的结果对有机化合物的结构分析没有任何意义。实际上，当氢核所处的化学环境不同时，其共振条件随之改变，各类氢核在核磁共振谱图中的位置也就不一样。所谓化学环境是指 ^1H 的核外电子以及与 ^1H 邻近的其他原子核的核外电子的运动情况。例如甲醇分子中存在两种不同化学环境的氢原子，即羟基氢和甲基氢，图 18-14 是甲醇的 ^1H-NMR 图，可见两种氢的共振吸收峰出现在不同位置。

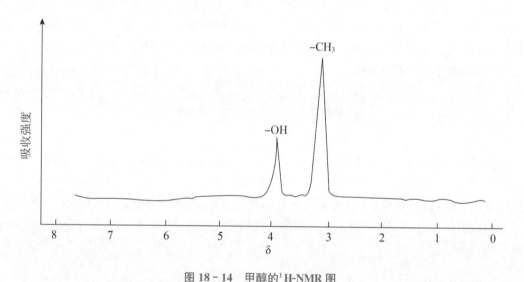

图 18-14　甲醇的 ^1H-NMR 图

不同化学环境的氢之所以产生不同的共振吸收峰是因为分子中的氢核不是孤立的，而是通过化学键与其他原子或基团结合。氢核外围的电子密度及排布方式各不同，这些电子在外加磁场的作用下产生电子环流，进而产生感应磁场，感应磁场的方向与外加磁场相反，如图 18-15 所示。

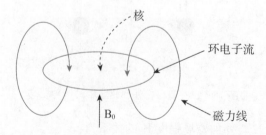

图 18-15　核外电子环流产生感应磁场示意图

由于氢核实际感受到的磁场强度是外加磁场与感应磁场的叠加结果，为了发生核磁共振，必须提高外加磁场强度以抵消电子运动产生的对抗磁场的作用，这种氢核外围电子对抗外加磁场的作用，称为屏蔽效应（shielding effect）。氢核周围的电子云密度越大，受到的屏蔽效应也越大，即氢核需要在更高强度的磁场中才能发生共振吸收，所以其共振吸收峰出现在相对高场。

在某些情况下，核外电子产生的感应磁场也可能与外加磁场方向一致，如连在碳碳双键、碳氧双键以及苯环平面上的氢感受到的外加磁场与感应磁场方向相同，如图 18-16 及图 18-17 所示。在这种情况下，氢核实际感受到的磁场强度比外加磁场要强，氢核将在较低的磁场强度下发生共振。这种氢核外围电子增强外加磁场所引起的作用称为去屏蔽效应（deshielding effect），去屏蔽效应使氢核的共振吸收移向低场。

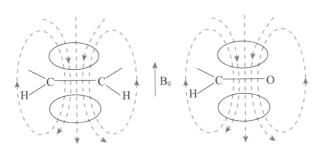

图 18-16　C=C 和 C=O 感应磁场对 H—C= 的去屏蔽作用

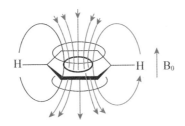

图 18-17　苯的感应磁场对芳环上氢的去屏蔽作用

三、化学位移及其影响因素

由于有机化合物分子中各种氢核受到不同程度的屏蔽效应或去屏蔽效应，因此会在氢核磁共振谱图的不同位置出现吸收峰。但由于这种差别极其微小，精确测量其绝对值相当困难，因此在实际应用中一般采用相对数值表示。$(CH_3)_4Si$（TMS）分子中含有 12 个化学环境完全相同的氢原子，只有一个 ^1H 吸收峰。由于 Si 的电负性很低，所以 TMS 分子中的氢核受到的屏蔽作用比绝大多数有机物化合物分子中的氢核受到的屏蔽作用都要大，所以 TMS 的 ^1H 共振吸收峰通常出现在谱图的最高场，而其他化合物分子中 ^1H 吸收峰位于较低场。以 TMS 作为标准物质，比较待测化合物与 TMS 氢核吸收峰的位置差别，这种差别称为待测化合物氢核的化学位移（chemical shift）。在氢核磁共振谱图中，通常用频率的相对差值来代表化学位移，用 δ 表示。氢核磁共振谱图的横坐标一般由 10~12 个单位构成，并人为规定 TMS 的化学位移值为零。图谱的上方还经常标有频率值（Hz），不同氢核的化学位移 δ 可由下式得到：

$$\delta = \frac{\nu_{样品} - \nu_{TMS}}{\nu_0} \times 10^6 \tag{18-5}$$

式中 $\nu_{样品}$ 为样品中 ^1H 吸收峰的频率，ν_{TMS} 为四甲基硅烷 ^1H 吸收峰的频率，ν_0 为核磁共振仪电磁波辐射频率，频率单位为赫兹（Hz）。可见，化学位移δ是一个相对值。

屏蔽效应是影响化学位移大小的重要因素。例如芳环及双键碳上直接连接的氢其化学位移明显偏高，这是由于去屏蔽效应使氢核在较低的磁感应强度下发生共振，δ较大；而炔烃三键碳上的氢处在电子环流产生的屏蔽效应区，所以其化学位移出现在较高场，δ相对较小。分子中氢核周围的电子效应对其化学位移影响显著，吸电子诱导效应降低氢核周围的电子云密度，屏蔽效应也就随之降低，导致氢核的化学位移向低场移动，δ增大。除此以外，氢键、溶剂效应和范德华效应等也对化合物中氢核的化学位移产生一定的影响。表18-3列出了常见有机化合物中氢核的化学位移。

表18-3   常见有机化合物中氢核的化学位移

氢核类型	δ	氢核类型	δ
$(CH_3)_4Si$	0.0	BrCH	2.5~4.0
RCH_3	0.9	ICH	2.0~4.0
R_2CH_2	1.3	O_2NCH	4.2~4.6
R_3CH	1.5	(H) ROCH	3.3~4.0
$C=CH$	4.6~5.9	RCOOCH	3.7~4.1
$C\equiv CH$	2.0~3.0	O—CH—O	5.3
ArH	6.0~8.5	ROOCCH	2.0~2.6
ArCH	2.2~3.0	RCOCH	2.0~2.7
$C=CCH_3$	1.7	RCHO	9.0~10
$C\equiv CCH_3$	1.8	ROH	1.0~5.5
FCH	4.0~4.5	ArOH	4.0~12.0
ClCH	3.0~4.0	RCOOH	10.5~12.0
Cl_2CH	5.8	RNH	1.0~5.0

问题18-4   指出下列化合物中有几种不同化学环境的氢。

(1) 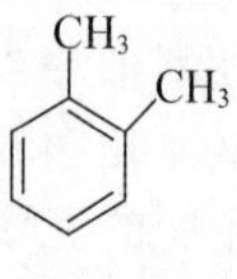   (2) 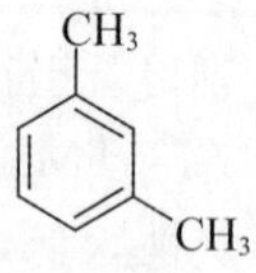   (3)

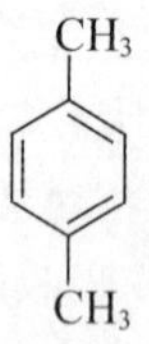

四、自旋偶合和自旋裂分

在^{1}H-NMR谱图中，某些氢核的吸收峰不是单峰而是多重峰，例如溴乙烷的^{1}H-NMR谱图中，H_a和H_b分别为三重峰和四重峰，如图18-18所示。

这种共振吸收峰被分裂是由于氢核受到邻近氢核自旋的干扰引起的，这种干扰称为自旋偶合（spin-spin coupling），由自旋偶合产生的吸收峰裂分称为自旋裂分（spin-spin splitting）。假如外加磁场强度为B_0，氢核在该外加磁场中的自旋有两种取向，产生的感应磁场强度为B′，

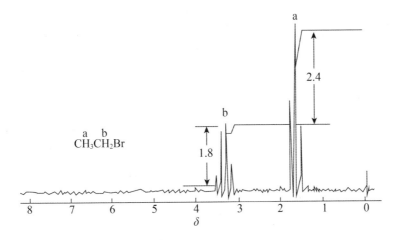

图 18-18　溴乙烷的 ^{1}H-NMR 谱图

则自旋时与外磁场顺向排列的氢核使它邻近氢核感受到的总磁场强度 $B = B_0 + B'$；而自旋时与外磁场逆向排列的氢核使它邻近氢核感受到的总磁场强度 $B = B_0 - B'$。因此当发生核磁共振时，一个氢核发出的信号就被分裂成了两个。显然，一个氢核吸收峰被分裂的数目取决于它邻近氢核的数目。一般说来，当某氢核相邻碳上连有 n 个相同的氢原子时，该氢核的吸收峰被裂分为 $n+1$ 个，这一规律被称为 $n+1$ 规律。例如，图 18-18 中 a 吸收峰为三重峰，就是由于该组氢核邻近碳上连有两个氢原子。图 18-19 为 $n+1$ 规律示意图。

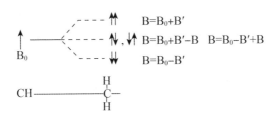

图 18-19　$n+1$ 规律示意图

吸收峰峰数通常用英文单词首字母表示：单峰 s，双重峰 d，三重峰 t，四重峰 q，多重峰 m。

五、峰面积与氢核的数目

在 ^{1}H 核磁共振谱图中，各组吸收峰覆盖的面积与引起该吸收峰的氢核数目成正比。目前的核磁共振仪都连有自动积分装置，各吸收峰的面积用阶梯曲线表示，峰面积与积分曲线高度成正比。例如在图 18-18 溴乙烷的 ^{1}H-NMR 谱图中，H_a 与 H_b 两组峰积分曲线高度比近似为 3∶2，这样由总氢原子数可推算出两组氢分别为 3 个和 2 个。

六、^{1}H-NMR 谱图解析

图 18-20、图 18-21、图 18-22 和图 18-23 分别为乙醇、乙苯、丙酸和乙酸乙酯的 ^{1}H-NMR 谱图，谱图提供的信息主要包括：化合物中含有几种不同化学环境的氢核、每种氢核的化学位移以及每组氢核的个数。

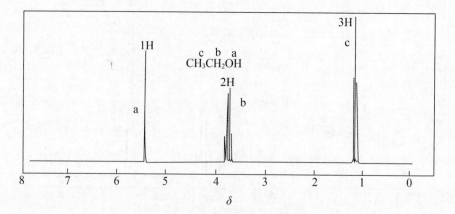

图 18－20　乙醇的¹H-NMR 谱图

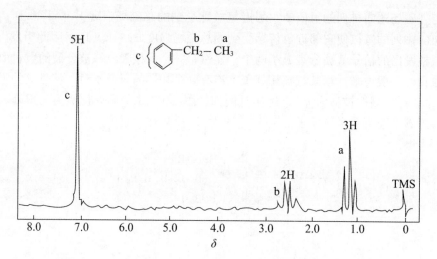

图 18－21　乙苯的¹H-NMR 谱图

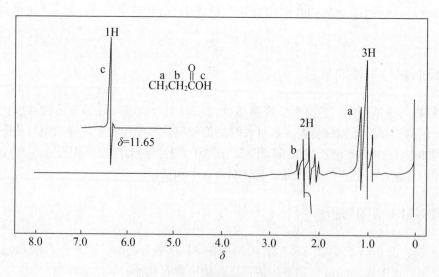

图 18－22　丙酸的¹H-NMR 谱图

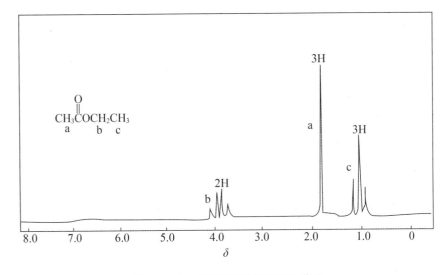

图 18-23　乙酸乙酯的[1]H-NMR 谱图

^{1}H-NMR 是测定有机化合物结构的重要工具之一。由谱图中吸收峰的组数可以推知该化合物中有几种不同化学环境的氢原子；由各组峰的化学位移可以推测该氢原子所处位置屏蔽作用的大小及其他化学环境；由积分曲线的高度比值可以获得各组氢原子数目的信息；每组峰的裂分数提示其相邻碳上所连接氢原子的数目。近年来核磁共振技术发展迅速，除了常见的氢谱、碳谱外，还有氢氢相关谱（2D-correlated spectroscopy，2D-COSY）、异核多量子相关谱（heteronuclear multiple quantum coherence，HMQC）、异核多键相关谱（heteronuclear multiple-bond connectivity，HMBC）及差谱（nuclear overhauser effect，NOE）等，综合运用这些技术，几乎可以得到关于有机化合物分子结构的全部信息。

第五节　质　谱

一、质谱的产生

质谱分析法（mass spectrometry，MS）是在一定条件下将化合物形成分子离子和碎片离子，然后按其质荷比的不同进行分离测定，从而获得待测样品的相对分子质量、分子式、分子中同位素构成和分子结构等相关信息的方法。有机化合物分子经过导入系统进入离子源，在离子源中样品分子在高能电子束作用下转化成分子离子，分子离子还可以被高能电子束断裂化学键而成为各种碎片离子。这些带电粒子经过电场加速后进入可变磁场中，由于不同质荷比的粒子具有不同的运动速度和运动方向，通过调解质量分析器的参数，就可以进行所谓的"质量扫描"。常见的质谱图是经过计算机处理过的棒图，其横坐标是质荷比，纵坐标是离子的相对强度（以最高峰或称基峰为100%）。质谱的形成过程如图 18-24 所示。

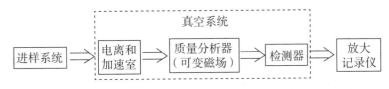

图 18-24　质谱形成过程示意图

二、离子峰的类型

有机化合物的质谱图中出现的离子峰主要包括分子离子峰、同位素离子峰及碎片离子峰等。

（一）分子离子峰

分子在离子源中失去一个电子后形成的离子称为分子离子（molecular ion），一般用·M$^+$表示，由分子离子产生的峰称为分子离子峰。由于大多数有机物分子易失去一个电子而带正电荷，因此分子离子峰对应的质荷比（m/z）在数值上就等于该化合物的相对分子质量，所以解析质谱时鉴定分子离子峰具有重要意义。分子离子峰在质谱图上位于 m/z 较高的一端，分子离子越稳定，对应的分子离子峰越强。在有机化合物中，不含氮或含偶数氮的化合物相对分子质量为偶数，含奇数氮的化合物相对分子质量为奇数。

（二）同位素离子峰

自然界中的大多数元素都是由具有一定丰度的同位素组成的，表 18-4 列出了有机化合物中一些常见元素的天然丰度。

表 18-4　常见元素同位素的天然丰度

同位素	天然丰度（%）	同位素	天然丰度（%）	同位素	天然丰度（%）
^{1}H	99.985	^{2}H	0.015		
^{12}C	98.892	^{13}C	1.108		
^{14}N	99.6635	^{15}N	0.360		
^{16}O	99.759	^{17}O	0.037	^{18}O	0.204
^{32}S	95.018	^{33}S	0.760	^{34}S	4.215
^{35}Cl	75.557	^{37}Cl	24.463		
^{79}Br	50.537	^{81}Br	49.463		

当分子中含有丰度较高的同位素原子时，在质谱的分子离子峰附近会出现不同质量的同位素形成的离子峰。例如^{37}Cl 的丰度约为^{35}Cl 丰度的 1/3，所以若某化合物含有一个氯原子，其分子量为 M，则在质谱图横坐标 M+2 处有一峰出现，其强度是 M 处峰强的 1/3。同样道理，若分子中含有一个溴原子，则在质谱图横坐标 M 及 M+2 处出现两个强度相近的峰。

（三）碎片离子峰

在离子源中被测分子或分子离子峰中的某些化学键被打断，便得到碎片离子，记录和研究这些离子及其开裂方式会得到有关化合物分子结构的重要信息。越是容易开裂的化学键，越容易断裂形成碎片离子峰，例如酯类化合物及酰胺类化合物，均易发生酯键和酰胺键的断裂。

三、谱图解析

图 18-25 和图 18-26 分别为丙苯和溴乙烷的质谱图。在图 18-25 中，质荷比 120 处为丙苯的分子离子峰，质荷比 91 处则为苯甲基的碎片离子峰。而在图 18-26 溴乙烷的质谱图中，分子离子峰处明显呈现两个强度相近的峰，这是由溴同位素导致的结果。

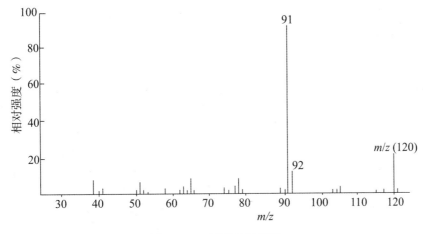

图 18-25 丙苯的质谱图

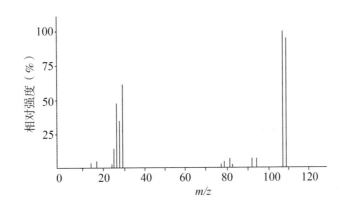

图 18-26 溴乙烷的质谱图

知识扩展

磁共振成像

磁共振成像是随着计算机技术、电子电路技术、超导体技术的发展而迅速发展起来的一种生物磁学核自旋成像技术。1946 年美国人 Bloch 和 Purcell 首先发现了核磁共振（NMR）现象并因此获得了 1952 年的诺贝尔物理学奖。1946—1972 年 NMR 主要用于有机化合物的结构分析，1973 年美国人 Lauterbur 首次完成了磁共振成像（magnetic resonance imaging，MRI）的实验室模拟，1978 年第一台头颅 MRI 设备在英国投入临床使用，1980 年全身 MRI 研制成功。

人体中存在大量的水分子，在外加磁场作用下这些水分子中的氢核以一定方式自旋运动并产生感应磁场，在经历一个频率与氢核自旋频率相同的射频脉冲激发后即产生核磁共振。在射频脉冲停止激发后，原子核又把所吸收的能量中的一部分以电磁波的形式发射出来，称为共振发射。原子核从激化的状态回复到平衡排列状态的过程称为弛豫过程，它所需的时间称作弛豫时间。弛豫时间分为两种，即 T_1 和 T_2，T_1 为纵向弛豫时间，T_2 为横向弛豫时间。处于不同环境的氢核其弛豫时间有所不同。正常脑组织不同部位氢核弛豫时间如下表所示：

正常脑组织氢核弛豫时间

组织	尾状核	脑灰质	脑白质	脑脊液
T_1（ms）	822±16	817±73	515±27	1900±383
T_2（ms）	76±4	87±2	74±5	250±3

同一组织或器官的不同病理阶段的氢核弛豫时间也有显著不同。采取一定的物理学方法可以检测这些区别，将这种技术用于人体内部结构的成像，就产生了一种革命性的医学诊断工具——磁共振成像。

小　结

紫外光谱（UV）是由分子中价电子 $\pi \rightarrow \pi^*$ 和 $n \rightarrow \pi^*$ 能级跃迁而产生的吸收光谱。紫外光谱通常有一个或几个吸收峰，每一吸收峰的最大吸收波长和对应的摩尔吸光系数为化合物的特征参数，其数值的大小主要取决于产生吸收的化合物的结构。紫外光谱可用于共轭体系的判断，也常用于相关化合物的定性及定量检测。

红外光谱（IR）是由分子振动能级跃迁而产生的吸收光谱，吸收峰的位置和吸收强度取决于键合原子的性质及化学键的特点。红外谱图分为官能团区（$4000 \sim 1300 cm^{-1}$）和指纹区（$1300 \sim 400\ cm^{-1}$）。有机物分子中不同基团在官能团区存在各自的特征吸收峰，不同化合物结构上的微细差别可以在指纹区得到明显的体现。红外光谱的主要用途是定性判断有机化合物中存在的官能团。

氢核磁共振谱（^1H-NMR）是由处于强磁场中自旋核能级跃迁所产生的吸收光谱。不同化学环境的氢核受到的屏蔽作用不同，会在不同的磁场区域产生共振吸收。由谱图中吸收峰的组数可以推知该化合物中有几种不同化学环境的氢；由各组峰的化学位移可以推测该氢原子所处位置屏蔽作用的大小；由积分曲线的高度比值可获得各组氢原子数目的信息；每组峰的裂分数提示其相邻碳上所连接氢原子的数目。

质谱分析法（MS）是利用高能电子束轰击化合物分子使其产生分子离子及其他碎片离子，在电磁场作用下，不同质荷比（m/z）的离子按大小排序，依次记录得到的谱图。质谱图中的峰可归纳为分子离子峰、碎片离子峰、同位素离子峰等。通过分子离子峰可以确认化合物的分子量；由碎片离子峰和开裂规律可推断分子的结构；从同位素离子峰可判断 Cl 及 Br 等元素的存在。

习　题

1. 将下列波谱与其所能提供的关于化合物的相关信息连接起来。

    （1）质谱　　　　　　　　　　　　　　　A. 官能团种类

    （2）红外光谱　　　　　　　　　　　　　B. 相对分子质量

    （3）紫外光谱　　　　　　　　　　　　　C. 质子环境

    （4）核磁共振波谱　　　　　　　　　　　D. 共轭程度

2. 试推测乙烯、1,3-丁二烯、1,3,5-己三烯的最大吸收波长排列顺序，并说明原因。

3. 下列各化合物在 ^1H 核磁共振谱图中出现几组吸收峰?

    （1）$CH_3CH_2CH_2OH$ 　　　　　　　　（2）$(CH_3)_3CCOC(CH_3)_3$

    （3）$CH_3CH_2OCH_2CH_3$

4. 分子组成为 C_4H_8O 的化合物，其 ^1H-NMR 谱如下所示。试推断其结构并指明质子归属。

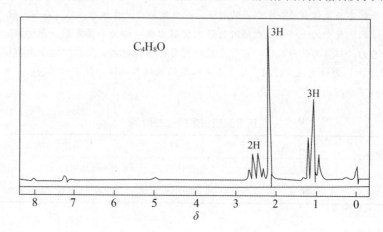

5. 化合物 A 的分子式为 $C_9H_{10}O$，不发生碘仿反应和银镜反应。其红外光谱表明在 $1690cm^{-1}$ 处有一强吸收峰，其 ^{1}H-NMR 谱的 δ 值为 1.2（t，3H）、3.0（q，2H）、7.7（m，5H）。试推断 A 的结构。

6. 某化合物分子式为 $C_8H_8O_2$，在红外谱图中 $1725cm^{-1}$ 处有强吸收；^{1}H 核磁共振谱图数据为：δ 3.53（s，2H）、7.21（d，5H）、11.95（s，1H）。试推测该化合物的结构。

7. 化合物 A 的分子量为 86，在红外谱图中 $1730cm^{-1}$ 处有较强吸收；^{1}H 核磁共振谱图数据为：δ 9.7（s，1H）、1.2（s，9H）。试推测 A 的结构。

8. 用哪种光谱法来鉴别下列各对化合物最为合适？为什么？

(1) ⬡—CHO 和 ⬡—COCH₃

(2) ⬡—CH=CHCH₂CH₂CH₂CHCH₂CH₃ 和 ⬡—CH=CHCH₂CH₂CH₂COCH₂CH₃
         |
         OH

(3) ⬠ 和 ⬠

（董陆陆）

附录　参考答案

第一章

问题 1-1

C_{sp^3}—H：109.1 pm，C_{sp^2}—H：107 pm，C_{sp}—H：105.6 pm

问题 1-2

I，—OH，C—O—C，—NH$_2$，—COOH

问题 1-3

$$CH_3NH_2 \ + \ H_2O \ \longrightarrow \ CH_3NH_3^+ \ + \ OH^-$$

碱　　　　酸　　　　　　共轭酸　　共轭酸

问题 1-4

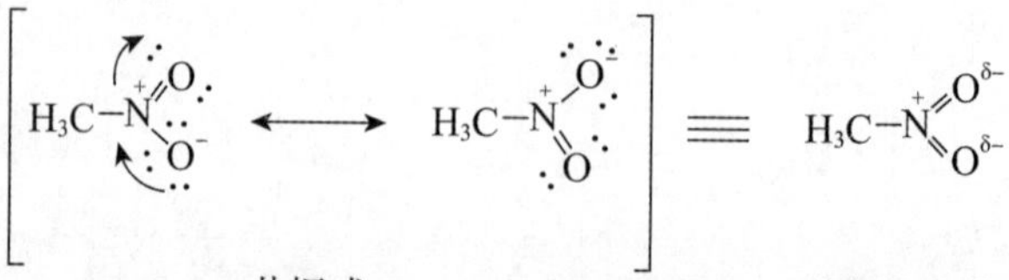

共振式　　　　　　　　　共振杂化体

习题答案

1.

(1) 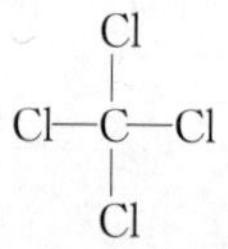 　　　　　　　　(2) $CH_3\ddot{O}H$

(3) 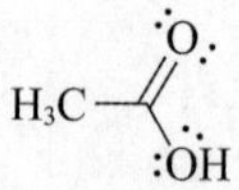 　　　　　　　　(4) $H_2C{=}\ddot{O}$

2. a、c：sp^3　　b：sp^2　　d、e：sp

3. a b d c e

4. Lewis 酸：(1)(2)(6)　　Lewis 碱：(3)(4)(5)

5.

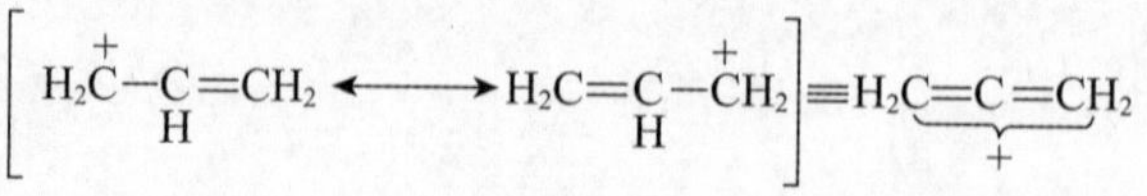

第二章

问题 2-1

(1) 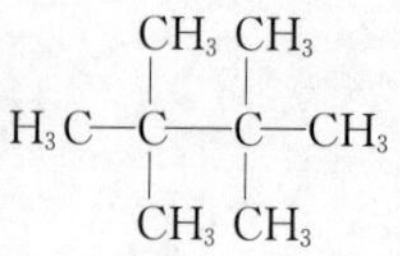 　　　　　　　　(2)

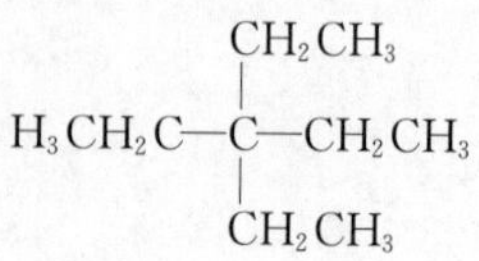

问题 2-2

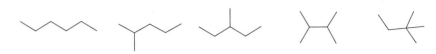

问题 2-3

(1) 异庚烷；2-甲基己烷　　　　　　　(2) 新庚烷；2,2-二甲基戊烷

问题 2-4

(4) ＞ (1) ＞ (2) ＞ (3)

问题 2-5

(1)(4) 对；(2)(3) 错

问题 2-6

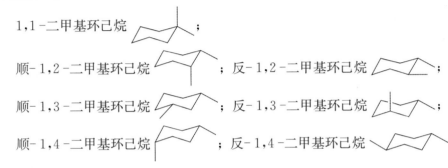

1,1-二甲基环己烷

顺-1,2-二甲基环己烷　　　；反-1,2-二甲基环己烷　　　；

顺-1,3-二甲基环己烷　　　；反-1,3-二甲基环己烷　　　；

顺-1,4-二甲基环己烷　　　；反-1,4-二甲基环己烷

习题答案

1.

(1) 3,3-二甲基庚烷　　　　　　　　　(2) 2,6,7-三甲基-5-异丙基壬烷

(3) 2-甲基-4-环丙基己烷　　　　　　　(4) 3,7-二甲基-4-异丙基壬烷

(5) 反-1,2-二甲基环己烷　　　　　　　(6) 反-1-甲基-3-叔丁基环己烷

2.

(1) $H_3C-\underset{\underset{CH_3}{|}}{\overset{\overset{CH_3}{|}}{C}}-CH_3$

(2) $H_3CH_2C-\underset{\underset{CH_3}{|}}{\overset{\overset{CH_3}{|}}{C}}-CH_2CH_3$

(3)

(4) $H_3CH_2CH_2C-\underset{\underset{CH_2CH_3}{|}}{\overset{\overset{CH_3}{|}}{C}}-\underset{\underset{}{}}{CH_2}\underset{\underset{}{}}{\overset{\overset{CH_3}{|}}{CH}}CH_3$

(5)

3. $\underset{\underset{\underset{1°}{CH_3}}{|}}{\overset{\overset{\underset{1°}{CH_3}}{|}}{CH_3CH}}-\overset{\overset{\overset{1°}{CH_3}}{|}}{\underset{\underset{1°}{CH_3}}{C}}-CH_2CH_3$；卤代反应活性 3°H ＞ 2°H ＞ 1°H

4.

(1) $H_3C-\underset{\underset{CH_3}{|}}{\overset{\overset{CH_3}{|}}{C}}-CH_3$

(2) $CH_3CH_2\overset{\overset{CH_3}{|}}{CH}CH_3$

(3) $CH_3CH_2CH_2CH_2CH_3$

(4)

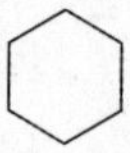

(5)

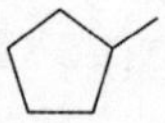

5.

(1)

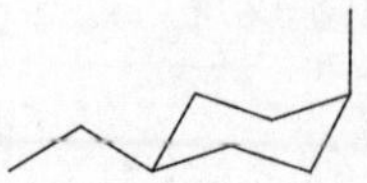

(2)

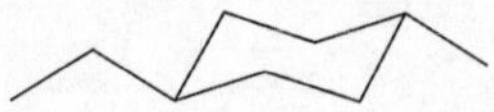

(3)

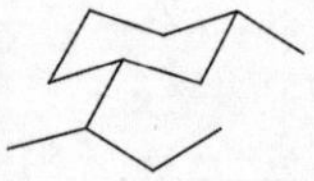

(4)

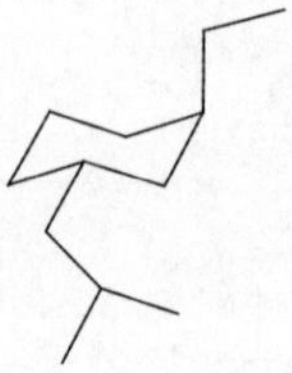

6.

(1) 正己烷＞正戊烷＞异戊烷＞新戊烷

(2) 辛烷＞庚烷＞环己烷＞己烷

7.

(1) A＞B＞C＞D

(2) B＞A＞C＞D

8.

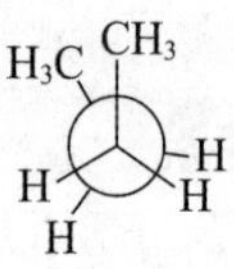

内能最高构象 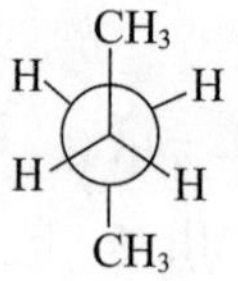　　　内能最低构象 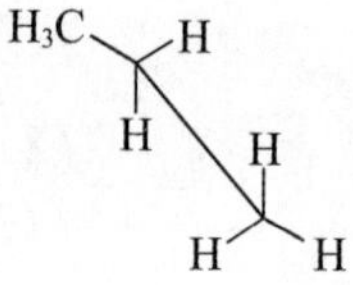　　　最稳定构象 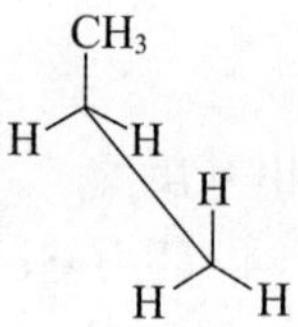　　　最不稳定构象

9.

(1)

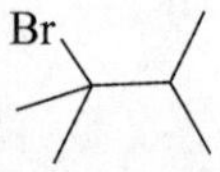

(2)

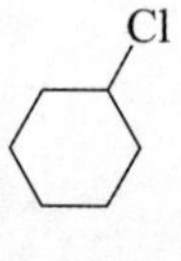

(3) 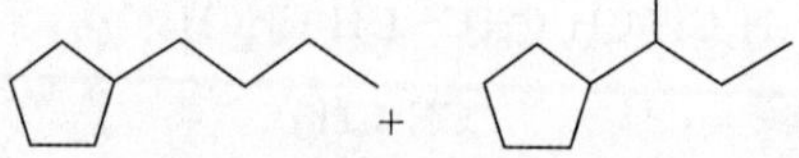 ＋

(4)

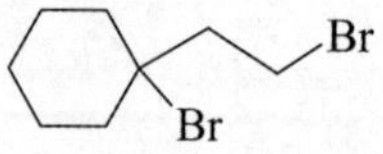

10.

A. 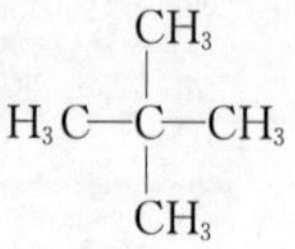 　　　　　　B. $CH_3CH_2CH_2CH_2CH_3$

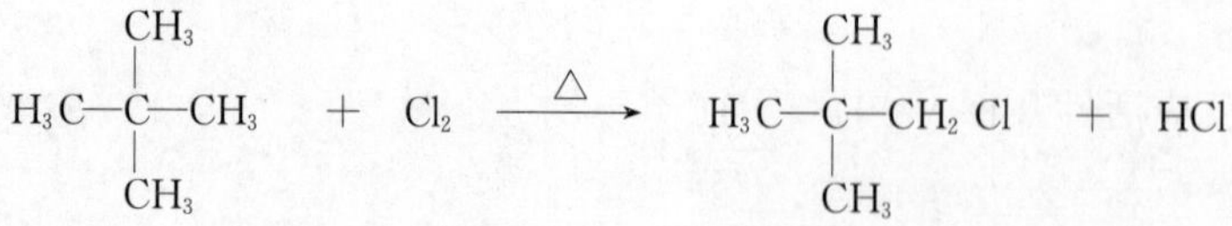

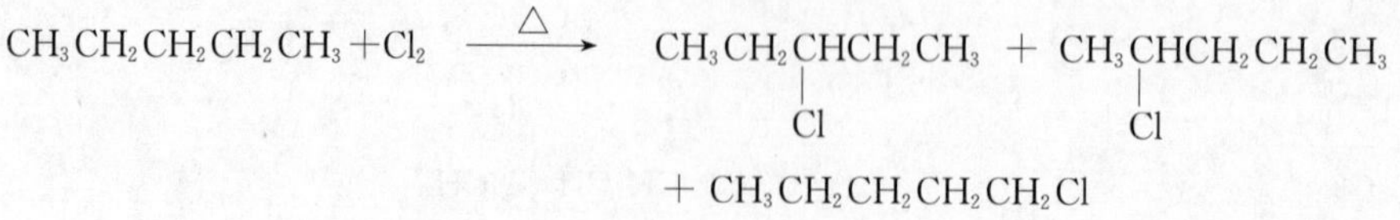

$CH_3CH_2CH_2CH_2CH_3 + Cl_2 \xrightarrow{\triangle}$

$$CH_3CH_2\underset{\underset{Cl}{|}}{C}HCH_2CH_3 + CH_3\underset{\underset{Cl}{|}}{C}HCH_2CH_2CH_3$$

$+ CH_3CH_2CH_2CH_2CH_2Cl$

第三章

问题 3-1

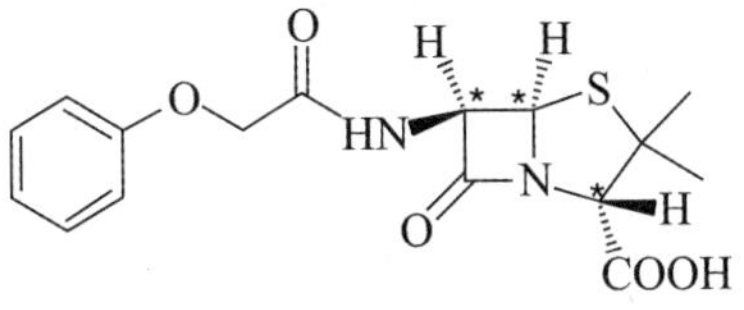

青霉素V

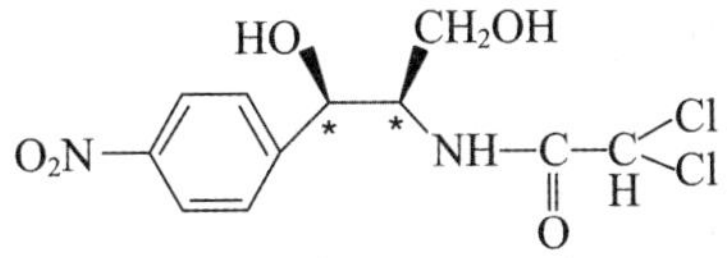

氯霉素

问题 3-2

A、C 具有手性。

问题 3-3

可以将样品稀释为原浓度一半再测一次旋光度，若是＋15°，则原样品为＋30°。

问题 3-4

2,3-二溴丁烷存在内消旋体。

问题 3-5

$-Cl > -SO_3H > -SH > -OCH_3 > -OH > -COOCH_3 > -COOH > -CONH_2 >$

$-CHO > -CH_2OH > -C\equiv N > -C\equiv CH$

问题 3-6

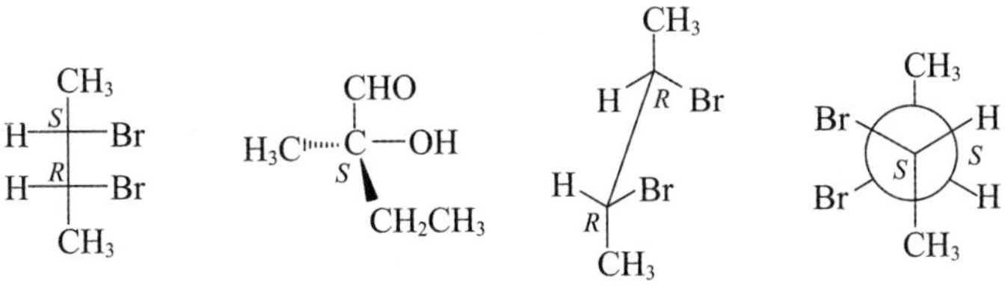

习题答案

1. 见教材本章相关内容。

2\.

(1) ABCD　　(2) ABC　　(3) B　　(4) ABD　　(5) A

3\.

(1) (*S*)-3-甲基己烷　　(2) (*R*)-3-甲基-1-戊烯

(3) 2-甲基丁烷　　(4) (3*S*,4*R*)-3-甲基-4-苯基-1-戊烯

4\.

(1) 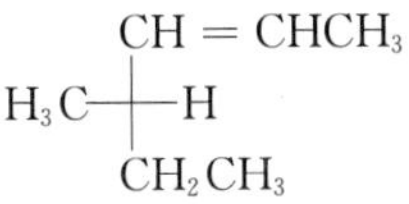

(2) 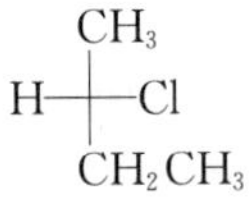

(3) 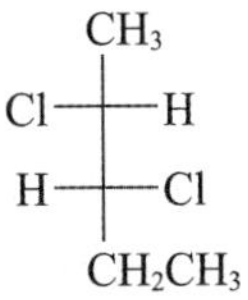

(4) 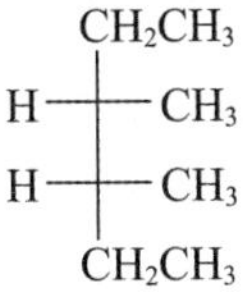

5\.

(1) 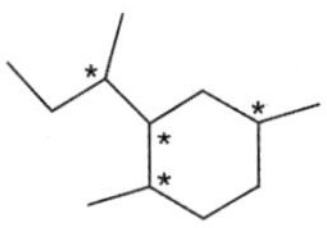

(2) 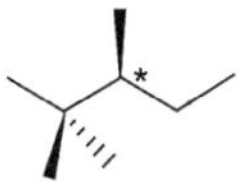

(3) 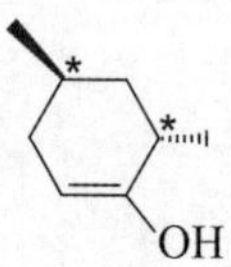

(4) 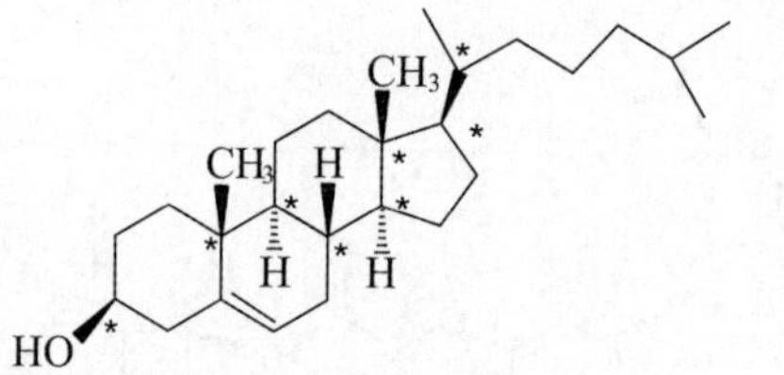

6. 该物质的比旋光度为$\frac{+50}{5\times0.5}=+20°$；可以将样品溶液稀释为原浓度一半再测一次，若稀释后测得的旋光度为+25°，则原溶液的旋光度为+50°。

7.

A. 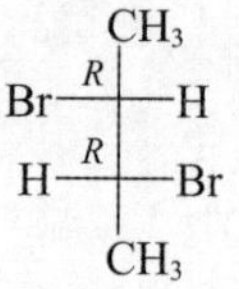

B. 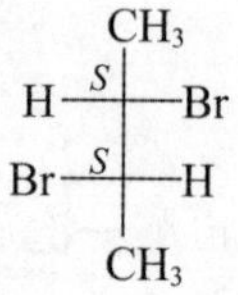

C. 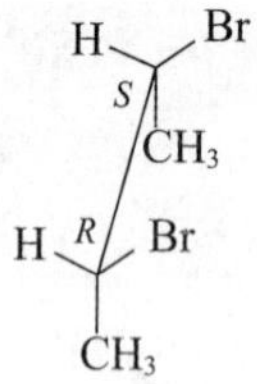

D. 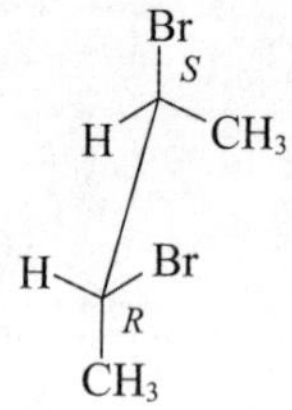

A、B互为对映体；C、D为相同化合物；A与C、B与C互为非对映体。

8.

(1) 对映体　(2) 相同化合物

(3) 相同化合物　(4) 对映体

(5) 相同化合物　(6) 非对映体

9. 分子中共有四个手性碳原子，但分子中有一个对称面，属于内消旋化合物，没有手性。

10. 得到1-氯丁烷和2-氯丁烷两种产物，结构分别如下：

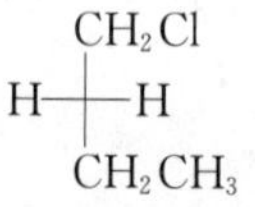

1-氯丁烷

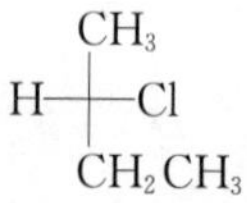

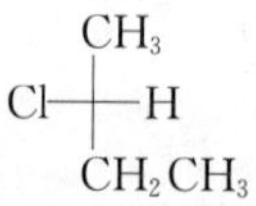

2-氯丁烷

1-氯丁烷无手性碳原子，属于非手性化合物，无光学活性；2-氯丁烷的生成经过自由基机理，得到一对等量的对映体，即外消旋体，因此也无光学活性。

第四章

问题4-1

σ键	π键
可单独存在，存在于任何共价键中	必须与σ键共存，仅存在于不饱和键中
成键轨道沿着键轴以“头碰头”方式重叠，重叠程度较大，键能较大，键较稳定	成键轨道垂直于键轴以“肩并肩”方式平行重叠，重叠程度较小，键能较小，键较不稳定
电子云集中于两原子核的连线上，呈圆柱形对称分布，键的极化性小	电子云分布在σ键所在平面的上下方，呈块状分布，键的极化性大
成键的两个碳原子能围绕键轴自由旋转	成键的两个碳原子不能围绕键轴自由旋转

问题 4 - 2

(1) CH₃CH₂CH₂CH=CH₂

(2) CH₃CH₂CH=CHCH₃

(3) CH₃CHCH=CH₂
　　　|
　　　CH₃

(4) H₃CC=CHCH₃
　　　|
　　　CH₃

(5) CH₃CH₂C=CH₂
　　　|
　　　CH₃

　　（1）、（2）与（3）、（4）、（5）之间属于碳链异构，（1）与（2）之间或（3）、（4）、（5）之间属于官能团位置异构。

问题 4 - 3

　　当氯化氢与乙烯、丙烯和 2 -甲基丙烯分别进行加成反应时，氢首先加到含氢较多的双键碳原子上，分别生成乙基碳正离子、异丙基碳正离子及叔丁基碳正离子中间体。因为上述碳正离子稳定性大小为乙基碳正离子＜异丙基碳正离子＜叔丁基碳正离子，所以与氯化氢加成反应速率的相对大小为：2 -甲基丙烯＞丙烯＞乙烯。

问题 4 - 4

　　由于 2 -丁烯中双键碳原子连接的碳原子上的 C—H 键较多，从而导致其超共轭效应强于 1 -丁烯，因此 2 -丁烯比 1 -丁烯稳定。

问题 4 - 5

　　因为炔烃的三键碳只连一个原子或基团，不符合顺反异构条件，所以没有顺反异构。

习题答案

1.

(1) 4 -甲基- 2 -己烯

(2) 3,3 -二甲基- 1 -戊炔

(3) 4 -甲基- 1,3 -戊二烯

(4) 4 -甲基- 2 -庚烯- 5 -炔

(5) 3 -甲基- 1 -己烯- 4 -炔

(6) (2Z,4E) - 3 -叔丁基- 2,4 -己二烯

2.

(1) H₂C=CH—CH—C≡CH
　　　　　　　|
　　　　　　CH₂CH₂CH₃

(2) H₃CC≡CC(CH₃)₃

(3) 　H　　CH(CH₃)₂
　　　　\　／
　　　　 C=C
　　　　／　\
　　　H₃C　　H

(4) 　H　　CH₃
　　　　\　／
　　　　 C=C
　　　　／　\
　　　H₃C　　CH(CH₃)CH₂CH₃

3.

(1) 错　　(2) 错　　(3) 错　　(4) 对　　(5) 对　　(6) 对

4.

(1) 烯烃　C$_n$H$_{2n}$

(2) 炔烃　C$_n$H$_{2n-2}$

(3) 亲电加成　自由基加成

(4) 低　高

(5) 1,2 -加成　1,4 -加成

(6) 酮　羧酸　二氧化碳

5.

(1) D　　(2) A　　(3) A　　(4) D　　(5) B　　(6) C

6.

(1)

7.

(1) $Cl_3C-CH=CH_2 + HBr \longrightarrow Cl_3C-CH_2-CH_2Br$

(2) $H_3C-\underset{\underset{CH_3}{|}}{C}=CH_2 + HBr \xrightarrow{ROOR} H_3C-\underset{\underset{CH_3}{|}}{CH}-CH_2Br$

(3) $H_3C-\underset{\underset{CH_3}{|}}{C}=CH_2 + H_2SO_4 \longrightarrow H_3C-\underset{\underset{CH_3}{|}}{\overset{\overset{OSO_2OH}{|}}{C}}-CH_3 \xrightarrow[\Delta]{H_2O} H_3C-\underset{\underset{CH_3}{|}}{\overset{\overset{OH}{|}}{C}}-CH_3$

(4) $H_3C-C\equiv CH + 2[Ag(NH_3)_2]NO_3 \longrightarrow H_3CC\equiv CAg + 2NH_3 + 2NH_4NO_3$

(5) $H_3C-\underset{\underset{CH_3}{|}}{C}=CH_2 \xrightarrow[H_2SO_4]{KMnO_4} H_3C-\overset{\overset{O}{\|}}{C}-CH_3 + CO_2 + H_2O$

(6) $HC\equiv C-CH_3 + H_2O \xrightarrow[HgSO_4]{H_2SO_4} H_3C-\overset{\overset{O}{\|}}{C}-CH_3$

8.

(1) $CH_3C\equiv CCH_3$　　　$CH_2=CHCH=CH_2$

(2) $CH_3CH_2CH=CH_2$　　　$CH_3CH_2\underset{\underset{CH_3}{|}}{C}=\underset{\underset{CH_3}{|}}{C}HCHCH_3$

第五章

问题 5-1

　　苯分子的分子式为 C_6H_6，具有高度不饱和性。苯分子中六个碳原子都为 sp^2 杂化，苯环上所有原子共平面，每个碳原子垂直于该平面的 $2p$ 轨道相互平行，彼此侧面重叠，形成一个闭合的六原子六电子共轭体系。由于电子云对称、均匀地分布在苯环平面的上下方，因此苯分子中没有单、双键的区别；同时由于 π 电子高度离域，导致体系能量较低，因此苯环相对稳定，难以发生加成反应和氧化反应；苯环上氢原子被取代时不破坏共轭体系，因此苯环上的亲电取代反应相对容易发生。这些组成、结构、性质上的共性即"芳香性"。

问题 5-2

（正）丙苯　　　　　异丙苯　　　　1-甲基-2-乙基苯　　　1-甲基-3-乙基苯

1-甲基-4-乙基苯　　　1,2,3-三甲苯　　　1,2,4-三甲苯　　　1,3,5-三甲苯

问题 5 - 3

$$Br_2 + FeBr_3 \rightleftharpoons FeBr_4^- + Br^+$$

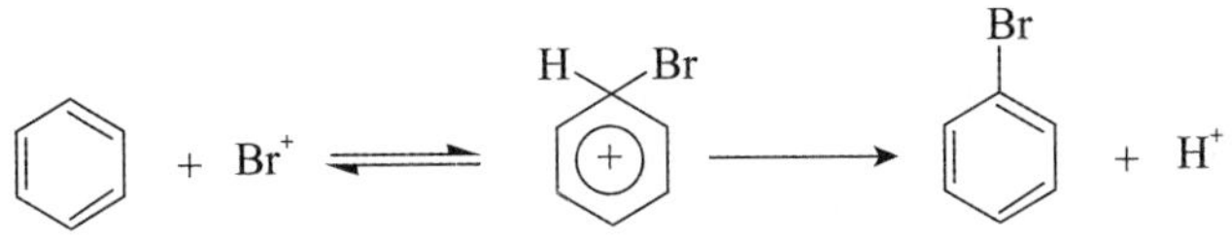

$$H^+ + FeBr_4^- \longrightarrow HBr + FeBr_3$$

问题 5 - 4

1.

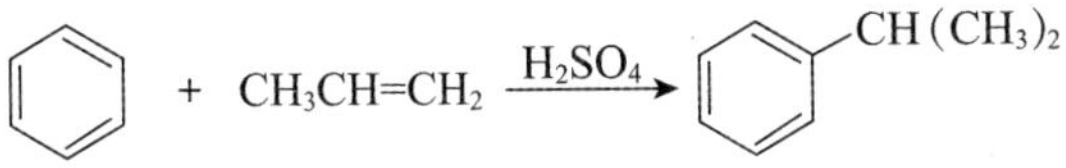

2.

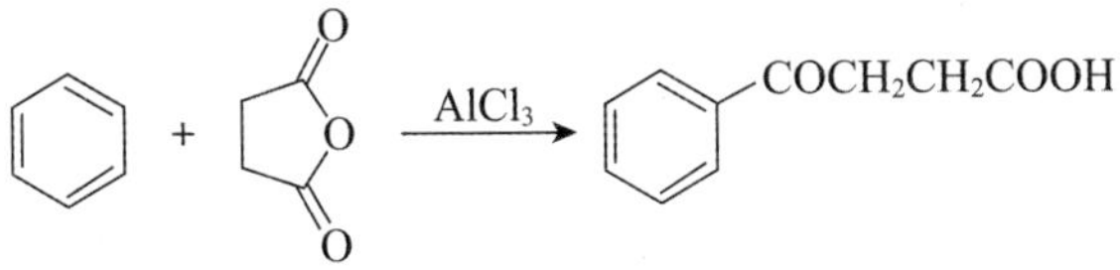

问题 5 - 5

1.

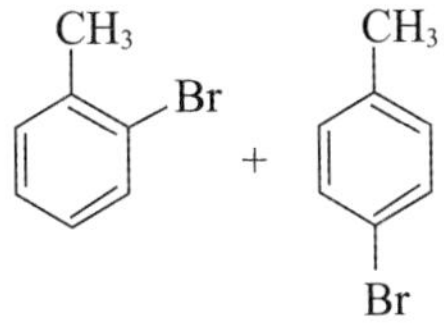

2.

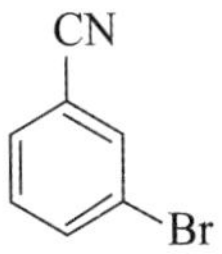

3.

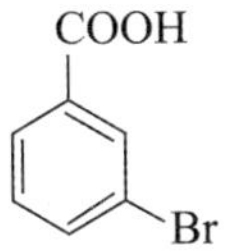

4.

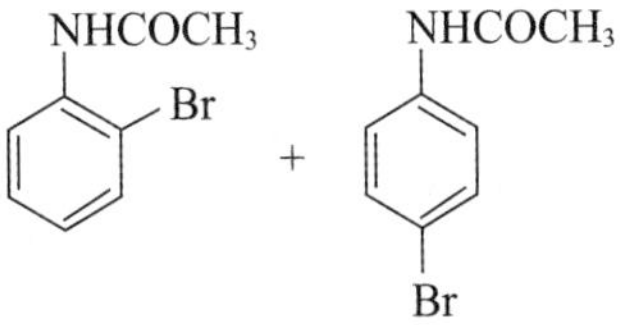

5.

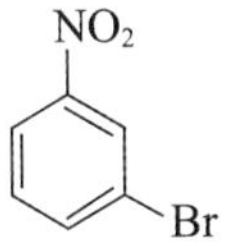

6.

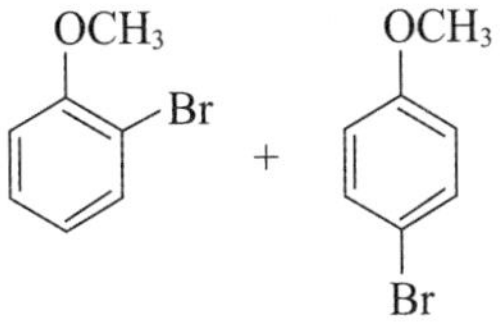

习题答案

1.

(1) 1,3 -二甲基苯

(2) 1 -甲基- 4 -异丙基苯

(3) 2 -甲基- 4 -乙基- 1 -丙基苯

(4) 1 -苯基丙烯

(5) 3 -甲基- 4 -苯基己烷

(6) 1 -甲基萘

2.

(1)

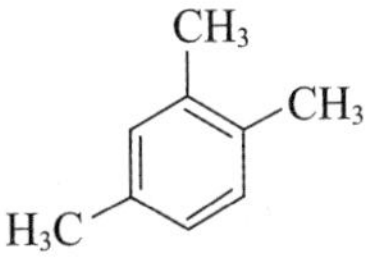

(2)

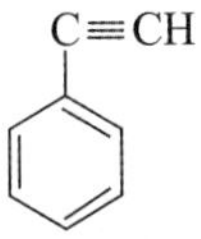

(3)

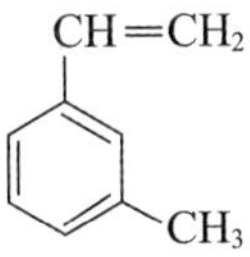

(4)

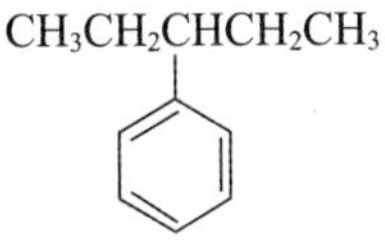

(5)

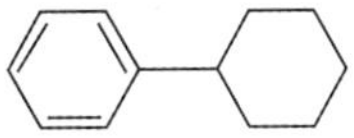

(6)

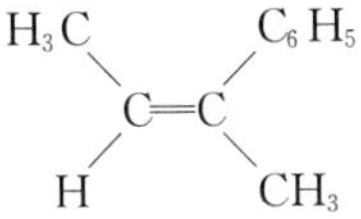

3.

(1) 甲苯(CH_3苯) > 苯 > 氯苯(Cl苯) > 硝基苯(NO_2苯)

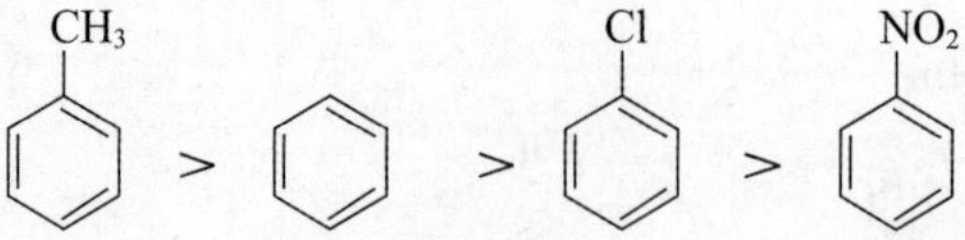

(2) 苯酚(OH苯) > $NHCOCH_3$苯 > 溴苯(Br苯) > 苯甲酸(COOH苯)

4.

(1) CH_2CH_3苯 + Cl_2 $\xrightarrow{光照}$ $CHClCH_3$苯 + HCl

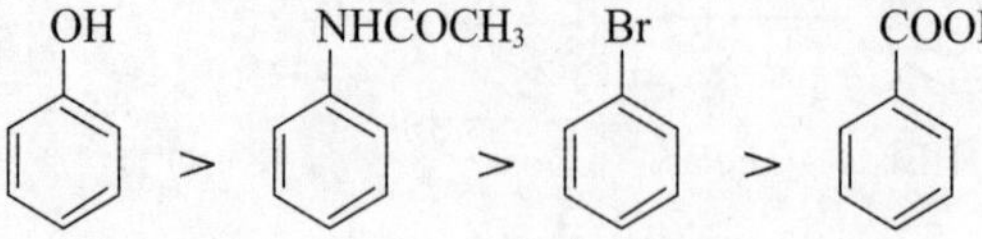

(2) CH_3苯 + Br_2 $\xrightarrow{FeBr_3}$ 邻溴甲苯 + 对溴甲苯 + HBr

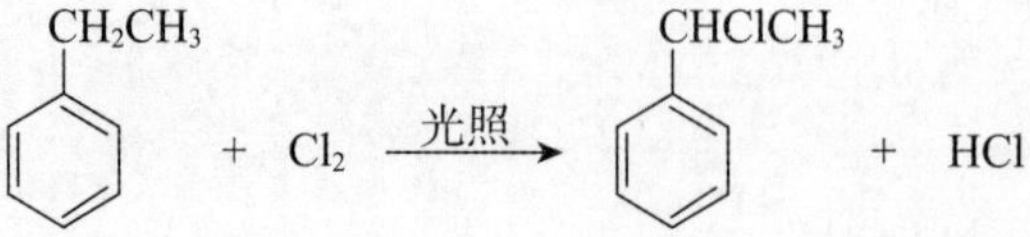

(3) 苯 + CH_3CH_2Cl $\xrightarrow{AlCl_3}$ CH_2CH_3苯 + HCl

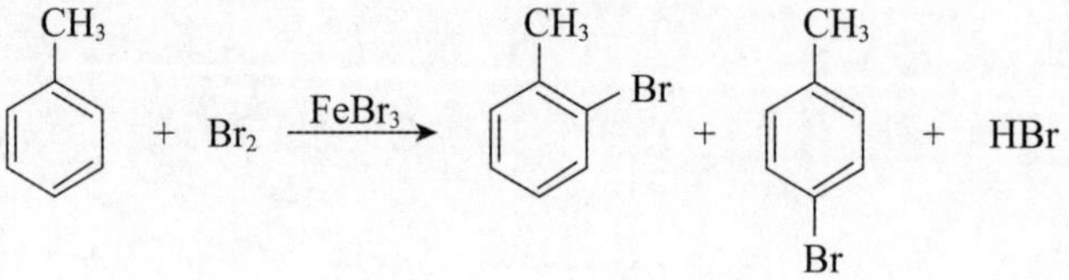

(4) 苯 + $CH_3CH_2CH_2Cl$ $\xrightarrow{AlCl_3}$ $CH(CH_3)_2$苯 + HCl

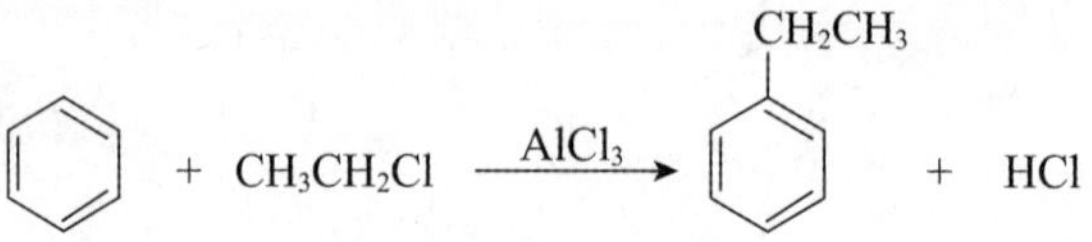

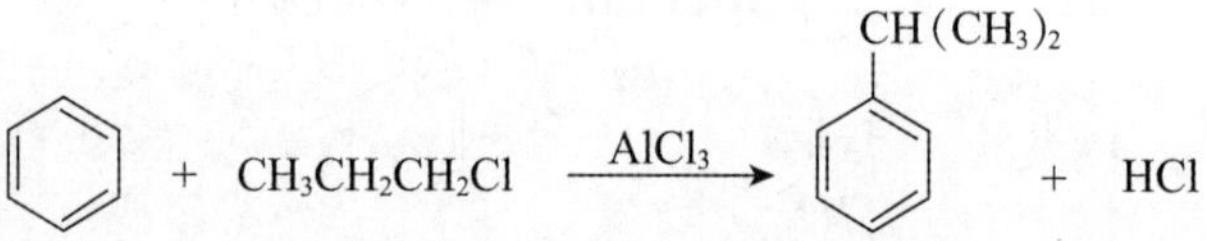

(5) 邻叔丁基甲苯(CH_3、$C(CH_3)_3$) $\xrightarrow[H^+]{KMnO_4}$ 邻叔丁基苯甲酸(COOH、$C(CH_3)_3$)

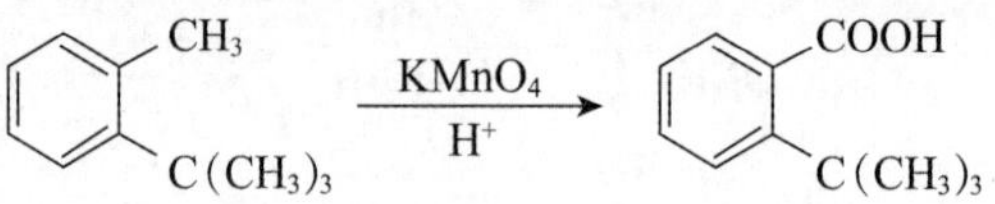

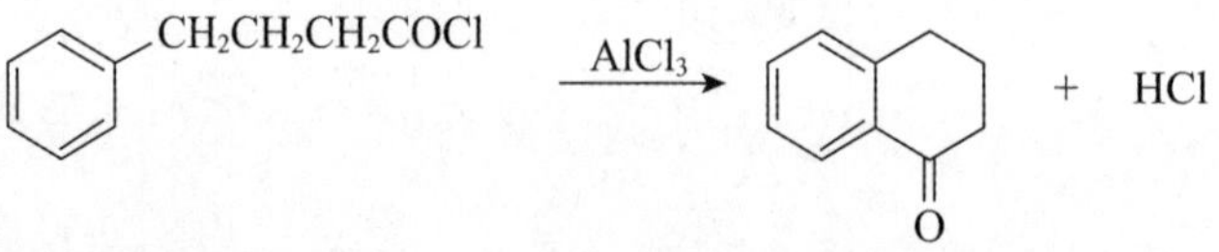

(6) $CH_2CH_2CH_2COCl$苯 $\xrightarrow{AlCl_3}$ (四氢萘酮,O) + HCl

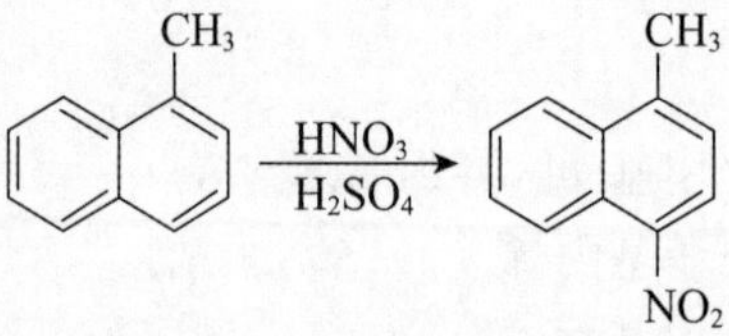

(7) 1-甲基萘(CH_3) $\xrightarrow[H_2SO_4]{HNO_3}$ 1-甲基-4-硝基萘(CH_3、NO_2)

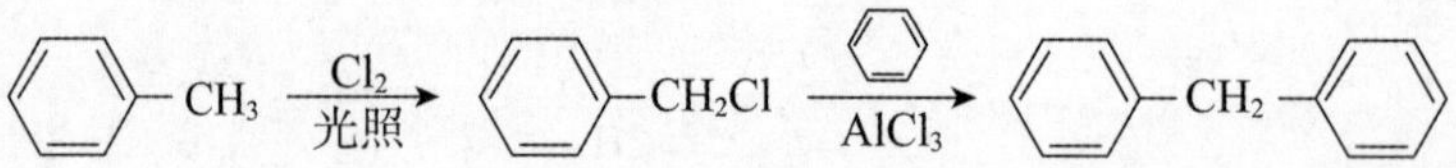

(8) 苯—CH_3 $\xrightarrow[光照]{Cl_2}$ 苯—CH_2Cl $\xrightarrow[AlCl_3]{苯}$ 苯—CH_2—苯

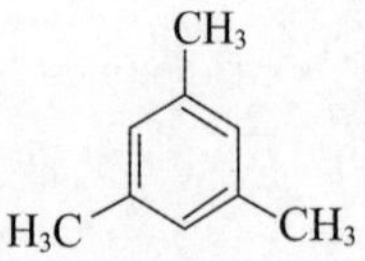

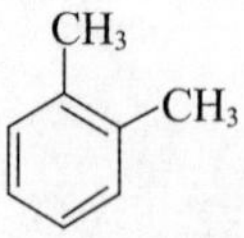

5.

(1) 1,3,5-三甲苯(CH_3、H_3C、CH_3)

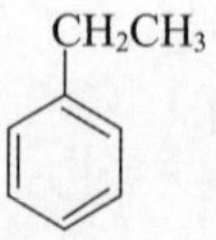

(2) 邻二甲苯(CH_3、CH_3)

(3) 乙苯(CH_2CH_3)

6.

(1) 甲基硝基苯(CH_3、NO_2，箭头指向)

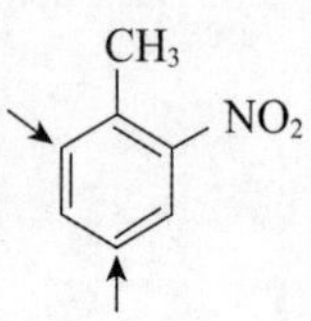

(2) 甲基苯甲酸(COOH、CH_3，箭头指向)

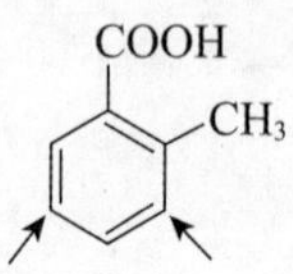

(3)

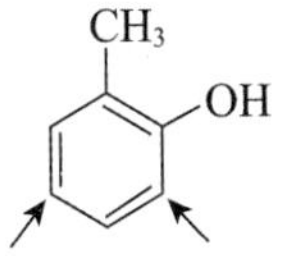

(4)

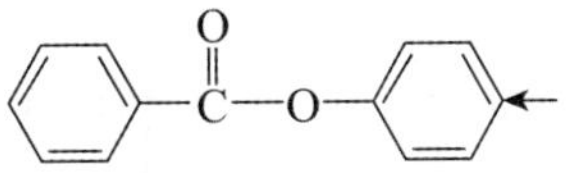

(5)

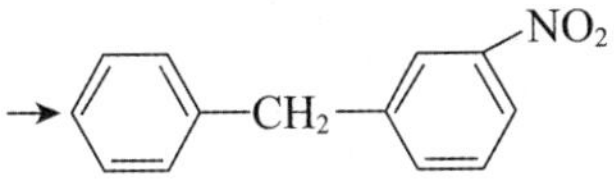

7.

(1)

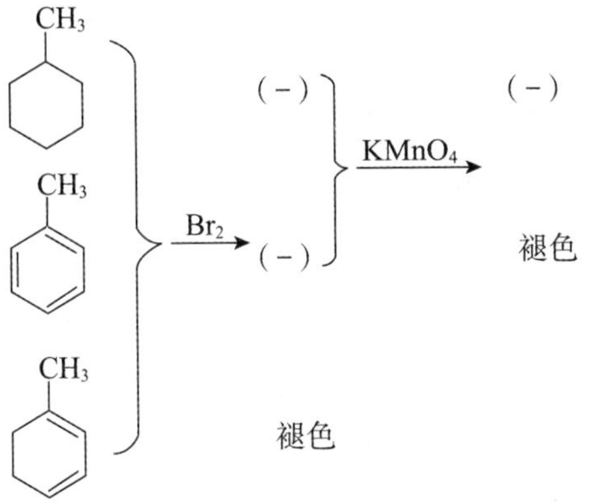

(2)

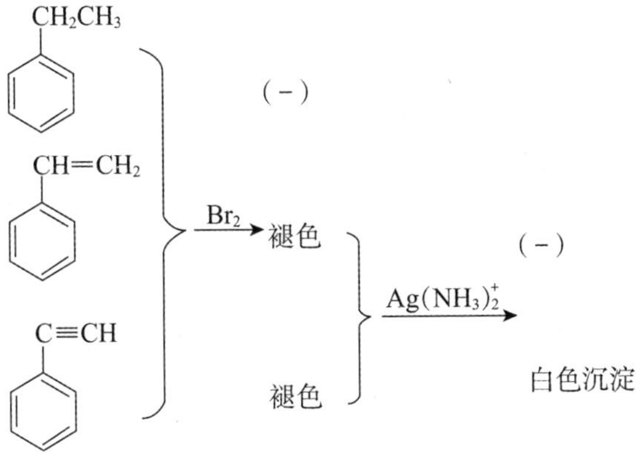

8.

(1)

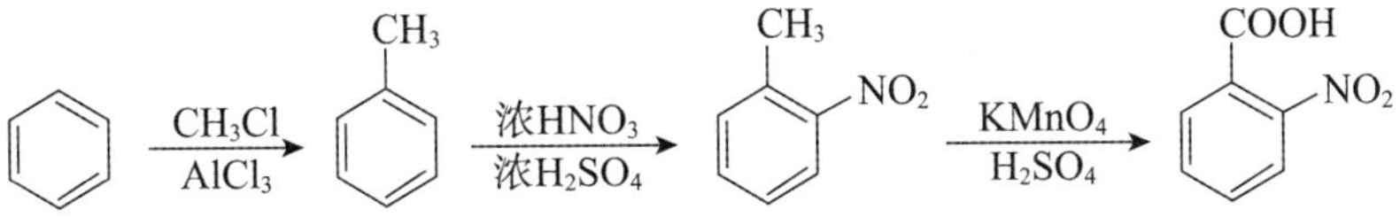

(2)

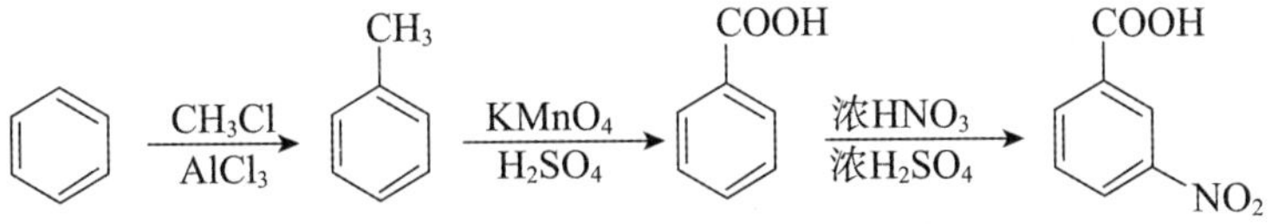

(3)

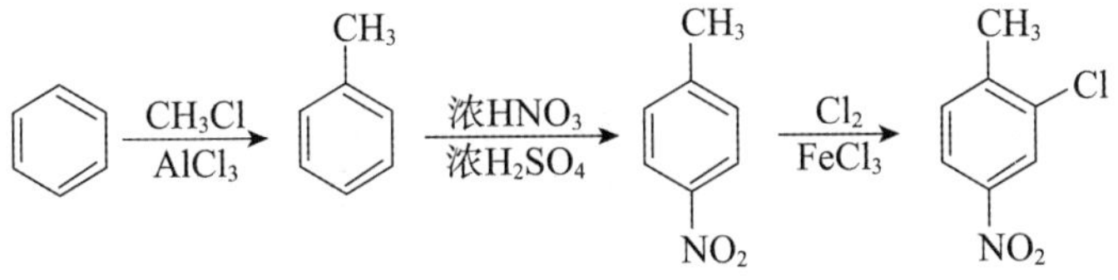

(4)

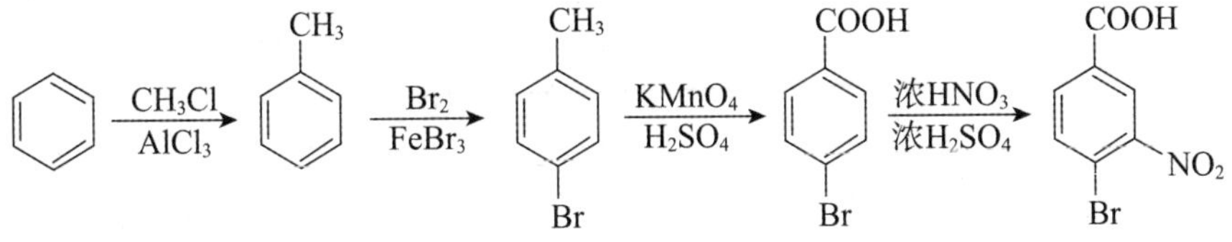

9. (1)(4) 能发生傅-克反应;(2)(3)(5) 难以发生傅-克反应。

10.

A: 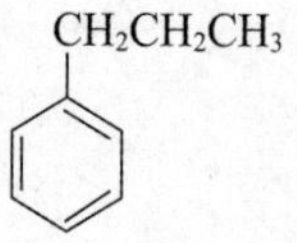 或 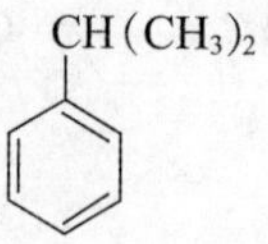 B: 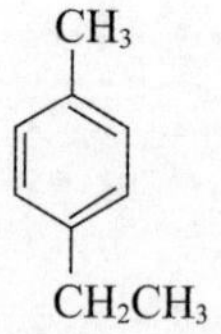 C:

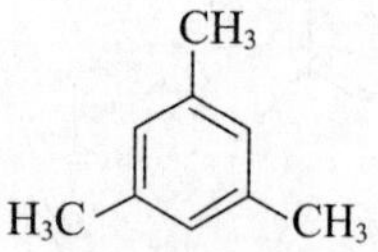

11.

A: 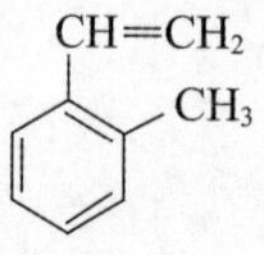 B:

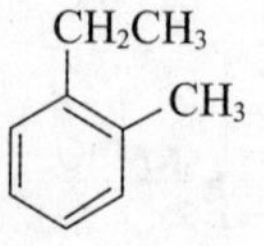

12.　(2)　(3)　(6) 具有芳香性。

第六章

问题 6-1

(1) 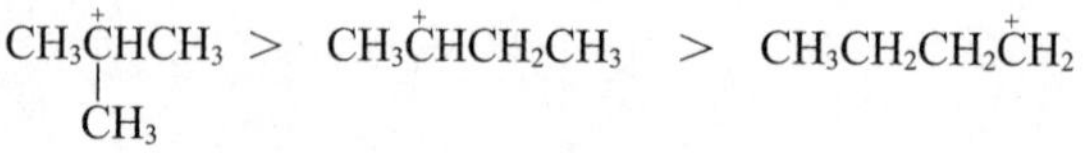 $CH_3\overset{+}{C}HCH_3$ > $CH_3\overset{+}{C}HCH_2CH_3$ > $CH_3CH_2CH_2\overset{+}{C}H_2$

  $\underset{CH_3}{|}$

(2)

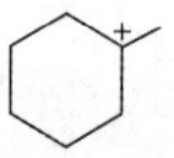

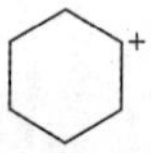

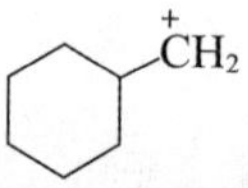

问题 6-2

(1) S_N1 反应两步完成；S_N2 反应一步完成。

(2) S_N1 反应关键一步是生成碳正离子中间体；S_N2 机理反应中经过一个过渡态。

(3) S_N1 反应为单分子反应，反应速率只与卤代烷浓度有关；S_N2 反应为双分子反应，反应速率与卤代烷浓度和亲核试剂浓度都有关系。

(4) 如果中心碳原子为手性碳，S_N1 反应产物外消旋；S_N2 反应产物构型反转。

问题 6-3

(1) 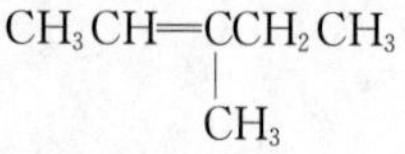 $CH_3CH=CCH_2CH_3$ (2) 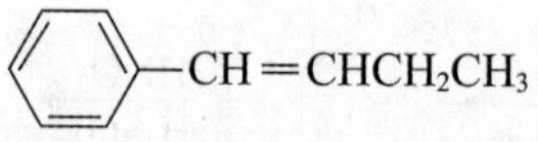 $-CH=CHCH_2CH_3$

  $\underset{CH_3}{|}$

问题 6-4

(3) > (2) > (1)

习题答案

1.

(1) 2,3,3-三甲基-1-氯丁烷 (2) 三碘甲烷（碘仿）

(3) 4-甲基-5-氯-2-戊烯 (4) (2S,3R)-3-氯-2-溴戊烷

(5) 对溴氯化苄

2.

(1) 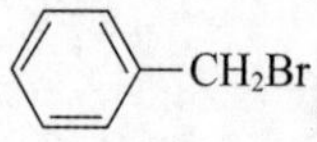 $-CH_2Br$ (2) $CH_2=CHCH_2Cl$

(3) 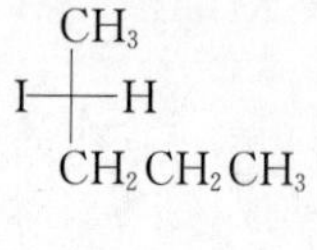 (4)

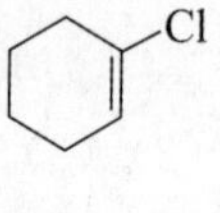

(5) 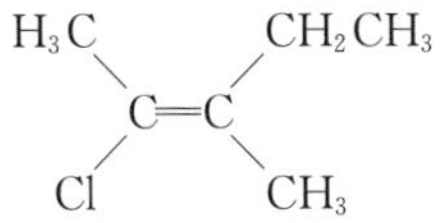
$$\underset{\underset{Cl}{|}}{\overset{\overset{H_3C}{|}}{C}}=\underset{\underset{CH_3}{|}}{\overset{\overset{CH_2CH_3}{|}}{C}}$$

3.

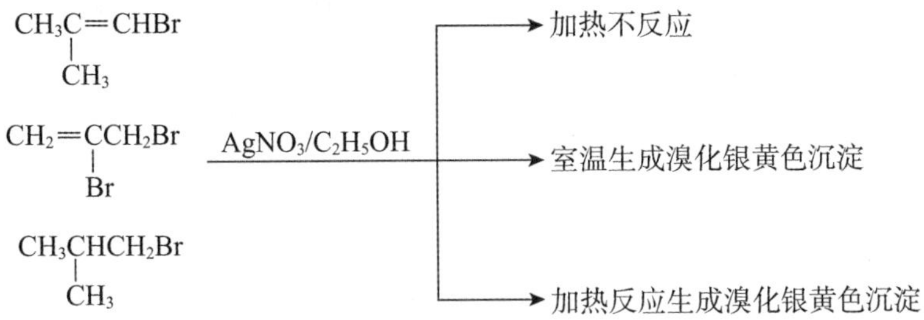

4.

(1) 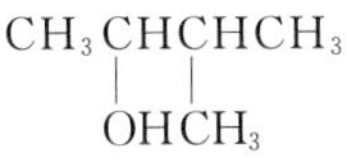 $CH_3CHCHCH_3$
$\qquad\quad\ \ \underset{OH}{|}\ \underset{CH_3}{|}$

(2) $CH_3CH{=}CHCH(CH_3)_2$

(3) 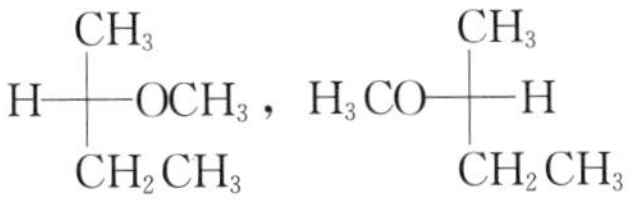 $H{-}\underset{\underset{CH_2CH_3}{|}}{\overset{\overset{CH_3}{|}}{C}}{-}OCH_3$ ，$H_3CO{-}\underset{\underset{CH_2CH_3}{|}}{\overset{\overset{CH_3}{|}}{C}}{-}H$

(4) 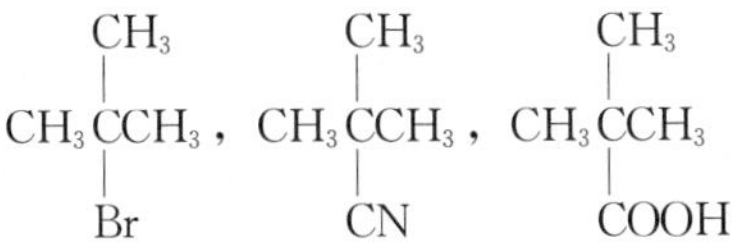 $CH_3\underset{\underset{Br}{|}}{\overset{\overset{CH_3}{|}}{C}}CH_3$ ，$CH_3\underset{\underset{CN}{|}}{\overset{\overset{CH_3}{|}}{C}}CH_3$ ，$CH_3\underset{\underset{COOH}{|}}{\overset{\overset{CH_3}{|}}{C}}CH_3$

(5)

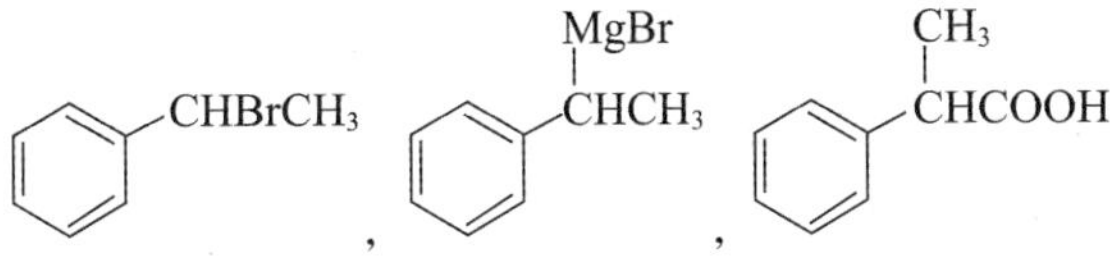

5.

(1) c＞a＞b＞d　　　　　　　　　　(2) a＞d＞c＞b

(3) b＞c＞d＞a

6. S_N1 反应机理：(1)、(4)、(6)；S_N2 反应机理：(2)、(3)、(5)、(7)

7. (1) 立即反应产生 $AgBr\downarrow$ ；(4) 加热后反应产生 $AgBr\downarrow$ ；(2)、(3) 室温或加热都无 $AgBr\downarrow$ 产生。

8.

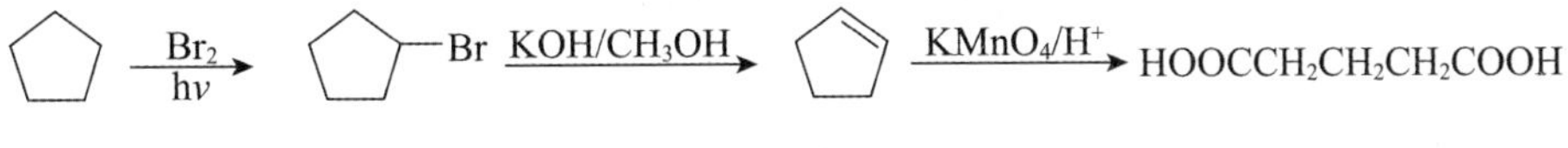

9.

(1)

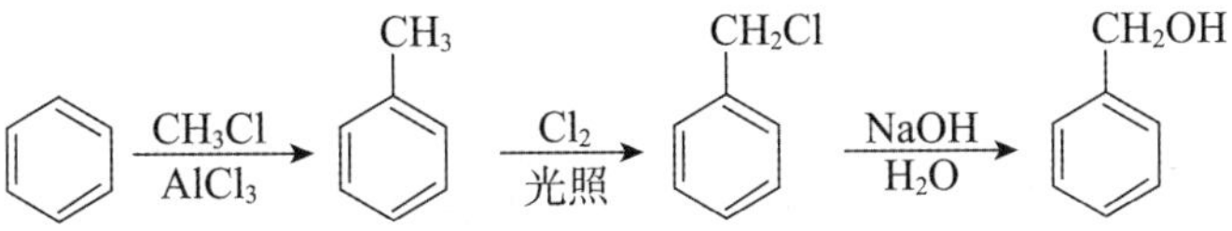

(2)

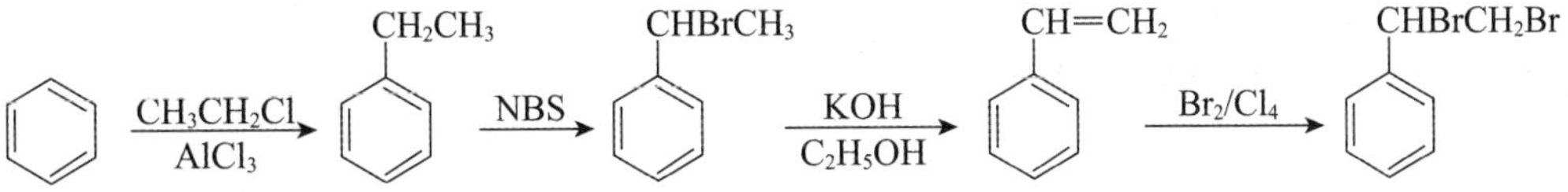

第七章

问题 7－1

(1) 3-乙基-4-戊烯-2-醇

(2) 反-3-己烯-2-醇

(3) 4-甲基-3-环己烯-1-醇

(4) $(CH_3)_2CHCH_2CH_2OH$

(5) CH$_3$CHCH$_2$ CHCHCH$_3$
     　　OH　　OH
     　　　　CH$_3$

(6) $(CH_3)_3COH$

问题 7－2

(1) $(CH_3)_2C=CHCH_2CH_2CH_3$

(2)

问题 7－3

酚氧负离子更稳定。因为酚氧负离子中的氧原子可以和苯环形成 $p-\pi$ 共轭体系，而环己基氧负离子中不存在共轭体系。

问题 7－4

酸性强弱顺序：对三氯甲基苯酚＞对溴苯酚＞苯酚＞对乙基苯酚。

问题 7－5

硝基通过吸电子效应使苯环电子云密度降低，使 O—H 键的极性增加，氢离子更容易解离；同时硝基的吸电子作用有助于酚氧负离子的稳定，因此间硝基苯酚比苯酚的酸性强。硝基作为间位定位基，使其邻、对位电子云密度降低程度更大，即邻位硝基对苯氧负离子的稳定作用更强，因此邻硝基苯酚比间硝基苯酚的酸性强。

问题 7－6

在保存和使用过程中，苯酚渐渐被空气中的 O_2 氧化成对苯醌而显粉红色，随着氧化的进行，颜色还会加深。密封保存可以避免苯酚被氧化。

习题答案

1.

　(1) A　　(2) A　　(3) A　　(4) C　　(5) C　　(6) B

2.

(1) 羟基所连的碳原子的类型　甲醇　伯醇　仲醇　叔醇

(2) HCl　ZnCl$_2$　不出现浑浊　几分钟后出现浑浊　即刻出现浑浊

(3) 与 Na 反应速度快的是乙醇　遇到 Lucas 试剂即刻出现浑浊的叔丁醇　能使酸性 $K_2Cr_2O_7$ 溶液褪色的是乙醇

(4) sp^3　　　sp^2

(5) 能与 FeCl$_3$ 溶液反应生成紫色的是苯酚　能与溴水反应生成白色沉淀的是苯酚　能溶于 NaOH 溶液的是苯酚

3.

　(1) 4-甲基-2-戊炔-1-醇

　(2) 5-甲基-2-环己烯-1-醇

　(3) 3-苯基-1,2-丙二醇

　(4) 4-硝基-3-溴苯酚

　(5) 4-甲基-2-戊醇

　(6) 2,6-萘二酚

　(7) 3-甲基-4-丙基环己醇

　(8) 对苯二酚

4.

(1)
$$CH_3CH_2\overset{\overset{\displaystyle CH_3}{|}}{C}H\overset{\underset{\displaystyle OH}{|}}{C}H_2$$
（带有 OH 在 CH 和 CH₂ 上）

(2) Cl—⬡—OH

(3) 1-萘酚，4-甲基

(4)
OH 苯环上 2,4,6 位为 O₂N、NO₂、NO₂

(5) 4-异丙基-2-甲基环己醇

(6) 环己烷-1,2-二醇

(7) $CH_3\overset{\underset{\displaystyle OH}{|}}{C}HCH{=}CH_2$

(8) $HOCH_2CH_2OH$

5.

(1) $H_3CH_2C\overset{\overset{\displaystyle CH_3}{|}}{\underset{\underset{\displaystyle Cl}{|}}{C}}CH_3$

(2) $(CH_3)_2CHCH_2CH_2ONO_2$

(3) $CH_3\overset{\overset{\displaystyle CH_3}{|}}{C}{=}CHCH_3$

(4) $CH_3CH_2CH_2ONa$

(5) 2-甲基环己酮（含 =O）

(6) $CH_3\overset{\underset{\displaystyle O}{\|}}{C}CH_2CH_2CH_2CHO$

(7) HO—苯环—Br、CH_3、Br

(8) ⬡—OK

6.

(1) d＞c＞a＞b

(2) d＞a＞c＞b

(3) d＞c＞a＞b

(4) d＞a＞c＞b

7.

(1)
正丁醇
仲丁醇   ──FeCl₃──→ （—）
叔丁醇   （—） ──卢卡斯试剂──→ 不变混
苯醇   （—）   几分后变混
                      紫色   立即变混

(2)
乙醇
环己醇   ──FeCl₃──→ （—） ──卢卡斯试剂──→ 不变混
2-甲基苯酚   （—）   几分后变混
                      紫色

(3)
1-丙醇
2-丙醇   ──Cu(OH)₂──→ （—） ──卢卡斯试剂──→ 不变混
1,2-丙二醇   （—）   几分后变混
                      蓝色

8.

A. $CH_3\overset{\overset{\displaystyle OH}{|}}{C}H\overset{\overset{\displaystyle }{}}{\underset{\underset{\displaystyle CH_3}{|}}{C}}HCH_3$

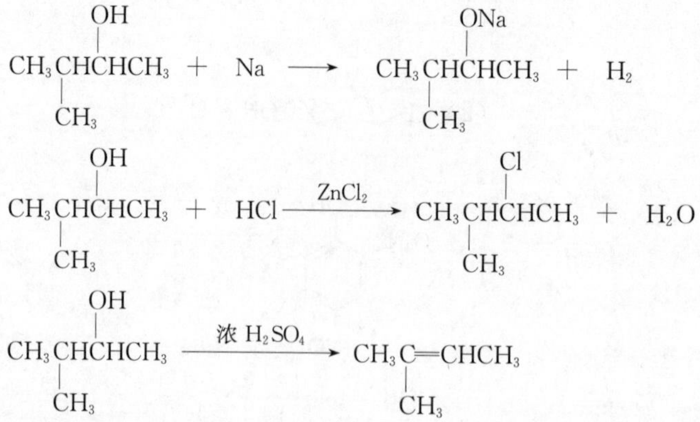

$$CH_3CHCHCH_3 \ (OH) \ (CH_3) + Na \longrightarrow CH_3CHCHCH_3 \ (ONa) \ (CH_3) + H_2$$

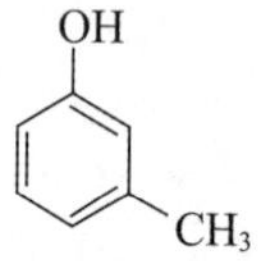

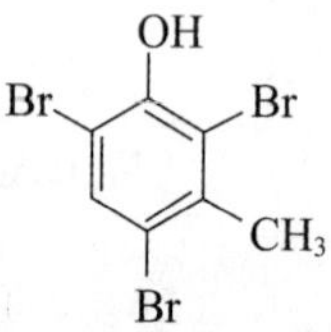

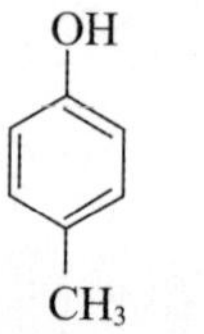

$$CH_3CHCHCH_3 \ (OH) \ (CH_3) + HCl \xrightarrow{ZnCl_2} CH_3CHCHCH_3 \ (Cl) \ (CH_3) + H_2O$$

$$CH_3CHCHCH_3 \ (OH) \ (CH_3) \xrightarrow{浓 H_2SO_4} CH_3C=CHCH_3 \ (CH_3)$$

B. 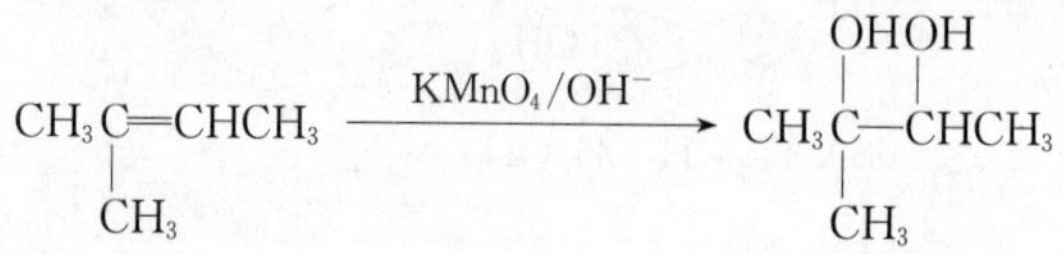　$$CH_3C=CHCH_3 \ (CH_3) \xrightarrow{KMnO_4/OH^-} CH_3C-CHCH_3 \ (OH)(OH) \ (CH_3)$$

C. 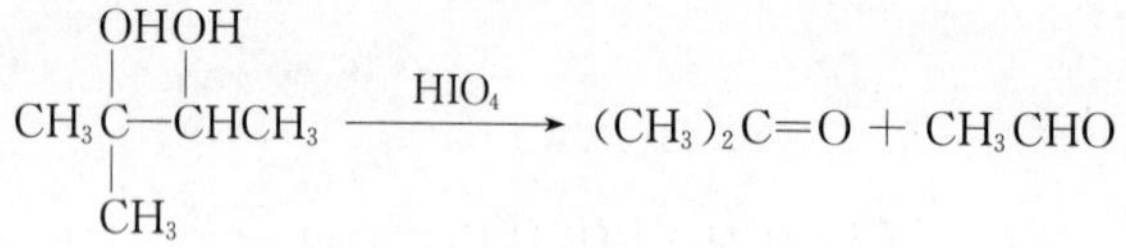　$$CH_3C-CHCH_3 \ (OH)(OH) \ (CH_3) \xrightarrow{HIO_4} (CH_3)_2C=O + CH_3CHO$$

9.

A:　（3-甲基苯酚）

B:　（2,4,6-三溴-3-甲基苯酚）

A′:　（4-甲基苯酚） 或 （2-甲基苯酚）

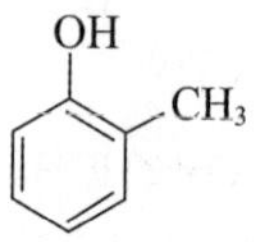

第八章

问题 8-1

　　将醚与酸性 KI 溶液混合并振摇后，用淀粉试纸检验，若试纸呈蓝色说明醚中含有过氧化物。若含有过氧化物，可加硫酸亚铁饱和溶液（或碘化钠、亚硫酸钠等），充分进行还原反应后，再进行蒸馏。

问题 8-2

$$(CH_3)_3C-O-C(CH_3)_3 \xrightarrow{HI} (CH_3)_2C=CH_2 + (CH_3)_3C-OH$$

问题 8-3

　　环氧乙烷在酸性条件发生开环反应的主要动因是质子化后的 C—O 键易断裂；而环氧乙烷在碱性条件发生开环反应的主要动因是有强的亲核试剂进攻。

习题答案

1.

(1)（二）异丙基醚　　　　　　　　　(2) 2-乙氧基乙醇

(3) 对甲苯基甲基醚　　　　　　　　(4)（S）-2-甲基-3-甲氧基己烷

(5) 2-甲基-1,2-环氧戊烷　　　　　　(6) 12-冠-4

2.

(1) 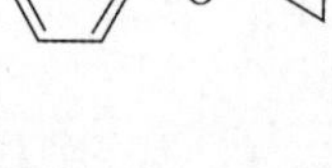　（苯基环丙基醚）

(2) 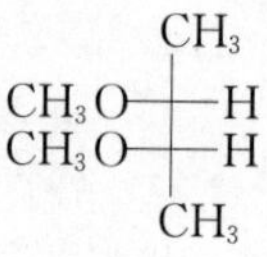　$$CH_3O-\overset{\displaystyle CH_3}{\underset{\displaystyle CH_3}{\overset{|}{\underset{|}{C}}}}-H \atop CH_3O-C-H$$

(3) 环己基结构，OH 与 OCH_3

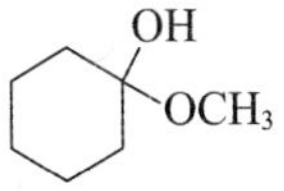

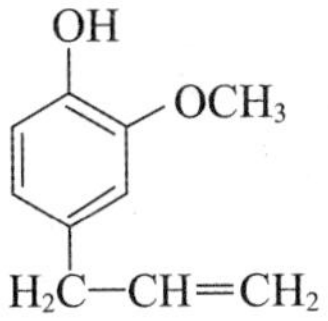

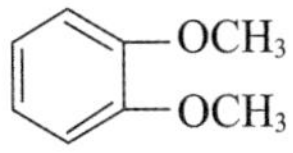

(4) OH、OCH_3、$H_2C-CH=CH_2$

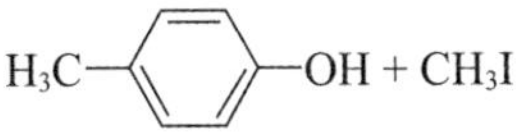

(5) OCH_3、OCH_3

(6) $H_2C-C-CH=CH_2$ 带 CH_3

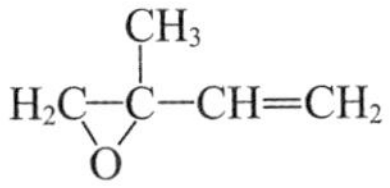

3.

(1) $CH_3CH_2CH_2I$

(2) 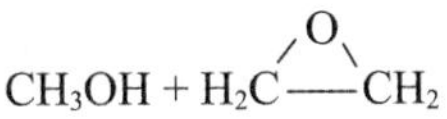 $CH_3OH + H_2C\overset{O}{-}CH_2$

(3) $H_3C-\!\!\!\bigcirc\!\!\!-OH + CH_3I$

(4) CH_3CHCH_2OH 带 Br

(5) $C_6H_5-\underset{OH}{CH}-CH_2NHCH_3$

(6) 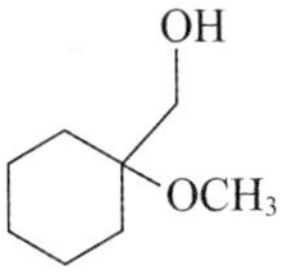 环己基带 OH、OCH_3

4.

(1) 环己烷与正丁醚：溶于浓硫酸的是丁醚。

(2) 甲苯和苯甲醚：使高锰酸钾溶液褪色的是甲苯。

(3) 丁醚与丁醇：使重铬酸钾褪色的是丁醇。

(4) 甲基烯丙基醚与丙醚：使溴水褪色的是甲基烯丙基醚。

5. (R)-2-甲氧基丁烷与 HI 反应是 S_N2 机理，较小的烃基与卤素结合；甲基叔丁基醚与 HI 反应是经过碳正离子机理，叔丁基碳正离子稳定，易于形成，然后再与碘结合。

6.

A: B:

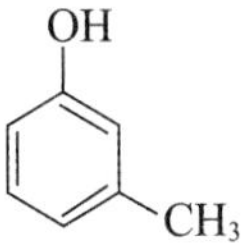

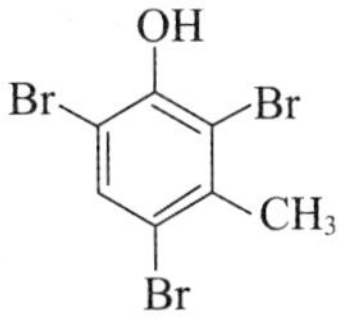

若 A 不溶于 NaOH 溶液，其结构为：

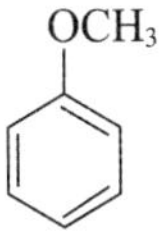

7.

(1) C—O—C 键角约 110°，两个 C—O 键的偶极无法抵消。

(2) 醚分子中没有羟基，无法像醇那样形成分子间氢键，故醚分子间的吸引力较小，沸点较低。

(3) 醚中的 O 也可以与 H_2O 形成氢键。

8. 因为氧原子与苯环存在 p-π 共轭效应，所以碳氧键难断裂。I^- 所引起的 S_N2 进攻不易发生在苯环的碳上，并且 $C_6H_5^+$ 也不可能通过 S_N1 反应生成。因此 ArI 不能成为产物。

9.

A: ; B: ; C: $(CH_3)_2C=CH_2$

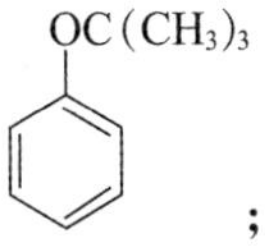

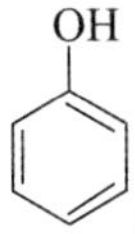

10.

(1) 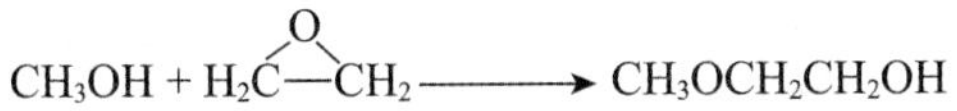 $CH_3OH + H_2C\overset{O}{-}CH_2 \longrightarrow CH_3OCH_2CH_2OH$

(2) 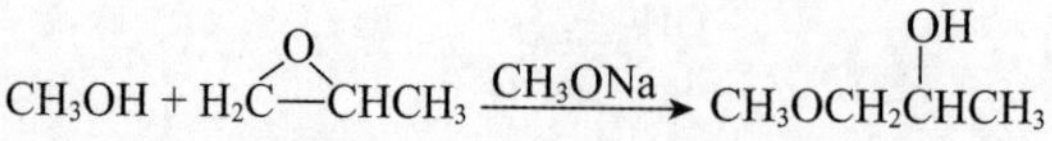 $CH_3OH + H_2C\overset{O}{-}CHCH_3 \xrightarrow{CH_3ONa} CH_3OCH_2\overset{OH}{C}HCH_3$

(3) $CH_3OH + H_2C\overset{O}{-}CHCH_3 \xrightarrow{H^+} CH_3OCH\overset{CH_3}{|}CH_2OH$

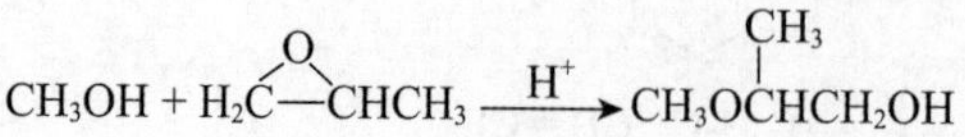

第九章

问题 9-1

1-丁醇沸点高。因为 1-丁醇能形成分子间氢键。

问题 9-2

b，c

问题 9-3

都可以。说明乙酰丙酮是酮式和烯醇式两种异构体的混合物，且能互相转变。

问题 9-4

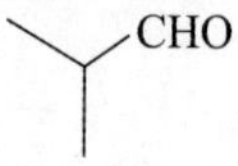

问题 9-5

不能，因为由醛和酮还原得到醇的 α-碳应含有至少一个 H 原子，而该化合物没有。

习题答案

1.

(1) 2,2-二甲基丙醛　　　　　　　(2) 3-甲基苯甲醛

(3) 3,3-二溴丁醛　　　　　　　　(4) 5-甲基-2-己酮

(5) 2,2,4,4-四甲基-3-戊酮　　　　(6) 2-异丙基环戊酮

2.

(1) 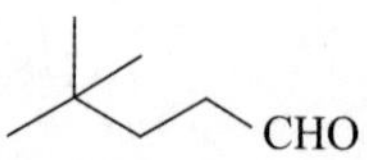 　　　　(2)

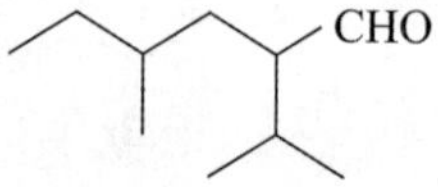

(3) 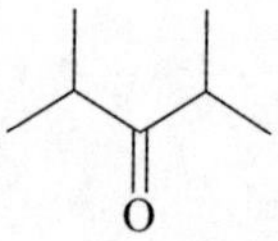 　　　　(4)

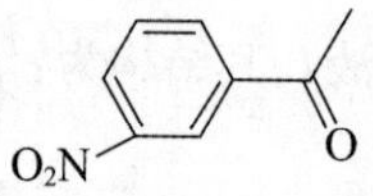

(5) 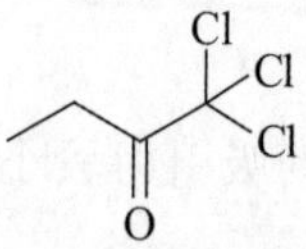 　　　　(6)

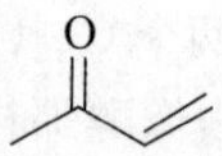

3.

(1) 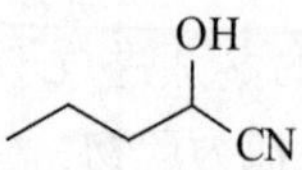 　　　　

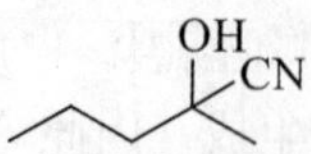

(2) 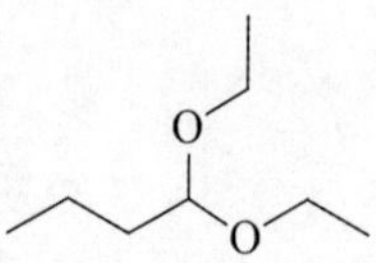 　　　　

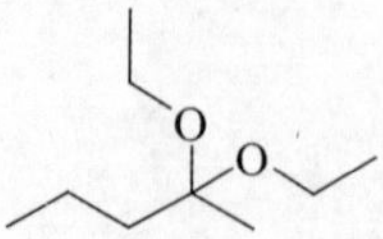

(3)

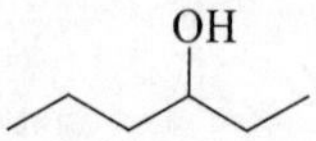

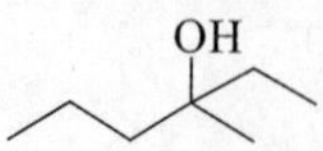

(4)

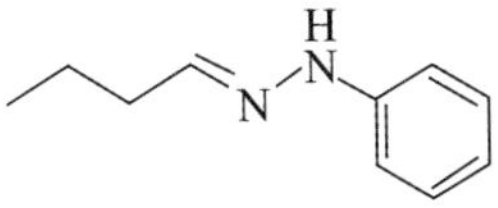

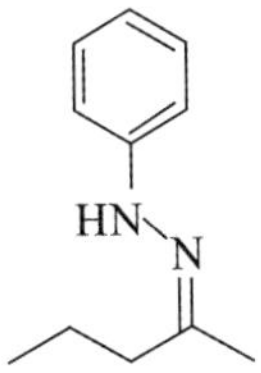

(5)

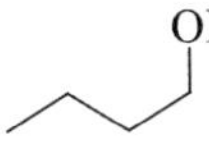

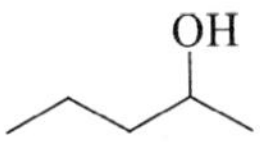

(6)

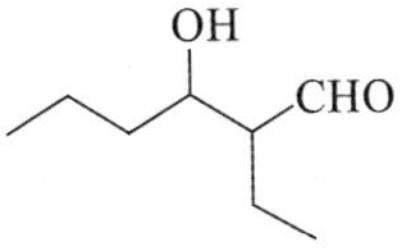

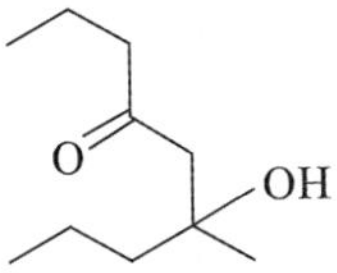

4.

(1)

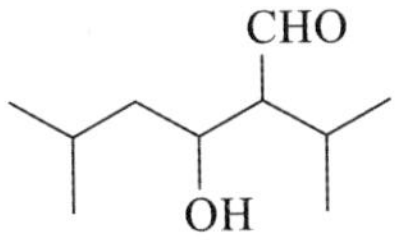

(2)

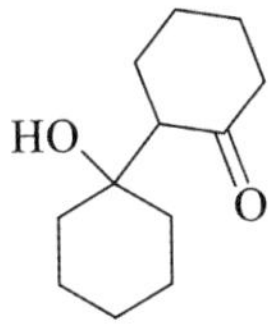

(3)

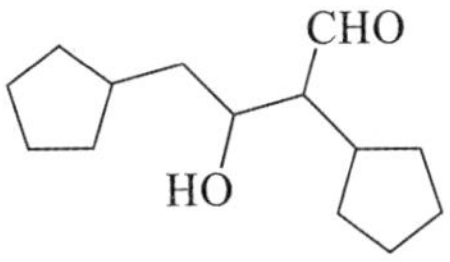

5.

b

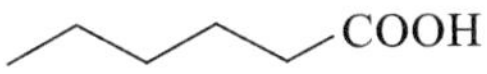

c

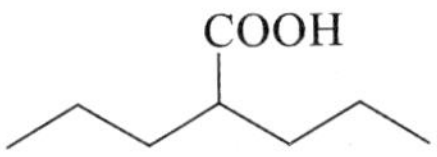

d

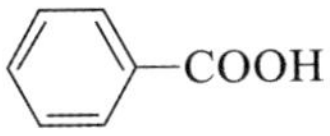

6. $HCHO>CH_3CHO>C_6H_5CHO>CH_3COCH_3>C_6H_5COCH_3>C_6H_5COC_6H_5$

7.

(1)

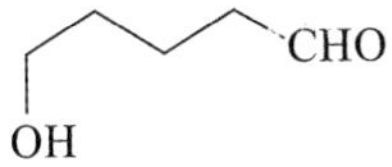

(2)

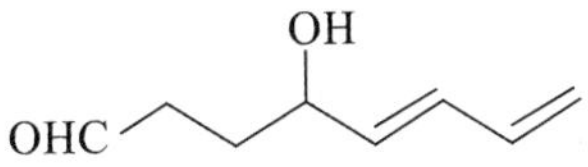

8.

(1) 乙醛
戊醛
3-戊酮
托伦试剂 {Ag↓ / Ag↓ / (−)} 碘仿反应 {淡黄↓ / (−)}

(2) 3-戊酮
2-戊酮
2,4-二戊酮
碘仿反应 {(−) / (+) / (+)} 溴水 {不反应 / 溴的红棕色消失}

(3) 乙醛
苯甲醛
苯乙酮
托伦试剂 {Ag↓ / Ag↓ / (−)} Benedict 试剂 {砖红色 / (−)}

9.

(1)

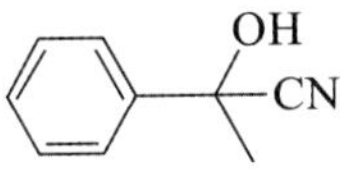

(2)

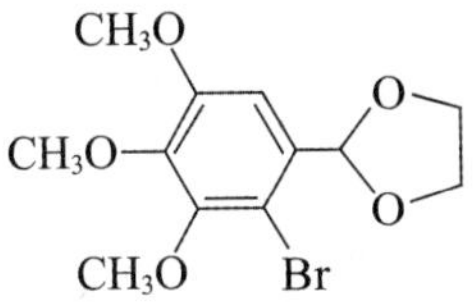

(3) 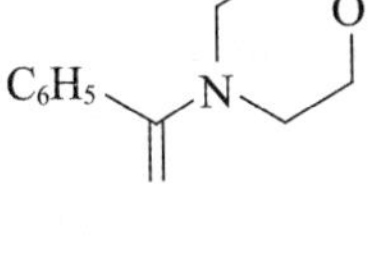 C_6H_5

（4）

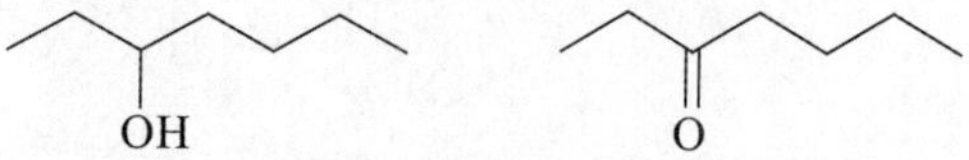

（5）

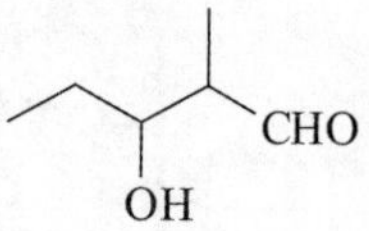

（6）

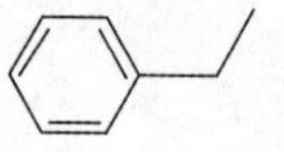

10.

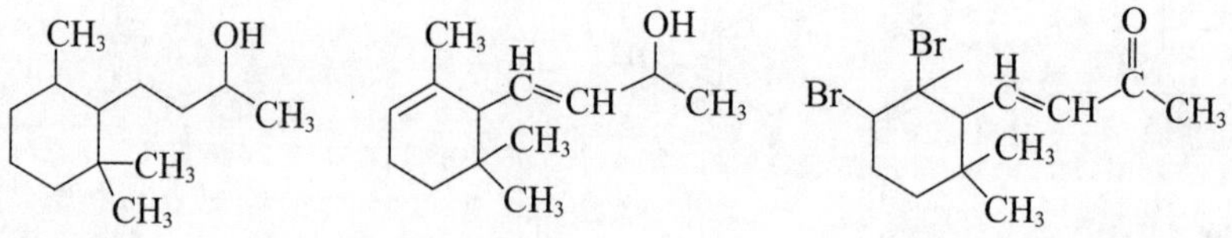

11.　$CH_3CH_2COCH_2CH_3$

第十章

问题 10-1

A＞C＞B＞D。从分子间作用力的角度分析。

问题 10-2

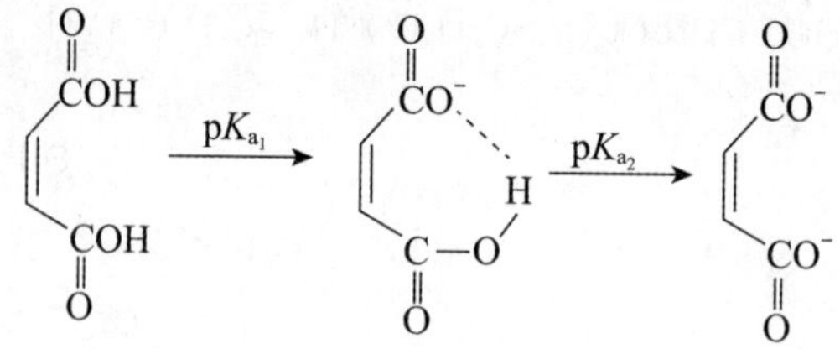

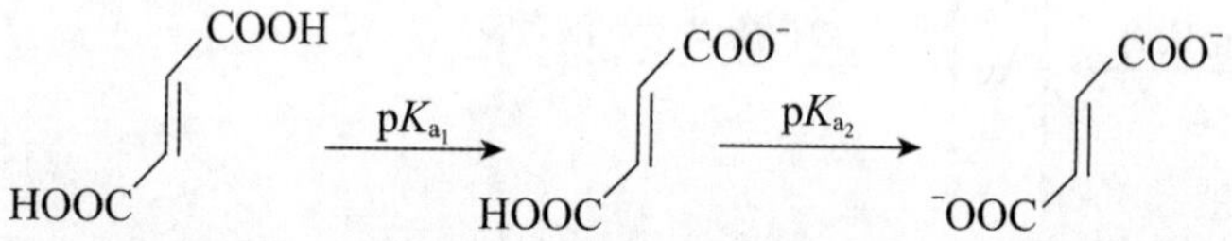

$$\xrightarrow{pK_{a_1}} \qquad \xrightarrow{pK_{a_2}}$$

$$\xrightarrow{pK_{a_1}} \qquad \xrightarrow{pK_{a_2}}$$

　　顺丁烯二酸一级解离后形成的酸根可形成氢键，较稳定，易于解离；二级解离后形成的双酸根负离子，负电荷离得比较近，场效应较强，不如反丁烯二酸双负离子稳定。

问题 10-3

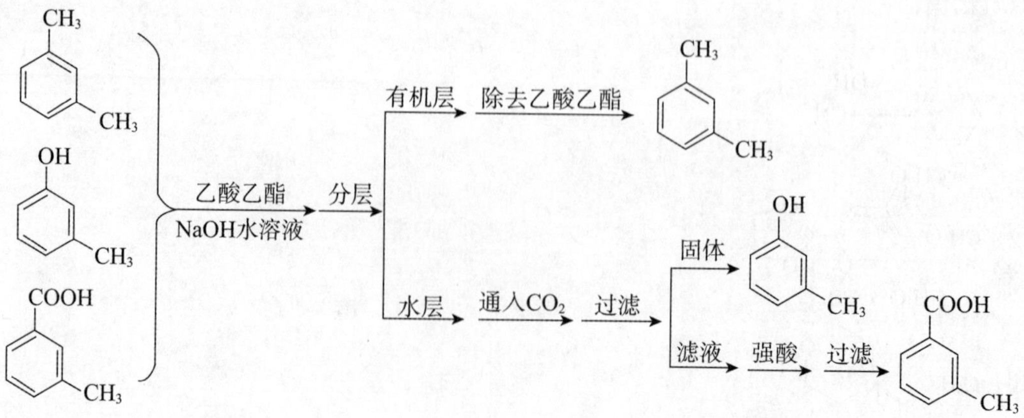

问题 10-4

(1) 乳酸中的羟基只有吸电子的诱导效应，使乳酸的酸性大于丙酸；对羟基苯甲酸中的酚羟基，既有吸电子的诱导效应，又有给电子的共轭效应，综合两种效应，酚羟基是给电子基团，使对羟基苯甲酸的酸性小于苯甲酸。

(2) 室温下，γ-羟基丁酸以内酯的形式存在，因此没有酸性。

问题 10-5

(1) 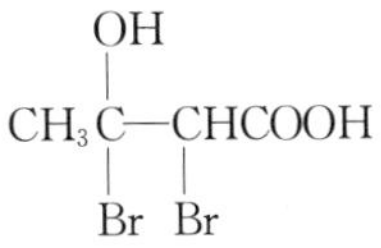
$$\underset{\underset{\text{Br Br}}{|\quad|}}{CH_3C-CHCOOH}$$
（OH 在第一个 C 上）

(2) $NaOOCCH_2CH_2CH_2COONa + CHI_3$

习题答案

1.

(1) 3（β）-甲基戊酸

(2) 2-乙基-3-丁酮酸

(3) 3（β）-苯基丙酸

(4) 3（间）-羟基苯甲酸

(5) 3-溴环己基甲酸

(6) 环戊基乙酸

2.

(1) 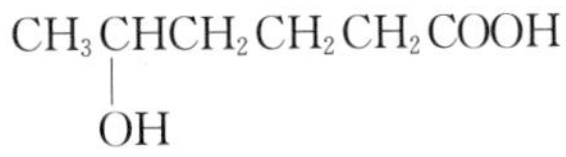 $\underset{\underset{OH}{|}}{CH_3CHCH_2CH_2CH_2COOH}$

(2) $HOOCCOCH_2COOH$

(3)

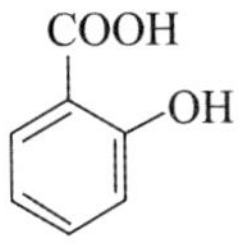

(4) 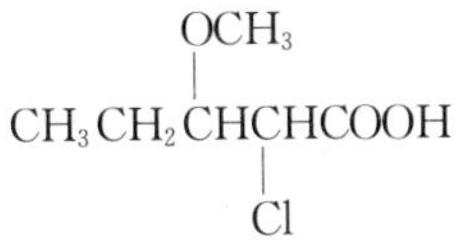 $\underset{\underset{Cl}{|}}{CH_3CH_2\overset{\overset{OCH_3}{|}}{CH}CHCOOH}$

(5) $\underset{\underset{CH_3}{|}}{H\overset{\overset{COOH}{|}}{-}OH}$

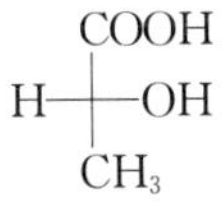

(6)

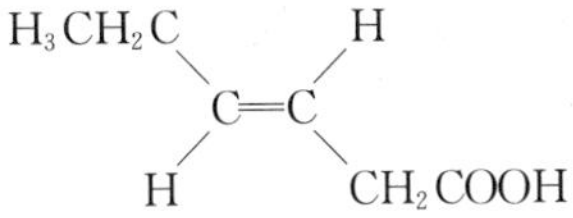

3.

(1) 对硝基苯甲酸＞对氰基苯甲酸＞对甲基苯甲酸＞对甲氧基苯甲酸

(2) 苯磺酸＞苯甲酸＞碳酸＞苯酚

(3) 2-氯丁酸＞3-氯丁酸＞3-溴丁酸＞丁酸

(4) 丙酮酸＞乙酰乙酸＞乳酸＞β-羟基丁酸

(5) 草酸＞丙二酸＞丁二酸＞戊二酸

4.

(1) Na_2CO_3 和 Tollens 试剂

(2) Na_2CO_3 和 $FeCl_3/H_2O$

(3) $FeCl_3/H_2O$ 和 $I_2 + NaOH$

(4) Na_2CO_3 和 $I_2 + NaOH$

5. 丙酸＞异丁醇＞丁酮＞甲乙醚；分子间作用力越大，沸点越高。

6.

(1)

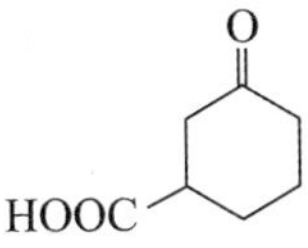

(2)

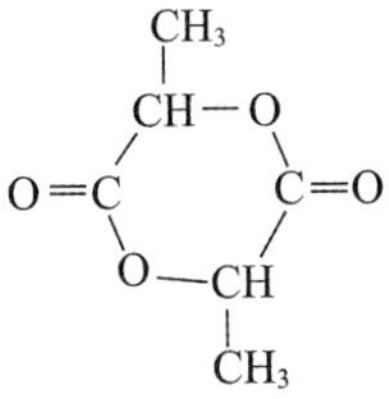

(3)

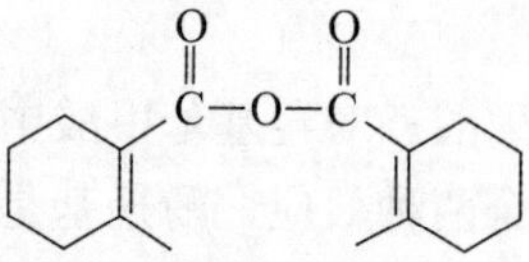

(4)

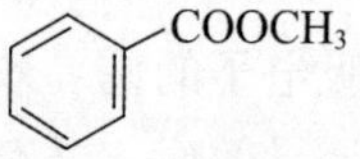

(5)

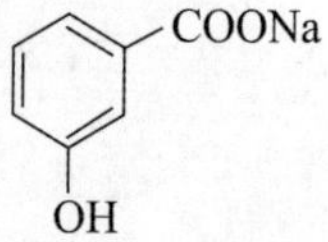

(6)

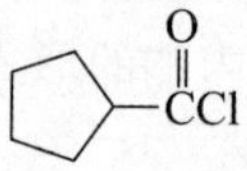

7.

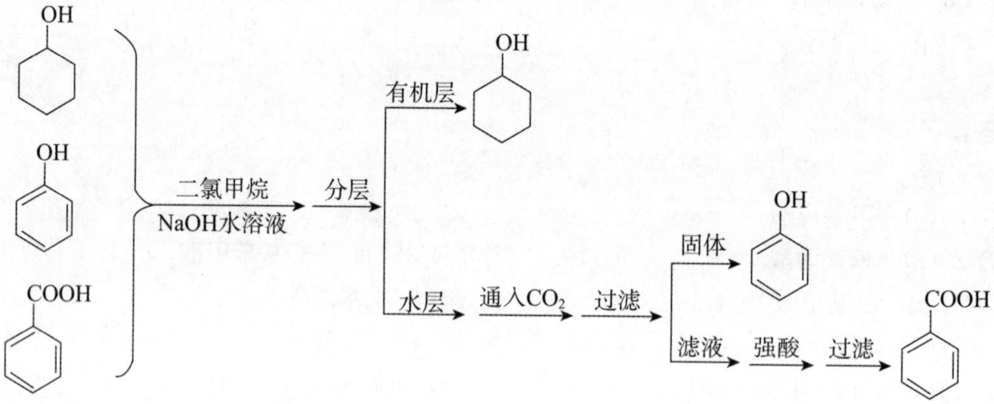

8.

（1）羰基的吸电子诱导效应强于羟基；苯甲酸根负电荷由于共轭效应而被分散，较稳定。

（2）β-丁酮酸的烯醇式结构形成六元环的分子内氢键，易于电子转移脱羧。

（3）由于羧基中羟基与羰基的共轭效应，羧羰基碳原子正电性较酮羰基碳原子正电性低，不易被 NaBH$_4$ 的 H$^-$ 进攻，不能被 NaBH$_4$ 还原，需要活性更高的还原剂（LiAlH$_4$）才能还原羧基。

9.

A. $CH_3CH_2CH_2CH_2COOH$

B. $CH_3CH_2COOCH_2CH_3$

C.

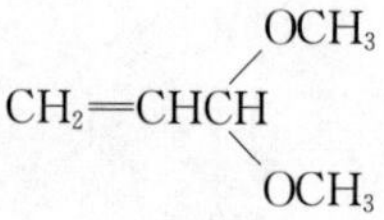

10.

A.

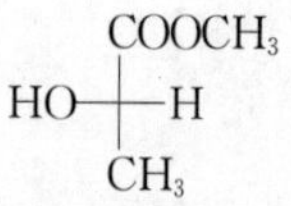

B. CH_3OH

C.

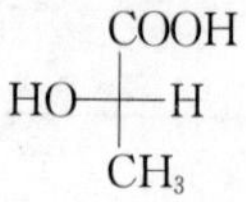

11.

A.

B.

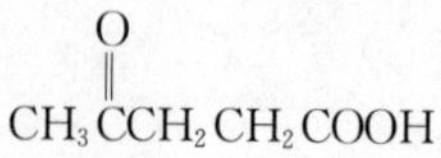

C. $HOOCCH_2CH_2COOH$

D.

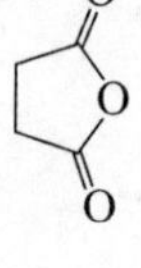

12.

A. 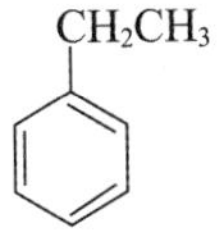 苯基-CH₂CH₃ (ethylbenzene)

B. 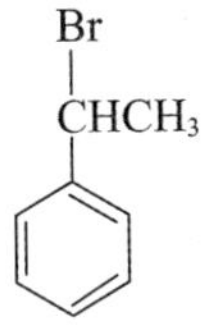 苯基-CHCH₃, Br

C. 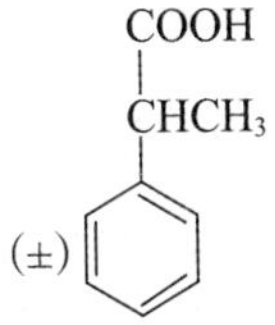 苯基(±)-CHCH₃, COOH

D. 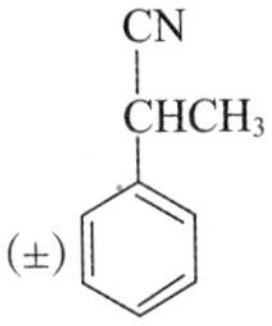 苯基(±)-CHCH₃, CN

第十一章

问题 11-1

（1）二甲基戊二酸酐

（2）2-甲基-γ-戊内酰胺

（3）N,3-二甲基苯甲酰胺

问题 11-2

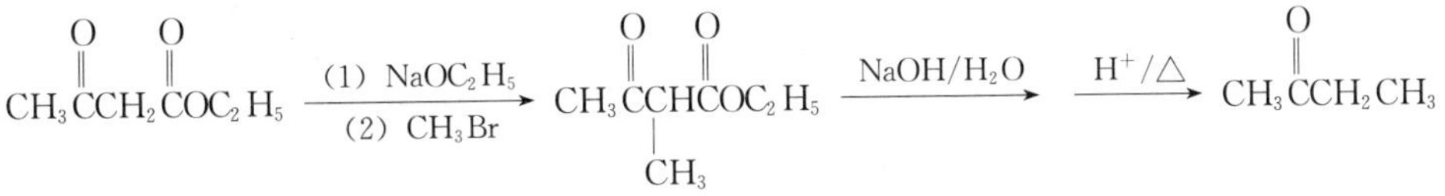

$$CH_3CCH_2COC_2H_5 \xrightarrow[(2)\ CH_3Br]{(1)\ NaOC_2H_5} CH_3CCHCOC_2H_5 \xrightarrow{NaOH/H_2O} \xrightarrow{H^+/\triangle} CH_3CCH_2CH_3$$

习题答案

1.

（1）环己基甲酰氯

（2）乙酰苯胺

（3）邻苯二甲酰亚胺

（4）乙酸苯酯

（5）乙丙酐

（6）环己基乙酰胺

（7）3-甲基-γ-丁内酯

（8）顺丁烯二酸酐

（9）2-苯基丙酰氯

2.

（1）

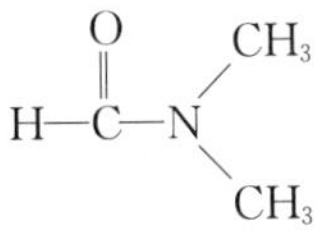

（2）

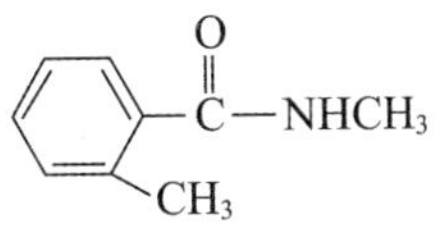

（3）$CH_3CH_2CHC-Cl$, Cl

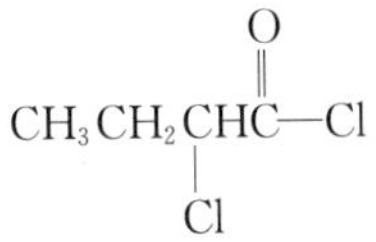

（4）

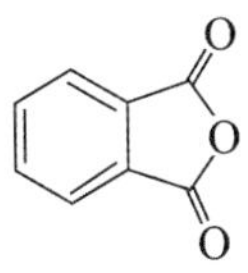

（5）

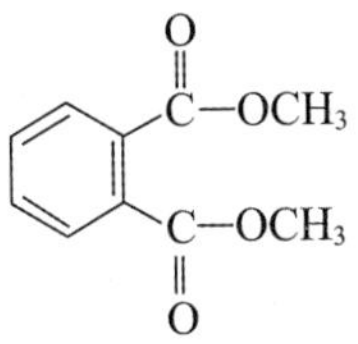

（6）$CH_2=CHC-OCH_3$

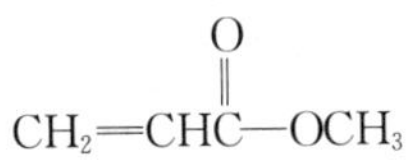

3.

（1）

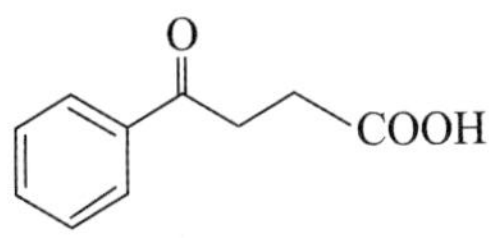

（2）CH_3CH_2OH ＋ OH

(3) HO—C(=O)—⬡—Br

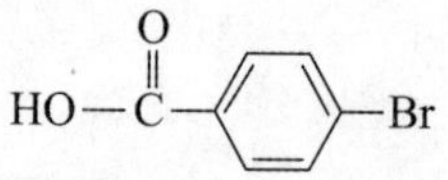

(4) CH₃C(=O)—O⁻ Na⁺ ＋ HO¹⁸C₂H₅

(5) C₆H₅CH₂—C(=O)—CH(C₆H₅)—CO C₂H₅ ＋ C₂H₅OH

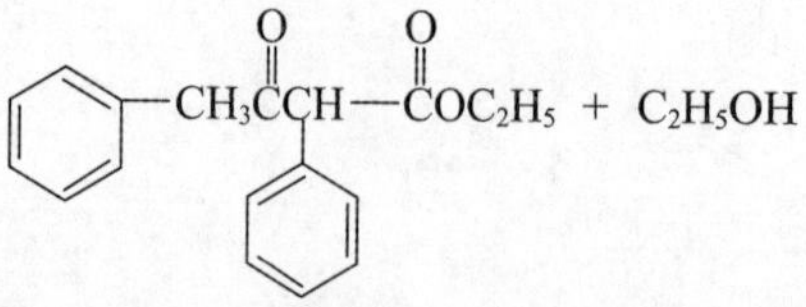

(6) HC(=O)—HN—⬠ ＋ C₂H₅OH

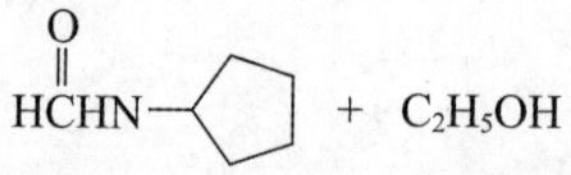

4. 酸性按 CABD 降序排列。乙酰乙酸乙酯之所以表现出酸性，是因为受两个羰基的吸电子影响，中间 α-H 表现出明显的酸性。并且这个酸的共轭碱的负电荷可以离域到两个羰基上，形成更稳定的烯醇负离子。与羰基相连的基团给电子能力越强，越不利于负离子的稳定，酸性则越弱。

5. 酰胺既可显示弱酸性也可显示弱碱性。这是由于分子中氮原子上的 p 轨道与羰基的 π 键形成了 p-π 共轭，其结果是氮原子电子云密度降低，其接受质子的能力减弱，从而使酰胺表现出弱碱性；同时，由于氮原子电子云密度降低，增加了 N—H 键的极性，使得酰胺又能表现出弱酸性。

6. （1）CBAD；（2）DCBA

7.

（1）在缩二脲的碱性溶液中加入少许硫酸铜溶液，溶液显紫红色或紫色，这个反应称为缩二脲反应。缩二脲反应能鉴别含两个或以上的酰胺结构的化合物。例如，缩二脲反应可鉴别多肽和蛋白质。

（2）丙二酰脲分子结构能够发生酮式-烯醇式互变异构现象，其中的烯醇式表现出比乙酸（pK_a＝4.76）更强的酸性，故丙二酰脲表现出弱酸性。

8.

（1）CH₃C(=O)CH₂C(=O)OC₂H₅ →[(1) NaOC₂H₅][(2) CH₃Br] CH₃C(=O)CH(CH₃)C(=O)OC₂H₅ →[(1) NaOC₂H₅][(2) CH₃CH₂Br] CH₃C(=O)—C(◇)—C(=O)OC₂H₅

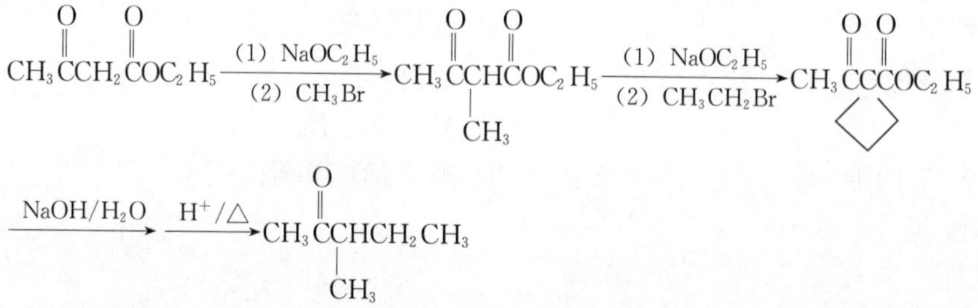

→[NaOH/H₂O] →[H⁺/△] CH₃C(=O)CH(CH₃)CH₂CH₃

（2）CH₃C(=O)CH₂C(=O)OC₂H₅ →[(1) NaOC₂H₅][(2) Br—CH₂CH₂CH₂—Br] CH₃C(=O)CH(CH₂CH₂CH₂Br)C(=O)OC₂H₅ →[NaOC₂H₅] CH₃C(=O)—C(◻)—C(=O)OC₂H₅

→[NaOH/H₂O] →[H⁺/△] CH₃C(=O)—◻

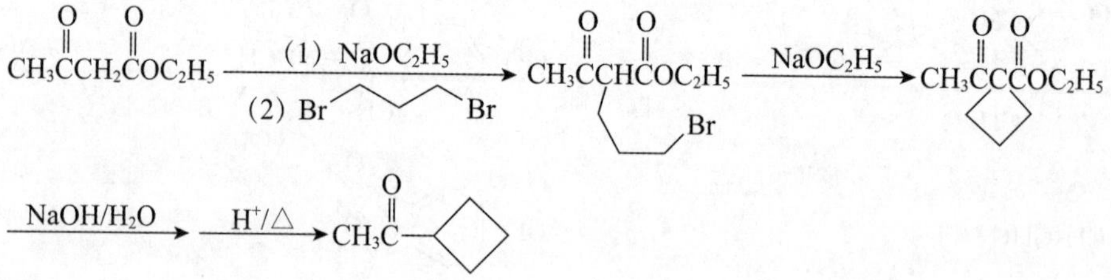

第十二章

问题 12-1

（1）甲异丙胺

（2）溴化三甲基苄基铵

（3）1-甲基-3-乙基-2-甲胺基环戊烷

（4）2-硝基-4,6-二溴苯胺

（5）CH₃CH₂CH₂—N(CH₃)(CH₃)

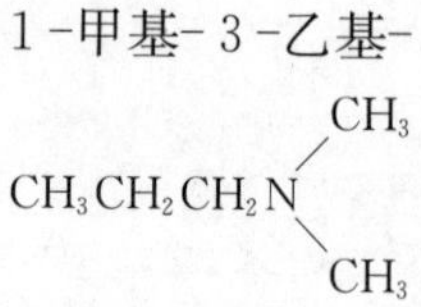

（6）⬡—NH—CH(CH₃)₂

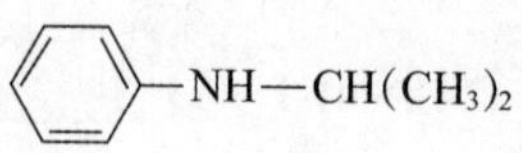

（7）H_2N——NH_2

（8） $CH_3CHCH_2CH_2\overset{\underset{\textstyle |}{CH_3}}{CH}\overset{\underset{\textstyle |}{CH_2NH_2}}{CH}CH_3$

问题 12 - 2

（1）二乙胺＞乙胺＞苯胺＞二苯胺

（2）二甲胺＞甲胺＞氨＞苯胺＞乙酰苯胺

（3）苄胺＞对甲基苯胺＞间硝基苯胺＞对硝基苯胺＞2,4-二硝基苯胺

问题 12 - 3

CH_3——苯环 $\xrightarrow{KMnO_4}$ $COOH$——苯环 $\xrightarrow[\triangle]{NH_3}$ $CONH_2$——苯环 $\xrightarrow{NaOH/Br_2}$ NH_2——苯环

问题 12 - 4

（1）苯环—NH_2 $\xrightarrow{CH_3COCl}$ 苯环—$NHCOCH_3$ + HCl

（2）苯环—NH_2（邻 CH_3） $\xrightarrow[\triangle]{浓H_2SO_4}$ HO_3S—苯环—NH_2（邻 CH_3）

问题 12 - 5

（1）苯环—CH_3 $\xrightarrow{H_2SO_4/HNO_3}$ O_2N—苯环—CH_3 $\xrightarrow{Fe/HCl}$ O_2N—苯环—CH_3 $\xrightarrow{(CH_3CO)_2O}$

CH_3CONH—苯环—CH_3 $\xrightarrow[FeCl_3]{Br_2}$ CH_3CONH—苯环（邻 Br）—CH_3 $\xrightarrow{NaOH/H_2O}$

NH_2—苯环（邻 Br）—CH_3 $\xrightarrow[0\sim5\ ℃]{NaNO_2/HCl}$ $Cl^-N_2^+$—苯环（邻 Br）—CH_3 $\xrightarrow[H_2O]{H_3PO_2}$ 苯环（邻 Br）—CH_3

（2）苯环—CH_3 $\xrightarrow{H_2SO_4/HNO_3}$ O_2N—苯环—CH_3 $\xrightarrow{Fe/HCl}$ H_2N—苯环—CH_3 $\xrightarrow[FeCl_3]{Br}$

H_2N—苯环（邻,邻 Br）—CH_3 $\xrightarrow[0\sim5\ ℃]{NaNO_2/HCl}$ $Cl^-N_2^+$—苯环（邻,邻 Br）—CH_3 $\xrightarrow[H_2O]{H_3PO_2}$ 苯环（Br,Br）—CH_3

习题答案

1.

（1）甲乙异丙胺

（2）N-甲基-N-乙基对甲基苯胺

（3）2-甲基-3-甲氨基丁烷

（4）4-硝基-3-溴苯胺

（5）N-甲基环己胺

（6）N,N-二苯基苄胺

2.

（1） $\overset{\underset{\textstyle |}{CH_3}}{\underset{\textstyle N}{}}$ 连接 H_3C 和 $C(CH_3)_3$

（2） 环己基—NH—$CH(CH_3)_2$

（3） $CH_3CHCH_2CH_2CH_3$（取代基 $NHCH_2CH_3$）

（4） 苯基—NH—$CH(CH_3)_2$

（5）$H_2NCH_2CH_2NH{-}CH_3$

（6）

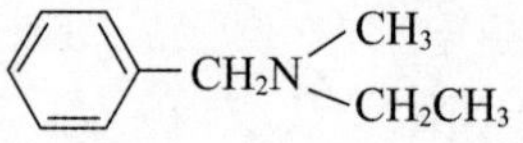

3.（3）＞（1）＞（2）＞（4）

4.

（1）

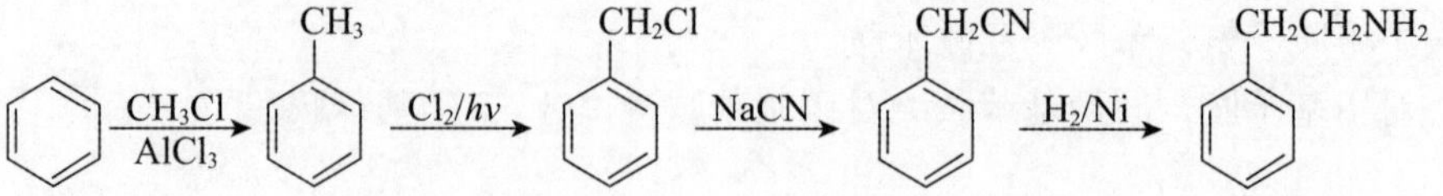

（2）

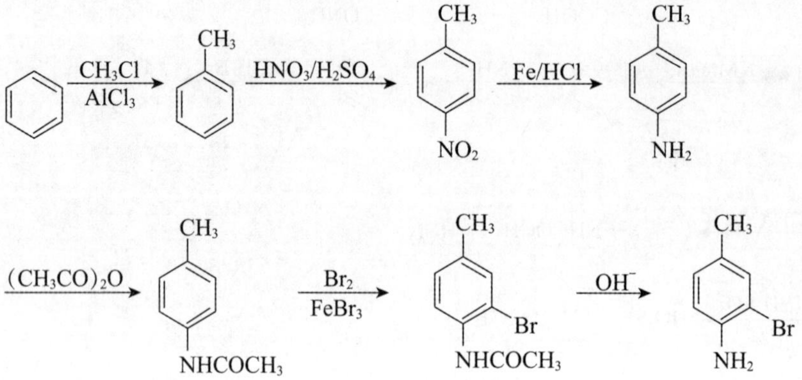

（3）

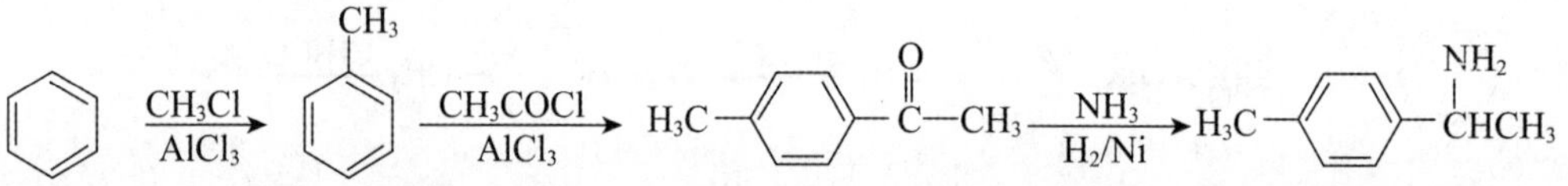

（4）

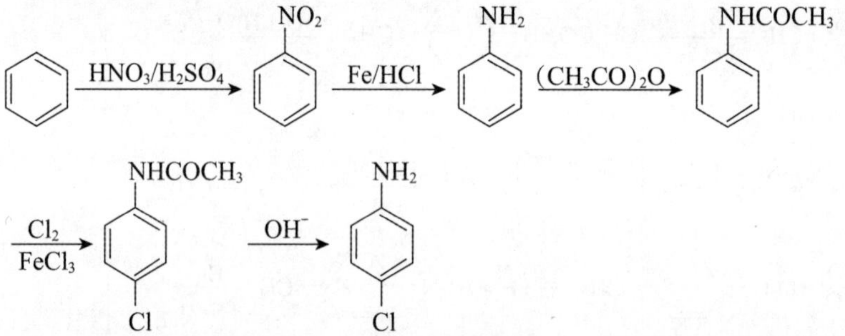

（5）

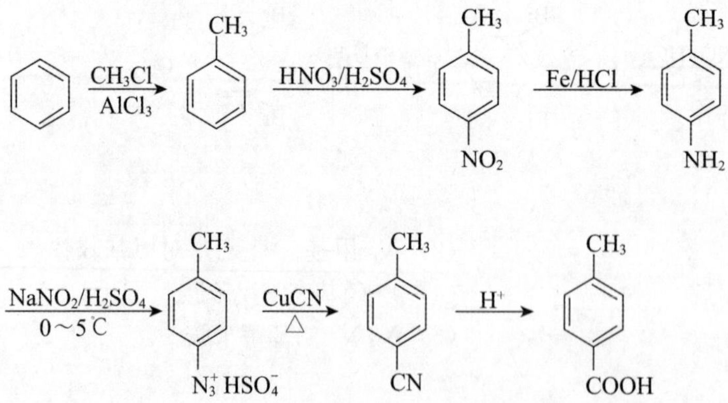

（6）

$$\text{苯} \xrightarrow{HNO_3/H_2SO_4} \text{硝基苯} \xrightarrow{Fe/HCl} \text{苯胺} \xrightarrow[0\sim5℃]{NaNO_2/H_2SO_4} \text{重氮盐}$$

$$\xrightarrow[\triangle]{H_3O^+} \text{苯酚} \xrightarrow{N_2^+HSO_4^-} \text{偶氮化合物}$$

5.

（1） $H_3C\text{—}\langle\rangle\text{—}CH_2NH_2 \xrightarrow{HNO_2} H_3C\text{—}\langle\rangle\text{—}CH_2OH + N_2\uparrow$

（2）

$$\xrightarrow{(CH_3CO)_2O} \text{—NHCOCH}_3 + CH_3COOH$$

（3）

$$\langle\rangle\text{—}\overset{+}{N}\equiv NHSO_4^- \xrightarrow{H_3PO_2/H_2O} \langle\rangle$$

（4）

$$\xrightarrow{HNO_2}$$

（5）

$$\langle\rangle\text{—}NH_2 + HCl \longrightarrow \langle\rangle\text{—}NH_3Cl$$

（6）

$$H_3C\text{—}\overset{\overset{CH_3}{|}}{N}\text{—}CH_3 + CH_3CH_2Cl \longrightarrow [(CH_3)_3NCH_3CH_3]^+Cl^-$$

（7）

$$H_3C\text{—}\langle\rangle\text{—}NH_2 \xrightarrow{Br_2/H_2O} H_3C\text{—}\langle\rangle\text{—}NH_2 \text{（2,6-二溴）}$$

（8）

$$H_3C\text{—}\langle\rangle\text{—}N_2^+Br^- + HBr（浓） \xrightarrow[\triangle]{CuBr} H_3C\text{—}\langle\rangle\text{—}Br$$

（9）

$$\langle\rangle\text{—}\overset{+}{N}\equiv NCl^- + \text{—NH}_2 \xrightarrow[0℃, H_2O]{CH_3COOH} \text{偶氮化合物}$$

（10）

$$\langle\rangle NH + \langle\rangle\text{—}SO_2Cl \longrightarrow \langle\rangle\text{—}SO_2\text{—}N\langle\rangle$$

6.

（1）

（2）

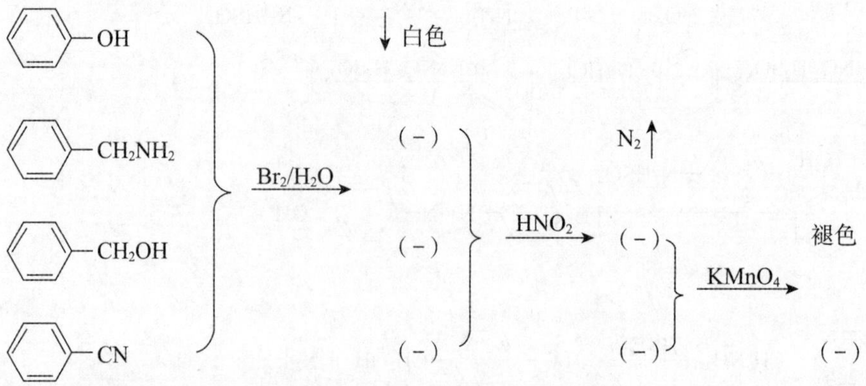

7. 苯环的平面结构导致的空间位阻使反应很难进一步烃基化。

8.

（1）  H_3CO—〈benzene〉—NH_2 〈benzene〉—NH_2 F—〈benzene〉—NH_2 NC—〈benzene〉—NH_2

（2） 〈piperidine〉NH 〈cyclohexane〉—NH_2 〈benzene〉—NH_2 〈cyclohexane〉—$\overset{O}{\overset{\|}{C}}$—$NH_2$

（3） 〈benzene〉—NH_2 O_2N—〈benzene, NO_2 top, NO_2 bottom〉—NH_2 O_2N—〈benzene, NO_2 top, NO_2 bottom〉—$N\overset{CH_3}{\underset{CH_3}{}}$

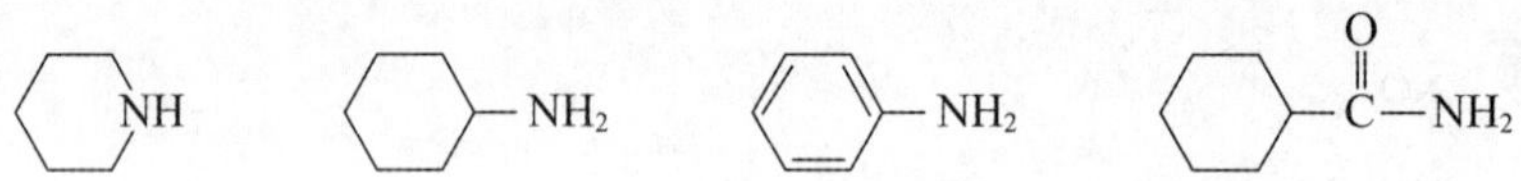

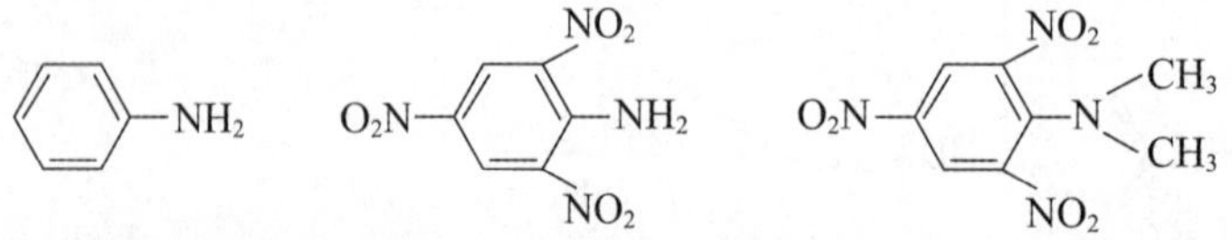

9. $[(CH_3)_3NCH_2CH_2OH]^+OH^-$

10.

A. 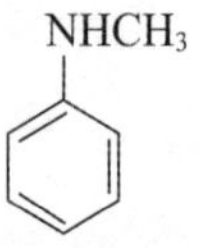 〈benzene〉—$NHCH_3$ B. 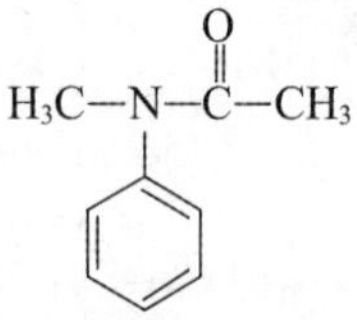 〈benzene〉—$\overset{CH_3}{\underset{}{N}}$—$\overset{O}{\overset{\|}{C}}$—$CH_3$ C. 〈benzene〉—$\overset{CH_3}{\underset{}{N}}$—$NO$

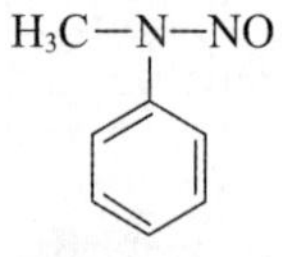

11.

A. 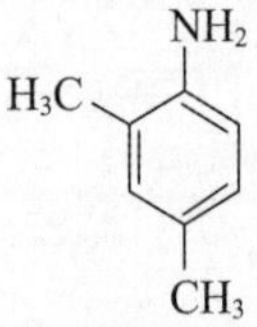 〈H_3C and NH_2 on benzene, CH_3 bottom〉   B. 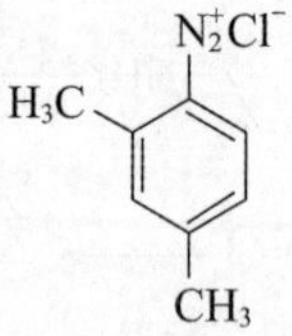 〈H_3C and $N_2^+Cl^-$ on benzene, CH_3 bottom〉

C. 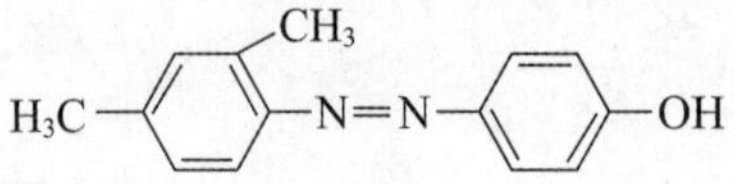 H_3C—〈benzene, CH_3〉—$N=N$—〈benzene〉—OH

12.

A. CH_3CH_2COCl B. 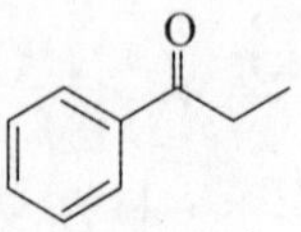 〈benzene〉—$\overset{O}{\overset{\|}{C}}$—$CH_2CH_3$

C. Br_2，CH_3COOH D. 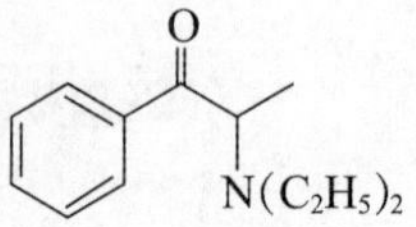 〈benzene〉—$\overset{O}{\overset{\|}{C}}$—$\overset{}{\underset{N(C_2H_5)_2}{CH}}$—$CH_3$

第十三章

问题 13-1

N 原子上的未成键电子对发生离域，与环上的另外 4 个碳组成了具有芳香性的 6π 电子体系，不能和酸结合。

问题 13-2

因为 2-吡咯甲醛的吡咯环和醛基能形成共轭体系，吡咯环上的电子向 C=O 双键的碳上转移，降低了碳的正电性。所以反应活性比苯甲醛低。

问题 13-3

吡咯的亲电取代反应活性大于吡啶，因为吡咯 N 上的孤对电子参与共轭，为富电子芳香杂环体系，而吡啶 N 上的孤对电子不参与共轭，环上电子云密度小。

习题答案

1.
  - (1) 2,5-二甲基呋喃
  - (2) 2-甲基噻吩
  - (3) 3-甲基吡啶
  - (4) 1-乙基-5-溴-2-吡咯甲酸
  - (5) 8-羧基喹啉
  - (6) 3-吲哚乙酸

2.

(1)

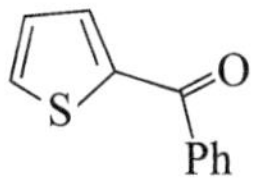

(2)

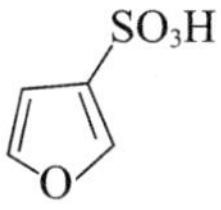

(3)

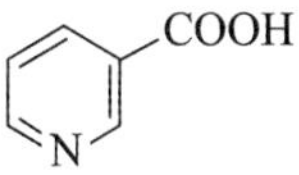

(4)

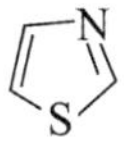

(5)

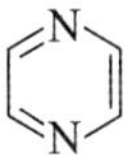

(5)

3. (2) > (4) > (3) > (1)

4. (1) c>a>b   (2) a>b>c

5.

(1)

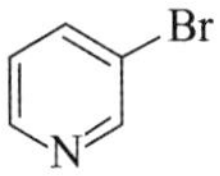

(2)

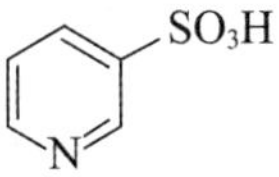

(3)

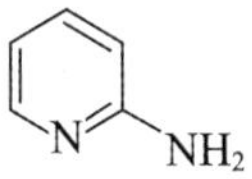

(4)

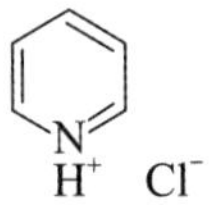

(5)

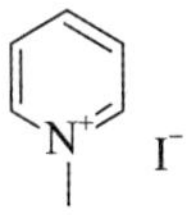

6.

(1)

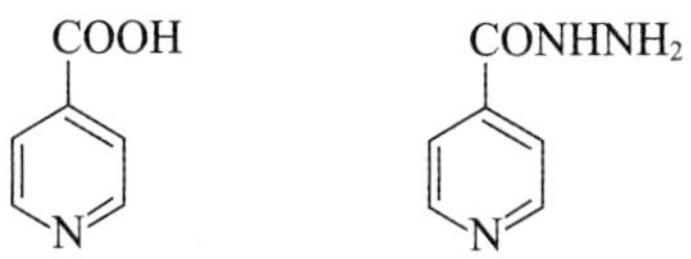

(2)

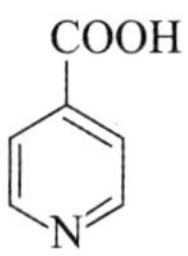

（3）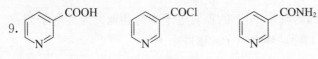　　　（4）

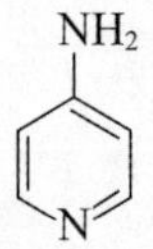

（5）

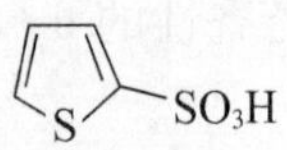

7. 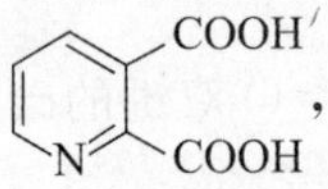 ，因为吡啶环比苯环更稳定，不易开环。

8. 鸟嘌呤，c＞a＞b。

9.

第十四章

问题 14-1

D-半乳糖　　　　　L-半乳糖

问题 14-2

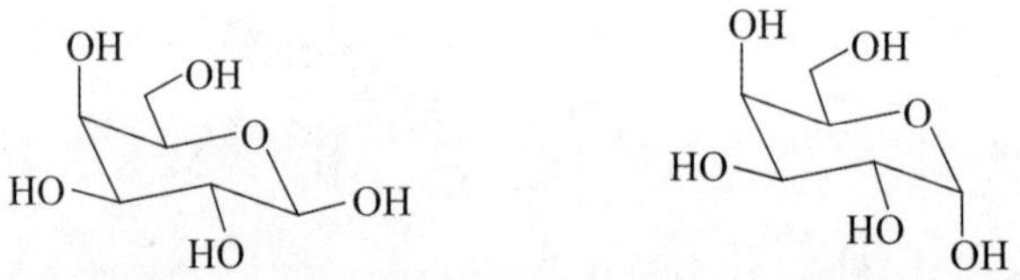

β-D-吡喃半乳糖　　　　　α-D-吡喃半乳糖

在水溶液中 β-D-吡喃半乳糖更稳定。

问题 14-3

还有银镜（Ag↓）以及其他氧化产物的混合物。

问题 14-4

由于糖苷在酸性水溶液中不稳定，水解成原来的糖，所以有变旋光现象。

习题答案

1.

（1）β-D-呋喃半乳糖　　　　　（2）α-D-2-去氧呋喃核糖

（3）α-D-葡萄糖　　　　　（4）β-D-呋喃果糖苷

2.

（1） 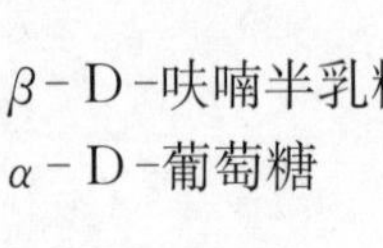　　　　　　　　　　　（2）

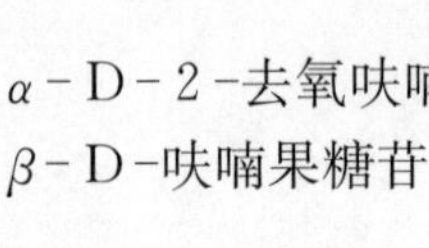

(3)

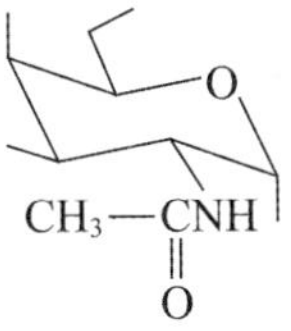

$$\underset{\underset{O}{\overset{\|}{C}}}{CH_3-\overset{}{C}NH}$$

3.

(1)

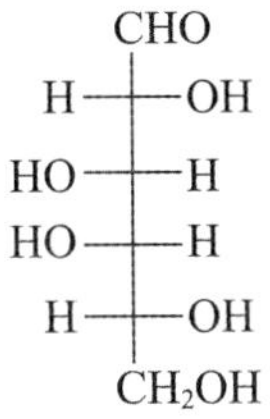

CHO
H——OH
HO——H
HO——H
H——OH
CH₂OH

(2)

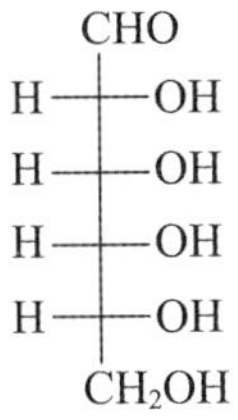

CHO
H——OH
H——OH
H——OH
H——OH
CH₂OH

(3)

CHO
H——OH
H₂N——H
H——OH
H——OH
CH₂OH

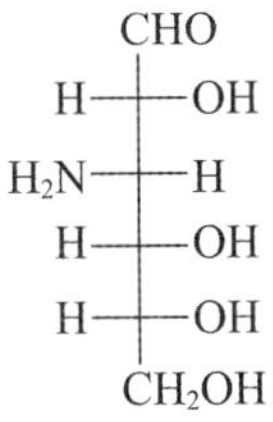

4.

(1) D-葡萄糖和 D-甘露糖之间的差别仅在于 C₂ 位的构型不同，像这种有多个手性碳的非对映异构体，彼此间只有一个相对应的手性碳原子的构型不同，而其余都相同，称为差向异构体（epimer）。

(2) 连有半缩醛羟基的手性碳构型相反，其他相对应的手性碳的构型均相同的糖互为端基异构体。

(3) 糖在水溶液中自动改变比旋光度，最后达到恒定值的现象称为变旋光现象。

(4) 凡是能被弱氧化剂（Tollens、Benedict 和 Fehling 试剂）氧化的糖称为还原糖，如葡萄糖、麦芽糖。不能被弱氧化剂氧化的糖称为非还原糖，如蔗糖。

(5) 广义地指，糖的半缩醛羟基与其他化合物分子键合所形成的键，称为苷键。

5.

(1) 分别与 Tollens 试剂作用，产生 Ag↓ 为葡萄糖。

(2) 分别与 Br₂/H₂O 作用，溴的红色褪去为 D-葡萄糖。

(3) 分别与 Tollens 试剂作用，产生 Ag↓ 为 D-葡萄糖。

(4) 使 I₂ 显蓝色为淀粉。

(5) 淀粉遇 I₂ 显蓝色，纤维素则不能。

6.

(1)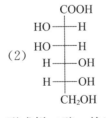

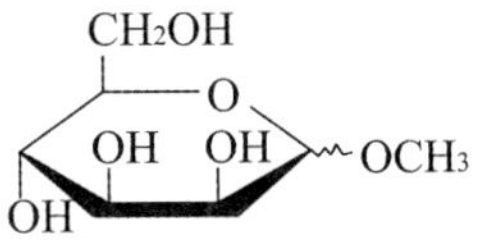

(2)

COOH
HO——H
HO——H
H——OH
H——OH
CH₂OH

(3)

COOH
HO——H
HO——H
H——OH
H——OH
COOH

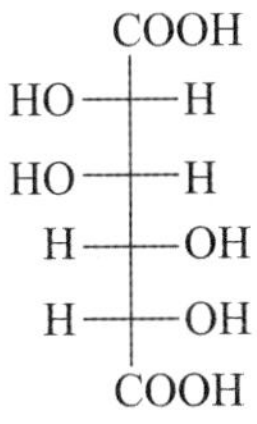

7. D-果糖在碱性溶液能发生互变异构，形成烯二醇，然后转化成 D-葡萄糖和 D-甘露糖。

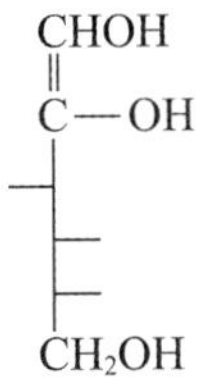

$$\underset{CH_2OH}{\overset{\overset{\|}{CHOH}}{\overset{}{C-OH}}}$$

烯二醇

8. (1) D-核糖　　(2) D-半乳糖　　(4) 麦芽糖

9.

(1) D-核糖

(2) D-阿拉伯糖

(3) L-核糖

(4) D-木糖

(1) 与 (3) 互为对映体；(1) 与 (2)、(1) 与 (4) 互为差向异构体。

第十五章

问题 15-1

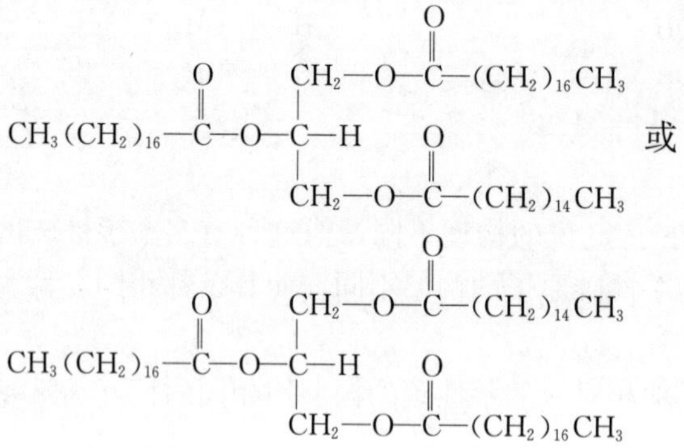

$$CH_3(CH_2)_{16}-C-O-CH \begin{matrix} O \\ CH_2-O-C-(CH_2)_{16}CH_3 \\ O \\ CH_2-O-C-(CH_2)_{14}CH_3 \end{matrix}$$ 或

$$CH_3(CH_2)_{16}-C-O-CH \begin{matrix} O \\ CH_2-O-C-(CH_2)_{14}CH_3 \\ O \\ CH_2-O-C-(CH_2)_{16}CH_3 \end{matrix}$$

问题 15-2

根据卵磷脂、脑磷脂及神经磷脂在丙酮、乙醚及乙醇中的溶解性不同，可采用下面路线分离。

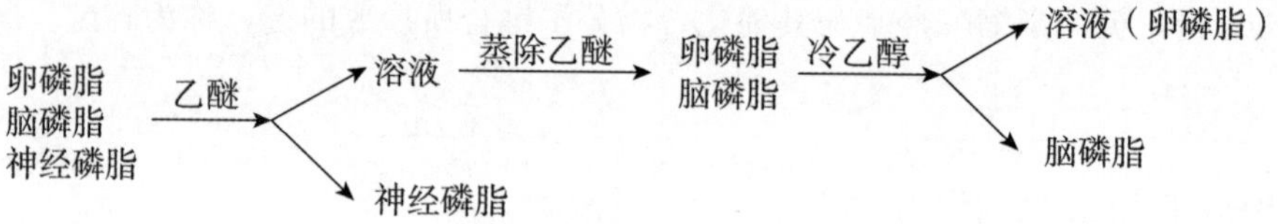

问题 15-3

胆酸结构中的 A、B 环是顺式稠合的。

习题答案

1.

(1)

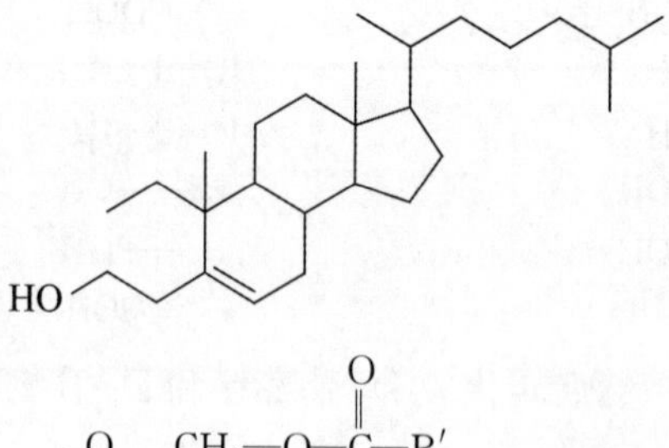

(2)

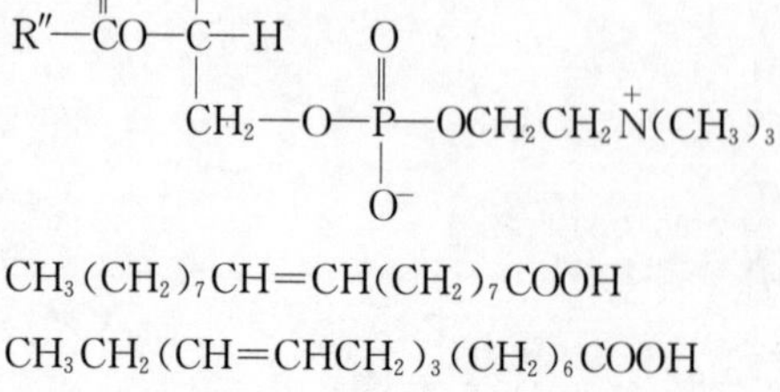

(3) $CH_3(CH_2)_7CH=CH(CH_2)_7COOH$

(4) $CH_3CH_2(CH=CHCH_2)_3(CH_2)_6COOH$

(5)

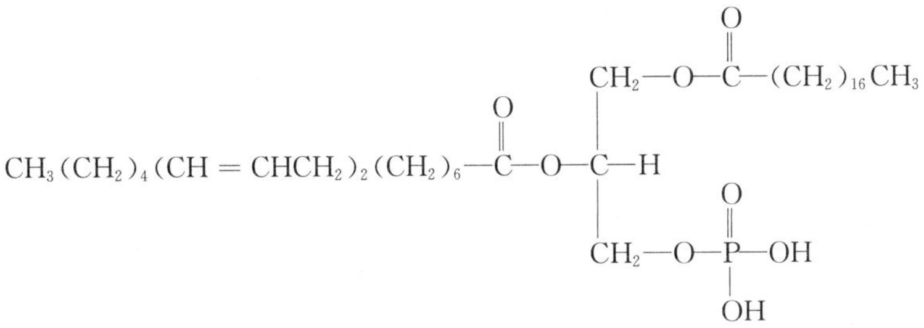

$$CH_3(CH_2)_4(CH=CHCH_2)_2(CH_2)_6C-O-CH$$

图示：
$$CH_2-O-C-(CH_2)_{16}CH_3 \ (上, 含O)$$
$$CH_2-O-\overset{O}{\underset{OH}{P}}-OH$$

(6)

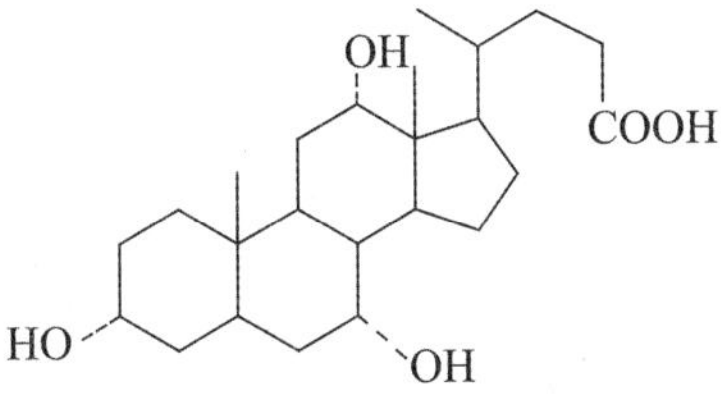

2.

(1) 磷酸甘油酯

(2) 甘油-α-软脂酸-β-月桂酸-α-油酸酯

3. 在磷脂酰乙醇胺中，磷酸部分还有可电离的氢离子，因电离后产生的负离子的碱性比乙醇胺中的氨基弱，故氢离子可与氨基成盐，生成偶极离子；在磷脂酰胆碱中，磷酸部分电离的氢离子可与 OH⁻ 作用生成水并产生偶极离子。

4.

(1) 皂化值：1g 油脂完全皂化所需要的氢氧化钾的毫克数称为皂化值。根据皂化值的大小可以判断油脂中甘油酯的平均相对分子质量，皂化值越大，油脂中所含的甘油酯的平均相对分子质量越小。

(2) 碘值：100g 油脂所能吸收的碘的克数称为碘值。碘值越大，油脂的不饱和程度越大。

(3) 酸值：中和 1g 油脂中的游离脂肪酸所需氢氧化钾的毫克数称为油脂的酸值。酸值越大，酸败的程度越严重。

5. 在人体内不能自身合成或合成数量不能满足人体生理需求，只能通过食物提供的脂肪酸称为必需脂肪酸。常见的必需脂肪酸包括亚油酸、α-亚麻酸和花生四烯酸。

6. 卵磷脂和脑磷脂水解均生成甘油、磷酸和高级脂肪酸。此外，卵磷脂水解时生成胆碱，脑磷脂水解时生成乙醇胺。用冷乙醇可将两者分离，卵磷脂溶于冷乙醇，脑磷脂难溶于冷乙醇。

7. (1) BD　(2) D　(3) C　(4) C　(5) B　(6) B　(7) AB
(8) C　(9) D　(10) B

第十六章

问题 16-1

因为天冬氨酸分子中的氨基具有吸电子诱导效应，导致距离氨基较近的羧基的酸性较强，易解离出 H⁺，所以天冬氨酸的偶极离子形式为 HOOC—H₂C—CH—COO⁻，其中 CH 上带 NH_3^+。

问题 16-2

对 Gly、Glu 与 Arg 三种氨基酸混合物进行电泳。调节溶液的 pH 至 5.97，此时 Gly（pI=5.97）在电场中不泳动；Glu（pI=3.22）带负电荷，在电场中向正极泳动；Arg（pI=10.76）带正电荷，在电场中向负极泳动。因此，通过电泳可将三者分离。

问题 16 - 3

6 种。Gly-Ala-Leu、Gly-Leu-Ala、Ala-Gly-Leu、Ala-Leu-Gly、Leu-Gly-Ala、Leu-Ala-Gly

习题答案

1.

(1) 丝氨酰甲硫氨酸　　　　　　　　　(2) 脯氨酰苏氨酸

(3) 亮氨酰甘氨酸　　　　　　　　　　(4) 天冬氨酰半胱氨酸

2.

(1) 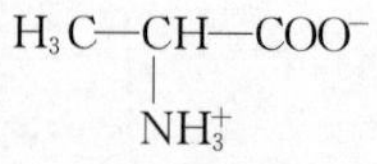 $H_3C—CH—COO^-$ 下方 NH_3^+　　　(2) 苯基$—H_2C—CH—COO^-$ 下方 NH_3^+

(3) $H_2N—CH—\overset{O}{C}—NH—CH—COOH$，下方 CH_3 和 CH_2（苯基）

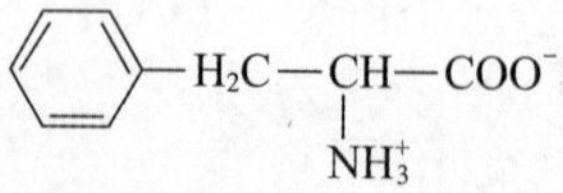

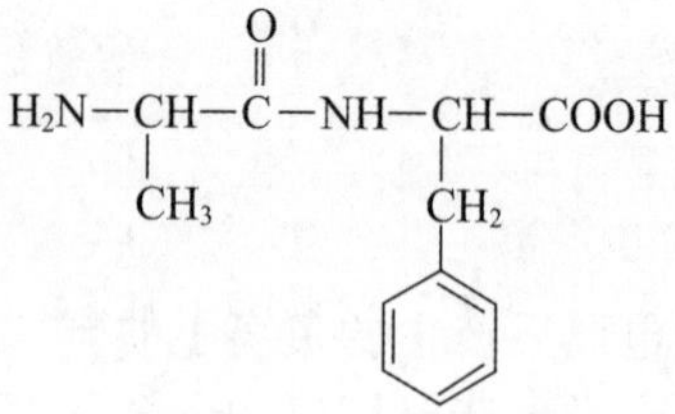

(4) $H_2N—CH—\overset{O}{C}—NH—CH—COOH$，下方 CH_2（苯基）和 CH_3

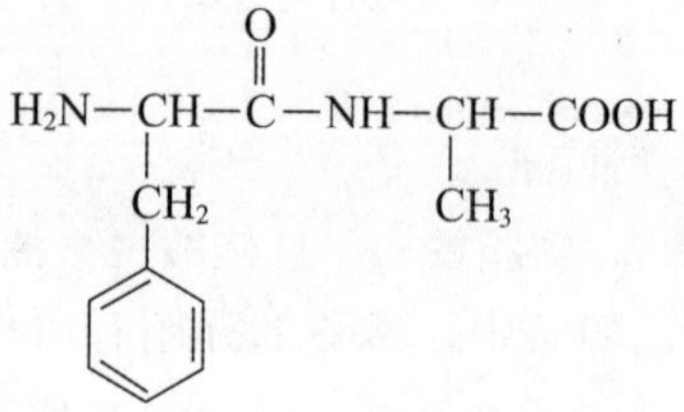

3. (1) 错　(2) 对　(3) 错　(4) 错　(5) 错　(6) 对

4.

(1) L-构型　*R*　*S*

(2) 中性氨基酸　酸性氨基酸　碱性氨基酸

(3) 氨基酸残基　氨基末端或 N-端　羧基末端或 C-端

(4) 蛋白质的变性

(5) 简单蛋白质　缀合蛋白质

(6) 肽键

5. (1) C；(2) B；(3) A；(4) C；(5) B；(6) A

6.

(1) 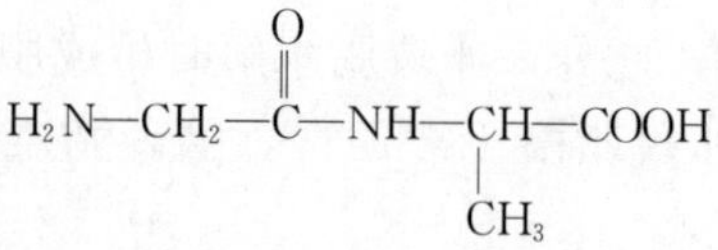 $H_2N—CH_2—\overset{O}{C}—NH—CH—COOH$ 下方 CH_3　　(2) $H_3C—CH—COOH$ 下方 NH_2

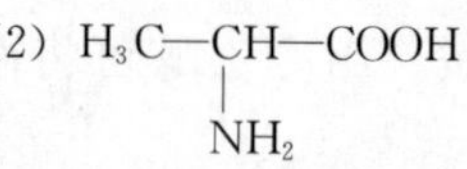

第十七章

问题 17 - 1

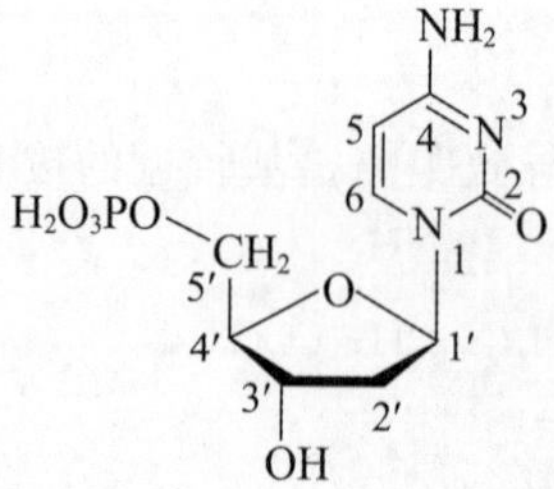

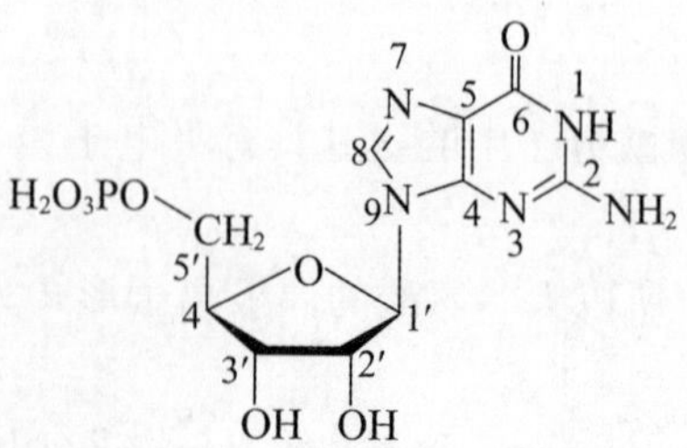

问题 17 - 2

DNA 中连接脱氧核糖的是 $3',5'$-磷酸二酯键。连接脱氧核糖和碱基的是氮苷键。β-构型。

问题 17-3

根据碱基配对规律，鸟嘌呤与胞嘧啶以 1∶1 配对，胸腺嘧啶与腺嘌呤以 1∶1 配对。

$$胞嘧啶\% = \frac{15\%}{M_{鸟嘌呤}} \times M_{胞嘧啶} = \frac{15\%}{151} \times 111 = 11\%$$

$$腺嘌呤\% = \frac{12\%}{M_{胸腺嘧啶}} \times M_{腺嘌呤} = \frac{12\%}{126} \times 135 = 12.9\%$$

习题答案

1. (1) A　(2) C　(3) B　(4) A　(5) B

2.

(1) 核苷酸残基　3′,5′-磷酸二酯键

(2) 碱基之间的氢键　疏水碱基间的堆积力

(3) 嘌呤　嘧啶　260nm

(4) 降低　降低　增大

(5) 34nm　340nm　200nm

3.

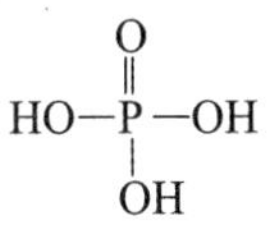

磷酸 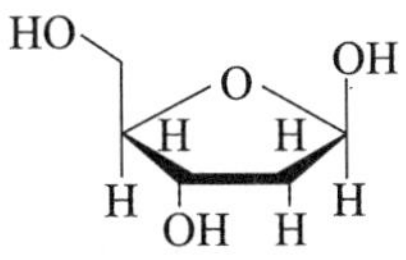　　2-脱氧核糖 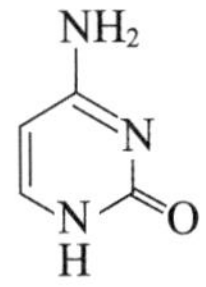　　胞嘧啶C 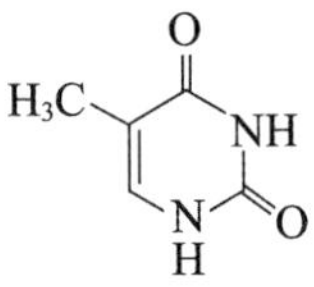　　胸腺嘧啶T 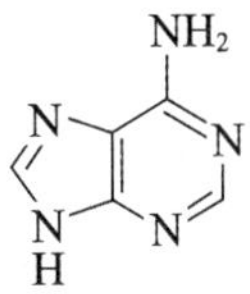　　腺嘌呤A 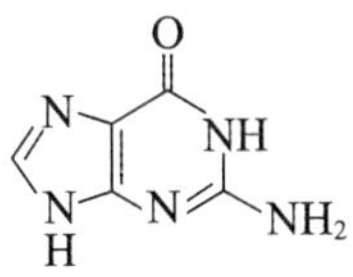　　鸟嘌呤G

DNA 的最终水解产物：

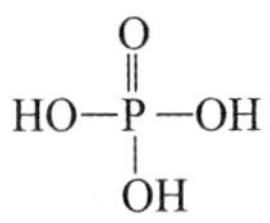

磷酸 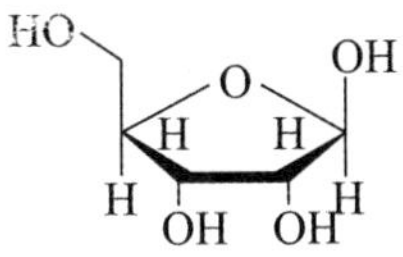　　核糖 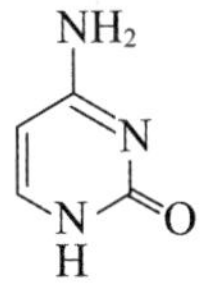　　胞嘧啶C 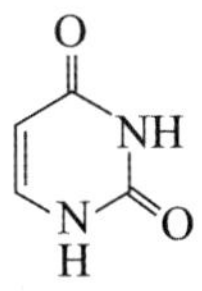　　尿嘧啶U 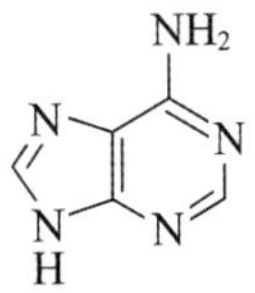　　腺嘌呤A 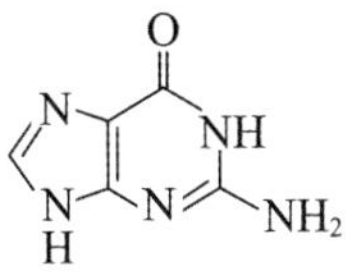　　鸟嘌呤G

不同的是在 DNA 中含脱氧核糖和 T，而在 RNA 中含核糖和 U。

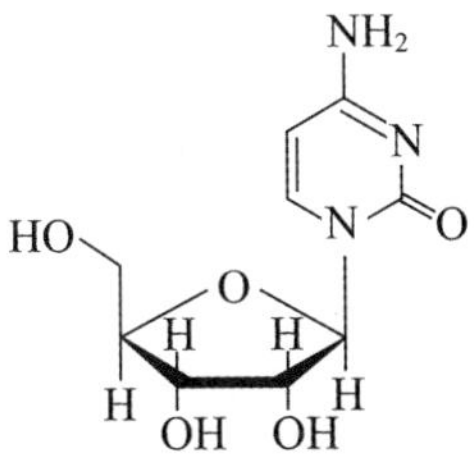

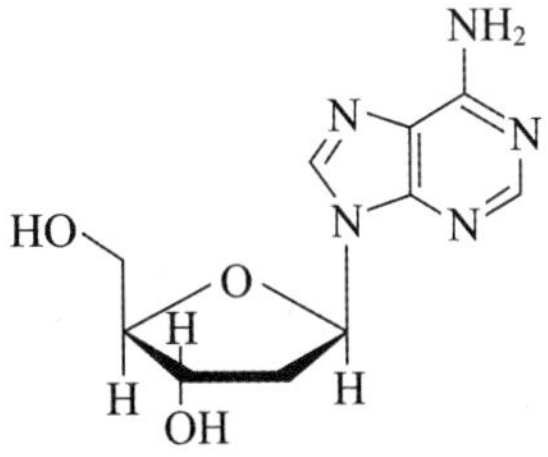

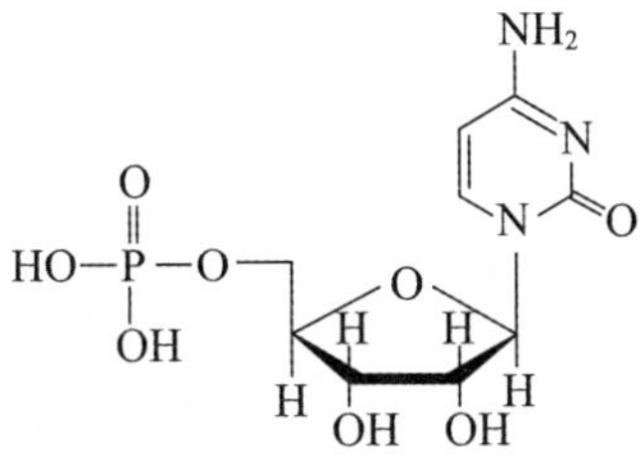

4.

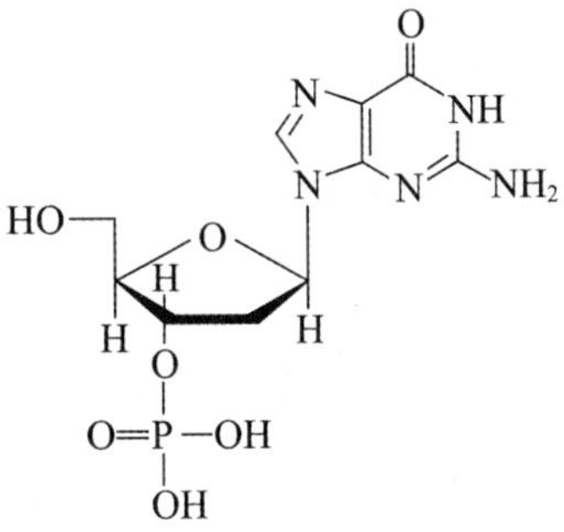

(5)

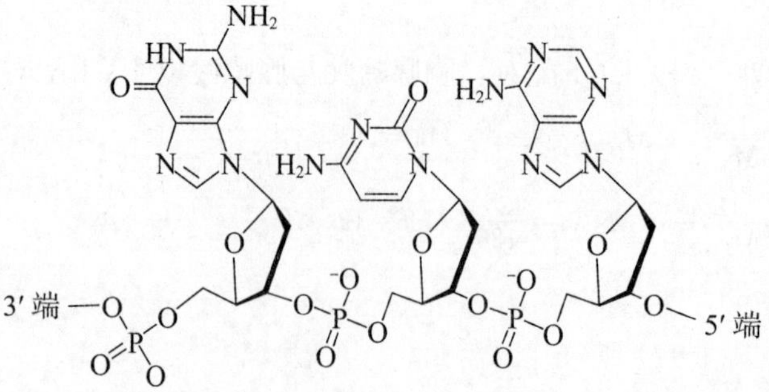

5. DNA 分子的二级结构是由两条反平行的脱氧核苷酸链围绕同一个轴盘绕而成的右手双螺旋结构。脱氧核糖基和磷酸基位于双螺旋的外侧，碱基朝向内侧。两条链的碱基之间通过氢键结合成碱基对。这种碱基之间的氢键作用维持着双螺旋的横向稳定性；碱基对间的疏水作用致使碱基对堆积，这种堆积力维持着双螺旋的纵向稳定性。

6. 变性过程是维持双螺旋结构稳定性的氢键和碱基间堆积力受到破坏，而磷酸二酯键不变。

7. 因为 DNA 和 RNA 虽然是两性物质，但酸性大于碱性，所以容易和碱性蛋白质结合。

8. DNA 稳定的双螺旋结构，是靠两条磷酸-戊糖主链上的碱基间形成氢键维系的，为保证两条主链间的距离始终相等，必须要求一个嘌呤碱和一个嘧啶碱配对，所以 DNA 中嘌呤脱氧核苷酸和嘧啶脱氧核苷酸的物质的量总是相等的。

　　当腺嘌呤和胸腺嘧啶配对时，能形成两个氢键，而当鸟嘌呤和胞嘧啶配对时，能形成三个氢键。只有这样，才能有最多的氢键作用。所以，在 DNA 中腺嘌呤和胸腺嘧啶的物质的量总是相等的；鸟嘌呤和胞嘧啶的物质的量总是相等的。

9. 另一条链的碱基顺序应该是 AGTCTCAG。

第十八章

问题 18-1

乙醇、己烷、乙醚可以作为溶剂；因为它们在检测波长范围内无紫外吸收。

问题 18-2

(1) 3600cm^{-1}左右（游离），3300 cm^{-1}左右（缔合）；

(2) 3300 cm^{-1}左右；

(3) 1700 cm^{-1}左右（羰基），3100～2500 cm^{-1}左右（羟基）；

(4) 1700 cm^{-1}左右。

问题 18-3

　　(1)(2)(4) 适合用红外光谱进行鉴定。(1) 中的 ⬠=O 和 (2) 中的 ⬡—COCH₃ 有羰基强吸收峰（1750～1700 cm^{-1}）； (4) 中的 $CH_3CH_2NH_2$ 有 N—H 吸收峰（3500～3300cm^{-1}）。

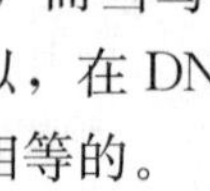

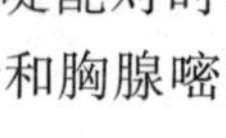

问题 18-4

(1) 3 种；(2) 4 种；(3) 2 种

习题答案

1. (1) 与 B；(2) 与 A；(3) 与 D；(4) 与 C

2. 最大吸收波长顺序为：$\lambda_{1,3,5-己三烯} > \lambda_{1,3-丁二烯} > \lambda_{乙烯}$。随着共轭体系的生成及延长，π 电子由于发生离域而更容易被激发，使跃迁所需能量减少，因此吸收波长变大。

3. （1）4组；（2）1组；（3）2组

4. $CH_3\underset{a}{-}\overset{\overset{\textstyle O}{\|}}{C}\underset{b}{-}CH_2\underset{c}{-}CH_3$ ，谱图上从左至右的三组峰依次为：b，a，c。

5. 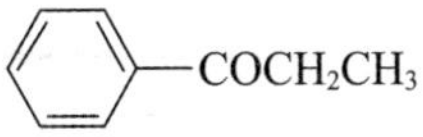 ⬡—COCH₂CH₃

6. 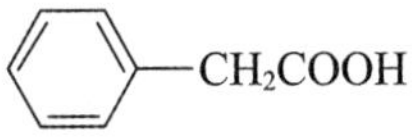 ⬡—CH₂COOH

7. （CH₃）₃CHO

8.
（1）用¹H-NMR，苯甲醛中有醛基质子吸收峰。
（2）用紫外光谱鉴别，环戊二烯在近紫外区有吸收。
（3）用 IR 谱鉴别，前者有羟基吸收峰而后者有羰基吸收峰。

主要参考文献

［1］吕以仙，陆阳. 有机化学. 7 版. 北京：人民卫生出版社，2009.

［2］倪沛洲. 有机化学. 6 版. 北京：人民卫生出版社，2007.

［3］王积涛，王永梅，张宝申，等. 有机化学（上下册）. 3 版. 天津：南开大学出版社，2009.

［4］邢其毅，裴伟伟，徐瑞秋，等. 基础有机化学（上下册）. 3 版. 北京：高等教育出版社，2010.

［5］F. A. Carey. Organic Chemistry. 7th edition. USA，2008.

［6］J. G. Smith. Organic Chemistry. 2nd edition. USA，2008.

［7］P. Y. Bruice. Organic Chemistry. 6th edition. USA，2011.

［8］W. H. Brown，C. S. Foote，B. L. Iverson，E. V. Anslyn. Organic Chemistry. 5th edition. USA，2011.

中英文专业词汇索引